高等学校计算机应用规划教材

计算机基础与 Visual Basic 程序设计

杨日璟　郑江超　编　著

清华大学出版社
北　京

内容简介

本书以全国计算机等级考试二级考试大纲为指导，介绍了二级 Visual Basic 程序设计等级考试所要求的全部内容。全书共 14 章，包括：计算机基础知识、Visual Basic 概述、Visual Basic 可视化编程基础、Visual Basic 语言基础、Visual Basic 数据输入输出、Visual Basic 常用标准控件、Visual Basic 程序设计结构、数组、过程、用户界面设计、文件、数据结构与算法、软件工程基础和数据库基础。

本书内容丰富、层次清晰、通俗易懂，与《计算机基础与 Visual Basic 程序设计实验指导》一起构成了一套完整的教学用书，可作为高等学校 Visual Basic 程序设计课程的教学参考书，也可作为报考全国计算机等级考试(NCRE)人员的参考资料。

本书对应的电子教案和习题答案可以到 http://www.tupwk.com.cn/downpage 网站下载。

图书在版编目(CIP)数据

计算机基础与 Visual Basic 程序设计/杨日璟，郑江超 编著. —北京：清华大学出版社，2012.7

(高等学校计算机应用规划教材)

ISBN 978-7-302-28844-2

Ⅰ. ①计… Ⅱ. ①杨… ②郑… Ⅲ. ①电子计算机—高等学校—教材 ②BASIC 语言—程序设计—高等学校—教材 Ⅳ. ①TP3

中国版本图书馆 CIP 数据核字(2012)第 104031 号

责任编辑：胡辰浩 袁建华
装帧设计：牛艳敏
责任校对：成凤进
责任印制：何 芊

出版发行：清华大学出版社
网 址：http://www.tup.com.cn，http://www.wqbook.com
地 址：北京清华大学学研大厦 A 座 邮 编：100084
社 总 机：010-62770175 邮 购：010-62786544
投稿与读者服务：010-62776969，c-service@tup.tsinghua.edu.cn
质 量 反 馈：010-62772015，zhiliang@tup.tsinghua.edu.cn
课 件 下 载：http://www.tup.com.cn，010-62794504

印 刷 者：北京富博印刷有限公司
装 订 者：北京市密云县京文制本装订厂
经 销：全国新华书店
开 本：185mm×260mm **印 张**：28.5 **字 数**：711 千字
版 次：2012 年 7 月第 1 版 **印 次**：2012 年 7 月第1次印刷
印 数：1～4000
定 价：38.00 元

产品编号：047315-01

序

在信息社会里，对信息的获取、存储、传输、处理和应用能力越来越成为一种最基本的生存能力，正逐步被社会作为衡量一个人文化素质高低的重要标志。计算机技术成为影响人们生活方式、学习方式和工作方式的重要因素。大学计算机基础课程，作为非计算机专业学生的必修基础课，其教学目标就是为学生提供计算机方面的知识、能力与素质的教育，培养学生掌握一定的计算机基础知识、技术与方法，以及利用计算机解决本专业领域中问题的意识与能力。

多年来，大学计算机基础教学形成了大一上学期讲授大学计算机基础课程，下学期讲授计算机程序设计基础课程的教学模式。目前，绝大多数二本院校依然采取这种教学模式。这种模式在实践中存在如下弊端。

第一，因城乡、地区的差别，新生入学时计算机水平参差不齐，给教学带来很大困难。随着我国中小学信息技术教育的逐步普及，高校新生计算机知识水平的起点也逐年提高。同时，由于我国中学信息科学教育水平的不平衡，来自城市的学生入学时已经具备计算机的基本技能，而来自农村的一些学生，特别是来自西部欠发达地区和少数民族地区的一些学生，入学时才刚刚接触计算机。这种差异使得计算机基础教学的组织与安排非常困难。

第二，学时少、内容多、周期短，并且与专业课学习脱节，严重影响了学生的学习积极性和程序设计思想的培养。在大一上学期讲授大学计算机基础课程时，由于内容宽泛，涉及面广，每堂课要讲授或上机练习的内容又多，计算机基础知识好一点的学生上课不愿意听讲、不屑于练习，而计算机基础知识相对差一点的学生又听不懂，极大地挫伤了学生学习计算机知识的兴趣和积极性。大一下学期讲授计算机程序设计基础课程，由于学时少，周期短，在教学中普遍缺乏利用程序设计解决实际问题和专业问题能力的训练，学完计算机程序设计基础课程后，多数学生还不能真正领会计算机的强大功能，不能利用所学的计算机知识解决相关的专业问题。

第三，计算机基础教学与大学生对全国计算机等级考试证书的需求脱节。由于就业的压力，多数二本院校的学生在毕业时迫切需要获得全国计算机二级等级考试证书。但是，在传统的计算机基础教学模式下，学生最快在大二上学期才能参加全国计算机等级考试，一次性过级率相对较低。为在毕业前获得计算机二级证书，一些学生不得不一次又一次地参加校外培训，花费了很多精力。

针对计算机基础教学中存在的问题和不足，2009 年开始，大连民族学院着手进行计算机基础教学改革。通过广泛调研，召开教学研讨会和学生座谈会，反复沟通、磋商、研究，逐步形成了我校的计算机基础教学改革方案。其指导思想是：以学生为本，以学生的实践能力、应用能力培养和就业需求为导向，以提高计算机二级等级考试过级率为“抓手”，建立一个新的计算机基础教学内容体系和教学模式。

有关我校的计算机基础教学改革，2009 年 10 月，获得辽宁省教育教学改革项目立项；2010 年 1 月，在首届全国民族院校计算机基础课程教学研讨会上，我校做了《基于应用型人才培养的计算机基础教学课程体系及教学内容的探讨》的主题报告，得到与会代表的热烈反响；2011 年 7 月，在辽宁省计算机基础教育学会学术年会上，我校做了《基于能力培养与等级考试需求的计算机基础教学改革》的主题发言，得到与会同行们的充分肯定和兄弟院校的广泛关注；2011 年 11 月，获得国家民族事务委员会本科教学改革与质量建设研究项目立项。从方案的策划、调研、设计、论证到具体实施，我们用了两年时间，取得了理想的效果。实行教学改革后的 2010 级比改革前的 2009 级，计算机二级等级考试一次性过级率提高了 20%。

新的教学内容体系和教学模式是根据不同学科、专业的需求，以程序设计基础课程为主线，建立一个符合人才培养规律、适合学生特点、满足学生需求的计算机基础教学内容体系和教学模式。我校的具体做法是，计算机基础教学大一全学年共 116 学时，其中，上学期 76 学时，下学期 40 学时，分 4 个阶段实施：

第一阶段，上学期前两周，8 学时。结合相应的程序设计基础课程的需要，完成新生入学的计算机入门教育，使学生尽快了解计算机基本原理，熟悉计算机的基本操作。

第二阶段，上学期后 16 周，68 学时，其中理论课教学 36 学时，上机实验课教学 32 学时。根据不同的专业，分别开设 C、VB 和 Access，完成全国计算机二级等级考试大纲所要求的计算机程序设计基础的主要内容。

第三阶段，下学期前 4 周，24 学时，其中理论课教学 16 学时，上机实验课教学 8 学时。针对 3 月底的全国计算机二级等级考试，进行笔试部分强化辅导和上机部分强化训练。

第四阶段，大一下学期等级考试后接下来的 8 周，16 学时的上机实验课。上机实验课共两部分内容：一是进行计算机程序设计课程的设计性和综合性实验，进一步提高学生的计算机程序设计能力和计算机应用能力；二是应用软件选讲，主讲 Office 的高级应用和 MATLAB 软件，提高学生使用软件解决实际问题和专业问题的能力。

新的教学内容体系和教学模式在实践中有 4 点优势：

第一，拉长了大学计算机程序设计基础课程的学习周期，由原来的一个学期变为现在的两个学期，分 4 个阶段实施，符合学生的认知规律，并且对培养学生的编程思想和利用计算机解决实际问题的能力非常有益。

第二，将获得全国计算机二级等级考试证书作为新生入学的第一个阶段性目标，可以使学生尽快摆脱刚入大学时的“迷茫”状态，有利于优良学风的建设。

第三，满足了学生对全国计算机二级等级证书的需求，增加了学生将来就业的筹码。

第四，提高了学生的素质，增强了学生自主学习能力和利用软件解决实际问题的能力。

为了配合教学改革，满足教学用书的基本需求，2010 年 5 月，我们成立了教材编写委员会，着手进行系列教材的编写工作。筹备编写主辅教材共 6 本，分别是《计算机基础与 C 语言程序设计》和《计算机基础与 C 语言程序设计实验指导》，《计算机基础与 Visual Basic 程序设计》和《计算机基础与 Visual Basic 程序设计实验指导》，《计算机基础与 Access 数据库程序设计》和《计算机基础与 Access 数据库程序设计实验指导》。2011 年 5 月，与清华大学出版社签署了出版本系列教材的协议。

《计算机基础与C语言(Visual Basic、Access数据库)程序设计》教材包括：计算机入门基础知识，全国计算机二级等级考试大纲所要求的程序设计相关内容以及全国计算机二级等级考试公共基础知识所要求的相关内容。

《计算机基础与C语言(Visual Basic、Access数据库)程序设计实验指导》辅助教材包括：《计算机基础与C语言(Visual Basic、Access数据库)程序设计》习题解答，实验指导，全国计算机二级等级考试介绍(包括大纲，笔试、机试模拟试题)以及应用软件选讲(包括Office的高级应用和MATLAB软件简介)。

该系列教材适合作为高等院校的计算机基础教学用书，也可作为学生自学计算机基础知识和相关程序设计基础知识，准备全国计算机二级等级考试的参考用书。

多年来，大连民族学院的计算机基础教学改革，得到了副校长杜元虎教授、教务处处长白日霞教授、辽宁省计算机基础教育学会理事长朱鸣华教授、计算机科学与工程学院魏晓鸣教授和赵丕锡教授等领导的关心、支持和指导，还得到了大连地区高校和国家民委所属院校同行们的关注和帮助，以及北京百科园教育软件有限公司的大力支持，在此一并致谢！

为了继续做好计算机基础教学的改革工作，我们热忱欢迎专家、同行、以及广大读者多提宝贵意见！

焉德军

2012年2月

前　言

计算机技术的飞速发展，促进了高校计算机基础教育的发展。根据教育部和国家计算机基础教育教学指导委员会的指导意见，对于高校的非计算机专业的学生来说，掌握一定的计算机基础知识、技术与方法，以及利用高级语言编程来解决本专业领域中问题的意识与能力是非常必要的。

Visual Basic 是国内外最流行的程序设计语言之一，Visual Basic 6.0 所提供的开发环境与 Windows 具有完全一致的界面，其代码效率已达到 Visual C++的水平。目前，许多高校都开设了 Visual Basic 程序设计课程，而真正适合高校非计算机专业学生学习本门课程的教材并不多。我们结合多年的教学实践经验，并参照全国高校非计算机专业计算机基础教育改革方案，以 Visual Basic 程序设计为主编写了本书，并配套实验指导。同时，为适应计算机的发展和配合二本院校学生参加全国计算机等级考试实际应用的需要，本书还包括了计算机公共基础知识的主要内容。本书的编者都是多年在教学一线的教师，具有丰富的教学经验和实践经验，在编写本书时力求做到理论和实践相结合，强调教学实践环节和学生应用能力的培养。

本书以全国计算机等级考试二级考试大纲为指导，介绍了二级 Visual Basic 程序设计等级考试所要求的全部内容及计算机公共基础部分要求的全部内容。全书共 14 章，内容包括：计算机基础知识、Visual Basic 概述、Visual Basic 可视化编程基础、Visual Basic 语言基础、Visual Basic 数据输入输出、Visual Basic 常用标准控件、Visual Basic 控制结构、数组、过程、用户界面设计、文件、数据结构与算法、软件工程基础和数据库基础。本书通过大量实例，深入浅出地介绍了计算机基础知识，Visual Basic 程序设计的相关内容，以及数据结构与算法基础知识、软件工程与程序设计基础、数据库基础知识等内容。针对初学者的特点，全书在编排上注意了由简及繁、由浅入深和循序渐进，力求通俗易懂、简洁实用。

本书例题丰富，与《计算机基础与 Visual Basic 程序设计实验指导》一起构成了一套完整的教学用书，可作为高等学校的教学参考书，也可供报考全国计算机等级考试(NCRE)的人员及其他自学人员使用。

本书由杨日璟、郑江超编著，参加编写工作的还有杨为明、李宏岩和辛慧杰。其中，第 1 章由辛慧杰编写，第 2、3 章及第 12 章由李宏岩编写，第 5、6 章及第 13 章由杨为明编写，第 4、7、8、10 章由杨日璟编写，第 9、11、14 章由郑江超编写。

在本书的编写过程中，作者还参考了一些网上资源，在此一并致谢！由于水平所限，书中难免有缺陷和不足之处，敬请读者批评指正。我们的信箱是 huchenhao@263.net，电话是 010-62796045。

编　者

2012 年 2 月

目　录

第 1 章　计算机基础知识 …… 1
1.1　计算机系统与工作原理 …… 1
1.1.1　计算机系统的组成 …… 1
1.1.2　计算机硬件系统 …… 1
1.1.3　计算机软件系统 …… 3
1.2　数制与编码 …… 5
1.2.1　数制的基本概念 …… 6
1.2.2　常用的数制 …… 6
1.2.3　数制间的转换 …… 10
1.2.4　数在计算机中的表示方式 …… 12
1.2.5　字符编码 …… 14
1.2.6　存储单位 …… 16
1.3　计算机程序 …… 18
1.3.1　程序的概念 …… 18
1.3.2　寄存器 …… 18
1.3.3　程序的执行过程 …… 19
1.4　小结 …… 21
1.5　习题 …… 21
第 2 章　Visual Basic 概述 …… 24
2.1　关于 Visual Basic …… 24
2.1.1　Visual Basic 的发展 …… 24
2.1.2　Visual Basic 的主要用途 …… 25
2.1.3　Visual Basic 的特点 …… 25
2.2　VB 6.0 的安装和启动 …… 26
2.2.1　VB 6.0 运行环境及安装 …… 26
2.2.2　启动 VB 6.0 …… 27
2.3　VB 6.0 的集成开发环境 …… 28
2.3.1　主窗口 …… 28
2.3.2　窗体设计器窗口 …… 30
2.3.3　工程资源管理器窗口 …… 30
2.3.4　属性窗口 …… 32
2.3.5　工具箱窗口 …… 33
2.3.6　代码窗口 …… 34
2.3.7　立即窗口 …… 36
2.3.8　窗体布局窗口 …… 37
2.4　创建一个简单的 VB 应用程序 …… 37
2.4.1　开发 VB 应用程序的步骤 …… 37
2.4.2　设计一个简单应用程序 …… 38
2.5　程序的保存和运行 …… 40
2.5.1　保存程序 …… 40
2.5.2　程序的运行 …… 41
2.6　VB 工程的管理 …… 42
2.6.1　工程文件的管理 …… 42
2.6.2　生成和运行可执行文件 …… 43
2.7　VB 应用程序的结构与工作方式 …… 44
2.8　使用 VB 6.0 的帮助系统 …… 45
2.9　小结 …… 46
2.10　习题 …… 47
第 3 章　Visual Basic 可视化编程基础 …… 49
3.1　对象和类的基本概念 …… 49
3.1.1　对象与类 …… 49
3.1.2　对象的属性、事件和方法 …… 50
3.2　窗体 …… 52
3.2.1　窗体的基本属性 …… 53
3.2.2　窗体的事件 …… 59
3.2.3　窗体的方法 …… 60
3.3　控件 …… 62
3.3.1　控件的命名及控件值 …… 63
3.3.2　控件的基本操作 …… 64
3.3.3　标签 …… 66

3.3.4 文本框…………67
3.3.5 命令按钮…………69
3.3.6 VB 中设置颜色的常用方法…………70
3.4 综合实例…………71
3.5 小结…………75
3.6 习题…………76
第 4 章 Visual Basic 语言基础…………78
4.1 VB 语言字符集及编码规则…………78
4.1.1 VB 的字符集…………78
4.1.2 编码规则与约定…………79
4.2 数据类型…………80
4.3 常量和变量…………83
4.3.1 常量…………83
4.3.2 变量…………85
4.4 常用内部函数…………89
4.4.1 数学函数…………89
4.4.2 类型转换函数…………90
4.4.3 字符串函数…………91
4.4.4 日期与时间函数…………94
4.5 运算符和表达式…………95
4.5.1 算术运算符和算术表达式…………95
4.5.2 字符串运算符和字符串表达式…………96
4.5.3 关系运算符和关系表达式…………97
4.5.4 逻辑运算符和逻辑表达式…………98
4.5.5 日期表达式…………99
4.5.6 表达式的执行顺序…………99
4.5.7 立即执行窗口…………100
4.6 小结…………101
4.7 习题…………101
第 5 章 Visual Basic 数据输入输出…………105
5.1 使用 Print 方法输出数据…………105
5.1.1 Print 方法…………105
5.1.2 特殊打印格式…………107
5.2 输入和输出函数…………110
5.2.1 InputBox()函数——输入对话框…………110
5.2.2 MsgBox()函数——消息框…………112
5.3 字形…………115
5.4 打印机输出…………116
5.5 小结…………117
5.6 习题…………117
第 6 章 Visual Basic 常用标准控件…………121
6.1 选择控件…………121
6.1.1 单选按钮…………121
6.1.2 复选框…………122
6.2 框架…………125
6.3 图形控件…………127
6.3.1 图片框和图像框…………127
6.3.2 直线和形状…………130
6.4 滚动条…………132
6.5 计时器…………134
6.6 列表框与组合框…………137
6.6.1 列表框…………137
6.6.2 组合框…………140
6.7 焦点与 Tab 顺序…………144
6.8 小结…………147
6.9 习题…………147
第 7 章 Visual Basic 控制结构…………152
7.1 顺序结构…………152
7.1.1 赋值语句…………152
7.1.2 结束语句 End…………154
7.1.3 暂停语句 Stop…………154
7.2 选择结构…………154
7.2.1 If 条件语句…………154
7.2.2 多分支控制结构…………158
7.2.3 IIf 条件函数…………161
7.2.4 程序举例…………162
7.3 循环结构…………166
7.3.1 For…Next 循环语句…………167
7.3.2 Do…Loop 循环语句…………171

7.3.3 While…Wend 循环语句……174
7.3.4 多重循环……177
7.3.5 Go To 语句……180
7.3.6 循环出口语句……180
7.3.7 程序举例……181
7.4 小结……183
7.5 习题……183

第 8 章 数组……190

8.1 数组的概念……190
8.2 数组的声明和应用……191
8.2.1 静态数组的声明……191
8.2.2 动态数组及声明……195
8.2.3 数组的清除和重定义……197
8.3 数组的基本操作……198
8.3.1 数组元素的引用……198
8.3.2 数组初始化……199
8.3.3 数组元素的输出……202
8.3.4 不同数组间数组元素的相互赋值……203
8.3.5 For Each...Next 循环语句……203
8.4 数组的应用……205
8.5 控件数组……212
8.5.1 控件数组的概念……212
8.5.2 控件数组的建立……213
8.6 用户定义的数据类型……215
8.7 综合举例……217
8.8 小结……221
8.9 习题……221

第 9 章 过程……228

9.1 Sub 子过程的定义和调用……228
9.1.1 Sub 子过程的定义……228
9.1.2 Sub 子过程的建立……229
9.1.3 Sub 子过程的调用……230
9.2 事件过程与通用过程……231
9.3 Function 函数过程的定义和调用……233
9.3.1 Function 子过程的定义……233
9.3.2 Function 函数过程的建立……234
9.3.3 Function 子过程的调用……235
9.4 参数传递……237
9.4.1 形参和实参……238
9.4.2 传地址和传值……238
9.4.3 数组参数的传送……240
9.4.4 对象参数……243
9.5 变量的使用……245
9.5.1 变量的作用域……245
9.5.2 静态变量……248
9.6 综合举例……249
9.7 过程嵌套和递归……251
9.8 小结……253
9.9 习题……254

第 10 章 用户界面设计……259

10.1 对话框……259
10.1.1 通用对话框控件……259
10.1.2 “文件”对话框……261
10.1.3 颜色对话框……264
10.1.4 字体对话框……266
10.1.5 打印对话框……268
10.1.6 帮助对话框……268
10.2 菜单设计……269
10.2.1 菜单概述……269
10.2.2 菜单编辑器……270
10.2.3 下拉式菜单……272
10.2.4 弹出式菜单……276
10.3 多重窗体……279
10.3.1 建立多窗体应用程序……279
10.3.2 多窗体应用程序的执行与保存……281
10.3.3 Visual Basic 工程结构……283
10.4 键盘和鼠标事件……283
10.4.1 键盘事件……284
10.4.2 鼠标事件……288

10.4.3 鼠标光标的形状 ············290
10.4.4 拖放 ·····························292
10.5 小结 ·································295
10.6 习题 ·································295

第 11 章 文件 ·····························302
11.1 文件概述 ····························302
11.2 文件的打开与关闭 ················303
11.2.1 文件的打开或建立 ··········304
11.2.2 文件的关闭 ·····················305
11.3 文件操作语句和函数 ·············306
11.4 顺序文件操作 ······················308
11.4.1 顺序文件的读操作 ··········308
11.4.2 顺序文件的写操作 ··········311
11.5 随机文件操作 ······················315
11.5.1 随机文件的打开和关闭 ···316
11.5.2 随机文件的写操作 ··········316
11.5.3 随机文件的读操作 ··········317
11.6 二进制文件的操作 ················319
11.6.1 二进制文件的打开 ··········319
11.6.2 二进制文件的读写 ··········319
11.7 文件系统控件 ······················320
11.7.1 驱动器列表框 ·················320
11.7.2 目录列表框 ····················321
11.7.3 文件列表框 ····················323
11.8 小结 ·································325
11.9 习题 ·································325

第 12 章 数据结构与算法 ···············331
12.1 算法 ·································331
12.1.1 算法的基本概念 ··············331
12.1.2 算法的复杂度 ·················335
12.2 数据结构的基本概念 ·············336
12.2.1 什么是数据结构 ··············337
12.2.2 数据结构的图形表示 ·······338
12.2.3 线性结构与非线性结构 ···339
12.3 线性表及其顺序存储结构 ····· 340
12.3.1 线性表的基本概念 ··········340
12.3.2 线性表的顺序存储结构 ·········340
12.3.3 顺序表的插入运算 ··········341
12.3.4 顺序表的删除运算 ··········342
12.4 栈和队列 ····························343
12.4.1 栈及其基本运算 ··············343
12.4.2 队列及其基本运算 ··········344
12.5 线性链表 ····························347
12.5.1 线性链表的基本概念 ·······347
12.5.2 线性链表的基本运算 ······349
12.5.3 循环链表 ·······················351
12.6 树与二叉树 ·························352
12.6.1 树的基本概念 ·················352
12.6.2 二叉树及其基本运算 ······353
12.6.3 二叉树的存储结构 ··········356
12.6.4 二叉树的遍历 ·················356
12.7 查找技术 ····························358
12.7.1 顺序查找 ·······················358
12.7.2 二分法查找 ····················358
12.8 排序技术 ····························358
12.8.1 交换类排序法 ·················359
12.8.2 插入类排序法 ·················361
12.8.3 选择类排序法 ·················362
12.9 小结 ·································364
12.10 习题 ································364

第 13 章 软件工程基础 ··················368
13.1 软件工程的基本概念 ·············368
13.1.1 软件及其特点 ·················368
13.1.2 软件危机与软件工程 ······369
13.1.3 软件工程过程与软件生命周期 ·········370
13.1.4 软件工程的目标与原则 ···371
13.1.5 软件开发工具与软件开发环境 ·········372
13.2 软件需求分析 ······················373

13.2.1 需求分析与需求分析方法……373
13.2.2 结构化分析方法……374
13.2.3 软件需求规格说明书……377
13.3 软件设计……379
13.3.1 软件设计的基本概念……379
13.3.2 概要设计……381
13.3.3 详细设计……387
13.4 程序设计基础……391
13.4.1 程序设计方法与风格……391
13.4.2 结构化程序设计……392
13.4.3 面向对象程序设计……394
13.5 软件测试……397
13.5.1 软件测试的目的……397
13.5.2 软件测试的准则……397
13.5.3 软件测试技术与方法……397
13.5.4 软件测试的实施……399
13.6 程序的调试……401
13.6.1 基本概念……401
13.6.2 软件调试方法……402
13.7 小结……403
13.8 习题……404

第 14 章 数据库基础……406

14.1 数据库系统的基本概念……406
14.1.1 数据、数据库、数据库管理系统……406
14.1.2 数据库系统的发展……409
14.1.3 数据库系统的主要特点……409
14.1.4 数据库的体系结构……410
14.2 数据模型……412
14.2.1 数据模型的基本概念……412
14.2.2 E-R 模型……413
14.2.3 层次模型……416
14.2.4 网状模型……417
14.2.5 关系模型……418
14.3 关系代数……420
14.3.1 关系模型的基本操作……420
14.3.2 关系模型的基本运算……421
14.3.3 关系代数中的扩充运算……422
14.4 数据库设计……425
14.4.1 数据库设计概述……425
14.4.2 数据库设计的需求分析……425
14.4.3 数据库概念设计……426
14.4.4 数据库的逻辑设计……428
14.4.5 数据库的物理设计……429
14.4.6 数据库的建立与维护……429
14.5 小结……431
14.6 习题……431

附录一 ASCII 码表完整版……434

附录二 键盘键值表……436

参考文献……439

第1章 计算机基础知识

随着计算机技术的发展，计算机已应用到各行各业和日常生活中。为了更好地使用计算机，必须了解计算机的系统组成、工作原理等计算机的基础知识。

1.1 计算机系统与工作原理

1.1.1 计算机系统的组成

一个完整的计算机系统包括硬件系统和软件系统两部分，如图 1-1 所示。组成一台计算机的物理设备的总称叫做计算机硬件系统，是实实在在的物体，是计算机工作的基础。指挥计算机工作的各种程序的集合称为计算机软件系统，是计算机的灵魂，是控制和操作计算机工作的核心。计算机通过执行程序而运行，计算机工作时软、硬件协同工作，二者缺一不可。

- 计算机系统
  - 硬件系统
    - 主　机
      - 中央处理单元(CPU)
        - 运算器
        - 控制器
      - 内存储器
        - 只读存储器(ROM)
        - 随机存储器(RAM)
        - 高速缓冲存储器(Cache)
    - 外部设备
      - 输入设备：键盘、鼠标、扫描仪、光笔、麦克风等
      - 输出设备：显示器、打印机、绘图仪、音响等
      - 外存储器：软盘、硬盘、光盘、闪存(优盘)等
      - 其他设备：网络适配器、调制解调器、集线器等
  - 软件系统
    - 系统软件
      - 操作系统：Windows、UNIX、Linux、OS/2、DOS等
      - 语言处理程序：C、Pascal、Fortran、Visual Basic等
      - 实用程序：诊断程序、排错程序等
    - 应用软件
      - 通用软件：办公软件包、数据库管理系统、实时监控等
      - 专用软件：各企业的管理信息系统等

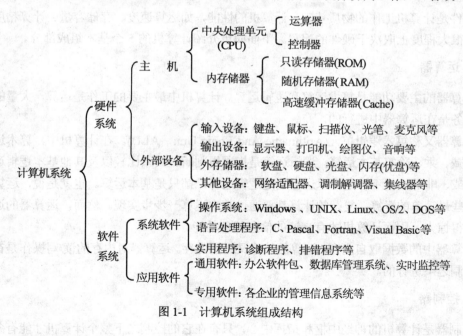

图 1-1　计算机系统组成结构

1.1.2 计算机硬件系统

计算机硬件(Computer Hardware)或称硬件平台，是指计算机系统所包含的各种机械的、电子的、磁性的装置和设备，如运算器、磁盘、键盘、显示器、打印机等。每个功能部件各

尽其职、协调工作，缺少其中任何一个就不能成为完整的计算机系统。

计算机处理存储的数据。可以说，存储和处理是一个整体：存储是为了处理，处理需要存储。“存储和处理的整体性”的最初表达是美国普林斯顿大学的冯·诺依曼于 1945 年提出的计算机体系结构思想，一般称为“程序存储思想”。计算机从 1946 年问世至今都是以这种思想为基本依据的。它的主要特点可归结为以下 3 点。

- 计算机由 5 个基本部分组成：运算器、控制器、存储器、输入设备和输出设备。
- 程序和数据存放在存储器中，并按地址寻访。
- 程序和数据用二进制表示，与十进制相比，实现二进制运算的结构简单，容易控制。

半个多世纪过去了，计算机的系统结构已发生了很大改变，就其结构原理来说，仍然是冯·诺依曼型计算机，其结构如图 1-2所示，图中实线为数据流，虚线为控制流。

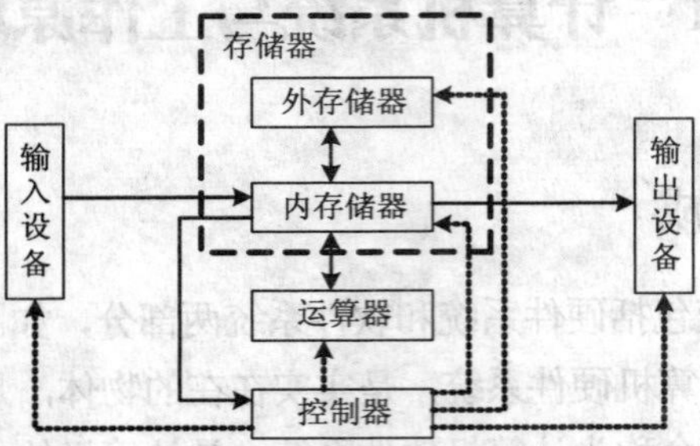

图 1-2　冯·诺依曼计算机结构

硬件是计算机工作的物质基础，计算机的性能，如运算速度、存储容量、计算精度、可靠性等很大程度上取决于硬件的配置。下面简单介绍计算机的 5 个基本组成部分。

1. 运算器

运算器的主要功能是算术运算和逻辑运算。计算机中最主要的工作是运算，大量的数据运算任务是在运算器中进行的。

运算器又称算术逻辑单元(Arithmetic And Logic Unit，ALU)。在计算机中，算术运算是指加、减、乘、除等基本运算；逻辑运算是指逻辑判断、关系比较以及其他基本逻辑运算，如与、或、非等。但不管是算术运算还是逻辑运算，都只是基本运算。也就是说，运算器只能做这些最简单的运算，复杂的计算都要通过基本运算一步步实现。然而，运算器的运算速度却快得惊人，因而计算机才有高速的信息处理功能。

运算器中的数据取自内存，运算的结果又送回内存。运算器对内存的读/写操作是在控制器的控制之下进行的。

2. 控制器

控制器是计算机的神经中枢和指挥中心，只有在它的控制之下整个计算机才能有条不紊地工作，自动执行程序。控制器的功能是依次从存储器取出指令，翻译指令、分析指令、向其他部件发出控制信号，指挥计算机各部件协同工作。

运算器和控制器合称为中央处理器(Central Processing Unit，CPU)。

3. 存储器

存储器的主要功能是存放程序和数据。使用时，可以从存储器中取出信息，不破坏原有的内容，这种操作称为存储器的读操作；也可以把信息写入存储器，原来的内容被抹掉，这种操作称为存储器的写操作。

存储器分为程序存储区、数据存储区和栈。程序存储区存放程序中的指令，数据存储区存放数据。CPU通过地址总线发出相应的地址，选中存取器的该地址对应的存储单元，然后通过数据总线操作该单元中的数据。

存储器通常分为内存储器和外存储器。

(1) 内存储器

内存储器简称内存(又称主存)，是计算机中信息交流的中心。用户通过输入设备输入的程序和数据最初送入内存，控制器执行的指令和运算器处理的数据取自内存，运算的中间结果和最终结果保存在内存中，输出设备输出的信息来自内存，内存中的信息如要长期保存，应送到外存储器中。总之，内存要与计算机的各个部件打交道，进行数据交换。因此，内存的存取速度直接影响计算机的运算速度。

(2) 外存储器

外存储器设置在主机外部，简称外存(又称辅存)，主要用来长期存放暂时不用的程序和数据。通常外存不和计算机的其他部件直接交换数据，只和内存交换数据，而且不是按单个数据进行存取，而是成批地进行数据交换。

常用的外存是磁盘、磁带、光盘等。

由于外存储器安装在主机外部，所以也可以归属外部设备。

4. 输入设备

输入设备用来接受用户输入的原始数据和程序，并将它们转变为计算机可以识别的形式(二进制代码)存放到内存中。常用的输入设备有键盘、鼠标、扫描仪、光笔、数字化仪、麦克风等。

5. 输出设备

输出设备用于将存放在内存中由计算机处理的结果转变为人们所能接受的形式。常用的输出设备有显示器、打印机、绘图仪、音响等。

1.1.3 计算机软件系统

计算机软件(Computer Software)是相对于硬件而言的，它包括计算机运行所需的各种程序、数据及其有关技术文档资料。只有硬件而没有任何软件支持的计算机称为裸机。在裸机上只能运行机器语言程序，使用很不方便，效率也低。硬件是软件赖以运行的物质基础，软件是计算机的灵魂，是发挥计算机功能的关键。

通常软件可分为系统软件和应用软件两大类。用户与计算机系统各层次之间的关系如图1-3所示。

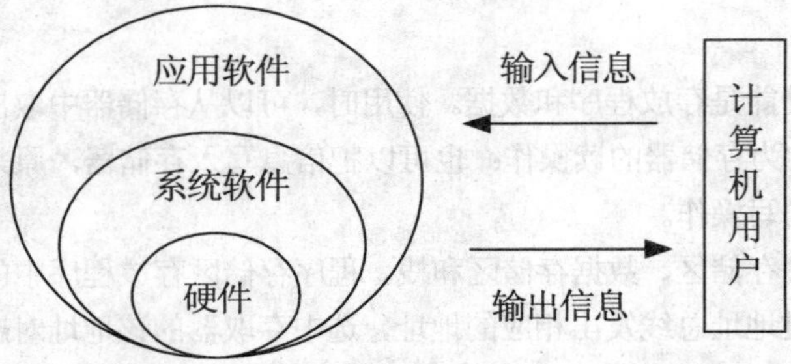

图 1-3 用户与计算机系统各层次之间的关系

1. 系统软件

系统软件是管理、监控和维护计算机资源的软件，用来扩大计算机的功能、提高计算机的工作效率、方便用户使用计算机的软件。它包括操作系统、程序设计语言、语言处理程序、数据库管理程序、系统服务程序等。

(1) 操作系统

在计算机软件中最重要且最基本的就是操作系统(Operating System，OS)。它是最底层的软件，它控制所有在计算机上运行的程序并管理整个计算机的资源，是在计算机裸机与应用程序及用户之间架起的沟通桥梁。没有它，用户就无法自如地应用各种软件或程序。

目前微机常见的操作系统有 Windows、UNIX、Linux 和 DOS 等。

(2) 程序设计语言

计算机解题的一般过程是：用户编写程序，输入计算机，然后由计算机将其翻译成机器语言，在计算机上运行后输出结果。

计算机语言大致分为机器语言、汇编语言和高级语言。

① 机器语言：机器语言是二进制代码表示的指令集合，它是计算机能直接识别和执行的计算机语言。优点是执行效率高、速度快。但其直观性差，可读性不强，给计算机的推广使用带来了极大的困难。

② 汇编语言：汇编语言是符号化的机器语言，它用助记符来表示指令中的操作码和操作数的指令系统。它比机器语言前进了一步，助记符比较容易记忆，可读性也好，但编制程序的效率不高、难度较大、维护较困难，属于低级语言。

③ 高级语言：高级语言是接近人类自然语言和数学语言的计算机语言，是第三代计算机语言。高级语言的特点是与计算机的指令系统无关。它从根本上摆脱了语言对机器的依赖，使之独立于机器，面向过程，进而面向用户。由于易学易记，便于书写和维护，提高了程序设计的效率和可靠性。目前广泛使用的高级语言有 FORTRAN、COBOL、C、Visual Basic、Delphi 和 Java 等。

(3) 语言处理程序

将计算机不能直接执行的非机器语言编写的程序翻译成能直接执行的机器语言的翻译程序称为语言处理程序。

用各种程序设计语言编写的程序称为源程序，计算机不能直接识别和执行。把计算机本身不能直接读懂的源程序翻译成机器能够识别的机器指令代码后，计算机才能执行，这种翻译后的程序称为目标程序。

计算机将源程序翻译成机器指令时有编译方式和解释方式两种。编译方式与解释方式的工作过程如图 1-4 所示。

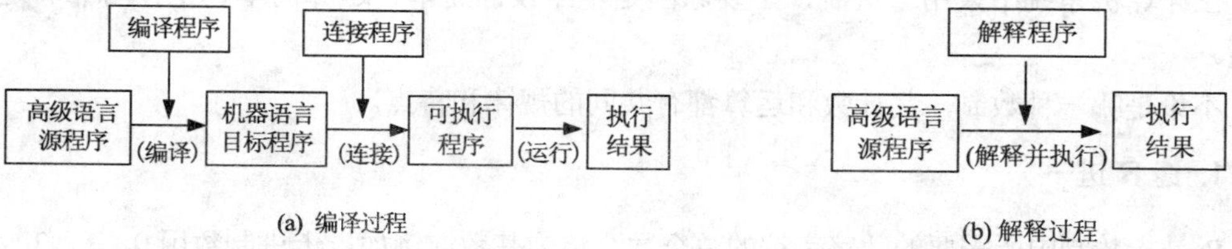

图 1-4 源程序翻译成机器指令的过程

由图 1-4 可以看出，编译方式是把源程序用相应的编译程序翻译成机器语言的目标程序，然后再链接成可执行程序，运行可执行程序后得到结果。目标程序和可执行程序都是以文件方式存放在磁盘上，再次运行该程序，只需直接运行可执行程序，不必重新编译和链接。

解释方式就是将源程序输入计算机后，用该语言的解释程序将其逐条解释，逐条执行，执行完后只能得到结果，而不能保存解释后的机器代码，下次运行该程序时还要重新解释执行。

(4) 数据库管理系统

主要由数据库(DB)和数据库管理系统组成。常见的关系型数据库系统有 Visual FoxPro、Oracle、Access 和 SQL Server 等。

(5) 系统辅助处理程序

系统辅助处理程序也称“软件研制开发工具”、“支持软件”或“工具软件”，主要有编辑程序、调试程序、装配和连接程序和测试程序等。

2. 应用软件

应用软件是用户利用计算机及其提供的系统软件，为解决实际问题所开发的软件的总称。应用软件一般分为两大类：通用软件和专用软件。

通用软件支持最基本的应用，如文字处理软件(Word)、表格处理软件(Excel)等。

专用软件是专门为某一专业领域而开发的软件，如财务管理系统、计算机辅助设计(CAD)软件和本部门的应用数据库管理系统等。

1.2 数制与编码

在计算机系统中，数字和符号都是用电子元件的不同状态表示的，即以电信号表示。根据计算机的这一特点，提出这样的问题：数值在计算机中是如何表示和运算的？这就是本节要讨论的“数制”问题。

1.2.1　数制的基本概念

用一组固定的数字(数码符号)和一套统一的规则来表示数值的方法称为数制，也称为计数制。数制的种类很多，除了十进制数，还有二十四进制(24 小时为一天)、六十进制(60 秒为 1 分钟、60 分钟为 1 小时)、二进制(手套、筷子等两只为一双)等。

在计算机系统中采用二进制，主要原因是电路设计简单、运算简单、工作可靠和逻辑性强。

不论是哪一种数制，其计数和运算都有共同的规律和特点。

1. 逢 R 进一

R 是指数制中所需要的数字字符的总个数，称为基数。例如：十进制数用 0、1、2、3、4、5、6、7、8、9 这十个不同的符号来表示数值。在十进制中基数是 10，表示逢十进一。

2. 位权表示法

位权(也叫权)是指一个数字在某个位置上所代表的值，处在不同位置上的数字所代表的值不同，每个数字的位置决定了它的值或位权。例如，在十进制数 586 中，5 的位权是 100(即 10^2)。

位权与基数的关系是：各进位制中位权的值是基数的若干次幂。因此，用任何一种数制表示的数都可以写成按位权展开的多项式之和。例如，十进制数 256.07 可以用如下形式表示：

$$(256.07)_{10} = 2\times10^2 + 5\times10^1 + 6\times10^0 + 0\times10^{-1} + 7\times10^{-2}$$

位权表示法的原则是数字的总个数等于基数；每个数字都要乘以基数的幂次，而该幂次是由每个数字所在的位置所决定的。排列方式是以小数点为界，整数自右向左依次为 0 次方、1 次方、2 次方……，小数自左向右依次为负 1 次方、负 2 次方……

1.2.2　常用的数制

人们在用计算机解决实际问题中输入/输出使用的是十进制数，而计算机内部用二进制数。但是在计算机应用中常常根据需要使用十六进制数或八进制数，因为二进制数与十六进制数和八进制数正好有倍数的关系，如 2^3 等于 8，2^4 等于 16，所以便于在计算机应用中表示。

1. 十进制数

按“逢十进一”的原则进行计数，称为十进制数，即每位计满 10 时向高位进 1。对于任意一个十进制数，可用小数点把数分成整数部分和小数部分。

十进制数的特点是：数字的个数等于基数 10，逢十进一，借一当十；最大数字是 9，最小数字是 0，有 10 个数字字符 0、1、2、3、4、5、6、7、8、9；在数的表示中，每个数字都要乘以基数 10 的幂次。

例如在十进制数 436.82 中，小数点左边第一位的 6 代表个位，它的数值为 6×10^0；小数点左边第二位的 3 代表十位，它的数值为 3×10^1；左边第三位的 4 代表百位，它的数值为 4×10^2；小数点右边第一位的值为 8×10^{-1}；小数点右边第二位的值为 2×10^{-2}。可见，数码处于不同的位置，代表的数值是不同的。

十进制数的性质是：小数点向右移动一位，数值扩大 10 倍；反之，小数点向左移动一位，数值缩小 10 倍。

2. 二进制数

按“逢二进一”的原则进行计数，称为二进制数，即每位计满 2 时向高位进 1。

(1) 二进制数的特点

二进制数的特点是：数字的个数等于基数 2；最大数字是 1，最小数字是 0；即只有两个数字字符：0 和 1；在数值的表示中，每个数字都要乘以 2 的幂次，这就是每一位的位权。第一位的位权是 2^0，第二位是 2^1，第三位是 2^2，后面依次类推。如表 1-1 所示的是二进制的位权和十进制数的对应关系。

表 1-1　二进制的位权与十进制数值的关系

二进制位数	7	6	5	4	3	2	1	-1	-2	-3	-4
位权	2^6	2^5	2^4	2^3	2^2	2^1	2^0	2^{-1}	2^{-2}	2^{-3}	2^{-4}
(十进制表示)	64	32	16	8	4	2	1	0.5	0.25	0.125	0.0625

任何一个二进制数，都可以用以下方法表示为十进制数：

$$(1101.11)_2 = 1\times 2^3 + 1\times 2^2 + 0\times 2^1 + 1\times 2^0 + 1\times 2^{-1} + 1\times 2^{-2}$$
$$= (13.75)_{10}$$

二进制数的性质是：小数点向右移动一位，数值就扩大 2 倍；反之，小数点向左移动一位，数值就缩小 2 倍。例如：把二进制数 110.101 的小数点向右移动一位，变为 1101.01，比原来的数扩大了 2 倍；把 110.101 的小数点向左移动一位，变为 11.0101，比原来的数缩小 2 倍。

(2) 二进制算术运算

二进制算术运算与十进制运算类似，同样可以进行算术运算，其操作简单、直观，更容易实现。

二进制求和法则如下：

0+0=0

0+1=1

1+0=1

1+1=10(逢二进一)

二进制求差法则如下：

0-0=0

1-0=1

10-1=1(借一当二)

1-1=0

二进制求积法则如下：

0×0=0

0×1=0

1×0=0

1×1=1

二进制求商法则如下：

0÷1=0

1÷1=1

例如，在进行两数相加时，首先写出被加数和加数，这种方法曾用来计算两个十进制数的加法。然后按照由低位到高位的顺序，根据二进制求和法则把两个数字逐位相加即可。

【例 1-1】 求 1101.01+1001.11=?

```
解       1101.01
       + 1001.11
       ──────────
        10111.00
```

计算结果：1101.01+1001.11=10111.00。

【例 1-2】 求 1101.01-1001.11=?

```
解       1101.01
        - 1001.11
       ──────────
         0011.10
```

计算结果：1101.01-1001.11=11.10。

【例 1-3】 求 1101×110=?

```
解       1101
       ×  110
       ───────
         0000
        1101
       1101
      ─────────
      1001110
```

计算结果：1101×110=1001110。

【例 1-4】 100111÷1101=?

```
解            11
     1101) 100111
             1101
           ──────
             1101
             1101
           ──────
                0
```

计算结果：100111÷1101=11。

3. 八进制数

八进制数的进位规则是“逢八进一”，其基数 R=8，采用的数码是 0，1，2，3，4，5，6，7，每位的位权是 8 的幂次。例如，对于八进制数 376.4 可表示为：

$$
\begin{aligned}
(376.4)_8 &= 3\times8^2+7\times8^1+6\times8^0+4\times8^{-1}\\
&= 3\times64+7\times8+6+0.5\\
&= (254.5)_{10}
\end{aligned}
$$

4. 十六进制数

十六进制数的特点如下：

(1) 采用的 16 个数码为 0，1，2，…，9，A，B，C，D，E，F。符号 A~F 分别代表十进制数的 10~15。

(2) 进位规则是“逢十六进一”，基数 R=16，每位的位权是 16 的幂次。例如，对于十六进制数 3AB.11 可表示为

$$
\begin{aligned}
(3AB.11)_{16} &= 3\times16^2+10\times16^1+11\times16^0+1\times16^{-1}+1\times16^{-2}\\
&\approx (939.0664)_{10}
\end{aligned}
$$

5. 常用数制的对应关系

(1) 常用数制的基数和数字符号

常用数制的基数和数字符号如表 1-2所示。

表 1-2　常用数制的基数和数制符号

	十进制	二进制	八进制	十六进制
基数	10	2	8	16
数字符号	0~9	0，1	0~7	0~9，A，B，C，D，E，F

(2) 常用数制的对应关系

常用数制的对应关系表 1-3 所示。

表 1-3　常用数制的对应关系

十进制	二进制	八进制	十六进制
0	0	0	0
1	1	1	1
2	10	2	2
3	11	3	3
4	100	4	4

(续表)

十进制	二进制	八进制	十六进制
5	101	5	5
6	110	6	6
7	111	7	7
8	1000	10	8
9	1001	11	9
10	1010	12	A
11	1011	13	B
12	1100	14	C
13	1101	15	D
14	1110	16	E
15	1111	17	F
16	10000	20	10

1.2.3　数制间的转换

将数由一种数制转换成另一种数制称为数制间的转换。由于计算机采用二进制，而在日常生活中人们习惯使用十进制，所以在计算机进行数据处理时就必须把输入的十进制数换算成计算机所能接受的二进制数，计算机运行结束后，再把二进制数换算成人们习惯的十进制数输出。这两个换算过程完全由计算机系统自动完成。

1. 二进制数与十进制数间的转换

(1) 二进制数转换成十进制数

二进制数转换成十进制数，前面已经讲过了，只要将二进制数按位权展开，然后将各项数值按十进制数相加，便可得到等值的十进制数。例如：

$$(10110.11)_2 = 1\times 2^4 + 1\times 2^2 + 1\times 2^1 + 1\times 2^{-1} + 1\times 2^{-2} = (22.75)_{10}$$

同理，若将任意进制数转换为十进制数，只需将数$(N)_R$写成按位权展开的多项式表达式，并按十进制规则进行运算，便可求得相应的十进制数$(N)_{10}$。

(2) 十进制数转换成二进制数

十进制数转换成二进制数需要将整数部分和小数部分分别转换。

① 整数转换

整数转换用除 2 取余法。

【例 1-5】 将$(57)_{10}$转换为二进制数。

解：设$(57)_{10} = (a_n a_{n-1} \Lambda\ a_2 a_1 a_0)_2$

用除 2 取余法得：

		余数
2	57	
2	28	………$1=a_0$
2	14	………$0=a_1$
2	7	………$0=a_2$
2	3	………$1=a_3$
2	1	………$1=a_4$
	0	………$1=a_5$

结果：$(57)_{10}=(111001)_2$。

② 小数转换

小数转换用乘二取整法。

【例 1-6】 将$(0.834)_{10}$转换成二进制小数。

解：设$(0.834)_{10}=(0.a_{-1}a_{-2}a_{-3}\Lambda)_2$

用乘二取整法得：

$$
\begin{array}{rl}
 0.834 & \\
\times\quad 2 & \text{整数} \\
\hline
 1.668 & \cdots\cdots\cdots 1=a_{-1} \\
 0.668 & \\
\times\quad 2 & \\
\hline
 1.336 & \cdots\cdots\cdots 1=a_{-2} \\
 0.336 & \\
\times\quad 2 & \\
\hline
 0.672 & \cdots\cdots\cdots 0=a_{-3} \\
\times\quad 2 & \\
\hline
 1.344 & \cdots\cdots\cdots 1=a_{-4}
\end{array}
$$

结果：$(0.834)_{10}\approx(0.1101)_2$。

由【例 1-6】可见，在小数部分乘 2 取整的过程中，不一定能使最后的乘积为 0，因此转换值存在误差。通常在二进制小数的精度已达到预定的要求时，运算便可结束。

将一个带有整数和小数的十进制数转换成二进制数时，必须将整数部分和小数部分分别按除 2 取余法和乘 2 取整法进行转换，然后再将两者的转换结果合并起来即可。

同理，若将十进制数转换成任意 R 进制数$(N)_R$，则整数部分转换采用除 R 取余法；小数部分转换采用乘 R 取整法。

2. 二进制数与八进制数、十六进制数间的转换

八进制数和十六进制数的基数分别为 $8=2^3$，$16=2^4$，所以 3 位二进制数恰好相当于一位八进制数，4 位二进制数相当于一位十六进制数，它们之间的相互转换是很方便的。

二进制数转换成八进制数的方法是从小数点开始，分别向左、向右，将二进制数按每 3 位一组分组(不足 3 位的补 0)，然后写出每一组等值的八进制数。

【例 1-6】 将二进制数 100110110111.00101 转换成八进制数。

解

100	110	110	111	.	001	010
↓	↓	↓	↓	↓	↓	↓
4	6	6	7	.	1	2

结果：$(100110110111.00101)_2 = (4667.12)_8$。

八进制数转换成二进制数的方法恰好和二进制数转换成八进制数相反，即从小数点开始分别向左、向右将八进制数的每一位数字转换成 3 位二进制数。如对【例 1-7】，按相反的过程转换，有：

$$(4667.12)_8 = (100110110111.00101)_2$$

二进制数转换成十六进制数的方法和二进制数与八进制数的转换相似，从小数点开始分别向左、向右将二进制数按每 4 位一组分组(不足 4 位补 0)，然后写出每一组等值的十六进制数。

【例 1-7】 将二进制数 1111000001011101.0111101 转换成十六进制数。

解

1111	0000	0101	1101	.	0111	1010
↓	↓	↓	↓	↓	↓	↓
F	0	5	D	.	7	A

结果：$(1111000001011101.0111101)_2 = (F05D.7A)_8$。

类似地，将十六进制数转换成二进制数，可按【例 1-8】的相反过程操作。

1.2.4　数在计算机中的表示方式

在计算机中处理的数据可分为数值型和非数值型两类。数值型数据是指数学中的代数值，具有量的含义，如 235、-328.45 或 3/8 等；非数值型数据是指输入到计算机中的所有文字信息，没有量的含义，如数字 0~9、大写字母 A~Z 或小写字母 a~z、汉字、图形、声音及一切可印刷的符号+、-、！、#、%等。

由于计算机采用二进制，所有这些数据信息在计算机内部都必须以二进制编码的形式表示。也就是说，一切输入到计算机中的数据都是由 0 和 1 两个数字进行组合的。对于数值型数据来说有正有负，在数学中用符号“+”和“-”表示正数和负数，但在计算机中数的正、负号也要用 0 和 1 来表示。

1. 带符号数的表示方法

在计算机中，对有符号的数常用原码、反码和补码 3 种方式表示，其主要目的是解决减法运算的问题。任何正数的原码、反码和补码的形式完全相同，负数则各自有不同的表示形式。

(1) 数的原码表示

正数的符号位用 0 表示，负数的符号位用 1 表示，有效值部分用二进制绝对值表示，这种表示法称为原码。原码对 0 的表示方法不唯一，即正的 0(000…00)和负的 0(100…00)。

例如：X=+76；Y=-76。

则：

$$(X)_{原} = 0 \quad 1001100$$
$$(Y)_{原} = \underline{1} \quad \underline{1001100}$$

↑符号位　　↑数值

(2) 数的反码表示

正数的反码和原码相同，负数的反码是对该数的原码除符号位外各位取反，即“0”变“1”，“1”变“0”。

例如：

$(+76)_{原}=(+76)_{反}=01001100$

$(-76)_{原}=11001100$

$(-76)_{反}=10110011$

可以验证，任何一个数的反码的反码即是原码本身。

(3) 数的补码表示

正数的补码和原码相同，负数的补码是其反码加 1。

例如：

$(+76)_{原}=(+76)_{反}=(+76)_{补}=01001100$

$(-76)_{原}=11001100$

$(-76)_{反}=10110011$

$(-76)_{补}=10110100$

可以验证，任何一个数的补码的补码即是原码本身。

引入补码的概念之后，减法运算可以用加法来实现，并且两数的补码之“和”等于两数“和”的补码。因此，在计算机中，加减法基本上都是采用补码进行运算。

2. 定点数与浮点数

数值除了有正、负数外，还有带小数点的数值。当所要处理的数值含有小数部分时，计算机还要解决数值中的小数点的表示问题。在计算机中，通常采用隐含规定小数点的位置来表示有小数点的数。

根据小数点的位置是否固定，数的表示方法可以分为定点整数、定点小数和浮点数 3 种类型。定点整数和定点小数统称为定点数。

(1) 定点整数

定点整数是指小数点隐含固定在整个数值的最后，符号位右边的所有位数表示的是一个整数。如果用 4 位表示一个定点整数，则 0110 表示二进制数“+110”，即十进制数“+6”。

(2) 定点小数

定点小数是指小数点隐含固定在某一个位置上的小数。通常将小数点固定在最高数据位的左边。如果用 4 位表示一个定点小数，则 0110 表示二进制数+0.110，即十进制数+0.75。

由此可见，定点数可以表示纯小数和整数。定点整数和定点小数在计算机中的表示没有什么区别，小数点完全靠事先约定而隐含在不同位置，如图 1-5 所示。

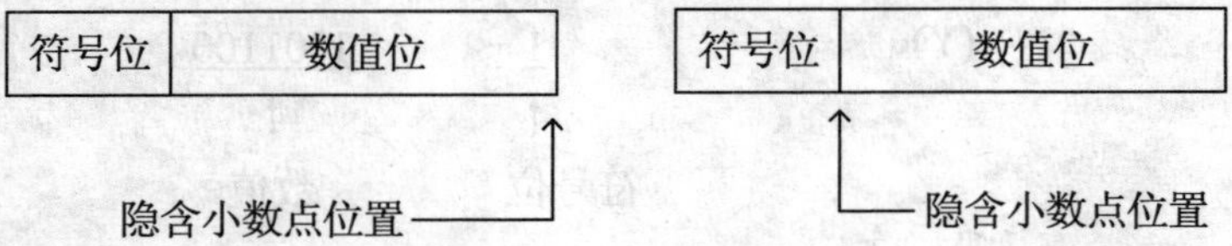

(a) 定点整数格式　　(b) 定点小数格式

图 1-5　定点数格式

(3) 浮点数

浮点数是指小数点位置不固定的数，它既有整数部分又有小数部分。在计算机中通常把浮点数分成阶码(也称为指数)和尾数两部分来表示，其中阶码用二进制定点整数表示，尾数用二进制定点小数表示，阶码的长度决定数的范围，尾数的长度决定数的精度。为保证不损失有效数字，通常还对尾数进行规格化处理，即保证尾数的最高位为 1，实际数值通过阶码进行调整。

浮点数的格式多种多样，例如：某计算机用 32 位表示浮点数，阶码部分为 8 位补码定点整数，尾数部分为 24 位补码定点小数。采用浮点数的最大特点是比定点数表示的数值范围大。

例如：+110110 的数值等于 $2^6 \times 0.110110$，阶码为 6，即+110，尾数为+0.110110。其浮点数表示形式如图 1-6 所示。

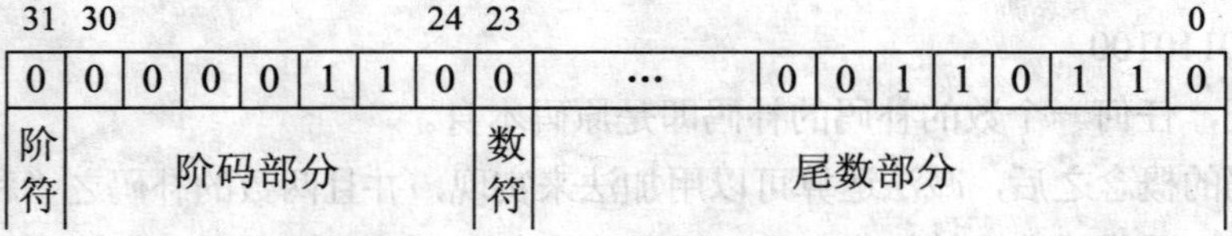

图 1- 6　浮点数示例

1.2.5　字符编码

计算机是以二进制方式组织、存放信息的，信息编码就是指对输入到计算机中的各种数值型和非数值型数据用二进制进行编码的方式。对不同机器、不同类型的数据，其编码方式是不同的，编码的方法很多。为了使信息的表示、交换、存储或加工处理方便，在计算机系统中通常采用统一的编码方式，因此制定了编码的国家标准或国际标准。如：位数不等的二进制码、BCD 码、ASCII 码等。计算机使用这些编码在计算机内部和键盘等终端设备之间以及计算机之间进行信息交换。

在输入过程中，系统自动将用户输入的各种数据按编码的类型转换成相应的二进制形式存入计算机的存储器中。在输出过程中，再由系统自动将二进制编码的数据转换成用户可以识别的数据形式输出给用户。

字符是计算机中使用最多的非数值型数据，是人与计算机进行通信、交互的重要媒介，国际上广泛使用美国信息交换标准码(American Standard Code for Information Interchange，ASCII)。

ASCII 码有 7 位码和 8 位码两种形式。7 位 ASCII 码是用 7 位二进制数进行编码的，所以可以表示 128 个字符。这是因为 1 位二进制数可以表示两种状态，0 或 1(2^1=2)；两位二进制数可以表示 4 种状态，00、01、10、11(2^2=4)；以此类推，7 位二进制数可以表示 2^7=128 种状态，每种状态都唯一对应一个 7 位二进制码，这些码可以排列成一个十进制序号 0~127，参见附录一。

ASCII 码表的 128 个符号是这样分配的：第 0~32 号及 127 号(共 34 个)为控制字符，主要包括换行、回车等功能字符；第 33~126 号(共 94 个)为字符，其中第 48~57 号为 0~9 十个数字符号，65~90 号为 26 个大写英文字母，97~122 号为 26 个小写英文字母，其余为一些标点符号、运算符号等。例如，大写字母 A 的 ASCII 码值为 1000001，即十进制数 65，小写字母 a 的 ASCII 码值为 1100001，即十进制数 97。这些字符基本满足了各种程序设计语言、西文文字、常见控制命令等的需要。

为了使用方便，在计算机的存储单元中，一个字符的 ASCII 码占一个字节(8 个二进制位)，其最高位只用作奇偶校验位，如图 1-7 所示。

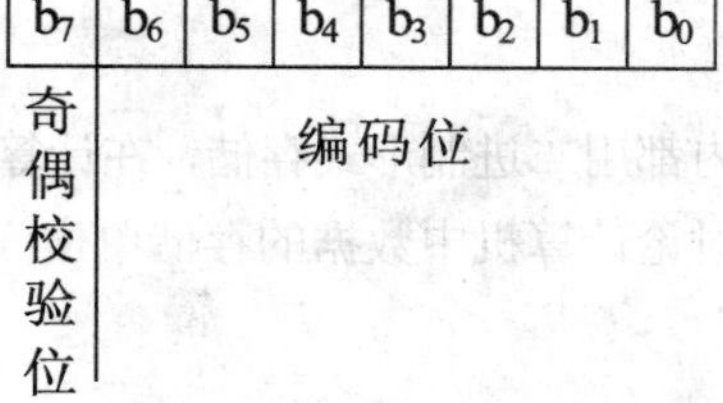

图 1-7　一个字节的 ASCII 码表示

奇偶校验是指在代码传送过程中，用来检验是否出现错误的一种方法。一般分为奇校验和偶校验两种。奇校验规定，正确的代码一个字节中 1 的个数必须是奇数，若非奇数，则在最高位 b_7 处添 1 来满足；偶校验规定，正确的代码一个字节中 1 的个数必须是偶数，若非偶数，则在最高位 b_7 处添 1 来满足。

例如：将“COME”中的 4 个字符用带奇校验的 ASCII 码存储。

解：先由附录一查出十进制 ASCII 码，然后转换成二进制 ASCII 码，再根据奇校验的规定在左面补上奇偶校验位，如表 1-4所示。

表 1-4　ASCII 码应用示例

字母	十进制 ASCII 码	二进制 ASCII 吗	带奇校验位的 ASCII 码
C	67	1000011	01000011
O	79	1001111	01001111
M	77	1001101	11001101
E	69	1000101	01000101

又如：当 ASCII 码值为“101010”时，问：它是什么字符？当采用偶校验时，奇偶校验位 b_7 等于什么？

解：由于$(101010)_2=(42)_{10}$，由附录一得知所代表的字符为“*”；根据偶校验规则，应使一个字节中 1 的个数为偶数，所示在奇偶校验位添 1，即 $b_7=1$。

ASCII 码虽然是最常用的编码，但由于最高位 b_7 用来作为校验位，所以只能表示 128 个不同的字符。如果最高位 b_7 也用来编码，则称为扩展 ASCII 码(即 8 位码)，可用来表示 256 个不同的字符。

目前，还有一种编码在许多环境中都得到了应用，这就是 Unicode 码。Unicode 码使用 16 位二进制进行编码，最多可以表示 65536 个不同的字符。通过把高 8 位置为 0，并保持原来的编码不变，它把 ASCII 码和扩展 ASCII 码也吸收进来。例如字母“S”的 3 种编码如表 1-5所示。

表 1-5　字母“S”的 3 种编码

ASCII	扩展 ASCII	UNICODE
01010011	01010011	0000000 01010011

1.2.6　存储单位

各种各样的数据在计算机内都用二进制形式存储，在计算存储空间的大小时，要用到不同的存储单位。在这一节将要讨论计算机中数据的存储单位问题。

1. 位(bit)

位是计算机的最小存储单位，简写为 b，表示二进制中的一位。位也称为“比特”，是 bit 的音译。一个二进制位只能表示两种状态，即只能存放二进制数“0”或“1”。

2. 字节(Byte)

字节是计算机的最小存储单元，也是处理数据的基本单位，简写为“B”，表示二进制中的 8 位，即 1B=8b。字节也称为“拜特”，是 Byte 的音译。

常用的存储单位有：KB、MB、GB、TB。1KB 表示 1K 字节，读作“千字节”，是 2 的 10 次方字节，等于 1024 个字节；相应的 1MB 读作“兆字节”，是 2 的 20 次方字节，等于 1024 KB；1GB 读作“吉字节”，是 2 的 30 次方字节；1TB 读作“太字节”，是 2 的 40 次方字节。

3. 常用单位的前缀

当人们说 64KB 的时候，KB 是 Kilobyte(千字节)的缩写。Kilo 是一种度量前缀，表示 1000。如 1Kilometer 是 1 千米，1Kilogram 是 1000 克。由于数据在计算机中用二进制形式存储，为了计算的方便，当 K 用在度量存储空间的时候，这里的 1000 仅仅是一个近似值。它的实际值是 2 的 10 次方，等于 1024。

在描述计算机存储容量时，常用的存储单位 KB、MB、GB、TB 的前缀的含义如表 1-6 所示。

表 1-6　计算机存储容量的常用单位

前缀	前缀的含义	单位	单位的含义
KILO-	1 000	K	2^{10}=1 024
MEGA-	1 000 000	M	2^{20}=1 048 576
GIGA-	1 000 000 000	G	2^{30}=1 073 741 824
TERA-	1 000 000 000 000	T	2^{40}=1 099 511 627 776

下面举例说明常用存储容量的计算方法。

【例 1-8】为了满足一台 1024 列 768 行像素的单色显示器存储需要，需要使用多少字节？

解：人们可以说它具有 1024 列，每列包含 768 个像素。由于是单色显示器，每个像素需要 1 位存储空间，也就是说，一个字节能存放 8 个像素。所以共需要：

$$\frac{1024\times768}{8}\text{ 字节}=98304\text{ 字节}$$

【例 1-9】假设显示屏上的每个像素都要用两个字节来存储，一台 1024×768 像素的显示器需要多少 KB 的存储空间。

解：所需要的存储空间为：

$$\frac{1024\times768\times2}{1024}\text{ KB}=1536\text{ KB}$$

【例 1-10】计算机动画对计算机存储的需求一直都在增长。有一种格式的计算机动画要把一系列图片存储在计算机中。假设图片显示在屏幕上一个包含 1024×768 像素的长方形矩阵中，而且一个像素需要一个字节的存储空间，要存储一段包含 32 幅图片的动画需要多少存储空间？在求得字节数以后，再把答案转化为 MB。

解：一个图片所包含的像素个数为：

$$1024\times768=2^{10}\times(3\times2^{8})=3\times2^{18}\text{ (像素)}$$

由于一个像素需要一个字节的存储空间，所以 32 幅图片所需要的字节数为：

$$32\times3\times2^{18}=3\times2^{23}\text{ (字节)}$$

将其转化为 MB，有：

$$3\times 2^{23}\,\mathrm{B}\times\frac{1\mathrm{MB}}{2^{20}\,\mathrm{B}}=3\times 2^{3}\,\mathrm{MB}=24\mathrm{MB}$$

注意：人们使用 MB 表示 Megabyte(百万字节)的缩写，使用 Mb 表示 Megabit(百万位)。

【例 1-11】 如果用 1000B 来近似表示 1KB，计算出它的绝对误差和相对误差。

解：绝对误差是指近似值与精确值的差的绝对值。相对误差是指绝对误差与精确值的比率，常用百分比表示。1KB 的实际值是 1024B，近似值是 1000B，故所求绝对误差为：

$$|1000\mathrm{B}-1024\mathrm{B}|=24\mathrm{B}$$

相对误差为：

$$\frac{|1000-1024|}{1024}=\frac{24}{1024}=\frac{3}{128}\approx 2.34\%$$

1.3 计算机程序

1.3.1 程序的概念

通常，完成一项复杂的任务，需要进行一系列的具体工作。这些按一定的顺序安排的工作即操作序列，就称为程序(program)。例如，学校里开会的程序步骤：

(1) 宣布大会开始。

(2) 介绍出席大会的领导。

(3) 领导讲话。

(4) 宣布大会结束。

可见，程序的概念是很普遍的。对于计算机来说，计算机要完成某种数据处理任务，人们可以设计计算机程序，即规定一组操作步骤，使计算机按该操作步骤执行，完成该数据处理任务。在为计算机设计程序时，必须用特定的计算机语言描述。用计算机语言设计的程序，即为计算机程序。程序就是计算机为完成某一个任务所必须执行的一系列指令的集合。

1.3.2 寄存器

CPU 中设有寄存器，与运算器或控制器直接相连，可以存放数据或计算的中间结果。寄存器的数据存取速度快，但是寄存器不能无限制的增加，多了就会影响速度。为了解决这个矛盾，在存储器中特别划分出了一块区域，称为栈，其特点是存取数据都在一端，该端称为栈顶。栈的存取不需要计算地址，因此速度快，可以作为寄存器的补充。

CPU 中的寄存器有两类，即通用寄存器和专用寄存器。B、C、D、E、H、L 是 8 位通用寄存器，它是运算器的组成部分，用来暂存操作数及运算的中间结果。它们可以组合使用作为 16 位通用寄存器，即 BC、DE、HL。B'、C'、D'、E'、H'、L'是它们的备用寄存器(或辅助寄存器)。

A、F、PC、SP、IX、IY 是专用寄存器：

A 是一个 8 位寄存器，通常称为累加器。它与运算器(ALU)一起完成各种运算。ALU 是一个组合逻辑电路，本身不能保留信息，只有与累加器 A 一起才能完成各种运算：累加器 A 在运算前向 ALU 提供操作数，运算后暂存运算结果。A'是累加器 A 的备用寄存器。

F 是一个 8 位寄存器，一般称为标志寄存器。它与累加器 A 相连，记录运算结果的某些特征，以此作为控制程序流程转向的依据。F'是表示寄存器 F 的备用寄存器。

PC 为 16 位寄存器，习惯上称为程序计数器。程序是一组指令，这组指令一般都连续存放在存储器中。PC 用来寄存指令的地址。CPU 通过 PC 取来一条指令执行时，PC 便"指向"下一条指令，即 PC 的值变为下一条将要执行的指令的地址。除非遇到转移指令或子程序调用指令，否则 CPU 都是通过 PC 顺序地提取指令。例如，一条指令占 2 个字节，取出这条指令之后，PC 的值自动加 2。

SP 是 16 位寄存器，习惯称为堆栈指示器。SP 的值始终是栈顶元素的地址，随着数据的存入和删除，SP 的值自动改变。

IX 和 IY 是两个独立的 16 位变址寄存器，通常包含一个基地址(这个地址是根据需要写入的，一般在程序的首部通过赋值完成)，由基地址加上偏移量(在程序运行中给出)，以形成操作数的实际地址。

1.3.3　程序的执行过程

程序是一组指令，指令联系着存储器和 CPU。程序和数据都存储在内存中，所以执行程序时 CPU 需要频繁地与内存进行数据交换。程序本身也可包含数据，即程序中的每一条指令由操作码和操作数两部分组成，前者表示该指令应进行什么性质的操作。不同的指令用不同编码来表示，每一种编码代表一种指令。操作数是数据所在的存储单元的地址或直接就是数据。

例如，01H 1000H 是一条操作指令，其中 01H 是操作码，1000H 是操作数。具体含义是：将地址为 1000H 存储单元中的数据放到累加器 A 中。

下面通过一个程序，了解计算机的组成原理和工作过程。这是一个简单的求和程序：

$$y=3+4$$

3、4 和 y 存储在存储器中数据存储区，假如地址依次为 3000H、3001H、3002H，如图 1-9(a)所示。注意，y 不是数据，只是地址为 3002H 的存储单元的标示符，这个单元将要存放计算结果。程序由 4 条指令组成，如表 1-7 所示。

表 1-7　求和程序 y=3+4 所包含的指令

操作码	操作数	指令含义
01H	3000H	将地址为 3000H 单元中的数据放入累加器 A
03H	3001H	将地址为 3001H 单元中的数据与累加器 A 中的数据相加，结果保留在累加器 A
02H	3002H	将累加器 A 中的数据存入地址为 3002H 的单元
07H		停机

这组指令依次存储在存储器中的程序存储区，地址分别为 2000H、2003H、2006H、和

2009H，前 3 条指令各占 3 个字节，第 4 条指令占一个字节。一条指令(013000H)的实际存储如图 1-8 所示。

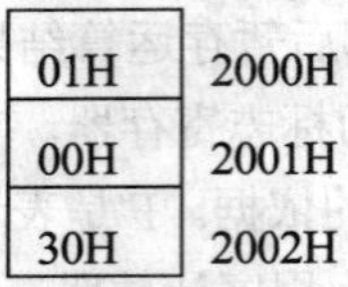

图 1-8　指令 013000H 的存储

CPU 从程序计数器(PC)依次提取指令执行，每条指令的意义如表 1-7 所示。图 1-9 演示了指令执行过程中存储器和累加器 A 的变化。如图 1-9(a)所示，程序开始时，PC 指向第一条指令，累加器 A 为空(或者为上一次使用累加器 A 的程序存储在累加器中的数据)，存储器的程序区中 2000H-2009H 存放 4 条指令，数据区存放程序执行时需要的数据，其中 3000H 存放数据 3，3001H 存放数据 4，3002H 用于存放最终的结果 y。图 1-9(b)给出执行第一条指令之后的存储器和累加器 A 的状态，第一条指令的作用是将地址为 3000H 单元中的数据放入累加器 A，而 3000H 单元中的数据为 3，所以此时累加器 A 中的内容变为 3，PC 指向下一条指令，即第二条指令。图 1-9(c)给出第二条指令执行之后的结果，第二条指令的作用是将地址为 3001H 单元中的数据与累加器 A 中的数据相加，结果保留在累加器 A。3001H 单元中存放的数据为 4，累加器 A 中的数据为 3，相加后结果为 7，将 7 保存在累加器 A 中，所以此时累加器 A 的内容变为 7，而 PC 指向下一条指令，即第 3 条指令。图 1-9(d)给出执行第三条指令之后的结果，第三条指令的作用是将累加器 A 中的数据存入地址为 3002H 的单元，所以 3002H 单元的内容此时变为 7，PC 指向最后一条指令。第 4 条指令执行之后程序停止。

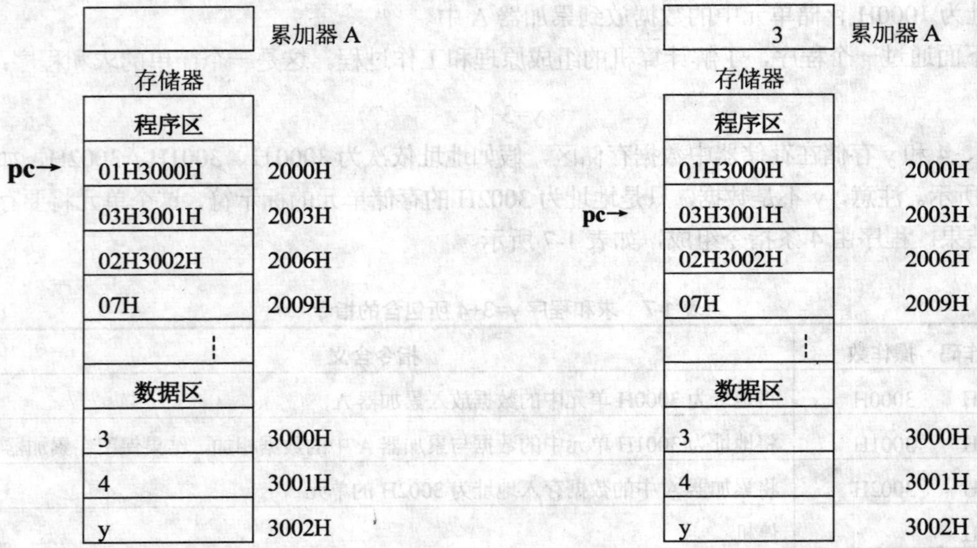

(a) 程序开始时　　　　(b) 执行第 1 条指令之后

图 1-9　求和程序 y=3+4 的执行过程示意图

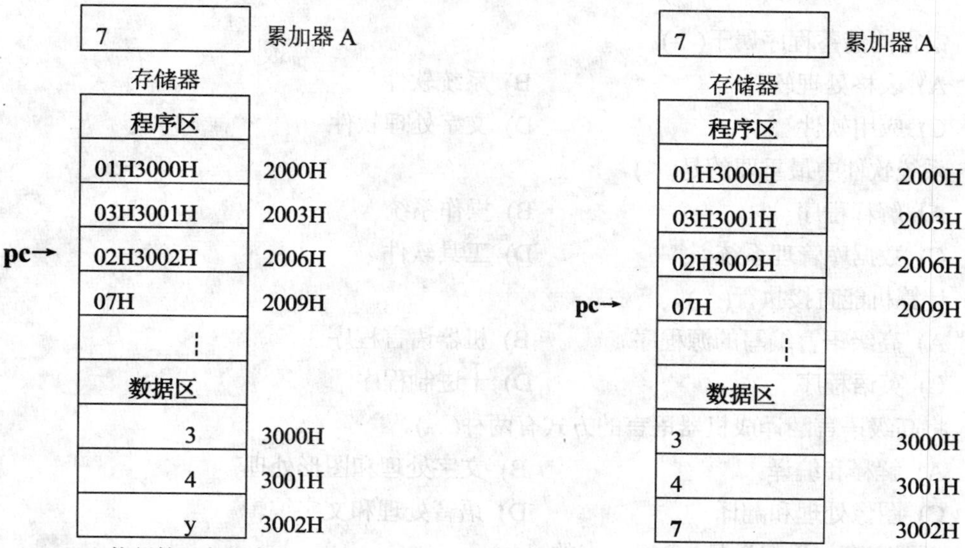

(c) 执行第 2 条指令之后　　(d) 执行第 3 条指令之后

图 1-9　(续)

1.4　小　　结

本章概要介绍了计算机系统的组成、工作原理、计算机中的不同的数制与编码表示以及计算机程序的运行。

1.5　习　　题

一、选择题

1. 一个完整的计算机系统包括(　)两大部分。
   A) 控制器和运算器　　B) CPU 和 I/O 设备
   C) 硬件和软件　　D) 操作系统和计算机设备
2. 微机硬件系统包括(　)。
   A) 内存储器和外部设备　　B) 显示器、主机箱、键盘
   C) 主机和外部设备　　D) 主机和打印机
3. 计算机软件系统应包括(　)。
   A) 操作系统和语言处理系统　　B) 数据库软件和管理软件
   C) 程序和数据　　D) 系统软件和应用软件

4. 银行的储蓄程序属于( )。

A) 表格处理软件　　B) 系统软件

C) 应用软件　　D) 文字处理软件

5. 系统软件中最重要的是( )。

A) 解释程序　　B) 操作系统

C) 数据库管理系统　　D) 工具软件

6. 计算机能直接执行( )。

A) 高级语言编写的源程序　　B) 机器语言程序

C) 英语程序　　D) 十进制程序

7. 将高级语言翻译成机器语言的方式有两种( )。

A) 解释和编译　　B) 文字处理和图形处理

C) 图像处理和翻译　　D) 语音处理和文字编辑

8. “程序存储思想”是( )提出来的。

A) 丹尼尔·里奇　B) 冯·诺依曼　C) 贝尔　D) 马丁·理查德

9. $(10110110)_2+(111101)_2=(\_\_\_\_\_\_\_\_)_2$。

A) 110101　　B) 11110011

C) 11001100　　D) 11010111

10. $(10010100)_2-(100101)_2=(\_\_\_\_\_\_\_\_)_2$。

A) 11110101　　B) 10010011

C) 1101111　　D) 1100111

11. $(1101)_2\times(101)_2=(\_\_\_\_\_\_\_\_)_2$。

A) 1000001　　B) 1010011

C) 1011100　　D) 1101111

12. 将补码转换为十进制数，即$(11110110)_{补}=(________)_{10}$。

A) 8　　B) -9

C) -10　　D) 11

13. 已知字符“8”的 ASCII 码是 56，则字符“5”的 ASCII 码是( )。

A) 52　　B) 53

C) 54　　D) 55

14. 1KB 表示( )。

A) 1024 位　　B) 1000 位

C) 1000 字节　　D) 1024 字节

15. CPU 从专用寄存器( )依次提取指令执行。

A) IX　B) IY　C) SP　D) PC

16. 在运算前向 ALU 提供操作数，运算后暂存运算结果的专用寄存器是( )。

A) IX　B) IY　C) A　D) PC

18. 下列说法错误的是(　)。

A) 寄存器的存取速度快

B) 寄存器的数量可以根据需要增加

C) 为了解决寄存器数量有限的问题，在存储器中特别划分出了一块区域称为栈

D) 栈存取数据都在一端进行

19. 指令存储在存储器的(　)存储区。

A) 程序　B) 数据　C) 栈　D) 堆

20. 机器指令 01H3000H 占(　)字节的内存空间。

A) 2　B) 3　C) 4　D) 6

二、填空题

1. 计算机由 5 个基本部分组成：运算器、控制器、________、________和输出设备。

2. 运算器的主要功能是算术运算和________。

3. 存储器通常分为内存储器和________。

4. 计算机能直接识别和执行的计算机语言是________。

5. 中央处理器是决定一台微机性能的核心部件，由________组成。

6. $(254)_{10}$=(　　　　)$_2$=(　　　　)$_8$=(　　　　)$_{16}$。

7. $(3.40625)_{10}$=(________)$_2$=(________)$_8$=(________)$_{16}$。

8. $(125)_{10}$=(　　　　)$_{原}$=(　　　　)$_{反}$=(　　　　)$_{补}$。

9. $(-25)_{10}$=(　　　　)$_{原}$=(　　　　)$_{反}$=(　　　　)$_{补}$。

10. 已知字符“a”的 ASCII 码是 97，则字符“f”的 ASCII 码是________。

11. 许多彩色显示器使用 32 位真彩来进行显示。假设每个像素需要 4B 的存储空间，则一台 1024 列 768 行的彩色显示器需要的字节数是________B。

第2章 Visual Basic概述

2.1 关于 Visual Basic

“Visual”的英文原意是“可视的”、“视觉的”。在这里是指开发图形用户界面(GUI)的方法，即“可视化程序设计”。这种方法不需要编写大量代码去描述界面的外观和位置，只要把预先建立的控件“画”到屏幕上并移动到适当的位置，再进行简单的设置即可。“Basic”是指 BASIC(Beginner’s All-purpose Symbolic Instruction Code，初学者通用符号指令代码)语言，Visual Basic 在原 BASIC 语言的基础上进一步发展，具有面向普通使用者、易学易用的优点。

Visual Basic 作为一种开发工具也不仅仅是一种语言，从数学计算、数据库管理、客户端服务器软件、通信软件、多媒体软件到 Internet / Intranet 软件，都可以用 Visual Basic 开发完成。其功能之强大也绝非是早期 Basic 语言所能比拟的。

2.1.1 Visual Basic 的发展

美国微软公司于 1991 年推出 Visual Basic 1.0 版，1992 年推出 2.0 版，1993 年推出 3.0 版，1995 年推出 4.0 版，1997 年推出 5.0 版，1998 年推出 6.0 版。5.0 以前的版本主要应用于 DOS 和 Windows 3.x 环境中 16 位程序的开发，只有英文版；而 5.0 以后的版本能运行在 Windows 95 以上或 Windows NT 操作系统下，是一个 32 位应用程序的开发工具，既有英文版，又有中文版。

Visual Basic 6.0 包括以下 3 个版本。

(1) 学习版：主要是为初学者了解基于 Windows 的应用程序开发而设计的。该版本包括所有的内部控件与 Grid、Tab 和 DataBound 控件。

(2) 专业版：主要是为专业编程人员提供了一整套进行开发的功能完备的工具。该版本包括学习版的全部功能与 ActiveX 控件，还包括 Internet 控件和 Crystal Report Writer 报表工具。

(3) 企业版：使用该版本，专业编程人员能够开发功能强大的组内分布式应用程序。该版本包括专业版的全部功能以及自动化管理器、部件管理器、数据库管理器、数据库管理工具、Microsoft Visual SourceSafe 面向工程版的控制系统等。本书所有叙述及示例均以 Visual Basic 6.0 企业版为运行平台。

这 3 个版本中，企业版功能最全，专业版包括了学习版的功能，这些版本是在相同的基础上建立起来的，大多数应用程序可以在 3 个版本中通用，用户可以根据自己的需要使用不同的版本。

本书使用 Visual Basic 6.0 中文企业版(以下简称为 VB)进行讲解。

2.1.2 Visual Basic 的主要用途

1. 创建用户界面

利用 Visual Basic 可创建多种用户界面，如单文档界面(SDI)、多文档界面(MDI)或资源管理器样式的多种界面。在这些界面中，可以轻松设计菜单、工具栏等。

2. 客户机／服务器应用程序开发

Visual Basic 企业版为群体开发者提供了开发、测试和使用大型分布式客户机／服务器应用程序所需要的编程环境和集成工具。有了这些工具和技术，就可以利用网络上那些可共享、重用和重定位的部件进行组合，轻松地完成相应程序的开发。

3. 数据库处理

通过 Visual Basic 提供的数据访问控件或数据访问对象，可以很方便地实现对 JET 数据库、ISAM 数据库以及 ODBC 等数据库的访问。

4. Internet 程序的开发

通过 Visual Basic 的相应控件，用户可以在 TCP／IP 协议基础上进行网络通信，也可以编写自己的浏览器等。

5. 多媒体程序设计

通过 Visual Basic 提供的控件，用户可以对计算机中的多媒体设备进行控制，从而实现多媒体功能。

从上面所列出的用途可以看出，Visual Basic 是一种通用性很强的程序设计语言，无论数据库、多媒体、Internet 程序和客户机／服务器程序等的开发，都可以轻易地实现。

2.1.3 Visual Basic 的特点

1. 面向对象的可视化编程工具

Visual Basic 支持面向对象的程序设计。在一般的面向对象程序设计语言中，对象由程序代码和数据组成，是抽象的概念；而 Visual Basic 则是应用面向对象的程序设计方法(OOP)，把程序和数据封装在一起视为一个对象，并为每个对象赋予应有的属性，并且每个对象以图形方式显示在界面上，都是可视的。在设计时只需根据界面设计的要求，用 Visual Basic 提供的可视化设计工具，在屏幕上画出诸如“按钮”、“滚动条”、“文本框”等不同类型的图形对象，并设置这些图形对象的属性，Visual Basic 自动产生界面设计代码，程序设计人员只需要编写实现程序功能的那部分代码，从而大大简化了设计的复杂程度，提高了程序设计的效率。

2. 事件驱动的编程机制

Visual Basic 通过事件来执行对象的操作。一个对象可能会产生多个事件。每个事件都通过驱动一段程序(即过程)来响应。在图形用户界面的应用程序设计中，没有明显的开始和结束的程序，用户的动作(即对象事件)决定程序的运行走向，每个事件都可以驱动一段程序的运行。用户只需要编写响应用户动作的代码即可。这样的代码一般都比较短，使得程序易于开发又易于维护，效率也高。

3. 提供了易学易用的集成开发环境

在 Visual Basic 集成开发环境(IDE)中，用户可以设计程序的界面、编写事件代码、调试程序，直至最后将程序编译成可执行文件。所有的操作均可以通过 IDE 提供的各种菜单或工具按钮来完成。语句生成器和快速提示帮助使用户不必记忆成千上万的属性和方法，在较短的时间内就能开发出功能强大的应用程序。

4. 结构化程序设计语言

Visual Basic 具有高级程序设计语言的特点：有丰富的数据类型，大量的内部函数，多种程序控制结构，模块化的程序结构，结构清晰，简单易学。

5. 支持多种数据库系统的访问

Visual Basic 系统具有很强的数据库管理功能。利用数据控件和数据库管理窗口能对多种数据库进行读写操作。如 Microsoft Access、dBASE、Microsoft FoxPro 和 Paradox 等，同时提供了能自动生成 SQL 语句的功能和新的 ActiveX 数据对象(ADO)。

6. 增强了网络功能、数据库、多媒体功能

Visual Basic 提供了强大的 Internet 应用程序开发功能和各类丰富的可视化控件和 ActiveX 技术，能够开发出集多媒体技术、网络技术、数据库技术于一体的应用程序。

7. 完备的 Help 联机帮助功能

在 Visual Basic 中用户可以利用“帮助”菜单和 F1 功能键，随时得到所需的帮助信息，为用户的学习和使用提供了极大的方便。

2.2　VB 6.0 的安装和启动

2.2.1　VB 6.0 运行环境及安装

Visual Basic 6.0 是美国微软公司推出的 Windows 应用程序开发平台 Visual Studio 6.0 家族中的一员，它可以和 Visual Studio 6.0 一起安装，也可以单独安装。

在光盘驱动器中插入 Visual Basic 6.0 系统盘。安装程序在光盘的根目录下，运行安装程序 Setup.exe，即可进入“安装程序向导”。如果计算机能够在系统中运行 AutoPlay，则在插入光盘时，安装程序将被自动加载，选择“安装 Visual Basic 6.0”，同样进入“安装程序向导”，如图 2-1 所示。

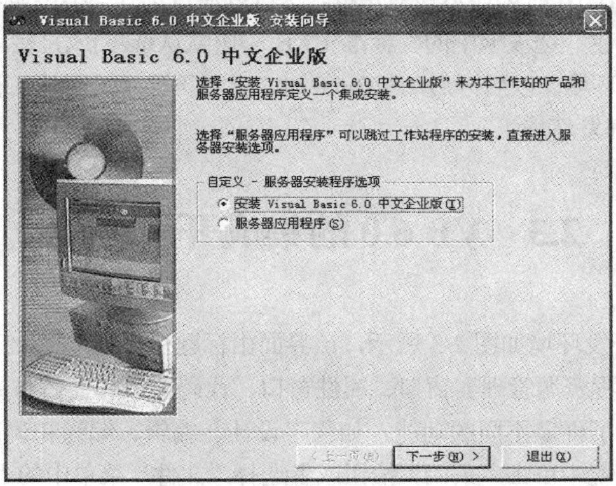

图 2-1　VB 6.0 安装向导界面

用户只需按照提示进行操作，即可完成安装。

2.2.2　启动 VB 6.0

VB 6.0 安装完成后，在“开始”菜单的“程序”组中将多出一个“Microsoft Visual Basic 6.0 中文版”菜单选项。单击其中的“Microsoft Visual Basic 6.0 中文版”即可启动 VB 6.0。程序启动后，首先显示“新建工程”对话框，如图 2-2 所示。

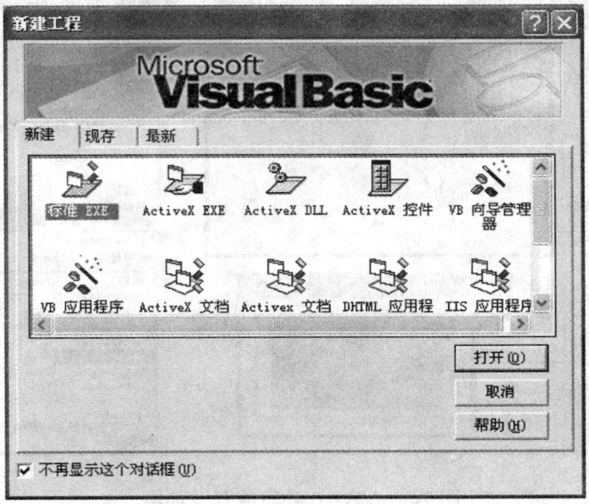

图 2-2　“新建工程”对话框

对话框的 3 个选项卡中，“新建”选项卡中列出了在 VB 6.0 中可生成的工程类型，其中“标准 EXE”用来创建一个标准的 EXE 工程类型，本书只讨论这种工程类型；“现存”选项卡中列出了可以选择和打开的现有工程；“最新”选项卡中列出了最近使用过的工程。

每次启动 VB 6.0 时，都显示“新建工程”对话框。本书主要使用“标准 EXE”工程，没有必要每次启动 VB 6.0 时都显示该对话框，这可以通过选择“不再显示这个对话框”复选框来实现，双击“新建”选项卡中的“标准 EXE”项(默认选项)或直接单击“打开”按钮，进入 VB 的集成开发环境。以后再启动 VB 6.0 时，就不再显示“新建工程”对话框，而直接进入 VB 6.0 的集成开发环境。

2.3　VB 6.0 的集成开发环境

VB 6.0 的集成开发环境如图 2-3 所示，该界面由标题栏、菜单栏、工具栏、工具箱以及窗体设计器窗口、工程资源管理器窗口、属性窗口、代码窗口和窗体布局窗口等组成。在该集成开发环境中集中了许多不同的功能，如程序设计、编辑、编译和调试等功能。

在该集成开发环境中单击“关闭”按钮或者选择“文件”菜单中的“退出”命令时，VB 会自动判断用户是否修改了工程的内容，并询问用户是否保存文件或直接退出。

2.3.1　主窗口

主窗口也称设计窗口，由标题栏、菜单栏和工具栏组成，主要提供用于开发 VB 程序的各种命令。

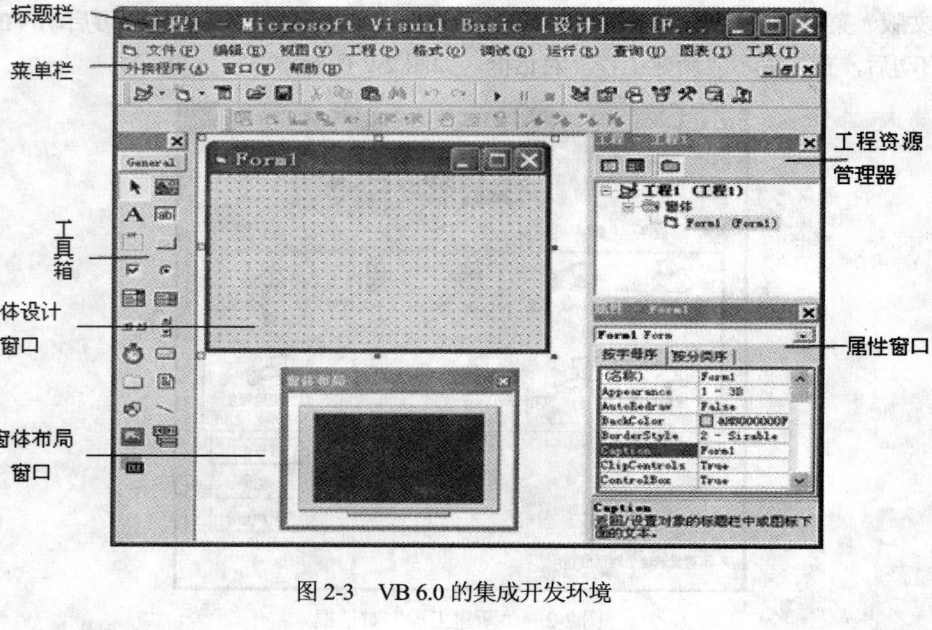

图 2-3　VB 6.0 的集成开发环境

1. 标题栏

标题栏位于窗口的最上面，它显示的是应用程序的名字。启动 VB 后，标题栏显示为“工程 1-Microsoft Visual Basic [设计]”，说明此时集成开发环境处于设计模式，可以进行用户界面的设计和程序代码的设计。当进入运行状态时，标题栏显示为“工程 1-Microsoft Visual Basic [运行]”，用户可以看到程序运行的结果，这个阶段不可编辑代码，也不可编辑界面；当进入“中断”时，标题栏显示为“工程 1-Microsoft Visual Basic [break]”， 应用程序运行暂时中断，用户可以查看运行的中间结果，这个阶段可以编辑代码，但不能编辑界面。

这 3 个阶段分别称为设计模式、运行模式和中断模式。

与 Windows 界面一样，标题栏的最左端是窗口控制菜单框，标题栏的右端是最大化、最小化和关闭按钮。

2. 菜单栏

在标题栏的下面是集成环境的主菜单栏。使用菜单栏可以访问 VB 6.0 的所有功能，与其他 Windows 应用程序的菜单一样可以单击菜单条或用快捷键来使用其功能。

菜单中的命令分 3 种类型：一类是可直接执行的命令(例如“新建工程”)；第二类命令后面带有省略号，在单击后，屏幕上打开一个“对话框”(例如“打开工程”命令)，利用对话框，可以执行各种有关的操作；第三类带有子菜单命令(例如“格式”菜单)，这类命令的右端有一个箭头。

菜单栏中包括 13 个下拉菜单，如图 2-4 所示。

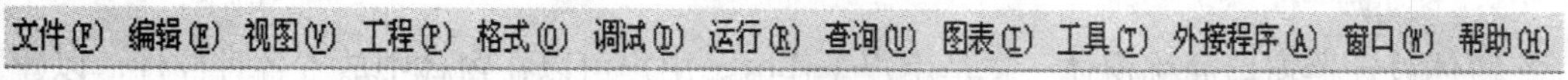

图 2-4　VB 6.0 的菜单栏

(1) 文件(File)：用于创建、打开、保存工程，显示最近用到的工程以及生成可执行文件。

(2) 编辑(Edit)：用于编辑程序源代码。

(3) 视图(View)：用于在集成环境元素下查看程序源代码和控件。

(4) 工程(Project)：包含将窗体、模块加入当前工程、引用对象和工具栏新工具的命令。

(5) 格式(Format)：用于窗体控件的对齐和锁定窗体控件使之不能移动等操作。

(6) 调试(Debug)：用于程序进行调试与查错等。

(7) 运行(Run)：用于运行程序和停止运行，设置中断程序。

(8) 查询(Query)：VB 6.0 的新增功能，包含了从数据库的表中查询记录行及相关操作的命令。

(9) 图表(Diagram)：VB 6.0 的新增功能，用于编辑数据库的命令。

(10) 工具(Tools)：用于集成开发环境下的工具扩展。

(11) 外接程序(Add-Ins)：用于为工程增加或删除外接程序。

(12) 窗口(Windows)：用于屏幕窗口的层叠、平铺等布局以及列出所有已打开的文档窗口。

(13) 帮助(Help)：帮助用户系统地学习和掌握 VB 6.0 的使用方法及程序设计方法。

VB 应用程序的编辑、编译、连接、运行、调试及文件的打开、保存等都可以通过相应的菜单命令来实现。

3. **标准工具栏**

只要单击代表某个命令的图标按钮，就能直接执行相应的菜单命令。在一般情况下，集成环境中只显示标准工具栏，VB 6.0 的标准工具栏如图 2-5 所示，除此之外，VB 6.0 还提供了编辑、窗体编辑器和调试等工具栏。工具栏可以通过“视图”菜单中的“工具栏”命令显示(或隐藏)或在标准工具栏处右击选取所需的工具栏。每种工具栏都有固定和浮动两种形式。把光标移到固定形式工具栏中没有图标的地方，按住鼠标左键向下拖动，或者双击工具栏左端的两条浅色竖线，即可把工具栏变为浮动的；而如果双击浮动工具栏的标题条，则可变为固定工具栏。

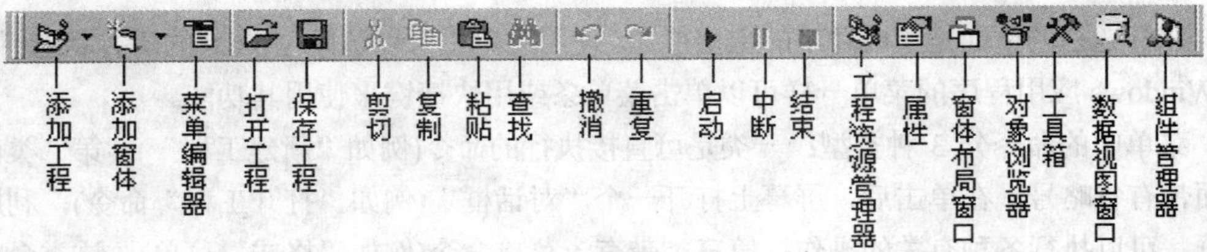

图 2-5　标准工具栏

2.3.2　窗体设计器窗口

窗体设计器窗口简称窗体，它是用户工作区。用户可以在窗体中放置各种控件，以建立将要开发的 VB 应用程序的图形用户界面。

窗体是 VB 应用程序的主要部分，用户通过与窗体上的控件进行交互来得到结果。每个窗体必须有一个唯一的窗体名字，建立窗体时的默认名为 Form1、Form2 等。

在设计状态下窗体是可见的，其中布满了小点，这些小点是供对齐用的，如图 2-6 所示。如果想清除这些小点或者想改变点与点之间的距离，则可通过选择“工具”菜单中的“选项”命令，在“通用”标签的“窗体网格设置”中输入“宽度”和“高度”来改变。运行时可通过属性控制窗体的可见性(窗体的网格始终不显示)。一个应用程序至少有一个窗体，用户可在应用程序中拥有多个窗体。

2.3.3　工程资源管理器窗口

工程资源管理器窗口如图 2-7 所示。含有组成这个应用程序的所有文件。工程文件的后缀是.vbp。工程文件名显示在工程文件窗口内，以树状层次化管理方式显示各类文件，而且允许同时打开多个工程。

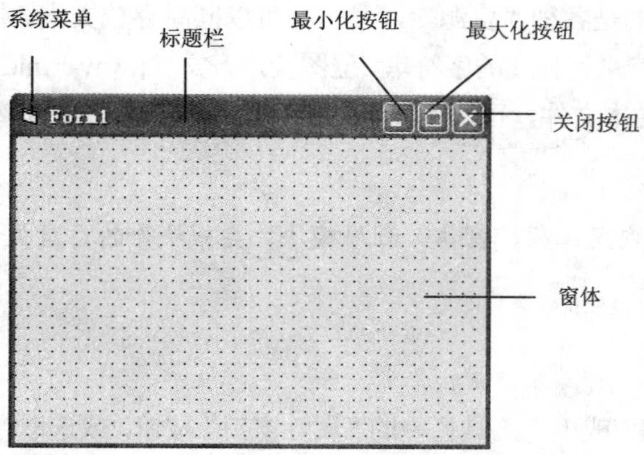

图 2-6　窗体窗口

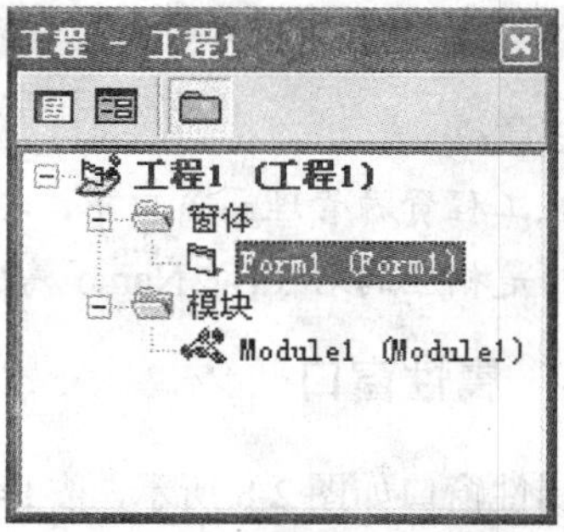

图 2-7　工程资源管理器窗口

工程资源管理器窗口的顶部有 3 个按钮，分别为“查看代码”、“查看对象”和“切换文件夹”。

- 单击“查看代码”按钮，则相应文件的代码将在代码窗口中显示出来(也可以双击窗体的任一部位，就可以切换到代码窗口)。
- 单击“查看对象”按钮，VB 将显示相应的窗体。
- 单击“切换文件夹”按钮，切换文件夹的显示方式。

工程资源管理器下方的列表窗口，以层次列表形式列出组成这个工程的所有文件。它主要包含以下 5 类文件。

(1) 工程文件和工程组文件：工程文件的扩展名为.vbp，每个工程对应一个工程文件。当一个程序包括两个以上的工程时，这些工程构成一个工程组，工程组文件的扩展名为.vbg。对于工程组，本书不作讨论。

(2) 窗体文件：窗体文件的扩展名为.frm，每个窗体对应一个窗体文件，该文件存储窗体及其控件对象、对象的属性、对象相应的事件过程及程序代码。一个应用程序至少包含一个窗体文件。一个应用程序可以有多个窗体(最多可达 255 个)，因此就可以有多个以.frm 为扩展名的窗体文件。

添加窗体执行“工程”菜单中的“添加窗体”命令或单击工具栏中的“添加窗体”按钮可以增加一个窗体，而执行“工程”菜单中的“移除窗体”命令可以删除当前的窗体。每建立一个窗体，工程资源管理器窗口中就增加一个窗体文件，每个窗体都有一个不同的名字，可以通过属性窗口设置(Name 属性)，其默认名字为 Form*(*为 1，2，3，…)，相应的默认文件名为 Form*.frm。

(3) 标准模块文件：标准模块文件也称程序模块文件，其扩展名为.bas，是一个纯代码性质的文件，它不属于任何一个窗体。主要用来声明全局变量和定义一些通用的过程，可以被不同窗体的程序调用。标准模块通过“工程”菜单中的“添加模块”命令来建立。

(4) 类模块文件：类模块文件的扩展名为.cls，VB 提供了大量预定义的类，同时用户也可以用类模块来建立用户自己的对象。类模块包含用户对象的属性及方法，但不包含事件代码。对于类模块，本书不作讨论。

(5) 资源文件：资源文件中存放的是各种“资源”，是一种可以同时存放文本、图片、声音等多种资源的文件。资源文件由一系列独立的字符串、位图及声音文件(.wav、.mid)组成，其扩展名为.res。资源文件是一个纯文本文件，可以用简单的文字编辑器(如 NotePad)编辑。

注意：

在工程资源管理器窗口中，括号内是工程、窗体、程序模块、类模块等的存盘文件名，括号外是相应的名字(即 Name 属性)。

2.3.4　属性窗口

属性窗口如图 2-8 所示，按 F4 键，或单击工具栏中的“属性窗口”按钮，或选取“视图”菜单中的“属性窗口”命令，均可打开属性窗口。属性窗口包含选定对象(窗体或控件)的属性列表。在 VB 中，窗体和控件被称为对象。每个对象都可以用一组属性来刻画其特征如颜色、字体和大小等，而属性窗口就是用来设置窗体或窗体中控件属性的。在设计模式时可通过修改对象的属性设计其外观和相关数据，这些属性值将是程序运行时各对象属性的初始值。属性窗口由以下 4 部分组成。

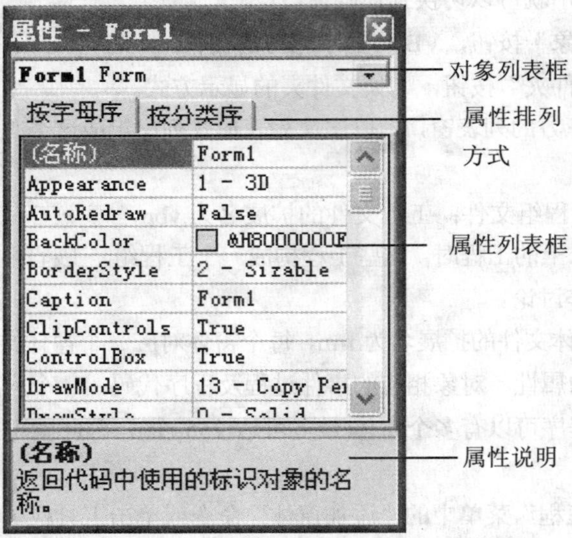

图 2-8　属性窗口

(1) 对象列表框：对象框位于属性窗口的顶部，可以通过单击其右端向下的箭头可弹出所选窗体包含的对象的下拉列表。列表内容为应用程序中每个对象的名字及对象的类型。启动 VB 后，对象框中只含有窗体的信息。随着窗体中控件的增加，将把这些对象的有关信息加入到对象框的下拉列表中。

(2) 属性显示排列方式：有“按字母序”和“按分类序”两个按钮。前者以字母排列顺序列出所选对象的所有属性；后者按“外观”和“位置”等分类列出所选对象的所有属性。

(3) 属性列表框：在属性列表部分列出当前所选活动对象在设计模式可更改的属性和默认值。属性列表由中间一条线将其分为两部分，左边列出的是各种属性，右边列出的是相应的属性值。每个 VB 对象都有其特定的属性，可以通过属性窗口来设置，对象的外观和对应的操作由所设置的值来确定。选择任一属性并按 F1 键可得到该属性的帮助信息。程序设计中，不可能也没必要设置每个对象的所有属性，很多属性可以使用默认值。

(4) 属性含义说明：当在属性列表框中选取某属性时(条形光标位于该属性上)，在该区域显示所选属性的该属性名称和功能说明。

每个 VB 对象都有其特定的属性，可以通过属性窗口来设置，在实际应用中，不可能也没有必要设置每个对象的所有属性，很多属性可以使用默认值。

2.3.5　工具箱窗口

工具箱窗口由工具图标组成，它提供了用于开发 VB 应用程序的各种控件。每个控件由工具箱中的一个工具图标来表示。在设计状态，“视图”菜单的“工具箱”命令可以选择显示和关闭工具箱窗口。在运行状态下，工具箱自动隐藏。工具箱中的工具分为两类，一类称为内部控件或标准控件，一类称为 ActiveX 控件。启动 VB 后，工具箱中只有内部控件。上面有 21 个常用“部件”，如图 2-9 所示。

ActiveX 控件的添加方法是在工具箱上右击，在弹出的快捷菜单中选择“部件”命令，或单击“工程”菜单下的“部件”命令，这时打开“部件”对话框，如图 2-10 所示。在需要的控件加上选中标志，然后单击“确定”按钮后退出，所选的控件即可添加到工具箱中。要删除工具箱中的 ActiveX 控件，按照上述方法去掉选中标志即可。

工具箱主要用于应用程序的界面设计。在设计阶段，可以将工具箱中的控件拖到窗体中，在窗体上建立起用户界面，然后编写程序代码。界面的设计完全通过控件来实现，可以任意改变其大小，移动到窗体的任何位置。

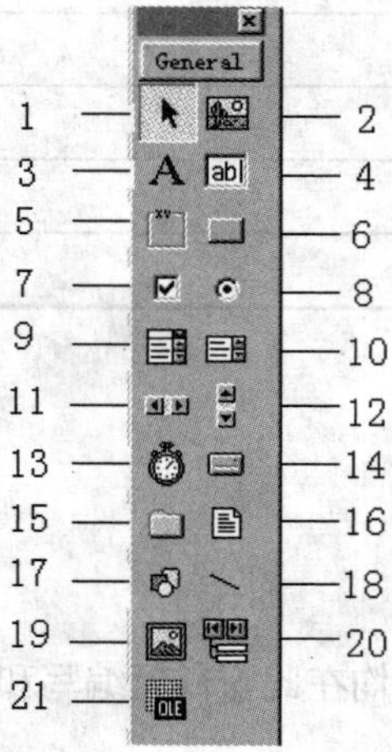

图 2-9　VB 6.0 标准控件箱

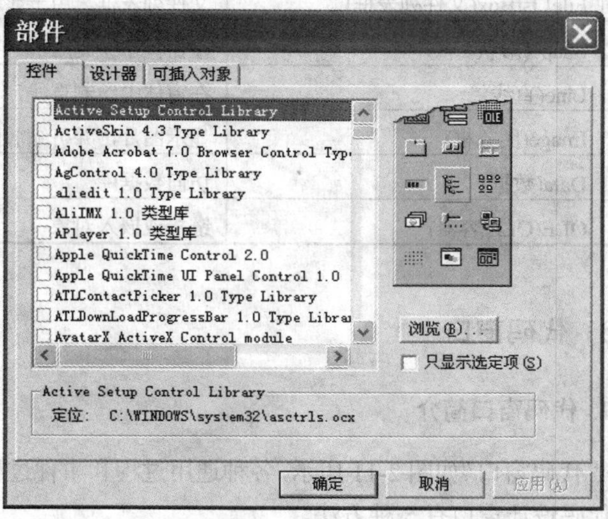

图 2-10　“部件”对话框

工具箱中每个控件都用图形按钮表示，简要说明如表 2-1 所示。

表 2-1　VB 6.0 的内部控件

编号	名称	作用
1	Pointer(指针)	这不是一个控件，仅当选择 Pointer 后才允许改变窗体中控件的位置
2	PictureBox(图片框)	显示图片或用于加载窗体背景图片
3	Label(标签)	显示文字信息
4	TextBox(文本框)	输入输出文本信息
5	Frame(框架)	将同类控件组织在一起
6	Command Button(命令按钮)	执行操作
7	CheckBox(复选框)	两种状态或方式选择。当选用多个复选框时互相独立
8	OptionButton(单选按钮)	两种状态或方式选择。当单选按钮成组使用时只能选中其中一个，而其余变成未选状态
9	ComboBox(复合列表框)	又称组合框，用于选择列表项或编辑输入数据
10	ListBox(列表框)	选择列表项
11	HscrollBar(水平滚动条)	水平滚动浏览表框、文本框数据或输入数据
12	VscrollBar(垂直滚动条)	垂直滚动浏览表框、文本框数据或输入数据
13	Timer(计时器)	设定按指定时间间隔产生计时事件
14	DriveListBox(驱动器列表框)	驱动器列表框，用于显示或选择可用驱动器
15	DirListBox(目录列表框)	目录列表框，用于显示或选择目录
16	FileListBox(文件列表框)	文件列表框，用于显示或选择文件
17	Shape(形状)	在窗体中绘制矩形、正方形、椭圆、圆等图形
18	Line(直线)	在窗体中绘制直线
19	Image(图象框)	显示图片，并可缩放图片
20	Data(数据)	访问数据库
21	OLE(OLE 容器)	链接或嵌入对象

2.3.6　代码窗口

1. 代码窗口简介

“代码窗口”如图 2-11 所示，各种通用过程和事件过程的代码均在此窗口上编写和修改。打开代码设计窗口有 5 种方法。

(1) 双击窗体。

双击窗体的任何区域，都可以打开代码设计窗口。

如果双击的是空白区域，则光标在事件过程 Form_Load(如不存在则自动建立)中，否则光标在所击控件的已有事件过程中(对运行时可见的控件，如不存在任何事件过程，则自动建立 Click 过程)。

(2) 右击窗体，选择“查看代码”命令。

右击窗体，在出现的快捷菜单中选择“查看代码”命令，也可以打开代码窗口。

(3) 选择“视图”菜单中的“代码窗口”命令。

(4) 按 F7 键。

(5) 单击“工程资源管理器窗口”中的“查看代码”按钮。

在代码窗口中有“对象下拉列表框”、“过程下拉列表框”和“代码区”。

- “对象下拉列表框”中列出了当前窗体及所包含的全体对象名。其中，无论窗体的名称改为什么，作为窗体的对象名总是 Form。
- “过程下拉列表框”中列出了所选对象的所有事件名。
- “代码区”是程序代码编辑区，能够非常方便地进行代码的编辑和修改。另外，它还有自动列出成员特性，能够自动列举适当的选择、属性值、方法或函数原型等性能，这一性能使代码编写更加方便。

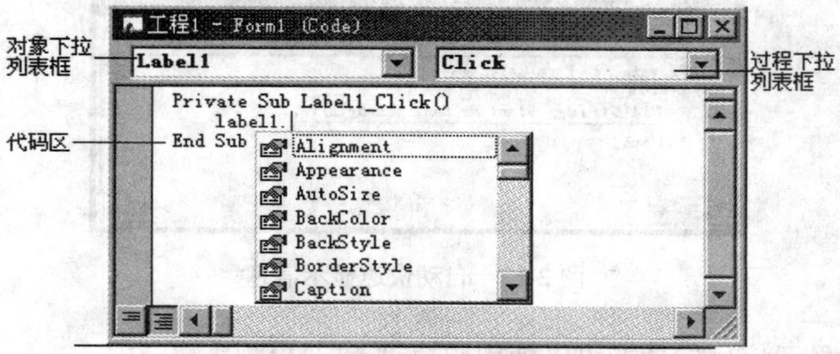

图 2-11 代码窗口“自动列出成员”特性

在“代码窗口”的左下角有两个按钮：“过程查看”和“全模块查看”按钮。单击“过程查看”按钮，一次只查看一个过程；单击“全模块查看”按钮可查看程序中的所有过程。这两个按钮可切换“代码窗口”的两种查看视图。

2. 代码编辑器

VB 中的“代码编辑器”是一个窗口，提供了许多便于编写 VB 代码的功能，这些功能通过编辑器的选项来设置。选择“工具”菜单中的“选项”命令，打开“选项”对话框，如图 2-12 所示。

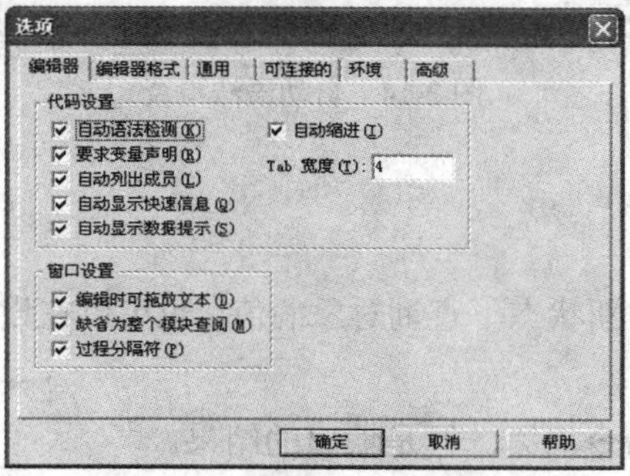

图 2-12 “编辑器”选项卡

对话框中选项的含义比较容易理解，其中“编辑器”选项卡中的选项功能分别如下。

(1) 自动列出成员特性：当要输入控件的属性和方法时，在控件名后输入小数点，VB 就会自动显示一个下拉列表框，其中包含了该控件的所有成员(属性和方法)，如图 2-11 所示。依次输入属性名的前几个字母，系统会自动检索并显示出需要的属性。

从列表中选中该属性名，按 Tab 键即可完成这次输入。当不熟悉控件有哪些属性时，这项功能是非常有用的。

如果系统设置禁止“自动列出成员”特性，可使用快捷键 Ctrl+J 获得这种特性。或者在“工具”菜单的“选项”中选中。

(2) 自动显示快速信息：该功能可显示语句和函数的语法格式。在输入合法的 VB 语句或函数名之后，代码窗口中在当前行的下面自动显示该语句或函数的语法，如图 2-13 所示。语法格式中，第一个参数为黑体字，输入第一个参数之后，第二个参数又出现，也是黑体字。

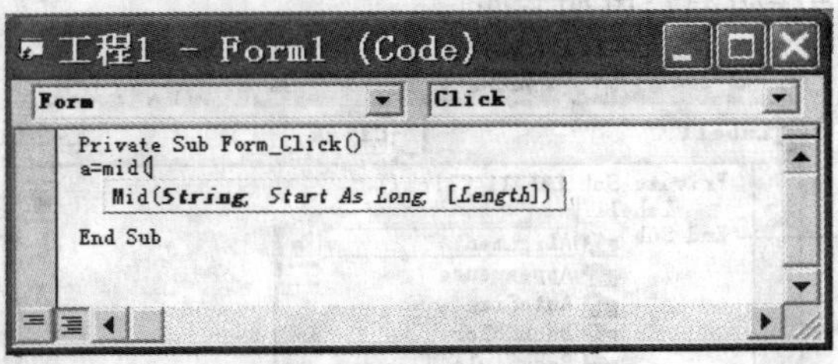

图 2-13　自动快速显示信息

“自动快速显示信息”功能可以使用快捷键 Ctrl+I 调用。

(3) 自动语法检查：在 VB 中可自动检查语句的语法。当输入某行代码后按 Enter 键，如果系统出现语法错误，VB 会显示警告提示框，同时该语句变成红色，如图 2-14 所示。

图 2-14　自动语法检查

2.3.7　立即窗口

使用立即窗口可以在中断状态下查询对象的值，也可以在设计时查询表达式的值或命令的结果，如图 2-15 所示。

图中第一行是输入的命令，第二行是输出的结果。

还可在程序中使用 Debug 对象，把运行结果输出到立即窗口，例如程序中有如下代码：

Debug.Print "变量 x 当前值是"& Str(x)

使用 Debug 对象的 Print 方法在立即窗口中显示变量 x 的值。

2.3.8　窗体布局窗口

窗体布局窗口如图 2-16 所示。窗体布局窗口中有一个表示屏幕的小图像，用来布置应用程序中各窗体的位置，使用鼠标拖动窗体布局窗口中的小窗体图标，可方便地调整程序运行时窗体显示的位置。

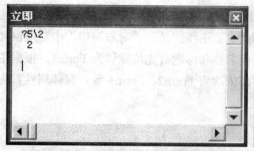

图 2-15　在立即窗口中查询表达式的值

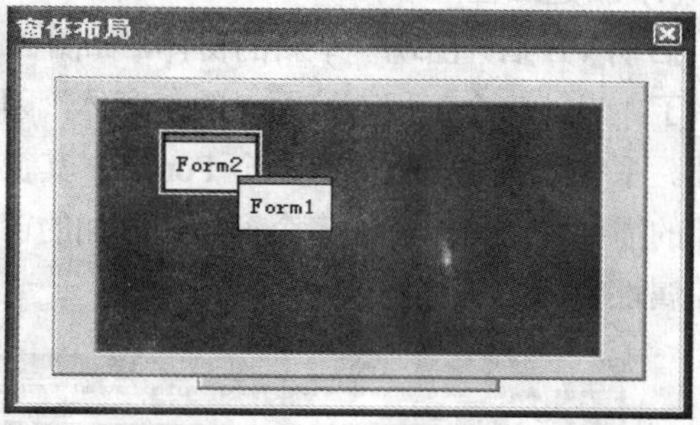

图 2-16　窗体布局窗口

除上述几种窗口外，在集成环境中还有其他一些窗口，包括本地窗口和监视窗口等。

2.4　创建一个简单的 VB 应用程序

2.4.1　开发 VB 应用程序的步骤

在 VB 中，进行可视化编程的步骤如下：

1. 设计用户界面

新建工程之后，首先建立想要的窗体对象，并在窗体上放置所有必要的控件。对控件的大小与位置进行调整，使其在窗体上排布尽量美观。

2. 设计窗体和控件属性

通过属性窗口设置窗体及控件大小的初始属性，特别是像 Name 这类十分重要的属性一定要在编写程序代码之前设置好，否则改动起来是非常麻烦的。

3. 编写代码

编写事件过程与通用过程代码。这是真正实现程序功能的步骤，也是需要花费最大精力的步骤。在编写代码的过程中，会不断地进行调试和排错。

4. 程序运行、保存工程

如果程序调试通过，能够实现预定目的，就可以编译为可执行文件。必要时可以制作成安装盘，方便用户安装使用。

2.4.2　设计一个简单应用程序

设计一个简单应用程序，要求窗体上有两个文本框分别输入省份和城市，单击“确认”按钮后弹出一个“欢迎来到某省某市”的信息框。下面详细介绍设计该程序的步骤。

1. 建立用户界面

(1) 新建工程

启动 VB 后，出现一个新的窗体，如图 2-17 所示，在此就可以开始设计一个工程即应用程序了。设计一个工程直接面对的是窗体，因此主要工作就是在“对象窗口”中完成窗体的设计。系统默认的窗体只有一个 Form1，其窗体名称和标题首先均默认为 Form1。根据工程设计的需要，还可以添加多个窗体，添加的窗体依次为 Form2、Form3 等。窗体属性首先可以在属性窗口中进行修改。

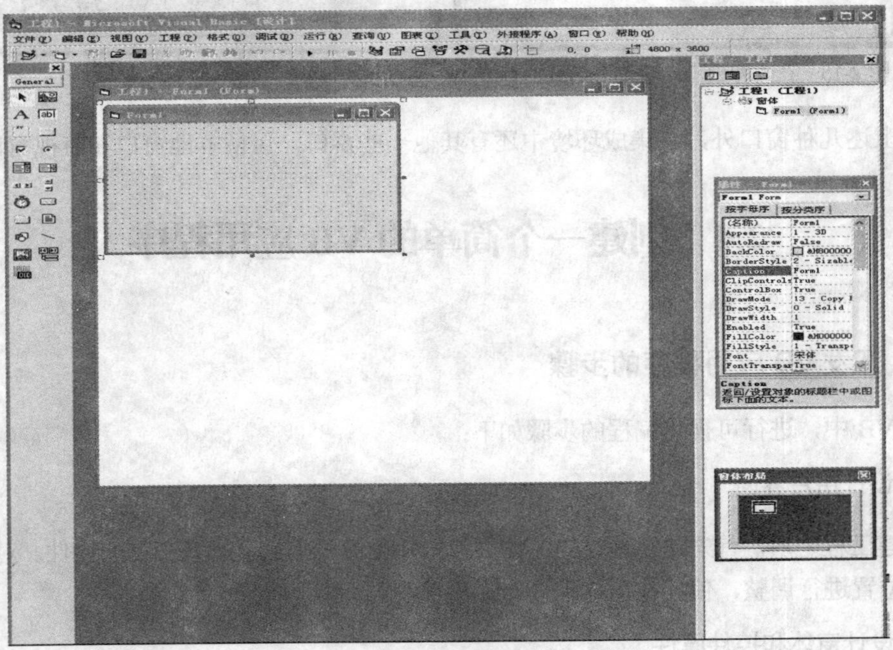

图 2-17　新建的窗体

(2) 在窗体上添加界面的控件

向窗体中添加控件的方法为：

① 单击工具箱中的控件图标，鼠标指针变成一个十字指针；

② 在窗体的工作区按住鼠标左键拖动鼠标，即可在窗体上添加控件。

如图 2-18 所示，在窗体 Form1 上绘出了应用程序所需要的控件，依次为标签控件 Label1 和 Label2，文本框控件 Text1 和 Text2，命令按钮控件 Command1 和 Command2，同类型的控件序号依次自动增加。这时基本完成程序的界面设计，接下来就可以开始设计各对象的属性了。

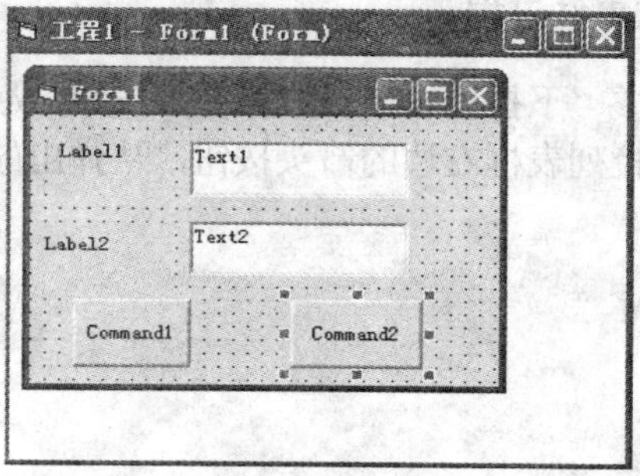

图 2-18　在窗体中添加控件

2. 设置对象属性

对象的属性除了在属性窗口直接设置以外，还可以在编写代码过程中进行设置。下面介绍在属性窗口中设置的方法。

(1) 单击窗体的空白区域，确认选中的是窗体，也可以从属性窗口的"对象"下拉列表框中查看。

(2) 在属性窗口中找到窗体名称属性 Name，将其值改为 Myform，找到标题属性 Caption，将其值改为"城市信息"，如图 2-19 所示。

当然，窗体的其他属性也可以根据需要进行设置。比如运行窗体的背景颜色，边框风格，窗体的大小及最大化、最小化的整体等。

(3) 单击选中的第一个标签控件 Label1，将其标题 Caption 属性改为"省份"；单击前景颜色 ForeColor 属性右边的箭头按钮，在屏幕上弹出的调色板窗口中选中"红色"；单击字体 Font 属性右边的"…"按钮，在打开的字体对话框中设置相应的字体字型、字体样式和字体大小。

(4) 单击选中第二个标签控件 Label2，将其标题 Caption 属性改为"城市"，其他设置方法一样。

(5) 将两个文本框控件的 Text 属性文本删除。

(6) 将两个命令按钮的标题 Caption 分别设置为"确定"和"退出"，字体 Font 属性设置为"宋体"、"五号"字体。设置控件属性后的窗体如图 2-20 所示。

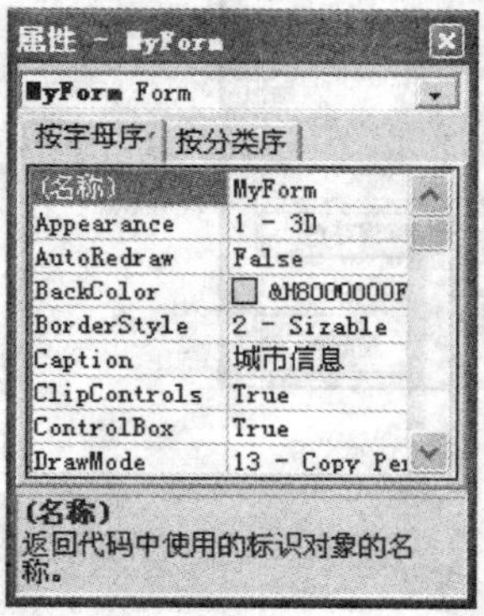

图 2-19　设置窗体 Form1 的属性

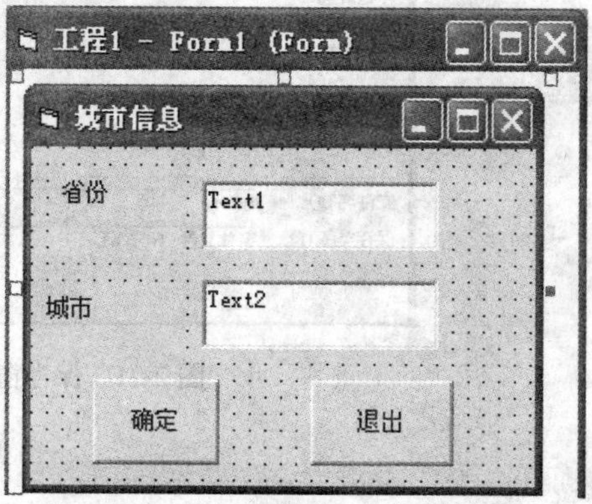

图 2-20　设置控件属性后的窗体

3. 编写程序代码，建立事件过程

在代码窗口中，单击“对象”下拉列表框右边的箭头按钮，从弹出的下拉列表中选择 Form 对象；单击“过程”事件下拉列表框右边的箭头按钮，从弹出的下拉列表中选择 Load 事件；在代码区输入下列代码。

```
Private Sub Form_Load()
    Text1.FontSize=12
    Text1.FontName="宋体"
    Text2.FontSize=12
    Text2.FontName="宋体"
End Sub
```

按照同样的方法，输入命令按钮 Command1 和 Command2 的单击事件的代码如下：

```
Private Sub Command1_Click()
    MsgBox("欢迎来到" & Text1.Text & Text2.Text)
End Sub
Private Sub Command2_Click()
Unload MyForm
End Sub
```

2.5　程序的保存和运行

2.5.1　保存程序

1. 保存窗体文件

选择“文件”菜单中的“保存工程”或“工程另存为”命令，将打开“文件另存为”对话框，设置“保存类型”为窗体文件的类型.frm，默认窗体文件名为“Form1.frm”，选择保存文件的路径，保存窗体文件到指定文件夹中，如图 2-21 所示。

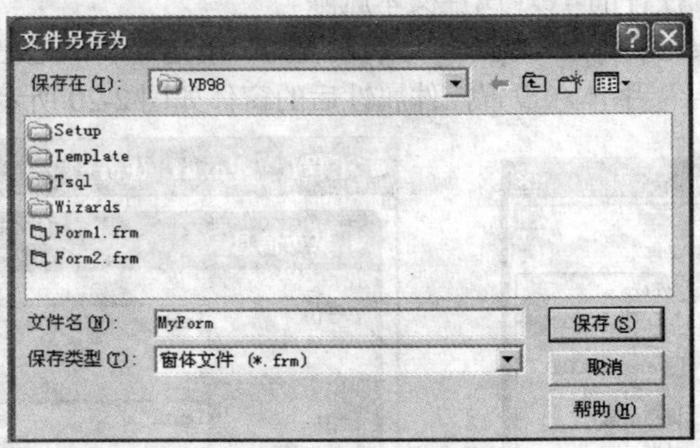

图 2-21　保存窗体文件

2. 保存工程文件

窗体文件存盘后系统会弹出“工程另存为”对话框，保存类型为工程文件的类型.vbp，默认工程文件名为“工程 1.vbp”， 选择保存文件的路径，保存工程文件到指定文件夹中，如图 2-22 所示。

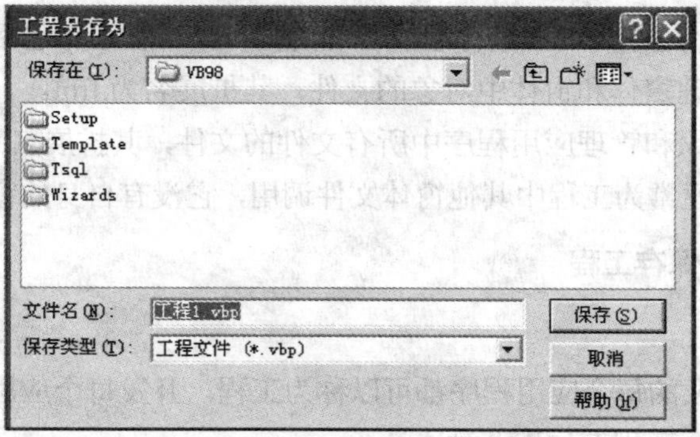

图 2-22 保存工程文件

如果想保存磁盘上已有的文件，直接单击工具栏上的“保存”按钮即可，此时系统就不会弹出“另存为”对话框了。

2.5.2 程序的运行

单击工具栏上的“启动”按钮 或按 F5 键，即可运行程序，进入程序运行界面。运行程序有两个目的，一是输出结果，二是发现错误。VB 环境中，程序一般用解释方式执行，也可以生成可执行文件(*.exe)。

(1) 在“省份”文本框中输入“辽宁”，在“城市”文本框中输入“大连”，然后单击“确定”按钮，显示结果为以对话框的形式显示字符串“欢迎来到辽宁大连”，如图 2-23 所示。

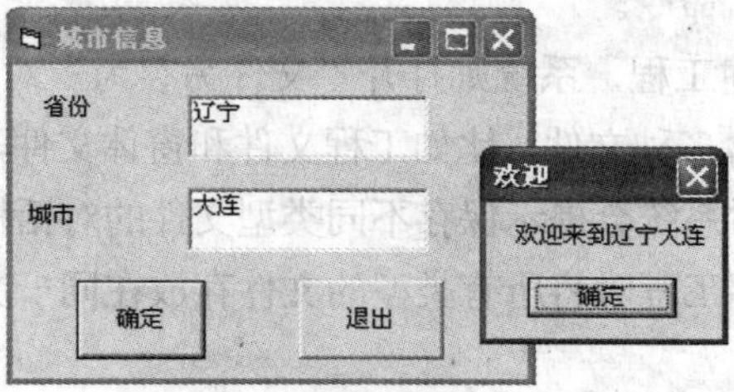

图 2-23 程序运行结果

(2) 程序运行的结果是否与自己设计的要求一致，需要检查每个对象的属性进行验证。该程序运行的结果具有 Windows 风格，即具有标题、最大化按钮、最小化按钮、关闭按钮以及边框等。

(3) 单击“退出”按钮或单击标题栏上的“关闭”按钮可以关闭窗口，结束运行；单击工具栏上的“结束”按钮也可以结束程序运行，返回“对象窗口”。

2.6　VB 工程的管理

2.6.1　工程文件的管理

VB 的应用程序，是作为工程进行组织管理的。一个工程通常包括以下 3 类文件。

窗体文件：是管理窗体和窗体中对象的文件，其扩展名为.frm。

工程文件：是组织和管理应用程序中所有文件的文件，其扩展名为.vbp。

标准模块文件：通常为工程中其他窗体文件调用，它没有自身的窗体，其扩展名为.bas。

1. 创建、装入和保存工程

(1) 创建新工程

在 VB 环境中开发的每个应用程序都可以称为工程。开发每个应用程序都是先从建立一个工程开始。新建一个工程有如下两种方法：

① 启动 VB 后，系统打开“新建工程”对话框。在“新建工程”对话框中，选择“新建”选项卡中的“标准 EXE”选项，然后单击“打开”按钮。

② 在“文件”菜单中选择“新建工程”命令，系统打开“新建工程”对话框，在“新建工程”对话框中，选择“新建”选项卡中的“标准 EXE”选项，然后单击“打开”按钮。

(2) 装入工程

如前所述，通常一个应用程序包括 3 类文件：窗体文件、标准模块文件和工程文件。这几类文件在保存的时候要分别保存，都有自己的文件名字，但只要装入工程文件，就可以自动把与该工程有关的其他几类文件装入内存。因此，装入应用程序，实际上就是装入工程文件。

(3) 保存工程

设计好的应用程序需要保存到磁盘上，保存工程的方法为：选择“文件”菜单中的“保存工程”或“工程另存为”命令。

如果是未保存过的新建工程，系统则打开“文件另存为”对话框。

由于一个工程可能包含多种文件，比如工程文件和窗体文件，这些文件集合在一起才能构成应用程序。保存工程时系统会提示保存不同类型文件的对话框，这样存在选择存放位置的问题，因此，建议在保存工程时将所有类型的文件存放在同一文件夹中，便于修改和管理程序文件。

在“文件另存为”对话框中，注意保存类型，保存窗体文件到指定文件夹中。窗体文件存盘后系统会弹出“工程另存为”对话框，保存类型为工程文件，默认工程文件名为“工程.vbp”，保存工程文件到指定文件夹中。

2. 添加、移除和保存文件

在工程中可以添加、移除和保存窗体文件、MDI 窗体文件、模块文件、类模块文件、用户控件文件、属性页文件。

(1) 添加文件

选择“工程”|“添加文件”命令，打开“添加文件”对话框，如图 2-24 所示。在文件类型列表中选择想要添加的文件类型，然后选择需要的文件名，单击“打开”按钮。

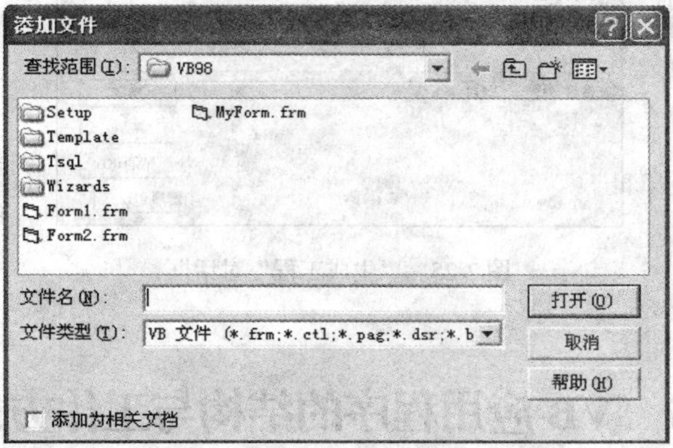

图 2-24　“添加文件”对话框

(2) 移除文件

在工程资源管理器窗口中，单击想要移去的文件，然后选择“工程”|“移除××”命令。

(3) 保存文件

在工程中新建的文件或修改过的已有文件都需要保存。保存文件的方法如下：

在工程资源管理器窗口中，单击想要保存的文件，然后选择“文件”|“保存××”命令。如果是新建的文件，系统会打开“另存为”对话框，在对话框中输入文件名即可。

2.6.2　生成和运行可执行文件

1. 生成可执行文件

为了使程序能在 Windows 环境下运行，即作为 Windows 的应用程序，必须建立可执行文件，即.exe 文件。如果应用程序调试通过，就可以编译生成可执行文件了。从“文件”菜单中选择“生成××.exe”命令，打开“生成工程”对话框，如图 2-25 所示，在对话框中指定要生成的可执行文件的位置并指定文件名。默认的可执行文件名与工程文件名相同。

2. 运行可执行文件

VB 一般生成的是单个可执行文件，可以使用任何一种在 Windows 下执行常规可执行文件的方法来执行它。可执行文件的运行不需要工程文件与其他文件，但是需要 VB 运行时动态链接库文件的支持。一台安装 VB 的计算机中会有所需要的动态链接库文件。如果在没有安装过 VB 的计算机上运行，最好使用 VB 安装盘生成程序来制作安装盘。对于比较复杂的应用程序，除了单个的可执行文件外，可能还需要其他类型的文件支持。

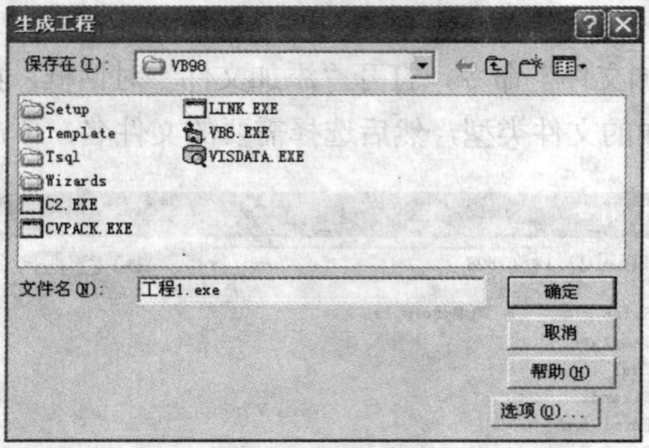

图 2-25　“生成工程”对话框

2.7　VB 应用程序的结构与工作方式

VB 的应用程序通常由 3 类模块组成：窗体模块、标准模块和类模块。如图 2-26 所示。

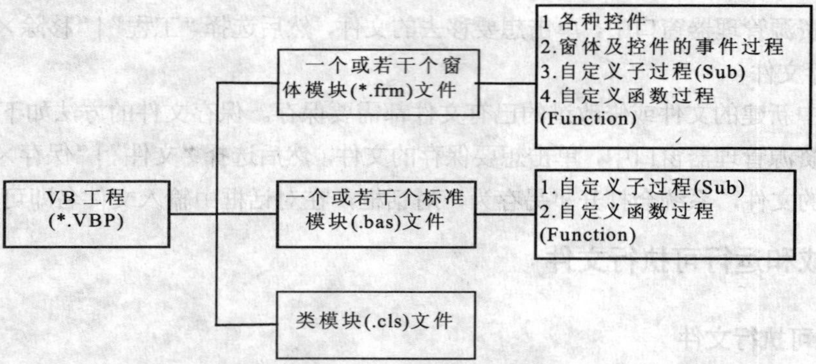

图 2-26　VB 应用程序的组成

1. 窗体模块

VB 的应用程序是基于对象的。在 VB 中，一个应用程序包含一个或多个窗体模块(其文件扩展名为.frm)，每个窗体模块分两部分：一部分是作为用户的窗体界面，另一部分是执行具体操作的代码，如图 2-27 所示。

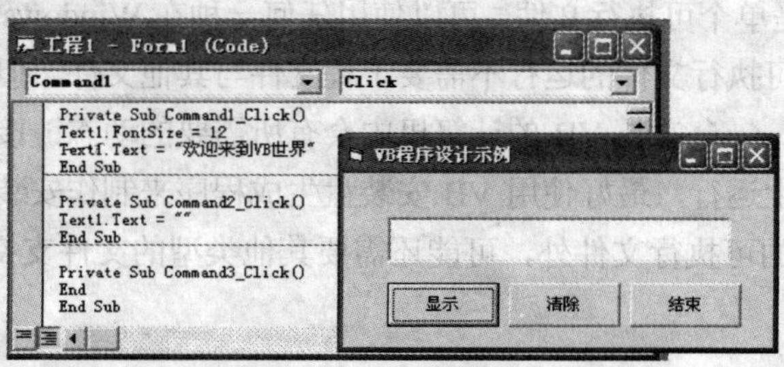

图 2-27　窗体模块

每个窗体模块都包含事件过程，即代码部分，这些代码是为响应特点事件而执行的指令。在窗体上可以含有控件，窗体上的每个控件都有一个相对应的事件过程集。除了事件过程外，窗体模块还有通用过程(见第 9 章)，它可以被窗体模块中的任何事件过程调用。

2. 标准模块

标准模块(文件扩展名为.bas)完全由代码组成，这些代码不与具体的窗体或控件相关。在标准模块中，可以声明全局变量，也可以定义通用过程。标准模块中的全局变量可以被应用程序中的任何模块引用，而公用过程可以被窗体模块中的任何事件调用。

3. 类模块

标准模块中只包含代码，而类模块(文件扩展名为.cls)既包含代码又包含数据。本书不涉及类模块。

2.8　使用 VB 6.0 的帮助系统

VB 的帮助系统是集成到 MSDN 库中的，此库必须单独安装(两张 CD 光盘，涉及的内容包括上百个实例代码、文档、技术文章、Microsoft 开发人员知识库等)，否则运行帮助系统将提示安装信息。单击 VB “帮助”菜单下内容、索引或搜索菜单项，系统会自动启动 MSDN Library 帮助。它是使用 Microsoft 开发工具的开发人员的基本参考，可以按主题内容或按关键字进行查找特定的帮助内容。

1. 使用 MSDN 帮助窗口

MSPN 帮助窗口如图 2-28 所示。

图 2-28　MSDN Library 查阅器

2. 上下文帮助系统

编程时如果遇到问题就可以参考上下文帮助功能。对于关键字，只要在代码框中选中它，然后按 F1 键，就会出现需要的帮助内容。这种上下文帮助方式还可以用来检查 VB 关键字的书写是否正确，如果 VB 不能提供所选关键字的帮助，可检查一下该关键字是否写错；对于控件，只要在窗体中选中它，按 F1 键就可以出现其帮助信息。如窗体上有个名称为 Command1 的命令按钮控件，单击命令按钮，按 F1 键即可，如图 2-29 所示。

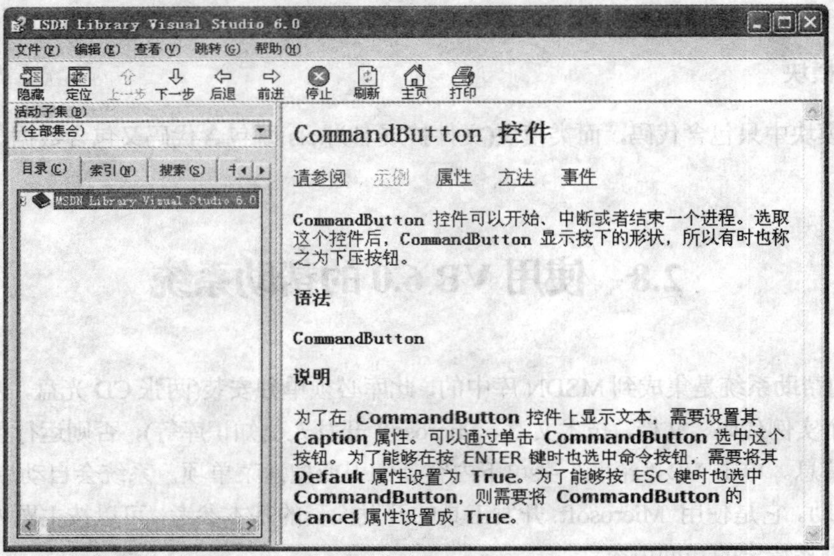

图 2-29　MSDN 帮助窗口

2.9　小　结

本章主要介绍了 Visual Basic 6.0 版本及其基本功能和特点，重点内容如下：

1. 熟悉和掌握 VB 集成环境中各组成部分的基本功能。

2. 掌握编制 VB 应用程序的步骤。

(1) 界面设计：根据应用程序的需要，选择工具箱中的控件，在窗体上一一画出，并在属性窗口中设置各个对象的相关属性。

(2) 程序代码设计：对象所能识别的事件一般有多个，编程时只要完成实现应用程序功能所需要的那部分过程代码即可。

(3) 运行调试：单击“启动”按钮，即可运行程序。若运行结果不满意，如窗体中缺少对象、对象属性设置不合理，或程序代码错误，则需要作进一步修改。

3. 掌握一个 VB 应用程序的组成。

扩展名为“. frm”的窗体文件；扩展名为“.vbp”的工程文件。

在保存时，窗体文件和工程文件需要分别命名并加以保存；而装入文件时，只要装入工程文件，则不管这个工程中有多少窗体和标准模块，都可以通过装入工程文件而把所有的窗体文件和标准模块文件装入内存。

为保证应用程序的完整性，建议将一个程序的所有文件都保存在同一文件夹中。

2.10 习　题

一、选择题

1. 与传统的程序设计语言相比，Visual Basic 最突出的特点是(　)。

A) 结构化程序设计　B) 程序开发环境

C) 事件驱动编程机制　D) 程序调试技术

2. 在正确安装 Visual Basic 6.0 后，可以通过多种方式启动 Visual Basic。以下方式中，不能启动 Visual Basic 的是(　)。

A) 通过“开始”菜单中的“程序”命令

B) 通过“我的电脑”找到 vb6.exe，双击该文件

C) 通过“开始”菜单中的“运行”命令

D) 进入 DOS 方式，执行 vb6.exe 文件

3. 为了通过键盘打开菜单和执行菜单命令，第一步应按的键是(　)。

A) 功能键 F10 或 Alt　B) Shift+功能键 F4

C) Ctrl 或功能键 F8　D) Ctrl+Alt

4. Visual Basic 6.0 集成环境的主窗口中不包括(　)。

A) 标题栏　B) 菜单栏

C) 状态栏　D) 工具栏

5. 用标准工具栏中的工具按钮不能执行的操作是(　)。

A) 添加工程　B) 打印源程序

C) 运行程序　D) 打开程序

6. Visual Basic 窗体设计器的主要功能是(　)。

A) 建立用户界面　B) 编写源程序代码

C) 画图　D) 显示文字

7. 在 Visual Basic 环境下，当编写一个新的 Visual Basic 程序时，所做的第一件事是(　)。

A) 编写代码　B) 新建一个工程

C) 打开属性窗口　D) 进入 Visual Basic 环境

8. 下列不属于 Visual Basic 特点的是(　)。

A) 对象的链接与嵌入　B) 结构化程序设计

C) 编写跨平台应用程序　D) 事件驱动程序编程机制

9. 下列不是 Visual Basic 6.0 中打开工程的方法(　)。

A) Alt+O　B) 执行“文件”菜单中的“打开工程”命令

C) Ctrl+O　　　　D) 单击标准工具栏上的“打开工程”按钮

10. 下面关于 Visual Basic 6.0 工具栏的说法不正确的是(　)。

A) 工具栏的位置可以任意改变　　　B) 工具栏一定在菜单栏的下方

C) 工具栏可以显示或隐藏　　　　　D) Visual Basic 有多个工具栏

11. 在 Visual Basic 集成环境中，要添加一个窗体，可以单击工具栏上的一个按钮，这个按钮是(　)。

A) 　B) 　C) 　D) 

12. 在 Visual Basic 集成环境中，可以列出工程中所有模块名称的窗口是(　)。

A) 工程资源管理器窗口　　　B) 窗体设计窗口

C) 属性窗口　　　　　　　　D) 代码窗口

13. 下面有关标准模块的叙述中，错误的是(　)。

A) 标准模块不完全由代码组成，还可以有窗体

B) 标准模块中的 Private 过程不能被工程中的其他模块调用

C) 标准模块的文件扩展名为.bas

D) 标准模块中的全局变量可以被工程中的任何模块引用

二、填空题

1. VB 6.0 分为 3 种版本，这 3 种版本是_________、_________和_________。

2. 可以通过菜单中的_________命令退出 VB。

3. 快捷键 Ctrl+O 的功能相当于执行菜单中的_________命令，或者相当于单击工具栏上的_________按钮。

4. 如果打开了不需要的菜单或对话框，可以用_________键关闭。

5. 工程文件的扩展名是_________，窗体文件的扩展名是_________。

6. VB 中的工具栏有两种形式，分别为_________形式和_________形式。

第3章　Visual Basic可视化编程基础

学习 VB，应该从它的最主要特点入手：对象、属性、事件和方法。这 4 个特征构成了 VB 的灵魂。要学习 VB 程序设计，就得先理解这 4 个特征。本章主要介绍一些基本概念，为读者今后进一步学习开发 VB 应用程序打下基础。

3.1　对象和类的基本概念

传统的编程方法采用的是面向过程和按顺序执行的机制。而 VB 的编程方法采用的是面向对象和按事件驱动的机制，只需要编写用户动作的程序，比如鼠标单击事件等，而不必考虑按精确次序执行的每个步骤，编写代码相对较少，这样就可以快速创建强大的应用程序而不需要涉及不必要的细节。这种事件编程的机制就是通常所说的“可视化编程”方式，即“面向对象技术编程”。在 VB 环境中所涉及的窗体、控件、部件和菜单项等均为对象。用户不仅可以利用控件来创建对象，而且还可以建立自己的“控件”，这是 VB 环境下编程的新概念。

3.1.1　对象与类

1. 对象

对象就是指一种事物、一个实体。在程序设计中对象可以是具体的事物，也可以是抽象的事物，是代码数据的集合，它可以作为一个整体来处理，也可以是应用程序的一部分，如窗体、控件或一个数据库对象等。用现实世界中的汽车为例来加以说明：一辆汽车就是一个对象，汽车可以拆分为方向盘、车身、车座、轮胎等部件，这些部件又分别是一个对象。因此，汽车对象可以说是由若干个“子”对象组成的。

在 VB 环境下，常用的对象有工具箱中的控件、窗体、菜单、应用程序的部件以及数据库。一个对象建立以后，其操作可通过与该对象有关的属性、事件和方法来描述。

在面向对象程序设计中把对象的特征称为属性，对象的行为称为方法，对象的活动称为事件，这就是构成对象的三要素。对象是构成程序的基本成分和核心。

2. 类

面向对象的程序设计思想将现实中的同类事物抽象成“类”。类是对同一种对象的集合与抽象，是某些对象的共同特征的表示，对象是类的实例。类和对象关系密切，但并不相同。

类包含了有关对象的特征和行为信息，它是对象的蓝图和框架。例如：汽车图纸是类，按图纸制造的每一辆汽车都是一个对象。

在面向对象程序设计中，封装和隐藏是类重要的特性，它将数据的结构和对数据的操作封装在一起，实现了类的外部特性和类内部的隔离。对用户来说对象和类就像一个封闭的黑匣子，只有输入和输出接口。用户在使用对象和类时，完全不必考虑其内部数据的流动和处理细节，这使得代码更容易维护和使用，使程序编写更加简洁。

在 VB 中的每个对象都是用类定义的。VB 的工具箱中每个控件都代表一个类，由控件可生成若干个对象。如工具箱中的命令按钮与添加到窗体上的按钮不同，它是一个按钮类，代表许多各种各样的按钮，直到被添加到窗体上才能真正形成对象，也就是说工具箱中的按钮是类，而添加到窗体上的按钮是对象。类中也可以包含子类，如汽车可以认为是一个类，轿车、卡车都是汽车类中的子类，子类可以继承父类中某些属性。

3.1.2　对象的属性、事件和方法

1. 属性

属性是指一个对象的特性，不同对象有不同的属性。这些属性可能是看得见摸得着的，也可能是内在的。例如，某本书其书名、主编、出版社、印张等属性是可见属性，书的类别、质量是内在属性。不同的对象有不同的属性。

在 VB 编程中，常见的属性有标题(Caption)、名称(Name)、背景颜色(BackColor)、字体(Font)、是否有效(Enabled)、是否可见(Visible)等。通过修改对象的属性能够控制对象的外观和操作。设置对象属性有如下两种常用方法：

(1) 先选定对象，然后在属性窗口中找到相应属性值直接设置，如图 3-1 所示。这种方法的特点是简单明了，每当选择一个属性时，在属性窗口的下部就显示该属性的一个简短提示；缺点是不能设置所有需要的属性。

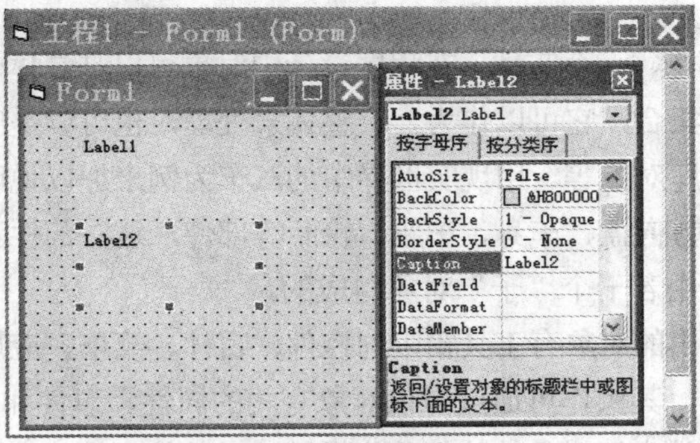

图 3-1　利用属性窗口设置属性

(2) 在代码中通过编程设置。格式如下：

对象名.属性名=属性值

例如，设置标签 Label1 的标题为“姓名：”的语句为：

```
Label1.Caption="姓名："
```

大部分属性既可以在设计阶段设置也可以在程序运行阶段设置，这种属性称为可读/写属性；也有一些属性只能在设计阶段通过属性窗口设置，而在程序运行阶段不可改变，称为只读属性。

2. 事件、事件过程和事件驱动

(1) 事件

事件(Event)就是指 VB 系统预先设计好的，对象能够识别并做出反映的动作。例如，在应用程序中单击一个按钮，则程序会执行相应的操作。在 VB 中，就称按钮响应了鼠标的单击事件。单击(Click)、双击(DblClick)、加载(Load)和鼠标移动(MouseMove)等。每个控件都可以对一个或多个事件进行识别和响应，如窗体加载事件(Load)、鼠标单击事件(Click)、鼠标双击事件(DblClick)等。事件是一种预先定义好的特定动作，由用户或系统激活，在多数情况下，事件是通过用户的交互操作产生的。

不同的对象能够识别的事件不一定是相同的，如窗体对象能识别加载事件(Load)，而其他对象则不可能识别这一事件。

事件过程的一般格式如下：

```
Private Sub  对象名称_事件名称()
  ……
  事件响应程序代码
  ……
  End Sub
```

“对象名称”指的是该对象的 Name 属性；“事件名称”是由 VB 预先定义好的赋予该对象的事件，而这个事件必须是对象所能识别的。

(2) 事件过程

当一个对象察觉到某一事件发生时(如 Click 等)，就会对事件产生响应，即执行一段程序代码，所执行的这段程序代码就称为事件过程(Event Procedure)。

一个对象可以响应一个或者多个事件，因此可以使用一个或多个事件过程对用户或者系统的事件做出响应。用户只需要编写必须响应的一些程序事件过程，而其他无用的事件过程则不必编写。若一个对象的某个事件被编写了事件过程，那么软件运行时，当这一事件发生，相应的程序段就被激活，并开始执行，若这一事件不发生，则这段程序就不会运行。而没有编写事件过程的事件，即使发生也不会有任何反应。

(3) 事件驱动

当事件由用户触发或者由系统触发时，对象就会对该事件做出响应，这种触发称为事件驱动。

程序开始执行时，先等待某个事件的发生，然后再去执行处理此事件的事件过程。事件过程要经过事件触发才会被执行，这种动作模式就称为事件驱动程序设计(Event Driven Programming)，也就是说，由事件控制整个程序的执行流程。

面向过程的程序语言由一个主程序和若干个过程和函数组成，程序运行时总是从主程序开始，由主程序调用各过程和函数。程序设计者在编写程序时必须将整个程序的执行顺序十分精确地设计好。程序运行后，将按指定的过程执行，用户不能改变程序的执行顺序。

VB 程序没有传统意义上的主程序，在 VB 中，子程序称为过程。VB 中有两类过程：事件过程和通用过程。程序的运行并不要求从主程序开始，每个事件过程也不是由所谓的“主程序”来调用，而是由相应的“事件”触发执行，通用过程则是由各事件过程来调用。例如，单击鼠标按钮，系统将跟踪指针所指的对象，如果对象是一个按钮控件，则用户的单击动作就触发了按钮的 Click 事件，该事件过程中的代码就会被执行。执行结束后，又把控制权交给系统，等待下一个事件发生。各事件的发生顺序完全由用户的操作决定，这样就使编程的工作变得比较简单了，人们不再需要考虑程序的执行顺序，只需针对对象的事件编写出相应的事件过程即可。人们称这些应用程序为事件驱动应用程序。

3. 方法

方法(Method)是指对象所固有完成某种任务的功能，是附属于对象的行为和动作，可在需要的时候调用。方法与事件有相似之处，都是为了完成某个任务，但同一个事件可完成不同任务，取决于事件过程；而方法则是固定的，任何时候调用都是完成同一个任务，其中的代码也不需要编写，VB 系统已编好一些程序的代码，只需在必要的时候调用即可。

方法只能在代码中使用，其用法依赖于方法所需要的参数个数以及它是否具有返回值。当方法不需要参数并且也没有返回值时，可以使用下面的格式调用对象方法：

对象名.方法名

若省略了对象名，一般指窗体。

例如，要想自动地将焦点放在一个文本框 Text1 上，这时就要调用“设置焦点”方法，调用的格式为：Text1.SetFocus。

3.2 窗 体

窗体是一块“画布”，在窗体上可以直观地建立应用程序。在设计程序时，窗体是程序员的“工作台”，而在运行程序时，每个窗体对应于一个窗口。窗体是 VB 中的对象，具有自己的属性、事件和方法。如图 3-2 所示的是一个窗体的示意图。

系统菜单也叫控制框，位于窗体的左上角。双击该图标将关闭窗体；如果单击该图标，将下拉显示系统菜单命令。标题栏是窗体的标题。单击右上角的最大化按钮可以使窗体扩大至整个屏幕，单击最小化按钮则把窗体缩小为一个图标，而单击关闭按钮将关闭窗体。上述系统菜单、标题栏、最大化、最小化按钮可以通过窗体属性设置，分别为 ControlBox、Caption、MaxButton 和 MinButton。

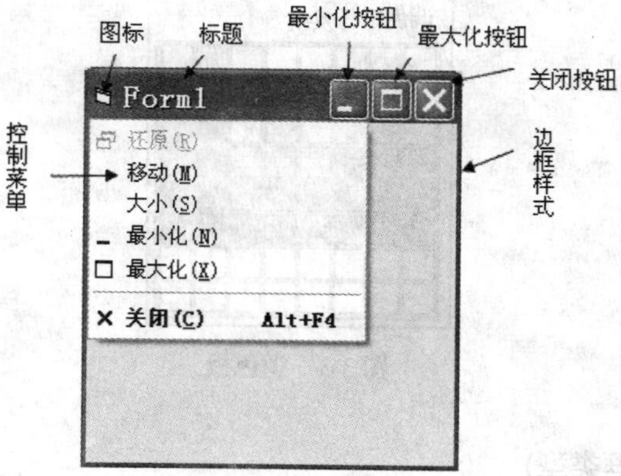

图 3-2 窗体的外观

3.2.1 窗体的基本属性

窗体属性决定了窗体的外观和操作。可以用两种方法来设置窗体属性：一是通过属性窗口设置，二是在窗体事件过程中通过程序代码设置。大部分属性既可以通过属性窗口设置，也可以通过程序代码设置，而有些属性只能用程序代码或属性窗口设置。通常把只能通过属性窗口设置的属性称为"只读属性"。

下面按字母顺序列出窗体的常用属性。这些属性适用于窗体，同时也适用于其他对象。此外，部分属性的功能比较复杂，这一节只能作简单介绍，以后的章节中再作详述。

1. AutoRedraw(自动重画)

该属性控制屏幕图像的重建，主要用于多窗体程序设计中。其格式如下：

[对象.]AutoRedraw[=Boolean]

这里的"对象"可以是窗体或图片框，Boolean 的取值为 True 或 False。如果把 AutoRedraw 属性设置为 True，则当一个窗体被其他窗体覆盖，又回到该窗体时，将自动刷新或重画该窗体上的所有图形。如果把该属性设置为 False，则必须通过事件过程来设置这一操作。该属性的默认值为 False。

方括号中的内容可以省略。在这种情况下，将显示对象当前的 AutoRedraw 属性值。

2. BackColor(背景颜色)

该属性用来设置窗体的背景颜色。颜色是一个十六进制常量，每种颜色都用一个常量来表示。不过，在设计程序时，不必用颜色常量来设置背景色，可以通过调色板来直观地设置。其操作是：选择属性窗口中的 BackColor 属性条，单击右端的箭头，将显示一个对话框，在该对话框中选择"调色板"，即可显示一个"调色板"，如图 3-3 所示。此时只要单击调色板中的某个色块，即可把这种颜色设置为窗体的背景色。

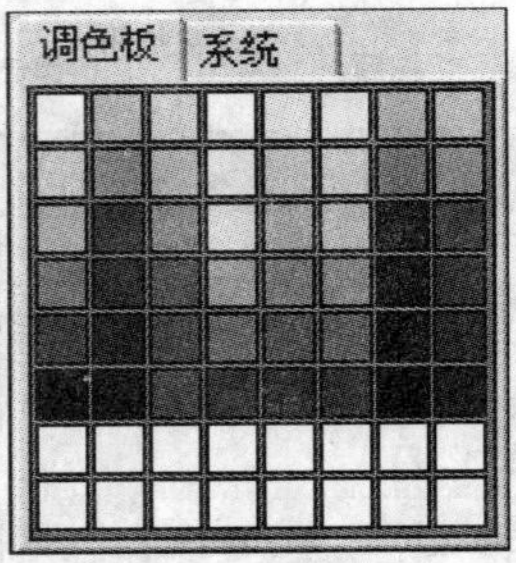

图 3-3　调色板

3. BorderStyle(边框类型)

该属性用来确定窗体边框的类型，可设置为 6 个预定义值之一，这些预定义值如表 3-1 所示。

表 3-1　窗体边界

设置值	作　用
0 - None	窗体无边框
1 – Fixed Single	固定单边框，可以包含控制菜单框、标题栏、最大化和最小化按钮，其大小只能用最大化和最小化按钮改变
2 - Sizable	(默认值)可调整的边框。窗体大小可变，并有标准的双线边界
3 – Fixed Dialog	固定对话框，可以包含控制菜单框和标题栏，但没有最大化和最小化按钮，窗体大小不变(设计时设定)，并有双线边界
4 – Fixed Tool Window	固定工具窗口，窗体大小不能改变，只显示关闭按钮，并用缩小的字体显示标题栏
5 - Sizable Tool Window	可变大小工具窗口，窗体大小可变，只显示关闭按钮，并用缩小的字体显示标题栏

在运行期间，BorderStyle 属性是“只读”属性。也就是说，它只能在设计阶段设置，不能在运行期间改变。

4. Caption(标题)

该属性用来定义窗体标题。启动 VB 或者选择“工程”菜单中的“添加窗体”命令后，窗体使用的是默认标题(如 Forml、Form2 等)。用 Caption 属性可以把窗体标题改为所需要的名字。该属性既可通过属性窗口设置，也可以在事件过程中通过程序代码设置。其格式如下：

```
[对象.]Caption[=字符串]
```

这里的“对象”可以是窗体、复选框、命令按钮、数据控件、框架、标签、菜单及单选按钮，“字符串”是要设置的窗体的标题。例如：

```
Form1.Caption="VB Test"
```

将把窗体标题设置为“VB Test”。如果省略“＝字符串”，则返回窗体的当前标题。

注意：

不是所有的控件都有 Caption 属性，比如文本框、图像或图片框、计时器、滚动条、组合框等控件没有 Caption 属性。

5. ControlBox(控制框)

该属性用来设置窗口控制框(也称系统菜单，位于窗口左上角)的状态。当该属性被设置为 True(默认值)时，窗口左上角会显示一个控制框。此外，ControlBox 属性还与 BorderStyle 属性有关系。如果把 BorderStyle 属性设置为 0-None，则 ControlBox 属性将不起作用(即使被设置为 True)。ControlBox 属性只适用于窗体。

6. Enabled(允许)

该属性用于激活或禁止。每个对象都有一个 Enabled 属性，可以被设置为 True 或者 False，分别用来激活或禁止该对象。对于窗体，该属性一般设置为 True；但为了避免鼠标或键盘事件发送到某个窗体，也可以设置为 False。该属性可在属性窗口中设置，也可以通过程序代码设置。其格式如下：

```
[对象.]Enabled[=Boolean 值]
```

这里的“对象”可以是窗体、所有控件及菜单，其设置值可以是 True 或 False。当该属性被设置为 False 后，运行时相应的对象呈灰色显示，表明处于不活动状态，用户不能访问。在默认情况下，窗体的 Enabled 属性为 True。如果省略“=Boolean”，则返回“对象”当前的 Enabled 属性。

7. 字形属性设置(Font 属性)

字形属性用来设置输出字符的各种特性，包括字体类型、字体大小等一组属性。这些属性适用于窗体和大部分控件，包括命令按钮、标签、文本框、单选按钮、复选框、框架、列表框、组合框、图片框、目录列表框、文件列表框、驱动器列表框及打印机等。字体属性可以通过属性窗口设置，也可以通过程序代码设置。

(1) 字体类型

字体类型通过 FontName 属性设置，一般格式为：

```
[窗体.][控件.]Printer.FontName[="字体类型"]
```

FontName 可作为窗体、控件或打印机的属性，用来设置在这些对象上输出的字体类型。这里的“字体类型”指的是可以在 VB 中使用的英文字体或中文字体。对于中文来说，可以使用的字体数量取决于 Windows 的汉字环境，在默认情况下，系统使用的字体是“宋体”。例如：

```
FontName="System"
FontName=" Times New Roman"
FontName="长城粗隶书"
```

如果省略“=“字体类型””，即只给出 FontName，则返回当前正在使用的字体类型。

(2) 字体大小

字体大小通过 FontSize 属性设置。其一般格式为：

[对象.] FontSize[＝点数]

这里的“点数”用来设定字体的大小。在默认情况下，系统使用最小的字体。如果省略“＝点数”，则返回当前字体的大小。

(3) 粗体字

粗体字由 FontBold 属性设置，其格式为：

[对象.] FontBold[＝Boolean]

该属性可以取两个值，即 True 或 False。当 FontBold 属性为 True 时，文本以粗体字输出，否则以正常字输出。默认为 False。

(4) 斜体字

斜体字通过 FontItalic 属性设置，其格式为：

[对象.] FontItalic[＝Boolean]

当 FontItalic 属性被设置为 True 时，文本以斜体字输出。该属性的默认值为 False。

(5) 加删除线

删除线即中划线。用 FontStrikethru 属性可给输出的文本加上删除线，其格式为：

[对象.] FontStrikethru[＝Boolean]

如果把 FontStrikethru 属性设置为 True，则在输出的文本中部画一条直线，直线的长度与文本的长度相同。该属性的默认值为 False。

(6) 加下划线

下划线即底线。用 FontUnderline 属性可以给输出的文本加上底线，其格式为：

[对象.] FontUnderline[＝Boolean]

如果 FontUnderline 属性被设置为 True，则可使输出的文本加下划线。该属性的默认值为 False。

在上面的各种属性中，可以省略方括号中的内容。在这种情况下，将输出属性的当前值或默认值。

(7) 重叠显示

当以图形或文本作为背景显示新的信息时，有时候需要保留原来的背景，使新显示的信息与背景重叠，这可以通过 FontTransParent 属性来实现，格式如下：

[对象.] FontTransParent[＝Boolean]

如果该属性被设置为 True，则前景的图形或文本可以与背景重叠显示；如果被设置为 False，则背景将被前景的图形或文本覆盖。

注意：

① 除重叠显示(FontTransParent)属性只适用于窗体和图片框控件外，其他属性都适用于窗体和各种控件及打印机。如果省略对象名，则指的是当前窗体，否则应加上对象名。例如：

```
Textl.FontSize=24              '设置文本框中的字体大小
Printer.FontBold=True          '在打印机上以粗体字输出
```

② 设置一种属性后，该属性即开始起作用，并且不会自动撤消。只有在显式地重新设置后，才能改变该属性的值。

在 VB 6.0 中，除上面所讲的属性设置窗体或控件的字形外，还可以在设计阶段通过字体对话框设置字形。其方法是：选择需要设置字体的窗体或控件，然后激活属性窗口，单击其中的 Font，再单击右端的“…”，将打开“字体”对话框，可在此对话框中对所选择对象的字形进行设置。

8. ForeColor(前景颜色)

用来定义文本或图形的前景颜色，其设置方法及适用范围与 BackColor 属性相同。由 Print 方法输出(显示)的文本均按用 ForeColor 属性设置的颜色输出。

9. Height，Width(高、宽)

这两个属性用来指定窗体的高度和宽度，其单位为缇(twip)，即 1 点的 1 / 20(1 / 1440 英寸)。如果不指定高度和宽度，则窗口的大小与设计时窗体的大小相同。

如果通过程序代码设置这两个属性，则格式如下：

```
[对象.] Height[=数值]
[对象.] Width[=数值]
```

这里的“对象”可以是窗体和各种控件。“数值”为单精度型，其计量单位为 twip。如果省略“=数值”，则返回“对象”的高度或宽度。

10. Icon(图标)

该属性用来设置窗体最小化时的图标。通常把该属性设置为.ico 格式的图标文件，当窗体最小化(WindowState=1)时显示为图标。.ico 文件的位置没有具体规定，但通常应和其他程序文件放在同一个目录下。如果在设计阶段设置该属性，则可以从属性窗口的属性列表中选择该属性，然后单击设置框右端的“…”，再从打开的“加载图标”对话框中选择一个图标文件。如果用程序代码设置该属性，则需使用 LoadPicture 函数或将另一个窗体图标的属性赋给该窗体的图标属性。

该属性只适用于窗体(包括 SDI 和 MDI 窗体)。

11. MaxButton、MinButton(最大化、最小化按钮)

这两个属性用来显示窗体右上角的最大化、最小化按钮。如果希望显示最大化或最小化按钮，则应将两个属性设置为 True，这两个属性只在运行期间起作用。在设计阶段，这两项设置不起作用，因此，即使把 MaxButton 和 MinButton 属性设置为 False，最大化、最小化按钮也不会消失。如果 BoderStyle 属性被设置为 0-None，则这两个属性将被忽略。

该属性只适用于窗体。

12. Name(名称)

该属性用来定义对象的名称。用 Name 属性定义的名称是在程序代码中使用的对象名，与对象的标题(Caption)不是一回事。和 BorderStyle 属性一样，Name 是只读属性，在运行时，对象的名称不能改变。

该属性适用于窗体、所有控件、菜单及菜单命令。

注意，在属性窗口中，Name 属性通常作为第一个属性条，并写作“名称”。

13. Picture(图形)

用来在对象中显示一个图形。在设计阶段，从属性窗口中选择该属性，并单击右端的“…”，将打开“加载图片”对话框，通过该对话框选择一个图形文件，该图形即可显示在窗体上。用该属性可以显示多种格式的图形文件，包括.ico，.bmp，.gif，.jpg，.wmf，.dib 等。

该属性适用于窗体、图像框、OLE 和图片框。

14. Top，Left(顶边、左边位置)

这两个属性用来设置对象的顶边和左边的坐标值，用以控制对象的位置。坐标值的默认单位为 twip。当用程序代码设置时，其格式如下：

```
[对象.] Top[=y]
[对象.] Left[=x]
```

这里的“对象”可以是窗体和绝大多数控件。当“对象”为窗体时，Left 指的是窗体的左边界与屏幕左边界的相对距离，Top 指的是窗体的顶边与屏幕顶边的相对距离；而当“对象”为控件时，Left 和 Top 分别指控件的左边和顶边与窗体的左边和顶边的相对距离。

注意：

Height、Width、Top、Left 这 4 个属性决定窗体或控件在容器中的位置，如图 3-4 所示。

15. Visible(可见性)

用来设置对象的可见性。如果将该属性设置为 False，则将隐藏对象，如果设置为 True，则对象可见。当用程序代码设置时，格式如下：

```
[对象.] Visible[=Boolean 值]
```

这里的“对象”可以是窗体和任何控件(计时器除外)，其可取值为 True 或 False。在默认情况下，Visible 属性的值为 True。

注意：

只有在运行程序时，该属性才起作用。也就是说，在设计阶段，即使把窗体或控件的 Visible 属性设置为 False，窗体或控件也仍然可见，程序运行后消失。当对象为窗体时，如果

Visible 的属性值为 True，则其作用与 Show 方法相同；类似地，如果 Visible 的属性值为 False，则其作用与 Hide 方法相同。

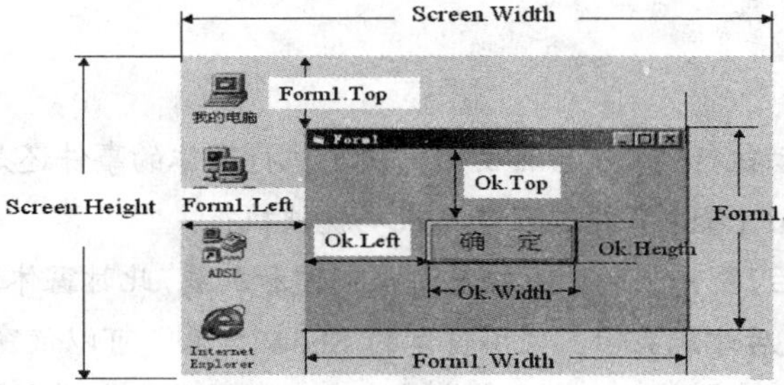

图 3-4　对象的 Top 和 Left 值

16. WindowState(窗口状态)

用来设置窗体的操作状态，可以用属性窗口设置，也可以用程序代码设置。格式如下：

对象.WindowState[=设置值]

这里的“对象”只能是窗体。“设置值”是一个整数，取值为 0、1 或 2，代表的操作状态分别如下。

- 0：正常状态，有窗口边界。
- 1：最小化状态，显示一个示意图标。
- 2：最大化状态，无边界，充满整个屏幕。

“正常状态”也称“标准状态”，即窗体不缩小为一个图标，一般也不充满整个屏幕。其大小以设计阶段所设计的窗体为基准。但是，程序运行后，窗体的实际大小取决于 Width 和 Height 属性的值，同时可用鼠标改变其大小。

3.2.2　窗体的事件

与窗体有关的事件较多，其中常用的有以下 6 个。

1. Click(单击)事件

在前面的例子中已介绍过 Click 事件。程序运行后，当单击窗口内的某个位置时，VB 将调用窗体事件过程 Form_Click。注意，单击的位置不能有其他对象(控件)，如果单击窗体内的控件，则只能调用相应控件的 Click 事件过程，不能调用 Form_Click 过程。

2. DblClick(双击)事件

程序运行后，双击窗体内的某个位置，VB 将调用窗体事件过程 Form_DblClick。“双击”实际上触发两个事件，第一次按下鼠标按钮时产生 Click 事件，第二次产生 DblClick 事件。

3. Load(装入)事件

Load 事件可以用来在启动程序时对属性和变量进行初始化，因为如果窗体是工程的启动窗体，运行程序后，将自动触发该事件。Load 是把窗体装入工作区的事件，如果这个过程存在，接着就执行它。Form_Load 过程执行完之后，如果窗体模块中还存在其他事件过程，VB 将暂停程序的执行，并等待触发下一个事件过程。如果 Form_Load 事件过程内不存在任何指令，VB 将显示该窗体。

注意：

Load 事件是首先自动执行的，然后再由用户决定执行窗体的事件还是控件的事件。当窗体进入加载状态时，Form_Load 事件过程中的代码就被执行。

Load 事件过程开始后，窗体上的所有控件都被创建和加载，此时窗体还没有被显示出来，但是任何窗体只有被加载后才能显示。使用窗体的 Show 方法，可以使窗体进入可见状态。当窗体进入可见状态时，用户就可以看见窗体的窗口，同时能和它进行交互作用。

4. Unload(卸载)事件

当从内存中清除一个窗体(关闭窗体或执行 Unload 语句)时触发该事件。如果重新装入该窗体，则窗体中所有的控件都要重新初始化。

5. Activate(活动)，Deactivate(非活动)事件

当窗体变为活动窗口时触发 Activate 事件，而在另一个窗体变为活动窗口前触发 Deactivate 事件。通过操作可以把窗体变为活动窗体，例如单击窗体或在程序中执行 Show 方法等。

6. Paint(绘画)事件

当窗体被移动或放大时，或者窗口移动时覆盖了一个窗体时，触发该事件。

3.2.3　窗体的方法

窗体上常用的方法有 Print、Cls 和 Move 等。

1. Print 方法

格式：[对象.]Print 表达式
更详细的内容介绍可参见 5.1 节的内容。

2. Cls 方法

格式：[对象.]Cls
Cls 清除由 Print 方法显示的文本或在图片框中显示的图形，并把光标移到对象的左上角(0,0)。这里的“对象”可以是窗体或图片框，如果省略“对象”则清除当前窗体内的显示内容。例如：

```
Picture1.Cls          '清除图片框 Picture1 内的图形或文本
Cls                   '清除当前窗体内显示的内容
```

说明：

当窗体的背景是用 Picture 属性装入的图形时，不能用 Cls 方法清除，只能通过 LoadPicture 方法清除。

注意：

Cls 不清除在设计时的文本和图形。清屏后当前坐标回到原点。

3. Move 方法

格式：[对象.]Move 左边距离[,上边距离[,宽度[,高度]]]

Move 方法用来移动窗体和控件，并可改变其大小。其中“对象”可以是窗体及除计时器(Timer)、菜单(Menu)之外的所有控件。如果省略“对象”，则表示要移动的是窗体。“左边距离”、“上边距离”及“宽度”、“高度”均以 twip 为单位。如果“对象”是窗体，则“左边距离”和“上边距离”均以屏幕左边界和上边界为准；如果“对象”是控件，则以窗体的左边界和上边界为准。

【例 3-1】 在窗体的任意位置画一个文本框和一个图片框(大小任意)。编写程序移动它们的位置并改变其大小。设计完成后的窗体如图 3-5 所示。

编写如下事件过程：

```
Private Sub Form_Click()
    Move 800, 800, 3900, 2600
    Text1.Move 200, 200, 1500, 1000
    Picture1.Move 1800, 200, 1500, 1000
    Picture1.Print "Picture1"
End Sub
```

上述事件过程重新设置窗体、文本框和图片框的位置及大小。首先把窗体移到屏幕的(800,800)处，并把其大小设置为 3900(宽度)和 2600(高度)，接着把文本框和图片框分别移到窗体的(200,200)和(1800,200)，把大小均设置为宽 1500，高 1000，最后在图片框中打印“Picture1”。程序运行后，单击窗体，结果如图 3-6 所示。

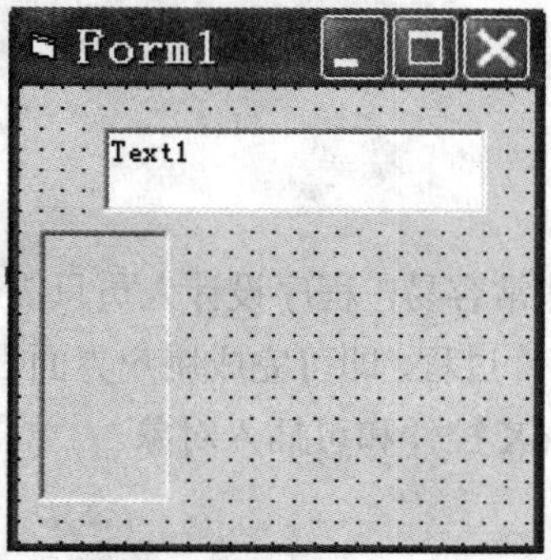

图 3-5　程序运行前的窗体

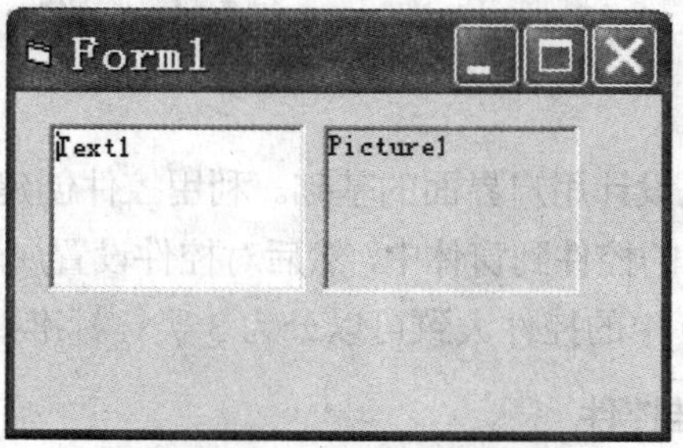

图 3-6　程序运行后的窗体

【例 3-2】 编写程序，使窗体位于屏幕中心显示，文本框位于窗体中心显示。在窗体上画一个文本框(位置、大小任意)，然后输入如下代码：

```
Private Sub Form_Click()
    Width = Screen.Width * 0.5            '取屏幕宽度的一半
```

```
    Height = Screen.Height * 0.5            '取屏幕高度的一半
    Left = (Screen.Width - Width)/ 2       '使窗体居屏幕中心
    Top = (Screen.Height - Height)/ 2
    Print Width, Height, Left, Top
    Text1.Width = Width * 0.5
    Text1.Height = Height * 0.5
    Text1.Left = (Width - Text1.Width)/ 2     '使文本框居窗体中心
    Text1.Top = (Height - Text1.Height)/ 2
    Print Text1.Width, Text1.Height
    Print Width, Height, Left, Top
End Sub
```

上述过程把窗体的高度和宽度设置为屏幕高度和宽度的 1/2，把文本框的高度和宽度设置为窗体高度和宽度的 1/2。从而使窗体居屏幕中心、文本框居窗体中心。程序运行结果如图 3-7 所示。

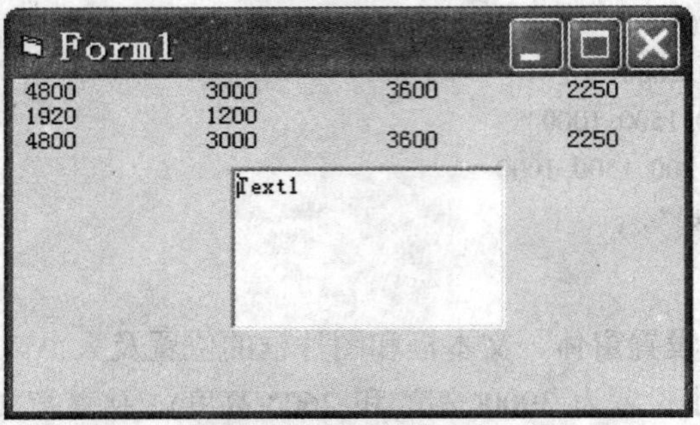

图 3-7　运行效果图

3.3　控　　件

控件是设计用户界面的基础。利用控件创建用户界面非常容易，程序设计人员只需简单地拖动所需的控件到窗体中，然后对控件设置属性和编写事件过程，即可完成用户界面设计。

VB 6.0 中的控件大致可以分为 3 类：标准控件、ActiveX 控件和可插入对象。

1. 标准控件

标准控件又称内部控件，启动 VB 后，标准控件都放在工作区左侧的工具箱内，共有 20 个，既不能添加，也不能删除。本节先介绍最常用的 3 个标准控件的使用方法，其余的标准控件在第 6 章详细介绍。

2. ActiveX 控件

ActiveX 控件是扩展名为.ocx 的独立文件，是一种 ActiveX 部件，是可以重复使用的编程代码和数据，是由 ActiveX 技术创建的一个或多个对象所组成。这些控件可以添加到工具箱中，然后像标准控件一样使用。本书将在第 10 章介绍一个 ActiveX 控件，即通用对话框，它对应的控件文件名是 Comdlg32.ocx。

3. 可插入对象

可插入对象是 Windows 应用程序的对象，如“Microsoft Excel 工资表”等。这些对象也能添加到工具箱中，具有与标准控件类似的属性，所以可把它们当作控件使用。其中一些对象支持 OLE，使用这类控件可在 VB 应用程序中控制另一个应用程序的对象。

3.3.1　控件的命名及控件值

1. 控件的命名

每个窗体和控件都有一个名称，这个名称就是窗体和控件的 Name 属性值。一般情况下，窗体和控件都有默认值，如 Form1、Command1、Text1 等。为了能见名知义，增强程序的可读性，最好用具有一定意义的名字作为对象的 Name 属性值，以从名字上看出对象的类型。

2. 控件默认值

一般情况下，通过“控件.属性”格式设置一个控件的属性值。例如：

```
Text1.text="Visual Basic 6.0 程序设计"
```

这里的 Text1 是文本框控件名，Text 是文本框的属性，上面的语句把文本框 Text1 的 Text 属性设置为“Visual Basic 6.0 程序设计”。

为方便使用，VB 为每个控件规定了一个默认属性，在设置这样的属性时可以不必给出属性名，通常把该属性称为控件的值。例如，文本框的控件值为 Text，上例可以改写为：

```
Text1="Visual Basic 6.0 程序设计"
```

表 3-2 列出了 VB 中部分常用控件的默认属性。

表 3-2　常用控件默认属性

控件	默认属性	控件	默认属性
文本框	Text	标签	Caption
命令按钮	Default	图形、图像框	Picture
单选按钮	value	复选框	Value

注意：

使用控件值可以节省代码，但会影响程序的可读性，建议尽量少使用。

3.3.2　控件的基本操作

1. 控件的添加

将工具箱中的控件添加到窗体中通常有以下两种方法：

(1) 单击工具箱中的控件图标按钮，出现一个十字光标后，在窗体的任何位置拖动鼠标画出控件。

(2) 双击工具箱中的控件图标按钮，即可在窗体的中央画出控件。

这两种方法不同的是：使用第一种方法添加控件可以随意确定控件大小和位置，而使用第二种方法添加的控件的大小和位置是固定的。

下面以建立命令按钮控件为例介绍控件的添加：

- 双击工具箱中命令按钮图标，则窗体中央建立了一个命令按钮控件图标，如图 3-8 所示。

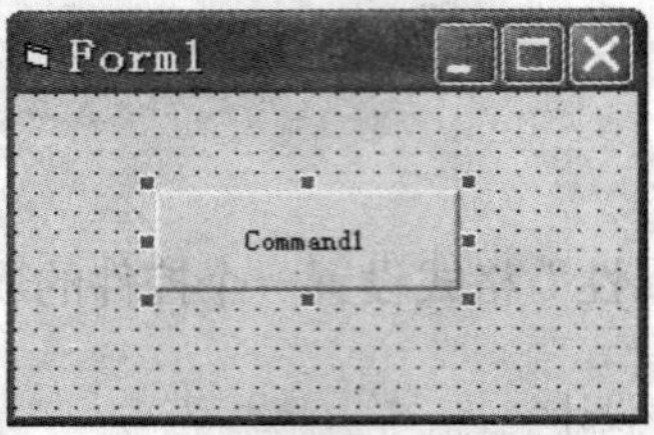

图 3-8　建立命令按钮控件

- 单击工具箱中的命令按钮图标，出现一个十字光标后，在窗体上拖动鼠标，将在窗体上鼠标拖动的区域内建立命令按钮控件。

2. 控件的复制与删除

还可以复制已经建立的控件，在窗体上建立同类的新控件。

复制控件的操作步骤如下：

(1) 单击工具栏上的复制按钮或按快捷键 Ctrl+C，或者在选中的控件上右击鼠标，在弹出的快捷菜单中选择“复制”命令，可以将控件复制到剪贴板上。

(2) 单击工具栏上的粘贴按钮或按快捷键 Ctrl+V，或者在选中的控件上右击鼠标，在弹出的快捷菜单中选择“粘贴”命令，可以将控件粘贴到窗体的左上角，由于复制控件名称相同，屏幕上会弹出一个“是否创建控件数组”对话框。

如上例若已建立了命令按钮控件 Command1，在窗体上单击该控件后，选择“编辑”菜单中的“复制”命令(或按 Ctrl+C)，然后选择“编辑”菜单中的“粘贴”命令(或按 Ctrl+V)。

此后，会弹出如图 3-9 所示的对话框，询问是否要建立控件数组。

单击“是”按钮，则控件 Command1 更名为 Command1(0)、新建控件名称为 Command1(1)，继续粘贴则建立控件 Command1(2)、Command1(3)……它们构成了一个控件数组 Command1，每个控件都是数组中的一个元素。各元素的标题都与 Command1(0)相同，应根据实际需要修改。

单击“否”按钮，则新建控件名称为 Command2，继续粘贴则建立控件 Command3、Command4……复制、粘贴的新控件，可以用鼠标将新控件拖动到窗体上的适当位置。

关于控件数组的内容，将在第 8 章中介绍。

图 3-9 由已经建立的命令按钮 Command1 复制 Command2

删除控件的方法如下：

(1) 按 Delete 键或单击工具栏上的删除按钮；

(2) 在选中的控件上右击鼠标，在弹出的快捷菜单中选择“删除”命令。

3. 控件的缩放与移动

在窗体上添加控件之后，控件的边框上有 8 个蓝色小方块，这表明该控件是活动的，通常称为当前控件。

当窗体上有多个控件时，一般只有一个控件是当前控件，对控件的所有操作都是针对当前控件进行的。因此，对于窗体下的所有控件进行操作，必须依次改变当前控件。

改变当前控件的方法如下：

(1) 使用鼠标单击需要操作的控件；

(2) 使用 Tab 键设置控件的焦点来依次改变当前控件。

缩放当前控件的方法如下：

(1) 将鼠标指针指向选中标志，然后拖拽到适当的大小；

(2) 利用快捷键 Shift+方向箭头，可以改变控件的高度和宽度；

(3) 在属性窗口中的“位置”栏上，修改 Height 和 Width 属性，可以改变控件的高度和宽度。

移动当前控件的方法如下：

(1) 使用快捷键 Ctrl+方向箭头，可以改变控件的位置；

(2) 在属性窗口中的“位置”栏上，修改 Left 和 Top 属性，可以改变控件的位置。

在界面设计前，应该对各个控件的布局有一个整体的考虑，使界面看上去自然、清晰，层次分明。在各控件建立后，还可以利用菜单栏中的“格式”对它们统一布局。

具体做法是：

① 先选中要排列的第一个控件，按住 Shift 键，再依次选中需要排列的其他控件，如图 3-10 所示。

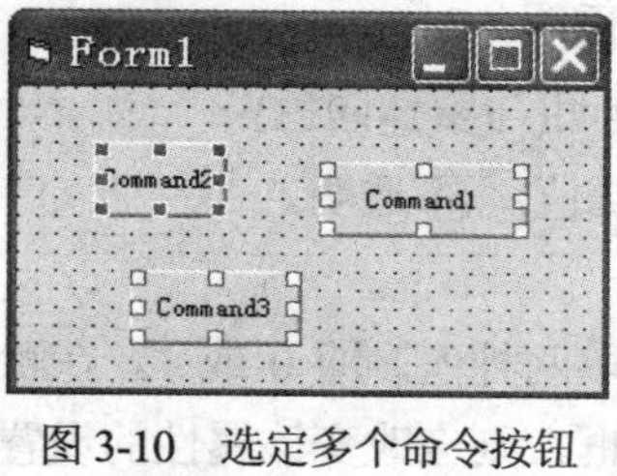

图 3-10 选定多个命令按钮

② 再选中“格式”菜单中的对齐、统一尺寸、间距等命令进行设置，如图 3-11 所示。

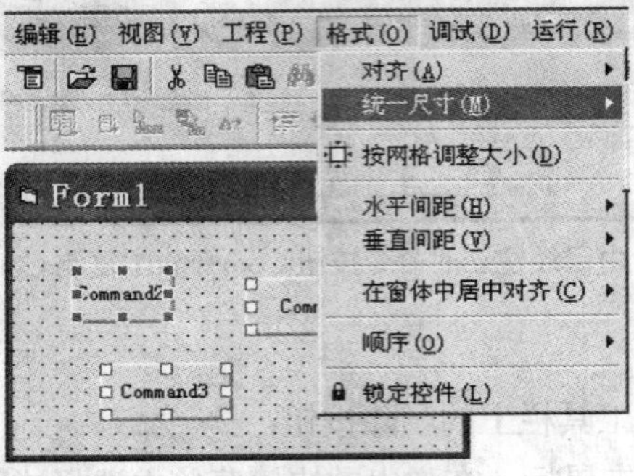

图 3-11　利用菜单排列多个控件

3.3.3 标签

在工具箱中标签控件的图标为 A。

标签控件的控件名称以及 Caption 属性的默认值都为 Label1、Label2 等。

标签通常用来标注本身不具有 Caption 属性的控件。例如，可以用标签为文本框、列表框、组合框等控件附加描述性信息。

标签的用途非常广，几乎在所有的设计中都会用它来做一些说明。运行时不能在标签框上直接输入文字，但可以用程序中的语句来改变标签控件所显示的文本。

1. 标签的常用属性

标签的部分属性与窗体及其他控件相同(公共属性)，其他常用属性说明如下。

(1) Alignment

该属性用来确定标签中标题的放置方式，可以设置为 0、1 或 2，其作用如下。

- 0：从标签的左边开始显示标题(默认)。
- 1：标题靠右显示。
- 2：标题居中显示。

(2) AutoSize

如果把该属性设置为 True，则可根据 Caption 属性指定的标题自动调整标签的大小；如果把 AutoSize 属性设置为 False，则标签将保持设计时定义的大小。在这种情况下，如果标题太长，则只能显示其中的一部分。

(3) Backstyle

该属性值用以指示标签是否透明。

- Backstyle 属性值为 0，透明(与窗体同色)；
- Backstyle 属性值为 1(默认值)，不透明。

(4) BorderStyle

用来设置标签的边框，可以取两种值，即 0 或 1。在默认情况下，该属性值为 0，标签无边框；如果需要为标签加上边框，则应改变该属性的设置(改为 1-Fixed single)。

(5) WordWrap

该属性用来决定标签标题的显示方式。该属性取值为 True 和 False，默认为 True。

AutoSize 属性和 WordWrap 属性的关系如下：

为了使标签具有垂直伸展和字换行处理，必须设置它的 AutoSize 属性和 WordWrap 属性同时为 True。

AutoSize 属性为 False、WordWrap 属性为 False 时，若标签不够高而 Caption 太长时，Caption 将被切割掉。

AutoSize 属性为 False、WordWrap 属性为 True 时，情况也如此。

AutoSize 属性为 True、WordWrap 属性为 False 时，表示可以水平伸展，但只显示一行信息。

2. 标签常用的事件和方法

标签控件可以响应的事件种类有多种，常用的有 Click 和 DblClick 事件。由于它一般只用于注释说明，所以在设计标签控件时很少设计它的事件过程。

标签控件可以引用的方法也有许多种，常用的有 SetFocus 方法。由于它一般只用于注释说明，所以在设计标签控件时很少引用它的方法。在程序设计中，习惯上还是作为文本显示使用。

3.3.4 文本框

在工具箱中文本框控件的图标为 abl 。

文本框控件的名称以及 Text 属性的默认值都为 Text1、Text2 等。

在窗体中，文本框占据一块屏幕区域。可以在设计阶段或运行期间在这个区域中输入文本。

1. 文本框常用属性

除前面介绍的一些公共属性可以用于文本框外，还具有如下常用属性：

(1) MaxLength 属性

用来设置允许在文本框中输入的最大字符数，取值在 0~65535 之间。如果该属性被设置为 0，则在文本框中输入的字符数不能超过 32K(多行文本)。在一般情况下，该属性使用默认值(0)。

该属性值不得大于 65535，若在其取值范围内设定了一个非 0 值，则尾部多出的部分被截断。如执行下列语句后，窗体上文本框内显示“abcdefghij”。

```
Text1.MaxLength = 10
Text1.Text = "abcdefghijk12345"
```

(2) MultiLine 属性

如果把该属性设置为 False，则在文本框中只能输入单行文本；当属性 MultiLine 被设置为 True 时，可以使用多行文本，即在文本框中输入文本时可以换行，并在下一行接着输入。

① 设计时，在属性窗口中直接输入 Text 的内容，按快捷键 Ctrl+Enter 可以换行。

② 运行时，用赋值语句修改 text 属性，必须加入回车、换行符才可换行。例如：Text1.Text

= "未到达边界" + Chr(13) + Chr(10) + "另起一行。"

(3) PassWordChar 属性

该属性值设定输入文本的特殊显示字符，在设计密码程序时非常有效。其值只能为 1 个字符，默认值为空。

该属性可用于口令输入。在默认状态下，该属性被设置为空字符串(不是空格)，用户从键盘上输入时，每个字符都可以在文本框中显示出来。如果把 PassWordChar 属性设置为一个字符，例如星号(*)，则在文本框中输入字符时，显示的不是输入的字符，而是被设置的字符(如星号)。不过文本框中的实际内容仍是输入的文本，只是显示结果被改变了。利用这一特性，可以设置口令。

仅当 MultiLine 属性为 False 且 PasswordChar 值为非空格符时，该属性设置有效。

(4) ScrollBars 属性

该属性用来确定文本框中有没有滚动条，当文本过长，可能超过文本框的边界，应为该控件添加滚动条。

可以取值 0(文本框中没有滚动条)、1(只有水平滚动条)、2(只有垂直滚动条)或 3(同时具有水平和垂直滚动条)。

(5) SelStart、SelLength 和 SelText 属性

① SelStart 属性

定义当前选择的文本的起始位置。0 表示选择的开始位置在第一个字符之前，1 表示从第二个字符之前开始选择，依此类推。该属性只能通过程序代码设置。该属性及下面的 SelLenghth，SelText 属性只有在运行期间才能设置。

② SelLength 属性

当前选中的字符数。当在文本框中选择文本时，该属性值会随着选择字符的多少而改变。也可以在程序代码中把该属性设置为一个整数值，由程序来改变选择。如果 SelLength 属性值为 0，则表示未选中任何字符。

③ SelText 属性

该属性含有当前所选择的文本字符串，如果没有选择文本，则该属性含有一个空字符串。如果在程序中设置 SelText 属性，则用该值代替文本框中选中的文本。例如，假定文本框 Text1 中有下列一行文本：

```
Microsoft VB Programming
```

并选择了“VB”，则执行语句

```
Text1.SelText="C++"
```

后，上述文本将变成：

```
Microsoft C++ Programming
```

在这种情况下，属性 SelLength 的值将随着改变，而 SelStart 不会受影响。

(6) Text 属性

该属性用来设置文本框中显示的内容。例如：

```
Text1.Text="VB"
```

将在文本框 Text1 中显示“VB”。

(7) Locked 属性

该属性用来指定文本框是否可被编辑。当设置值为 False(默认值)时，可以编辑文本框中的文本；当设置值为 True 时，可以滚动和加亮控件中的文本，但不能编辑。

2. 文本框常用的事件和方法

文本框支持 Click、DblClick 等鼠标事件，同时支持 Change、GotFocus、LostFocus 事件。

(1) Change 事件

当用户向文本框中输入新信息，或当程序把 Text 属性设置为新值从而改变文本框的 Text 属性时，将触发 Change 事件。它的特点是即时性，可以随时看见改变的结果。

(2) GotFocus 事件

当文本框具有输入光标(即处于活动状态)时，所输入的每个字符都将在该文本框中显示出来。只有当一个文本框被激活并且可见性为 True 时才能接收到焦点。

(3) LostFocus 事件

当按 Tab 键使光标离开当前文本框或者用鼠标选择窗体中的其他对象时触发该事件。用 Change 事件过程和 LostFocus 事件过程都可以检查文本框的 Text 属性值，但后者更有效。

可以在文本框中使用 SetFocus 方法，格式如下：

```
[对象.] SetFocus
```

该方法可以把输入光标(焦点)移到指定的文本框中。当在窗体上建立了多个文本框后，可以用该方法把光标置于所需要的文本框。

注意：

与文本有关的标准控件有两个：标签和文本框。在标签中只能显示文本，不能进行编辑，而且文本框中即可显示文本，又可输入文本。

文本框和标签的区别：文本框通常用于向计算机输入信息，而标签通常用于输出信息。文本框是一个十分重要的控件，因为由复选框和选项按钮向程序输入的信息毕竟只有少数的几条信息而已。标签和文本框的区别很小，标签可以看成是一个在运行时不能修改正文的文本框，因此标签主要用于输出信息。

3.3.5　命令按钮

在工具箱中的命令按钮图标为。

命令按钮控件的名称以及 Caption 属性的默认值都为 Command1、Command2 等。

在应用程序中，命令按钮通常用来在单击时执行指定的操作。下面介绍命令按钮的常用属性、事件和方法。

1. 常用属性

前面介绍的大多数属性都可用于命令按钮。另外，还有下面几个常用属性。

(1) Caption 属性

表示按钮上显示的文字。如果在某个字母前加入“&”符号，则程序运行时标题中的该字母带有下划线，即这个字母就成为快捷键；当用户按下 Alt+该快捷键，便可激活并操作该按钮。例如，在设置某按钮的 Caption 属性时输入&Ok，程序运行时就会显示 Ok，用户按下 Alt+O 快捷键便可激活并操作 Ok 按钮。

(2) Default 属性

当一个命令按钮的 Default 属性被设置为 True 时，按 Enter 键和单击该命令按钮的效果相同。在一个窗体中，只能有一个命令按钮的 Default 属性被设置为 True，窗体中其他命令按钮自动设置为 False。

(3) Cancel 属性

当一个命令按钮的 Cancel 属性被设置为 True 时，按 Esc 键与单击该命令按钮的作用相同。在一个窗体中，只允许有一个命令按钮的 Cancel 属性被设置为 True。

(4) Style 属性

用于设置/返回控件的外观，该属性有两个选项。默认选项是 0：standard，表示是标准的 Windows 风格；另一个选项是 1：Graphical，表示按钮上可以显示图片。

初学者应特别注意，命令按钮标题所显示的按钮功能，是由该控件相应的事件过程所赋予的。如建立一个命令按钮控件，其 Caption 属性值为“计算”，运行时输入某些数据后单击该按钮，按计算公式计算，才能得到计算结果，而这些都是由写在相应事件过程中的语句实现的。

2. 常用事件和方法

单击命令按钮时将触发按钮的 Click 事件并调用已写入 Click 事件过程中的代码。单击命令按钮后也将触发 MouseDown 和 MouseUp 事件。如果要为这些相关事件附加事件过程，则应确保操作不发生冲突。控件不同，这 3 个事件过程发生的顺序也不同。CommandButton 控件中事件发生的顺序为：MouseDown→Click→MouseUp。

命令按钮常用的方法是 SetFocus 方法。

注意：

如果用户试图双击 CommandButton 控件，则其中每次单击都将被分别处理，即 CommandButton 控件不支持双击事件。

3.3.6 VB 中设置颜色的常用方法

在 VB 中，窗体、控件、图形以及文字信息都可以用不同的颜色显示。对于所有的颜色属性(BackColor、ForeColor 等)，每种颜色都由一个长整形整数表示。VB 可支持 256 种颜色。

1. 调色板

在 VB 应用程序的界面设计阶段，使用调色板能够可视化地设置当前对象的颜色。在属性窗口中直接选择颜色调色板按钮，如图 3-3 所示。还可以从“视图”菜单中选取“调色板”，如图 3-12 所示。这个调色板具有更强的颜色设置功能，它既可以设置对象的前景色、背景色，也可以进行细致的颜色调整。

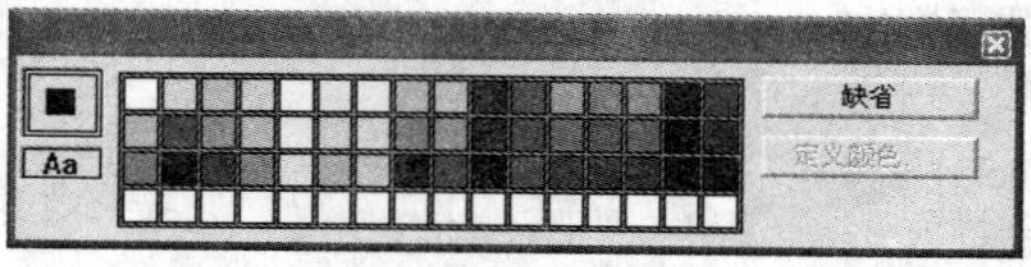

图 3-12 VB 的调色板

2. 颜色参数

调色板可以用于在设计阶段设置对象的颜色。如果在程序运行期间设置对象的颜色，就必须使用颜色参数。可通过以下 4 种方式来指定颜色参数。

(1) 用十六进制常数直接赋值。

通常用十六进制数表示颜色值。正常的 RGB 颜色的有效范围是从 0 到 16777215 (&HFFFFFF&)。每种颜色的设置值都是一个 4 字节的整数。例如，设置文本框的前景色为红色：Text1.ForeColor = &HFF&。

(2) 用系统的颜色常量赋值。

例如，设置窗体的背景色为绿色：Form1.BackColor=vbGreen。

(3) 用函数 QBColor 设置颜色。

VB 保留了 Quick Basic 的 QBColor 函数。该函数用一个整数值对应 RGB 的常用颜色值。

QBColor 的格式如下：

QBColor(颜色值)

其中参数“颜色值”的取值为 0~15 的整数，可以表示 16 种颜色。

(4) 用函数 RGB 设置颜色。

RGB 是 Red 红、Green 绿、Blue 蓝的缩写，RGB 函数通过红绿蓝三原色的值设置一种混合颜色，RGB 函数格式如下：

```
RGB(R,G,B)
```

其中参数 R、G、B 的取值范围分别为 0~255 的整数，表示 256 种状态，RGB 函数理论上可以表示 256×256×256 种颜色，共计一千多万种颜色，实际上会受到系统硬件的限制。

3.4 综合实例

【例 3-3】 通过用鼠标单击或双击窗体来改变标签上的显示内容(标题)，来理解窗体的 Click 和 DblClick 事件。

(1) 界面设计。选择“新建”工程，进入窗体设计器，在窗体中添加一个标签控件 Label1，在属性窗口设置标签控件的字体类型和字体大小。

(2) 代码设计。编写窗体的 Click 和 DblClick 事件代码。

程序代码如下：

```
Private Sub Form_Click()
Label1.Caption = "你单击了窗体"
End Sub
Private Sub Form_DblClick()
End Sub
Label1.Caption = "你双击了窗体"
```

(3) 程序运行的结果如图 3-13、图 3-14 所示。

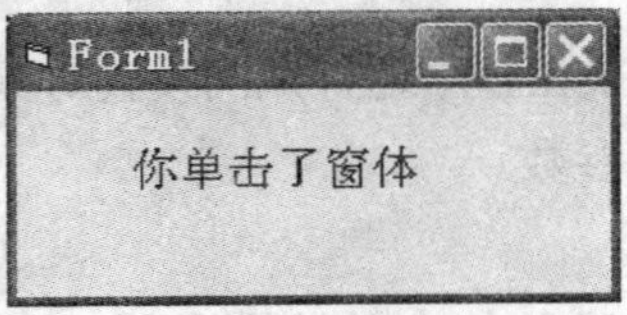

图 3-13　运行结果之一

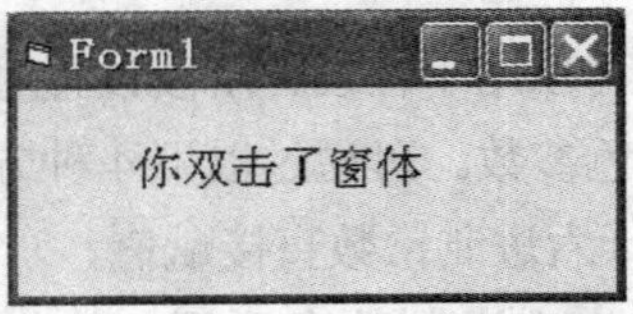

图 3-14　运行结果之二

【例 3-4】 自动换行的标签。

(1) 程序界面设计如图 3-15 所示。

(2) 设置控件的属性，如表 3-3 所示。

表 3-3　控件的属性设置

对象名称	对象属性	属性值
Label1	Caption	锄禾日当午，汗滴禾下土。谁知盘中餐，粒粒皆辛苦
	Backcolor	白色
	Borderstyle	1(有边框)
Command1	Caption	缺省显示
Command2	Caption	单行显示
Command3	Caption	自动换行

(3) 代码设计，编写 3 个命令按钮的 Click 事件代码如下：

```
Private Sub Command1_Click()    ' 默认显示
Label1.AutoSize = False
Label1.WordWrap = False
Label1.Width = 1935
Label1.Height = 350
End Sub
Private Sub Command2_Click()    ' 单行显示
Label1.AutoSize = True
Label1.WordWrap = False
End Sub
```

```
Private Sub Command3_Click()      ' 自动换行
Label1.AutoSize = True
Label1.WordWrap = True
Label1.Width = 1000
End Sub
```

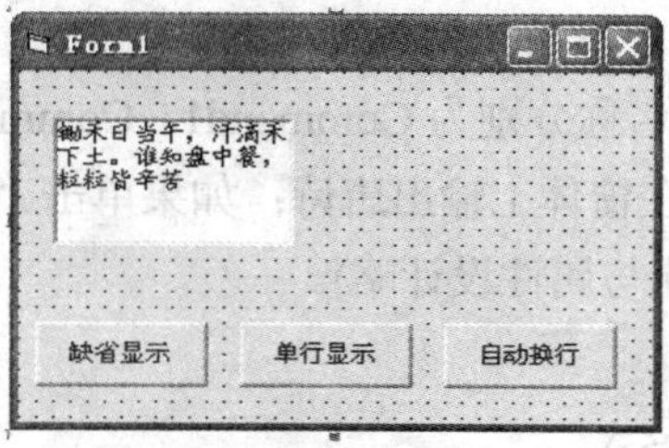

图 3-15　设计界面

(4) 程序的运行结果如图 3-16 所示。

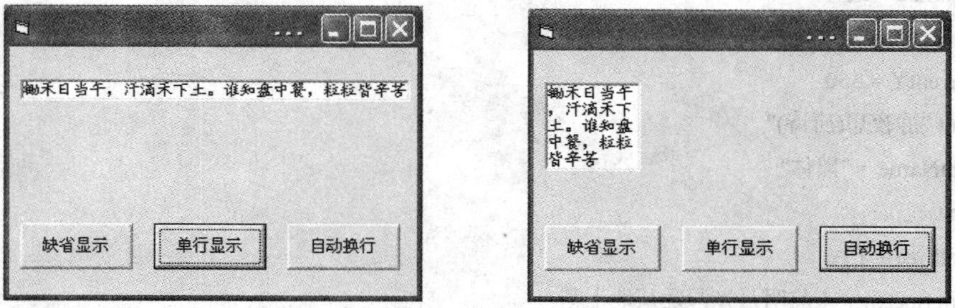

(a)　运行结果之一　　　　(b)　运行结果之二

图 3-16　运行结果

【例 3-5】　在名称为 Form1 的窗体上建立一个名称为 Cmd1、标题为“显示”的命令按钮。要求程序运行后，如果单击“显示”按钮，则在窗体上输出文本“显示”；如果单击窗体，则清除窗体上的文本。程序界面如图 3-17 所示(界面设计与属性设计略)。

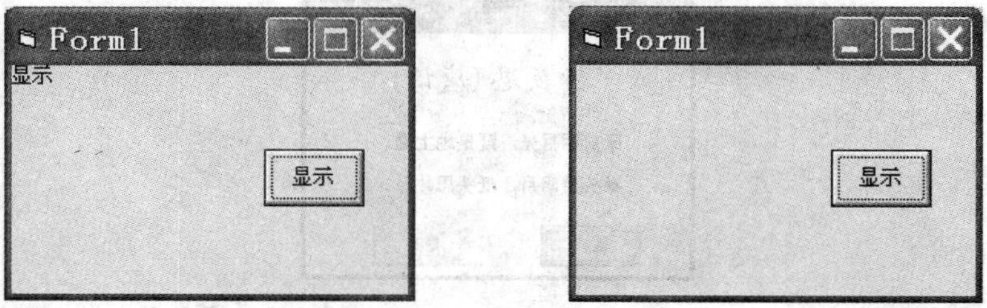

(a)　运行结果之一　　　　(b)　运行结果之二

图 3-17　运行结果

程序代码如下：

```
Private Sub Cmd1_Click()
```

```
Print Cmd1.Caption
End Sub
Private Sub Form_Click()
Cls
End Sub
```

【例 3-6】 窗体上有两个名称分别为 Command1、Command2 的命令按钮。要求程序运行后，单击“显示”按钮，则在窗体上输出唐诗；如果单击“退出”按钮，则结束程序。程序界面如图 3-18 所示(界面设计与属性设计略)。

```
Private Sub Command1_Click()
  BackColor = RGB(255, 255, 255)
  ForeColor = RGB(0, 0, 255)
  FontName = "楷体_GB2312"
  FontSize = 20
  CurrentX = 1200
  CurrentY = 350
  Print "静夜思(唐诗)"
  FontName = "黑体"
  Print
  FontSize = 13
  Print Spc(6); "床前明月光，疑是地上霜。"
  Print
  Print Spc(6); "举头望明月，低头思故乡。"
 End Sub
Private Sub Command2_Click()
 End
 End Sub
```

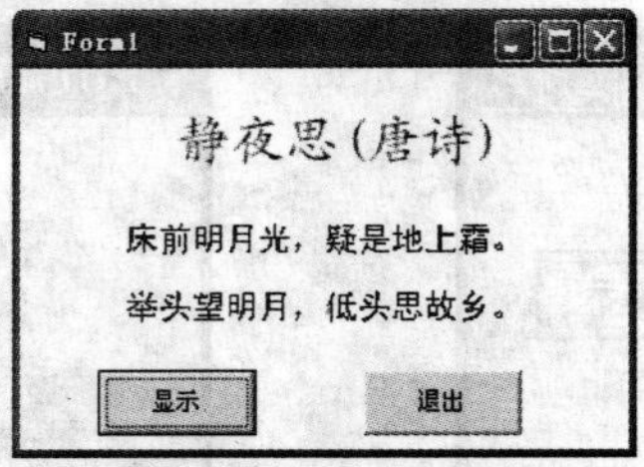

图 3-18　运行结果

【例 3-7】 窗体上有 3 个名称分别为 Command1、Command2、Command3 的命令按钮，以及一个名称为 Text1 的文本框，内容为空白。窗体界面如图 3-19 所示。要求程序运行后，单击“隐藏文本框”按钮，则出现如图 3-20 所示的界面。

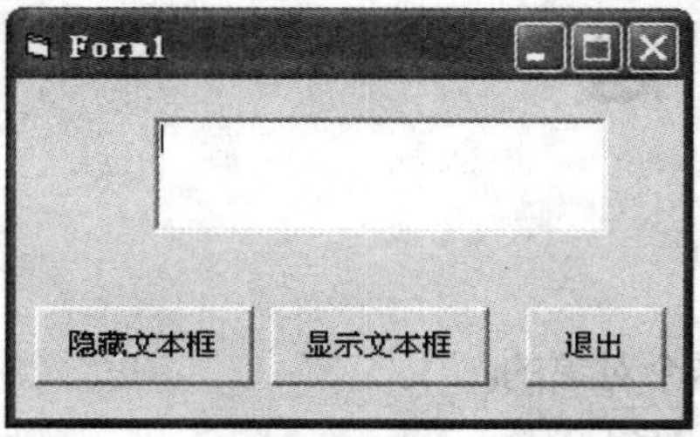

图 3-19　窗体界面

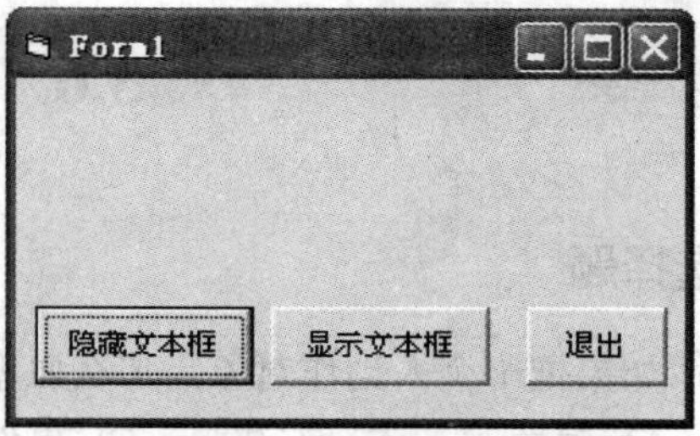

图 3-20　程序运行结果之一

单击“显示文本框”，命令按钮则出现如图 3-21 所示的界面，单击“退出”命令按钮，则结束程序运行。

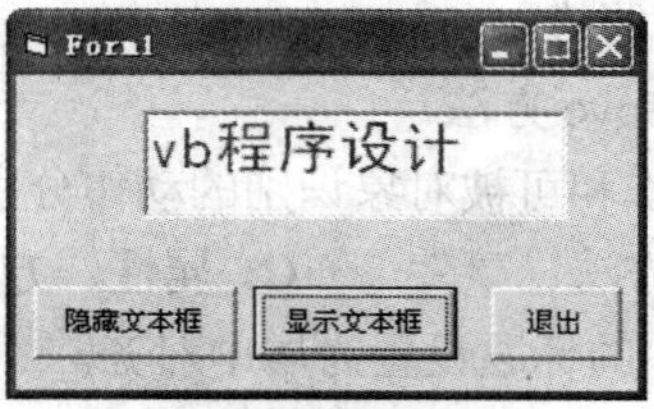

图 3-21　程序运行结果之二

窗体界面设计与属性设计略，程序代码如下：

```
Private Sub Command1_Click()
    Text1.Visible = False
End Sub
Private Sub Command2_Click()
    Text1.Visible = True
    Text1.Text = "vb 程序设计"
    Text1.FontName = "黑体"
    Text1.FontSize = 20
    Text1.ForeColor = vbRed
End Sub
Private Sub Command3_Click()
    End
End Sub
```

3.5　小　结

用 VB 编写程序，窗体和控件是最基本的元素，熟练掌握它们的常用属性与主要事件及方法，是学习编程的基础。某些属性是大多数控件所共有的，如 Name、Enabled、Visible 等，但也有些属性是某个控件所独有的。本节只是讲述了窗体及 3 种控件的部分属性，其他属性可以在 VB 的帮助文档中查找到。

3.6　习　题

一、选择题

1. 如果把一个人当作对象，那么血型相当于这个对象的(　)。

   A) 属性　B) 方法　C) 事件　D) 特征

2. 下列方法不能改变窗体大小的方法是(　)。

   A) 设计时在窗体布局窗口中进行调整

   B) 设计时在属性窗口中设置相应的属性

   C) 运行时设置相应属性的值

   D) 运行时调用窗体的 Move 方法

3. 一个对象可以执行的动作和可被对象识别的动作分别称为(　)。

   A) 事件、方法　B) 方法、事件　C) 属性、方法　D) 过程、事件

4. 下面(　)语句可以将标签的标题设置为居中对齐。

   A) Label1.Alignment=1　B) Label1.Alignment=2

   C) Label1.AutoSize=True　D) Label1.WordWrap=True

5. 要清除标签的标题内容，下面(　)语句可以完成。

   A) Label1.Caption=""　B) Label1.Enabled=False

   C) Label1.Visible=False　D) Label1.BackStyle=0

6. 为了把焦点移到某个指定的控件，所使用的方法是(　)。

   A) SetFocus　B) Visible　C) Refresh　D) GotFocus

7. 在设计阶段，当双击窗体上的某个控件时，所打开的窗口是(　)。

   A) 工程资源管理器窗口　B) 工具箱窗口　C) 代码窗口　D) 属性窗口

8. 刚建立一个新的标准 EXE 工程后，不在工具箱中出现的控件是(　)。

   A) 单选按钮　B) 图片框　C) 通用对话框　D) 文本框

9. 决定窗体有无控制菜单的属性是(　)。

   A) ControlBox　B) MinButton　C) Enabled　D) MaxButton

10. 当程序运行时，系统自动运行启动窗体的(　)事件过程。

    A) Load　B) Click　C) Unload　D) GotFocus

11. 如果要使命令按钮不可被操作，要对(　)属性进行设置。

    A) Enabled　B) Visible　C) BackColor　D) Caption

12. 文本框控件没有(　)属性。

    A) Text　B) Name　C) Enabled　D) Caption

13. 已经将文本框的 ScrollBars 属性设置为 2，但是没有效果，原因是(　)。

    A) 文本框没有内容　B) 文本框的 Password 属性被设置

    C) 文本框的 MultiLine 属性为 False　D) 文本框内容没有超过文本框大小

14. 在 Visual Basic 中最基本的对象是(　)，它是应用程序的基石，是其他控件的容器。

    A) 文本框　B) 命令按钮　C) 窗体　D) 标签

15．如要在运行时按 Enter 键，就可以直接访问按钮，需要设置(　)属性。

A) Caption　　B) Cancel　　C) Default　　D) Style

16．以下叙述中正确的是(　)。

A) 窗体的 Name 属性指定窗体的名称，用来标识一个窗体

B) 窗体的 Name 属性的值是显示在窗体标题栏中的文本

C) 可以在运行期间改变对象的 Name 属性的值

D) 对象的 Name 属性值可以为空

二、填空题

1. 在 Visual Basic 中，用户通过对象的属性、事件和＿＿＿＿＿来处理对象。

2. 类和对象关系密切，但并不相同。＿＿＿＿＿包含了有关＿＿＿＿＿的特征和行为信息。

3. 方法与事件有相似之处，都是为了完成某个任务，但＿＿＿＿＿可完成不同任务，而＿＿＿＿＿则是固定的，任何时候调用都是完成同一个任务。

4. Visual Basic 有 3 种程序模式：＿＿＿＿＿、运行模式和中断模式时。

5. 如果将窗体的＿＿＿＿＿属性设置为 False，则运行时，窗体上所有的控件都不可用。

6. 工程文件的扩展名为＿＿＿＿＿，窗体文件的扩展名为＿＿＿＿＿，每个窗体的二进制文件的扩展名为＿＿＿＿＿，标准模块文件的扩展名为＿＿＿＿＿。

7. Text1.Text="ABCDEFG"，Text1.SelStart=5，Text1.SelLength=1，则 Text1.SelText 为＿＿＿＿。

8. 在文本框中，能通过＿＿＿＿＿属性获取当前插入点的位置。

9. 在窗体上画一个文本框和命令按钮，属性都为默认值。打开代码窗口输入如下程序：

```
Private Sub Command1_Click()
    Text1.SelText = Command1.Caption
End Sub
```

运行后，单击命令按钮后文本框的内容为＿＿＿＿＿＿。

10. 为了让文本框显示如图 3-22 所示的效果，应该设置文本框的＿＿＿＿＿属性。

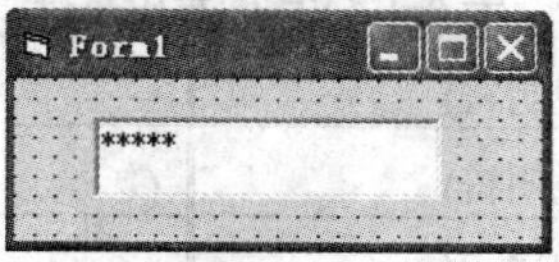

图 3-22　文本框效果

三、窗体设计

设计如图 3-23 所示的应用程序界面。

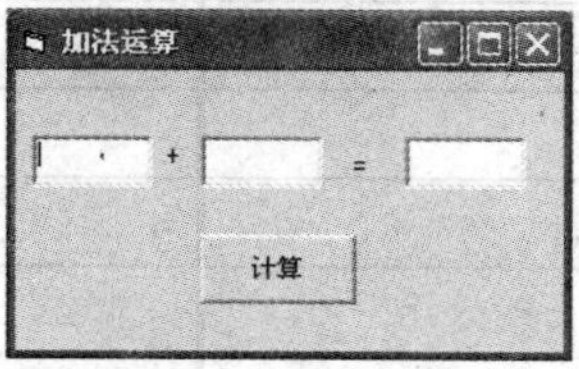

图 3-23　应用程序界面

第4章　Visual Basic语言基础

VB 应用程序包括两部分内容，即界面设计和程序代码设计。在这一章中，将介绍构成 VB 应用程序的基本元素，包括数据类型、常量、变量、内部函数、运算符和表达式等基础知识。

4.1　VB 语言字符集及编码规则

任何一种程序设计语言都有自己的语法格式和编码规则，要了解相关的概念和一些格式上的约定，严格遵循，否则会出现编译错误。

4.1.1　VB 的字符集

1. 基本字符集

VB 字符集主要包含字母、数字和专用字符，共 89 个字符。

- 字母：大写英文字母 A~Z；小写英文字母 a~z；
- 数字：0~9；
- 专用字符：共 27 个，如表 4-1 所示。

表 4-1　VB 的专用字符

%	百分号(整型数据类型说明符)	=	等号(关系运算符、赋值号)
&	和号(长整型数据类型说明符)	(	左圆括号
!	感叹号(单精度数据类型说明符)	)	右圆括号
#	磅号(双精度数据类型说明符)	'	单引号
$	美元号(字符串数据类型说明符)	"	双引号
@	花 a 号(货币数据类型说明符)	,	逗号
+	加号	;	分号
-	减号	:	冒号
*	乘号	.	实心句号(小数点)
/	除号	?	问号
\	反斜杠(整除号)	_	下划线(续行号)
^	上箭头(乘方号)		空格符

(续表)

>	大于号	<CR>	回车键
<	小于号		

注意：

在代码窗口输入程序时，除汉字外，其余符号不能以全角或中文方式输入，而只能以英文方式输入作为语言成分的字符。

2. 关键字

关键字也称作保留字，是 VB 保留下来的作为程序中有固定含义的标识符。VB 的保留字包括命令名、函数名、数据类型名、运算符及 VB 系统提供的标准过程等。

4.1.2 编码规则与约定

1. 编码规则

VB 程序代码中不区分字母的大小写。系统对用户程序代码进行自动转换。

(1) 对于 VB 中的关键字，首字母被转换成大写，其余转换成小写；

(2) 若关键字由多个英文单词组成，则将每个单词的首字母转换成大写；

(3) 对于用户自定义的变量、过程名，以第一次定义的为准，以后输入的自动转换成首次定义的形式。

2. 语句书写规则

(1) 在同一行上可以书写多条语句，但语句间要用冒号“:”分隔，一行最多允许 255 个字符。例如：a=10 : b=20 :c=30。

(2) 若一个语句行不能写下全部语句，或在特别需要时，可以换行。换行时需在本行后加入续行符：一个空格加下划线“_”。

(3) 程序的注释方式有利于程序的维护和调试，要养成写注释的习惯。注释语句一般以 Rem 或单引号“ ' ”开头，但 Rem 不可以写在语句后面，而单引号注释内容可直接出现在语句的后面，很方便。例如：

```
' This is a VB
Rem This is a VB
```

还可以利用“编辑”工具栏的“设置注释块”、“解除注释块”来将设置多行注释。

3. 约定

(1) 为了提高程序的可读性，对于 VB 中的关键字其首字母大写，其余字母小写。

(2) 通常不使用行号。

(3) 对象名命名约定：每个对象的名字由 3 个小写字母组成的前缀(指明对象的类型)和表示该对象作用的缩写字母组成。

4. 语句、命令的语法描述规则

为便于解释语句、方法和函数，本书在各语句、方法和函数的语法格式和功能说明中采用统一的符号约定。如：

DIM <变量名> [AS <数据类型>][,<变量名> [AS <数据类型>]...]

各语法描述符号及它们的含义如下。

- < >尖括号：是必选参数表示符，如果缺少必选参数，则语句发生语法错误。
- [ ]方括号：是可选参数表示符，如省略，则为默认值。
- | 竖线：竖线分隔多个选择项，表示从多个选项中选一项。
- ，… 逗号加省略号：表示同类项目的重复出现。
- ……省略号：表示省略了在叙述中不涉及的语句部分。

注意：

这些语法描述符号和其中的提示，均不是语句或函数的组成部分。在输入具体命令或函数时，上面的语法描述符号均不可作为语句中的成分输入，例如：

[<Object>.]Print[<表达式 1>[,|;<表达式 2>[,|;...]]]，是 Print 方法的语法格式描述，在使用该语句时，Object、表达式 1、表达式 2 均应是程序中具体的内容，如：

Forml.Print "abcd","1234";

4.2 数 据 类 型

数据是程序的必要组成部分，也是程序处理的对象。例如厨师做菜，菜谱一般包括原配料、操作步骤。对同一原料可以用丰富的配料加工出不同风味的菜肴。数据类型在程序设计中就相当于做菜的配料。VB 中提供了大量的数据类型，提供了系统定义的数据类型，并允许用户根据需要定义自己的数据类型。本节主要介绍 VB 的基本数据类型，在第 8 章介绍用户自定义的数据类型。

基本数据类型主要有数值类型和字符串类型，此外还有字节、货币、对象、日期、布尔和变体型，如表 4-2 所示。

表 4-2　VB 的基本数据类型

数据类型	关键字	类型符	占字节数	前缀	大小范围
字节	Byte	无	1	bty	0~255
逻辑类型	Boolean	无	2	bln	True 或 False(-1 或 0)
整型	Integer	%	2	int	-32,768~32,767
长整型	Long	&	4	lng	-2,147,483,648~2,147,483,647
单精度实数	Single	!	4	sng	-3.402823E38~3.402823E38
双精度实数	Double	#	8	dbl	-1.79769313486232E308~1.79769313486232E308
字符型	String	$	与串长有关	str	0~65535 个字符

(续表)

数据类型	关键字	类型符	占字节数	前缀	大小范围
货币	Currency	@	8	cur	-922,377,203,685,477.5808 ~922,377,203,685,477.5807
日期类型	Date	无	8	dtrn	1/1/100~12/31/9999
对象类型	Object	无	4	obj	任何对象
通用类型 (变体类型)	Variant	无	根据实际情况分配	vnt	上述有效范围之一

1. 数值型

VB 的数值类型的数据包括整数和浮点数两类。其中整数又可分为整型(Integer)和长整型(Long)，而浮点数又可分为单精度浮点数(Single)和双精度浮点数(Double)。

(1) 整数(Integer 和 Long)

整数是不带小数点和指数符号的数，在机器内部以二进制补码形式表示。整数运算速度快，但数值的表示范围小。

① 整数(Integer)：整数以带符号的 2 个字节(16 位)的二进制码表示并参加运算，其取值范围为-32 768~32 767。它有 3 种形式，即十进制、十六进制和八进制。

- 十进制整型数：由一个或几个十进制数字(0~9)组成，可以带有正号或负号，其取值范围为-32 768~32 767，例如，123、-4567、+2468 等。
- 十六进制整型数：由一个或几个十六进制数字(0~9)及 A~F 或 a~f 组成，前面冠以&H(或&h)，其取值(绝对值)范围为&H0~&HFFFF。例如，&H90、&H97F 等。
- 八进制整型数：由一个或几个八进制数字(0~7)组成，前面冠以&(或&O)，其取值范围为&O0~&O177777，例如，&O108、&O5637 等。

② 长整数(Long)：长整数以带符号的 4 个字节(32 位)二进制数存储，其取值范围为-2 147 483 648~+2 147 483 647，它也有 3 种形式。

- 十进制长整型数：其组成与十进制整型数相同，取值范围为-2 147 483 648~2 147 483 647。例如，7 841 277、6 769 546。
- 十六进制长整型数：由十六进制数字组成。以&H 或&h 开头，以&结尾。取值范围为&H0&~&HFFFFFFFF&。例如，&H894&、&H3EACB&。
- 八进制长整型数：由八进制数字组成。以&或&O 开头，以&结尾，取值范围为&O0&~&O37777777777&。例如，&O567&、&O6547233&。

注意：

整型数，考虑符号位，最大整数为 2^{15}-1，即 32 767，当大于该值时，程序就会产生“溢出”而中断，这时应采用长整型，长整型数的最大整数为 2^{31}-1，若超出该范围，就不能使用整数了，可以改为浮点数。

(2) 浮点数(Single 和 Double)

浮点数也称实数，是含有小数部分的数值。分为单精度和双精度浮点数。浮点数中的小数点是“浮动”的，即小数点可以出现在数的任何位置。它由尾数、指数符号和指数 3 部分组成。其中，尾数本身也是一个浮点数，指数符号为 E(或 e，单精度)或 D(或 d，双精度)，指数是整数，指数符号 E 或 D 的含义为“乘以 10 的幂次”。例如：

- 123.456E-7 或 123.456e-7，单精度数。123.456 是尾数，E 是指数符号，表示 123.456 乘以 10 的-7 次幂。
- 567.89D6 或 567.89d+6，双精度数。567.89 是尾数，D 是指数符号，表示 567.89 乘以 10 的 6 次幂。

① 单精度浮点数(Single)：以 4 个字节(32 位)存储，其中符号占 1 位，指数占 8 位，其余 23 位表示尾数，此外还有一个附加的隐含位。单精度浮点数可以精确到 7 位十进制数，其负数的取值范围为-3.402 823E+38N~-1.401 298E-45，正数的取值范围为 1.401 298E-45~3.402 823E+38。

② 双精度浮点数(Double)：用 8 个字节(64 位)存储，其中符号占 1 位，指数占 11 位，其余 52 位用来表示尾数，此外还有一个附加的隐含位。双精度浮点数可以精确到 15 或 16 位十进制数，其负数的范围为-1.797 693 134 862 316D+308~-4.940 65D-324，正数的范围为 4.94065D-324~1.797693 134 862 316D+308。

(3) 字节型数据(Byte)

表示占 1 个字节(8 位)的无符号整数，取值范围为 0~255。

2. 字符型

字符串(String)是一个字符序列，由放在双引号之间的 ASCII 字符和汉字组成。其中长度为 0(即不含任何字符)的字符串称为空字符串。它可以是除双引号和回车符之外的任何 ASCII 字符。例如："$50, 000.00"、"Visual Basic 6.0"、"VB 程序设计 "。

VB 中的字符串分定长字符串和变长字符串两种。前者存放固定长度为 n 的字符，后者的长度可变。

注意：

""表示空字符串，长度为 0，而" "表示有一个空格的字符串，长度为 1；若字符串中有双引号，如要表示字符串“aaa"123”，则用连续两个双引号表示，即：“aaa""123”。

定长字符串在定义变量时就必须确定其字符串的长度。一般格式为：

String *字符串的长度(这里的字符串长度指的是字符个数)

例如要定义一个长度为 255 个字符的字符串，则可以用下列声明语句：

```
Dim S As String*255
```

上面语句定义的名为 S 的字符串最长为 255 个字符。如果赋予该变量的字符个数少于 255 个，则不足的部分，系统自动用空格填满。如果赋予该字符串的字符个数多于 255 个，VB 自动将超出 255 个的后面的字符截掉。

3. 货币型

货币(Currency)数据类型是为表示钱款而设置的，数据的小数点是固定的，因此也称为定点数据类型。该类型数据以 8 个字节(64 位)存储，精确到小数点后 4 位(小数点前有 15 位)，在小数点后 4 位以后的数字将被舍去。其取值范围为-922 337 203 685 477.580~922 337 203 685 477. 580 7。

4. 变体型

变体型(Variant)是一种可变的数据模型，可以包括数值型、字符型、日期型、对象型等数据类型，当把它们赋予 Variant 型时，不必在这些数据的类型间进行转换，VB 会自动完成任何必要的转换。

5. 逻辑型

逻辑型(Boolean)，又称布尔型，它只有两个值：真(True)和假(False)，经常被用来表示逻辑判断的结果。在计算机内存中以 2 字节(16 位)存储，True 对应于 16 位 1，False 对应于 16 位 0。由于整数以补码形式存放，因此，当把 Boolean 值转换为数值型时，False 转换为 0，True 转换成-1。当把其他型数据转换为 Boolean 型时，0 转换为 False，其他非 0 值转换为 True。

6. 日期型

日期型数据(Date)按 8 字节的浮点数存储，表示的日期范围从公元 100 年 1 月 1 日至 9999 年 12 月 31 日，时间范围是 0:00:00 至 23:59:59。

Date 型数据用两个“#”符号把表示日期和时间的值括起来，可表示多种格式的日期和时间。

例如：#11/18/1999#，#1999-11-18#，#11/18/1999 10:28:56 pm#。如果输入的日期或时间是非法的或不存在的，系统将提示出错。

7. 对象型

对象型数据(Object)用来表示引用应用程序中的对象，用 4 个字节存储。

4.3　常量和变量

在 VB 程序中，不同类型的数据既可以以常量的形式出现，也可以以变量的形式出现。常量在程序执行过程中其值是不发生变化的，而变量的值是可变的，它代表内存中指定的存储单元。

4.3.1　常量

VB 中的常量分直接常量、符号常量和系统常量 3 种。

1. 直接常量

直接常量也称字面量(Literal)，可以从字面形式上判断其类型。如：55、0 为整形常量；12.34、-2.5 为实型常量；"ABC"、"-1.23a"为字符串常量；#08/07/1992#为日期常量。

VB 的直接常量又分为字符串常量、数值常量、逻辑常量和日期常量。

(1) 字符串常量

字符串常量是字符串类型数据，可以是变长字符串或定长字符串。如："$50, 000.00"、"Visual Basic 6.0"。

(2) 数值常量

数值常量共有 4 种表示方式，即整型数、长整型数、单精度数和双精度数。如 130 为整数，130&为长整数，123.45 为单精度数，1.2345E2 为单精度的指数形式，123D2 为双精度数。

VB 的数值常量一般采用十进制数，但有时也使用八进制数(数值前加前缀&O)如&O25；或十六进制数(数值前加前缀&H)，如&H25，&H1A3。

VB 在判断常量类型时有时存在多义性。例如，值 3.01 可能是单精度类型，也可能是双精度类型或货币类型。在默认情况下，VB 将选择需要内存容量最小的表示方法，值 3.01 通常被作为单精度数处理。

注意：

在 VB 中，数值类型数据都有一个有效的取值范围，程序中的数如果超出这个范围，就会出现“溢出”(Overflow)错误。

(3) 逻辑常量

只有两个值 True 和 False。当把其他型数据转换为逻辑型时，0 会转换为 False，其他非 0 值转换为 True。当把逻辑值转换为数值型时，False 转换为 0，True 转换成-1。

(4) 日期常量

可以表示多种格式的日期和时间。数据必须用两个“#”符号把表示日期和时间的值括起来。

2. 符号常量

在 VB 中，可以定义符号常量，用来代替数值或字符串。一般格式为：

Const 常量名[As 数据类型|类型符号]=表达式

各选项的含义分别如下。

(1) 常量名：其命名规则与变量的命名规则相同(见第 4.3.2 节)。为与一般变量名相区别，符号常量名常采用大写字母。

(2) As 数据类型|类型符号：用于声明数据类型，若省略该项，则常量的类型取决于 Const 语句中表达式的类型。

(3) 类型说明符不是符号常量的一部分，定义符号常量后，在定义变量时要慎重。例如，假定声明了：

```
Const Num=45
```

则 Num!、Num#、Num%、Num&、Num@不能再用作变量名或常量名。

例如：

```
Const PI As Double=3.1415926
```

Const Double Pi =2*PI

先声明一个名称为 PI 的符号常量，它是双精度(Double)实数数据类型，给 PI 赋值为 3.1415926。然后再声明一个名称 Pi 的符号常量，给它赋值为 3.1415926 的 2 倍。

3. 系统常量

除了用户创建的符号常量外，VB 系统为应用程序和控件提供了大量系统预定义的常量。系统常量位于对象库中，可与应用程序的对象、方法和属性一起使用，在代码中可以直接使用它们。VB 中和 VBA 对象库中的常量名的前缀是小写字母 vb。如：要将文本框 Text1 的前景色设为红色，则可用下面的语句：

Text1.ForeColor = vbRed

使用系统常量，可使程序变得易于阅读和编写。系统常量也是符号常量，但它是系统定义的，可以在程序中引用，不能修改。

4.3.2　变量

变量是指在程序的运行过程中随时可以发生变化的量。可以把它想象成一种容器，它可以存放一个数字，也可以存放一个字符串，甚至可以什么值都没有。每个变量都有一个名称和相应的数据类型，并通过名称来引用一个变量，而数据类型则决定了该变量的储存方式。

变量名是一个符号地址，VB 系统在编译连接时给每一个变量分配一个内存地址，在该地址的存储单元中存放变量的值，如图 4-1 所示。

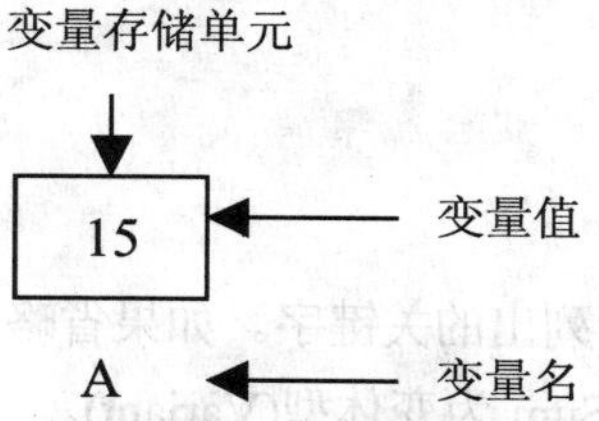

图 4-1　变量存储示意图

常量的类型由书写格式决定，而变量的类型由类型声明决定。

1. 变量的命名规则

变量名必须由以英文字母开头，由字母、数字、下划线组成，长度不超过 255 个字符，最后一个字符可以是类型说明符。

如 Sum、a2、x_1 都是 VB 的变量名。

这里需要注意以下几点。

(1) 不能使用 VB 的关键字作为变量名。关键字是指 VB 系统中已经定义的词，如语句、函数、运算符的名称等，如 Print、Const 等都不能用作变量名。

(2) 变量名不能与过程名或符号常量名相同。

(3) VB 不区分变量名的大小写，即大小写是一样的，如 X1 与 x1 是同一变量。

(4) 变量取名尽量做到“见名知义”，以提高程序的可读性。

(5) VB 中，变量名以及过程名、符号常量名、记录类型名、元素名等命名都必须遵循上述规则。

下例是错误的或使用不当的变量名：

5xy(不能以数字开头)，A-B(不能出现减号)，Dim(不能使用 VB 的关键字)，Cos(虽然允许使用，但建议最好不用，避免和 VB 的标准函数名混淆)。

2. 变量的声明

变量声明就是定义变量名和变量类型，以使系统分配存储单元。VB 的变量声明有两种方式，显式声明和隐式声名。

表 4-3　变量的默认初值

变量类型	默认初值
数值型	0
字符型	""(空)
逻辑型	False
日期型	0/0/0
对象型	Nothing

(1) 用 Dim 语句显式声明变量

显式声明是用变量声明语句来定义变量的类型。

Dim 语句的格式如下：

```
Dim　变量名 [As 类型]
```

各选项说明如下：

① 类型可以是由表 4-2 中所列出的关键字。如果省略了[As 类型]的方括号内的部分，比如 Dim Sum，则系统自动指定 Sum 为变体型(Variant)。

② VB 中，根据变量类型的不同有不同的默认初始值，如表 4-3 所示。

③ 还可以在变量名后面加类型说明符来代替“As 类型”，

此时变量名与类型说明符之间不能有空格，类型说明符如表 4-4 所示。

例如：Dim a As Integer, Sum As Single

等价于

```
Dim a%, Sum!
```

④ 对字符串变量，根据其存放的字符串长度是否固定，定义方法有两种：

```
Dim 字符串变量名 As String
Dim 字符串变量名 As String*字符个数
```

例如：

```
Dim s1 As String
Dim s2 As String*255
```

上面语句定义变量名为 s1 的可变长字符串；定义变量名为 s2 的定长字符串，最长为 255 个字符。如果赋予该变量的字符个数少于 255 个，则不足的部分，系统自动用空格填满。如果赋予该字符串的字符个数多于 255 个，VB 自动将超出 255 个的后面的字符截掉。

⑤ VB 在编译程序时，发现变量声明语句时，则自动根据语句中的指定生成新变量，在内存中保留一些空间并为其取名，生成占位符。后面程序中每次使用该变量名时，VB 就用这个内存区来读取或设置变量的值。

⑥ 除了使用 Dim 语句声明外，还可以使用 Public、Private、Static 等关键字声明变量，详见 9.5 节介绍。

注意：

用一个 Dim 可以定义多个变量，例如：

Dim Var1 As String，Var2 As Double，即把 Var1 和 Var2 分别定义为字符串和双精度变量。

当在一个 Dim 语句中定义多个变量时，每个变量都要用 As 子句声明其类型，否则该变量被看作是变体类型。因此，上面的例子如果改为：

Dim Var1，Var2 As Double

则 Var1 将被定义为变体类型，Var2 被定义为双精度类型。有的读者可能会认为该语句把变量 Var1 和 Var2 都定义成为双精度变量，这是不对的。

(2) 隐式声明

与其他语言不同，VB 中允许未声明变量而直接引用，这就是隐式声明。所有隐式声明的变量都是变体类型(Variant)的数据。系统会临时为变体变量分配存储空间并使用。

① 在 VB 的程序代码中，可以不声明变量。VB 编译程序时，遇到未做声明的变量名时，它就临时生成新的变量，分配内存地址。新变量的类型为 Variant 类型的变量，可以放置所有其他类型的数据。VB 根据变量被赋予的数值来调整变量类型。例如：

```
Temp1="中华人民共和国"  ' 变量 Temp1 在此之前并未声明过，赋值时自动成为字符串型变量
Temp2=300       ' 变量 Temp2 在此之前并未声明过，赋值时自动成为整数型
```

② 可以省略声明语句而用变量类型说明符生成确定类型的变量。在程序执行时，生成确定类型的变量。VB 中的变量类型说明符如表 4-4 所示。例如：

```
VarTempl$="中华人民共和国"   ' 变量 VarTempl 隐式声明成字符串型变量
VarTemp2%=300       ' 变量 VarTemp2 隐式声明成整数型
```

注意：

如果一个变量未被显式定义，末尾也没有类型说明符，则被隐含地声明为变体类型(Variant)变量。

在实际应用中，应根据需要设置变量的类型。能用整型变量时就不要使用浮点型或货币型变量；如果所要求的精度不高，则应使用单精度变量。这样不仅节省内存空间，而且可以提高处理速度。

各种类型变量的类型说明符、As 子句中的类型名及存储要求如表 4-4 所示。

表 4-4　数据类型定义字符

类型说明符	数据类型	数据长度(字节)
%	Integer	2
&	Long	4
!	Single	4
#	Double	8
$	String	1 字节/字符
@	Currency	8
无	Byte	1
无	Boolean	2

(3) 强制显式声明变量语句(Option Explicit)

良好的编程习惯都应该是“先声明变量，后使用变量”，这样做可以提高程序的效率，同时也使程序易于调试。

在编写程序代码时，为了避免写错变量名称引起的麻烦，可以规定，只要遇到一个未经明确声明的变量名字，VB 就发出错误警告。也就是说，可以明确规定程序中的所有变量必须明确地声明，即显式声明。要显式声明变量，可以在类模块、窗体模块或标准模块的声明段中加入下面的语句：

```
Option Explicit
```

Option Explicit 语句的作用范围仅限于语句所在的模块，所以，在每个需要 VB 强制显式变量声明的窗体模块、标准模块和类模块中，必须将 Option Explicit 语句放在这些模块的声明代码段中。还可以利用 VB 设计状态下的“工具”菜单下的“选项”/“编辑器”标签进行设置，如图 4-2 所示。当选中“要求变量声明(R)”复选框，即为显式声明方式时，就在任何新模块中自动插入“Option Explicit”语句，但是不会在已经建立起来的模块中自动插入。因此，在工程内部，只能用手工方法向现有模块添加“Option Explicit”。未选中“要求变量声明(R)”复选框，即为隐式声明方式。

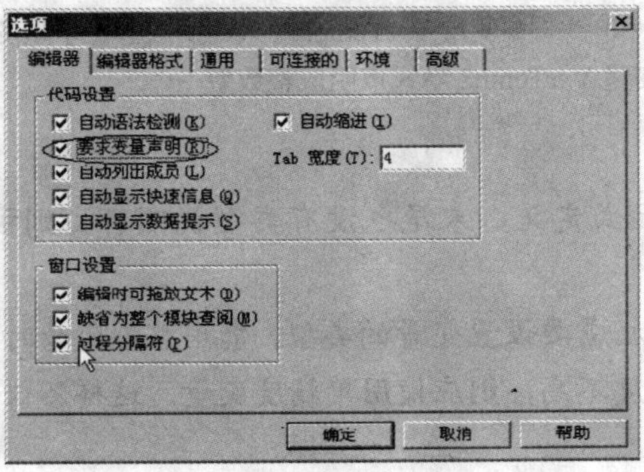

图 4-2　强制变量声明

4.4　常用内部函数

VB 中的函数概念和一般数学中的函数概念相似，VB 中包括内部函数和用户自定义函数两种。用户自定义函数是用户根据自己的需要定义的函数过程。内部函数也称标准函数，这些内部函数实际上是事先开发好的一些程序模块，被封装在 VB 内部，供用户在编程时调用。在这些函数中，有些是通用的，有些则与某种操作有关，在这一节中，将介绍其中的数学函数、字符串函数、日期与时间函数和转换函数。

本节通过列表形式简要介绍函数，表中函数参数的含义：N 表示数值类型，C 表示字符串，D 表示日期类型。用户可以通过“帮助”菜单，获得所有内部函数的使用方法。

4.4.1　数学函数

数学函数与数学中的定义基本相同，如表 4-5 所示列出了常用的数学函数。

表 4-5　常用的数学函数

函数名	含义	示例	结果
Abs(N)	取 N 的绝对值	Abs(-3.2)	3.2
Atn(N)	求 N 的反正切值	Atn(1)	.785398163397448
Cos(N)	求 N 的余弦值	Cos(1)	.54030230586814
Exp(N)	以 e 为底的指数函数，e^N	Exp(1)	2.71828182845905
Log(N)	以 e 为底的自然对数	Log(1)	0
Rnd[(N)]	产生一个随机数	Rnd()	0~1 之间的随机数
Sgn(N)	N>0 返回 1 N=0 返回 0 N<0 返回-1	Sgn(-2)	-1
Sin(N)	求 N 的正弦值	Sin(1)	.841470984807897
Sqr(N)	求 N 的平方根值	Sqr(9)	3
Tan(N)	求 N 的正切值	Tan(1)	1.5574077246549

(1) 三角函数 Sin、Cos、Tan、Atn 的自变量必须是弧度，如数学式 Sin30°，写作 VB 的表达式为 Sin(30*3.1416/180)；VB 没有余切函数，求 x 弧度的余切值可以表示为 1/Tan(x)。

(2) Rnd 函数，该函数产生一个[0~1)之间的双精度数随机数。Rnd() 函数返回小于 1 但大于或等于 0 的值。为了生成某个范围内的随机整数，可使用以下通用表达式：

```
Int(范围 * Rnd +基数)
```

例如：

```
Dim MyValue
MyValue = Int((60 * Rnd) + 1)       ' 生成 1 到 60 之间的随机整数。
```

为保证每次运行时产生不同序列的随机数，使用 Rnd()函数之前需先执行 Randomize 语句。形式如下：

```
Randomize
```

Rnd()函数经常与 Int()函数组合使用，用来产生一定范围内的随机整数。下面给出几个产生随机整数的表达式：

- Int(Rnd*整数 n)：产生 0，1，…，n-1 中的一个随机整数。
- Int(Rnd*整数 n)+1：产生 1，…，n 中的一个随机整数。
- Int(Rnd*(n-m+1)+m：产生一个在区间[m,n]的随机整数。
- Chr(Int(Rnd*26)+65)：随机产生一个大写英文字母。
- Chr(Int(Rnd*26)+97)：随机产生一个小写英文字母。

4.4.2 类型转换函数

在 VB 中，一些数据类型可以自动转换，例如数字字符串可以自动转换为数值型，但是，多数类型不能自动转换，这就需要用类型转换函数来显式地说明。对于不同的函数，具有不同的返回类型，如表 4-6 所示。

表 4-6 常用的类型转换函数

函数名	含义	示例	结果
Asc(C)	将字符 C 的首字符转换为 ASCII 码值	Asc("Abc")	65
Chr(N)	ASCII 码值转换成字符	Chr(65)	"A"
Fix(N)	截取 N 的整数部分(直接取整)	Fix(-50.6)	-50
Int(N)	取不大于 N 的最大整数	Int(-50.6)	-51
Hex(N)	十进制数转换成十六进制数值	Hex(10)	A
Oct(N)	十进制数转换成八进制数值	Oct(8)	10
Round(N)	四舍五入取整	Round(-3.5)	-4
Str(N)	数值转换成字符串	Str(-459.65)	"-459.65"
Val(C)	数值字符串转换成数值	Val("123.4a")	123.4

(1) Chr 和 Asc 函数

这两个函数互为反函数。Chr 函数将 ASCII 码值转为字符。

例如，通常用以下语句加入回车换行符：

```
Chr(13)+Chr(10)
```

ASC 函数用来返回字符的 ASCII 码值。若输入为一字符串，则只返回第一个字符的 ASCII 码值。

```
x=Asc("a") 则 x=97。
x=Asc("ab") 则 x=97。
```

(2) Str 函数

用于将数字转化为字符串。将一个数值转成字符串时，总会在字符首位保留一空位来表示正负符号。即首位空格，表示正数；首位负号则表示负数。

例如：

```
Str(256)              '值为" 256"，整数前面有一个空格位
Str(-256.65)          '值为"-256.65"
Str(-256.65000)       '值为"-256.65"
```

(3) Val 函数

用于将字符串转化为数值。只将 C 中最前面的数值字符串转换成数值。例如：

```
Val(" 1.2sa10")       '值为 1.2
Val("abc123")         '值为 0
Val("-1.2E3Eg")       '值为-1200
Val("-1.2EE3Eg")      '值为-1.2
```

(4) VB 中还有其他类型转换函数，如 CBool(x)、CByte(x)、CInt(x)、CStr(x)、CVar(x)等，详细说明请查阅帮助功能。

注意：

当小数部分恰好为 0.5 时，Cint 和 CLng 函数会将它转换为最接近的偶数值。例如，0.5 转换为 0，1.5 转换为 2。Cint 和 CLng 函数不同于 Fix 和 Int 函数，Fix 和 Int 函数会将小数部分截断而不是四舍五入。并且 Fix 和 Int 函数总是返回与传入的数据类型相同的值。

4.4.3　字符串函数

VB 提供了十分强大的字符处理能力，关于字符串处理的函数非常丰富。如表 4-7 所示的是一些比较常用的字符串处理函数。

表 4-7　常用的字符串函数

函数名	含义	示例	结果
Left(C,N)	取 C 中左边 N 个字符	Left("World",2)	"Wo"
Right(C,N)	取 C 中右边 N 个字符	Right("World",2)	"1d"
Mid(C,N1[,N2])	从 C 中第 N1 个字符开始向右取 N2 个字符，如 N2 省略则从 N1 开始全取	Mid("ABCDEFG",2,3)	"BCD"
Len(C)	返回 C 的长度	Len("name")	4
Ltrim(C)	删除 C 左端的空格	Ltrim("name")	"name"
Rtrim(C)	删除 C 右端的空格	Rtrim("name")	"name"
Trim(C)	删除 C 的左右空格	Trim("na")	"na"
LCase(C)	将 C 中的大写字母转换成小写字母	LCase("ABC")	"abc"
UCase(N)	将 C 中的小写字母转换成大写字母	UCase("abc")	"ABC"

(续表)

函数名	含义	示例	结果
Space(N)	返回 N 个空组成的字符串	Space(3)	" "
StrComp(C1,C2[,M])	返回 C1、C2 比较的结果，相等时为 0，小于时为-1，大于时为 1	StrComp("AB","ab")	-1
String(N,C)	返回 N 个 C 中首字符组成的字符串	String(2, "xyz")	"xx"
Instr(C1,C2)	在 C1 中查找 C2 首次出现的位置，若找不到，结果为 0	Instr(4, "xxpxxpXp"," p")	6

(1) Left、Right 和 Mid 函数

Left(字符串，字符个数)

用于返回“字符串”最左边的长度为“字符个数”的字符串。
例如：

```
Dim substr As String
substr=Left("Visual Basic",3)
```

则，substr 结果为"Vis"。

Right(字符串,字符个数)

用于返回“字符串”最右边的长度为“字符个数”的字符串。
例如：

```
Dim substr As String
substr=Right("Visual Basic",3)
```

则，substr 结果为"sic"。

Mid(字符串, 起始位置 [,字符个数])

用于返回一个子字符串。
各选项的功能分别如下：
① 子字符串从字符串的中间“起始位置”开始，以“字符个数”为长度。
② 若省略“字符个数”，则从起始位置到字符串的结尾全部截取。
例如：

```
Mid("ABCDE",2)  ' 结果为"BCDE"
```

(2) Len 函数

用于返回字符串的长度。VB 中的字符串长度以字为单位，也就是说每个西文字符和每个汉字都作为一个字，占两个字节。这个需要特别注意，这是由于 VB 采用的是 Unicode 编码，把一个西文字符或一个汉字都看作是一个字符，所占的存储空间都为两字节，这与传统的概念不同。例如：

```
Len ("abcd 计算机 123")  '结果为 10
```

(3) Ltrim、Rtrim 和 Trim 函数

- Ltrim(字符串)：用于去掉字符串中左边的空格。
- Rtrim(字符串)：用于去掉字符串中右边的空格。
- Trim(字符串)：用于去掉字符串中左右两边的空格。

(4) Lcase 和 Ucase 函数

- Lcase：不论字符串中的字符为大写还是小写，一律输出为小写。
- Ucase：不论字符串中的字符为大写还是小写，一律输出为大写。

(5) Space 函数

返回特定数目的空格字符串。该函数的应用格式为：

```
Space(空格个数)
```

其中参数是必需的，是指定的空格数。

(6) StrComp 函数

该函数的作用是对两个字符串进行比较，返回比较的结果，函数的格式为：

```
StrComp(字符串 1,字符串 2[,比较模式])
```

各选项的功能分别如下：

① 若字符串 1 小于字符串 2，则返回-1；若字符串 1 大于字符串 2，则返回 1；若字符串 1 等于字符串 2，则返回 0；

② 比较模式可以为 0 或 1。为 1 时，比较不区分大小写；为 0 时，区分大小写。VB 的默认设置为 0。

③ 字符的比较是从第一个字符开始逐一比较，若出现不匹配字符，则终止比较，返回比较的结果。

StrComp 函数返回值有 4 个，分别为 1、0、-1 和 Null，各自对应着字符串 1 大于字符串 2、字符串 1 等于字符串 2、字符串 1 小于字符串 2 和字符串 1 或字符串 2 为 Null 这几种参数组合返回的结果。如下所示：

```
Dim MyStr1, MyStr2, MyComp
MyStr1 = "ABCD": MyStr2 = "abcd"          '定义变量赋值
MyComp = StrComp(MyStr1, MyStr2, 1)       '返回 0
MyComp = StrComp(MyStr1, MyStr2, 0)       '返回 -1
MyComp = StrComp(MyStr2, MyStr1)          '返回 1
```

(7) String 函数

该函数返回包含指定长度重复字符的字符串，用于重复复制第一个字符。它有以下两种形式：

```
String(N,字符串)
String(N,ASCII 码)
```

返回字符串中 N 个首字符组成的字符串。

例如：

```
String(3, "ABCDEF")          '结果为    "AAA"
String(3, 97)                '结果为    "aaa"
```

(8) InStr 函数

该函数的功能是在字符串中进行目标字符串的查找，即用来在字符串 1 中查找字符串 2，一般格式如下：

Instr([起始位置,]字符串 1，字符串 2 [,比较模式])

各选项说明如下：

① 从字符串 1 的起始位置处开始查找字符串 2，如果找到字符串 2，则返回字符串 2 在字符串 1 中的起始位置。

一般情况下，返回的是字符串 2 在字符串 1 中最先出现的位置。其中起始位置和比较模式均为可选参数，起始位置表示开始搜索的首字符的位置(默认值为 1)，比较模式表示比较方式，若为 0(默认)，表示区分大小写；若为 1，则比较时不区分大小写。

② 若指定了比较模式，则必须指定起始位置，否则就会出现语法错误。

例如：

```
Instr(3,"A12a34A56","A")        ' 结果为 7
Instr(3, "A12a34A56","A",1)     ' 结果为 4
Instr("A12a34A56", "A")         ' 结果为 1
Instr("ABCD", "cd")             ' 结果为 0，没找到子串
```

4.4.4　日期与时间函数

常用的日期、时间函数如表 4-8 所示。

表 4-8　常用日期、时间函数

函数名	含义	示例	结果
Date[()]	返回系统日期	Date()	2011-10-28
Day(C|N)	返回日期代号(1~31)	Day("08,04,28")	28
Hour(C|N)	返回小时(0~24)	Hour(#1:12:20 PM#)	13(下午)
Minute(C|N)	返回分钟(0~59)	Minute(#1:12:20PM#)	12
Month(C|N)	返回月份(1~12)	Month("08,04,28")	4
Second(C|N)	返回秒(0~59)	Second(#1:12:20PM#)	20
Now()	返回系统日期和时间	Now	2011/4/28 10:40:01PM
Time[()]	返回系统时间	Time	10:40:01PM
WeekDay(C|N)	返回星期数(1~7)星期日为 1，星期一为 2，依次类推	WeekDay("08,04,28")	2
Year(C|N)	返回年代号(1753~2078)	Year(365) 返回相对于 1899/12/30 后 365 天的年代号	1900 年

需要注意的是，Weekday 函数返回的星期代号 1~7，星期日为 1，星期一为 2，依次类推。

4.5　运算符和表达式

运算是对数据的加工。最基本的运算形式常常可以用一些简洁的符号来描述，这些符号称为运算符或操作符。被运算的数据称为运算数或操作数。和数学中的运算有优先级一样，程序中的运算符在表达式中也有优先级的概念。VB 中有 4 种运算符：算术运算符、字符串运算符、关系运算符和逻辑运算符。

在 VB 中由运算符、内部函数、圆括号及常量、变量按一定规则连接起来的式子叫做表达式。表达式经运算后产生一个结果，结果的类型由数据和运算符共同决定。

单个常量、单个变量或单个函数都可以作为最简单的表达式的特例对待。按照构成表达式时使用的运算符的不同，有算术表达式、字符串表达式、关系表达式和逻辑表达式，另外，还有日期表达式。

表达式的书写中需注意以下问题：

① 乘号不能省略。

② 运算符不能相邻，例如，a+*b 是错误的。

③ 圆括号必须成对出现，只能是圆括号，可以嵌套，多层括号要配对。

④ 表达式从左到右要在同一基准上书写，无高低和大小的区别。

例如：

```
sqr((3*x+y)-z)/(x*y)^4
```

4.5.1　算术运算符和算术表达式

1. 算术运算符

算术运算符是最常用的运算符，用来执行算术运算。除取负运算是一元(单目)运算外，其他均为二元(双目)运算(需要两个运算数)。VB 中的运算符如表 4-9 所示。

表 4-9　VB 算术运算符

运算符	运算类型	优先级	实例
^	幂运算	1	2^3 值为 8，-2^3 值为-8
—	取负	2	-3
*	乘法	3	5*8
/	浮点除法		7/2
\	整数除法	4	7\2 值为 3，12.58\3.45 值为 4(两边先四舍五入再运算，结果截掉小数部分)
Mod	取模	5	7 Mod 2 值为 1，12.58 Mod 3.45 值为 1(两边先四舍五入再运算，结果截掉小数部分)
+	加法	6	1+2
—	减法		5-8, -3

说明：

(1) 指数运算

当指数是一个表达式时，必须加上括号，如 X 的 Y+Z 次方，必须写作 X^ (Y+Z)。

(2) 浮点数除法与整数除法

浮点数除法运算符(/)执行标准除法操作，其结果为浮点数。整数除法运算符(\)执行整除运算，结果为整数值。整除的操作数一般是整型值，当操作数带有小数时，首先被四舍五入为整型数或长整型数，然后进行整除运算。运算结果被截断为整型数或长整型数，不进行四舍五入处理。

(3) 取模运算

取模运算符 Mod 又称为取余运算符，其结果为第一个操作数除以第二个操作数所得的余数。例如，如果用 7 除以 4，余数为 3，则 7 Mod 4 的结果为 3。

(4) 算术运算符的优先级

运算符的优先级如表 4-9 所示。如果表达式中含有括号时，则先计算括号中的表达式值。有多层括号时，先计算内层表达式的值。

(5) 算术运算符两边的操作数应是数值型，若是数字字符或逻辑值时，则自动转换成数值类型后再参与运算。

例如：False+"14"　　'结果是 14。

2. 算术表达式

由算术运算符连接起来的表达式就是算术表达式。例如，下面都是合法的算术表达式：

```
50*2
70/8
50*4-(60-5)/7
3*(x+2*(y+z))+2^3
```

4.5.2 字符串运算符和字符串表达式

1. 字符串运算符

字符串运算符有两个：“+”和“&”。均为双目运算符、用于连接两边的字符串表达式。

所谓连接，就是将两个字符串的首尾相互连接起来，除了“＋”用来连接字符串外，还可以用“&”来连接字符串。运算符“＋”即可用作加法运算符，也可用作字符串连接符，而“&”专门用作字符串连接运算符。在有些情况下，用“&”比用“+”可能更安全。二者的区别如表 4-10 所示。

表 4-10　运算符“+”和“&”的区别

表达式 1	表达式 2	“&”运算结果	“+”运算结果
"ab"	"cd"	"abcd"	"abcd"
"170"	"50"	"17050"	"17050"
150	"30"	"15030"	180
150	30	"15030"	180
150	"30d"	"15030d"	出错(类型不匹配)

2. 字符串表达式

由字符串常量、字符串变量、字符串函数以及用“+”或“&”连接起来的合乎规则的式子叫做字符串表达式。例如，下面是合法的字符串表达式：

"中国" '字符串常量。

Dim Al As String '声明一个叫做 A1 的字符串变量。

A1="中华人民共和国!!!" '为 A1 赋值。

Text1.Text=A1 '用字符串表达式为文本框的 Text 属性赋值。

MsgBox(A1,vbExclamation,"MsgBox 函数演示") '单个函数构成表达式。

"abcd"+"abbb" '两个字符串常量相连接。

"中国" & Text1.Text '一个字符串常量和一个字符串变量(属性值)相连接。

注意：

字符串连接运算符“&”强制将两个表达式进行连接，连接字符串，连接前将两侧均转换为字符串型。

而“+”在连接字符串时，两侧操作数均为数值型即数字字符 + 数值型，则进行相加操作；两侧操作数均为字符串型，则字符串连接；若非数字字符 + 数值型，则出错(类型不匹配)。

4.5.3 关系运算符和关系表达式

1. 关系运算符

关系运算符也称为比较运算符，关系运算符如表 4-11 所示，均为双目运算符，用于比较两个运算对象之间的关系是否满足条件，运算结果为逻辑值，即真(True)或假(False)。VB 把任何非 0 的值都认为“真”，但一般以-1 表示，0 则表示假。关系运算符既可以进行数值的比较，也可以进行字符串的比较。

表 4-11 VB 中的关系运算符

运算符	功能	优先级	实例
<	小于	所有关系运算符优先级都相同，运算顺序为从左到右进行	15+10<20，结果为 False
>	大于		10>20，结果为 False
<=	小于等于		10<=20，结果为 True
>=	大于等于		"This">="That"，结果为 True
=	等于		"This"="That"，结果为 False
<>或><	不等于		"This"<>"That"，结果为 True
Like	字符串匹配		"This" Like "ist"，结果为 True
Is	对象比较		

关系运算的规则有以下几点。

(1) 当两个操作数均为数值型，按数值大小比较。

(2) 字符串数据按其 ASCII 码值进行比较，即按对应位置字符的 ASCII 码值从左到右一一比较，直到出现不同的字符为止。例如：" ABCDE " > " ABRA "，结果为 False。

常见字符 ASCII 码值的大小如下：

空格 <0~9 <A~Z <a~z <任何汉字

字符的 ASCII 码表可参考附录一。

(3) 汉字以拼音为序进行比较。

(4) 日期型数据将日期看成“yyyymmdd”的 8 位整数，按数值大小比较。

(5) 数值型与可转换为数值型的数据比较，例如，25>"155"，按数值比较，结果为 False。

(6) 数值型与不能转换成数值型的字符型比较，如 77>" sdcd" ，类型不匹配不能比较，系统提示出错。

(7)“Like”运算符是 VB 6.0 新增加的。其使用格式为：

```
str1 Like str2
```

(8) Is 运算符是对象引用的比较符。它只是确定两个对象引用是否相同的对象，主要用于对象操作。

2. 关系表达式

由关系运算符与运算数组成的式子就是关系表达式。关系表达式的结果是一个布尔值，即 True 或 False。下面是合法的关系表达式：

```
3=2+1      ' 表达式的值为真。
5<2        ' 表达式的值为假。
4>=3+9     ' 表达式的值为假，等价于 4>=(3+9)。
```

4.5.4 逻辑运算符和逻辑表达式

1. 逻辑运算符

逻辑运算符也称为布尔运算符，除了“非”运算是单目运算外，其他逻辑运算都是双目运算。逻辑运算的结果仍然是一个逻辑值。VB 提供的逻辑运算符如表 4-12 所示。

表 4-12　VB 中的逻辑运算符

运算符	意义	优先级	真值
Not	取反	1	由真变假或由假变真(见假得真，见真得假)
And	与	2	两个表达式都为真时结果为真，否则为假(见假得假，全真得真)
Or	或	3	两个表达式都为假时结果为假，否则为真(见真得真，全假得假)
Xor	异或	4	两个表达式同时为真或同时为假时结果为假，否则为真(相同得假，相异得真)
Eqv	等价	5	两个表达式同时为真或同时为假时结果为真，否则为假(相异得假，相同得真)
Imp	包含	6	当第一个表达式为真，第二个表达式为假时，结果为假，否则为真(前见真后见假得假，其余情况得真)

说明：

(1) VB 中常用的逻辑运算符是 Not、And 和 Or，它们用于将多个关系表达式进行逻辑判断。例如，数学上表示某个数在某个区域时用表达式 10≤X<20，在 VB 中必须写成以下形式：

X>=10 And X<20

(2) 参与逻辑运算的量一般都应是逻辑型数据，如果参与逻辑运算的两个操作数是数值量，则以数值的二进制值逐位进行逻辑运算(0 当 False，1 当 True)。

关系表达式与逻辑表达式常常用在条件语句与循环语句中，作为条件来控制程序的流程走向。

2. 逻辑表达式

由逻辑运算符与运算数组成的式子就是逻辑表达式。逻辑型常量、逻辑型变量以及返回逻辑型函数的返回值都只有两个取值：真(True)和假(False)。逻辑表达式的值也只有两个取值：真(True)和假(False)。

下面都是合法的逻辑表达式：

```
Not (3>8)                 ' 结果为 True。
(3>8) And (5<6)           ' 结果为 False。
(3>8) Or (5<6)            ' 结果为 True。
(8>3) Xor (5<6)           ' 结果为 False。
(3>8) Eqv (10>20)         ' 结果为 True。
```

4.5.5　日期表达式

日期表达式由算术运算符“+”、“-”、算术表达式、日期型常量、日期型变量和函数组成。日期型数据是一种特殊的数值型数据，它们之间只能进行加“+”、减“-”运算。有下面 3 种情况：

(1) 两个日期型数据可以相减，结果是一个数值型数据(两个日期相差的天数)。例如：

#8/15/2011# - # 7/26/2011#　　'结果是一个数值型数据：20。

(2) 一个表示天数的数值型数据可以加到日期型数据中，其结果仍为一个日期型数据(向后推算日期)。例如：

#7/26/2011# + 20　　'结果是一个日期型数据：#2011-8-15。

(3) 一个表示天数的数值型数据可以从日期型数据中减掉它，其结果仍然为一个日期型数据(向前推算日期)。例如：

#8/15/2011# - 20　　'结果是一个日期型数据：#2011-7-26。

4.5.6　表达式的执行顺序

一个表达式可能含有多种运算，计算按一定的顺序对表达式求值。一般顺序如下：

(1) 当表达式中有函数时，首先进行函数运算。

(2) 接着进行算术运算，其次序为：

①指数(^)　②取负(-)　③乘、浮点除(*，/)　④整除(\)　⑤取摸(Mod)

⑥加、减(+，-)⑦连接(&)

然后进行关系运算(=，<>，>，<，<=，>=)

(3) 最后进行逻辑运算，顺序为：

①Not　②And　③Or、Xor

当优先级相同的运算符同时出现在表达式中时，将按照它们从左到右出现的顺序进行计算。可以用括号改变优先级顺序，强令表达式的某些部分优先执行。括号内的运算总是优先于括号外的运算。在指数和负数符号相邻时，符号优先。

字符串连接运算符(&)不是算术运算符，就其优先顺序而言，它在所有的算术运算符之后，而在所有比较运算符之前。

【例 4-1】 设变量 x=4，y=-1，a=7.5，b= -6.2，求表达式 x+y>a+b And Not y<b 的值。

按照运算符的优先级：

(1) 先做算术运算　3>-1.3 And Not y<b

(2) 再做关系运算　True And Not False

(3) 做非运算　True And True

(4) 最后的值为　True

【例 4-2】 求表达式 5+10 mod 10 \ 9 / 3 +2 ^2 的值。

按照运算符的优先级：

(1) 先做指数运算　5+10 mod　10 \ 9 / 3 + 4

(2) 再做浮点除法　5+10 mod　10 \ 3+4

(3) 再做整数除法　5+10 mod 3+4

(4) 表达式的结果为 5+1+4

4.5.7　立即执行窗口

为了检验每个函数的操作，可以编写事件过程，如 Form_Click()。但是这样做比较繁琐，因为必须执行事件过程才能看到结果。为此，VB 提供了命令行解释程序(Command Line Intepreter，CLI)，可以通过命令行直接显示函数的执行结果或表达式的值，这种方式称为直接方式。

直接方式在立即窗口中执行。可以通过“视窗”菜单中的“立即窗口”命令打开立即窗口，也可以使用快捷键 Ctrl+G 打开，立即窗口如图 4-3 所示。

在立即窗口中可以输入命令，命令行解释程序对输入的命令进行解释，并立即响应，于 DOS 下命令行的执行情况类似。例如：

```
x=250    <CR>   (<CR>为回车，下同。)
Print x     <CR>
250
```

第一行把数值 250 赋给变量 x，第二行打印出该变量的值。Print 是 VB 中的方法，Print 也可以用“？”代替，它与 Print 等价。例如：

? abs (x-400)　<CR>
150

图 4-3 显示了部分函数的执行情况。

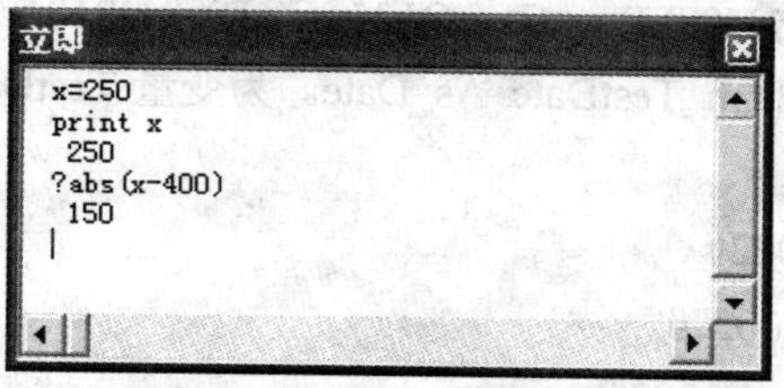

图 4-3　在立即窗口中检验函数和表达式的值

4.6　小　结

本章是 VB 编程中重要的一章，主要内容包括基本数据类型、常量、变量、内部函数、运算符及其表达式。

1. VB 的数据类型比较丰富，可以分为两大类：基本数据类型和用户自定义类型。本章详细阐述了 VB 的基本数据类型、不同类型常量的书写方式及不同类型变量的声明语句。在 VB 程序中，不同类型的数据既可以以常量的形式出现，也可以以变量的形式出现。目的是为了在程序设计时，根据所要解决问题的实际需要，选择合适的数据类型、书写常量和定义变量。

2. VB 的常用内部函数。在 VB 6.0 中，函数是运算中必不可少的工具，有两类函数：内部函数(标准函数)和自定义函数。如同数学中的函数一样，在 VB 6.0 中有可以直接使用的内部函数，也有根据需要自己定义的函数过程。本章主要介绍内部函数的使用。

3. VB 的各类运算符及其表达式的组成，VB 程序会按运算符的含义和运算规则执行实际的运算操作。应熟记各类运算符及其优先级、内部函数的书写形式和用法，以便能正确书写 VB 表达式。

4.7　习　题

一、选择题

1. Visual Basic 规定一行只能写一条语句，如果要将多条语句写在同一行里，要在语句之间加(　)符号分隔。

A) ，　　B) ；　　C) 、　　D) ：

2. 下面哪个是 Visual Basic 合法的字符串常量？(　)

A) AB$　　B) "AB"　　C) 'AB'　　D) AB

3. 下列可作为 Visual Basic 变量名的是(　)。

A) A#A　　B) 4A　　C) ?xY　　D) constA

4. 下面哪个不是 Visual Basic 合法的数值常量(　)。

A) 100　　B) &H00FF　　C) &O125　　D) &O810

5. 设有如下变量声明 Dim TestDate As Date。为变量 TestDate 正确赋值的表达方式是(　)。

A) TestDate=#1/1/2002#

B) TestDate=#"1/1/2002"#

C) TestDate=date("1 /1/2002")

D) TestDate=Format("m/d/yy","1/1/2002")

6. 将数学表达式 $Cos^2(a+b)+5e^2$ 写成 Visual Basic 的表达式，其正确的形式是(　)。

A) Cos(a+b) ^2+5*exp(2)　　B) Cos^2(a+b)+5*exp(2)

C) Cos(a+b)^2+5*ln(2)　　D) Cos^2(a+b)+5*ln(2)

7. 设 a = 5，b = 10，则执行 c = Int((b - a) * Rnd + a) + 1 后，c 值的范围为(　)。

A) 5~10　　B) 6~9　　C) 6~10　　D) 5~9

8. 从键盘上输入两个字符串，分别保存在变量 str1、 str2 中。确定第二个字符串在第一个字符串字中起始位置的函数是(　)。

A) Left　　B) Mid　　C) String　　D) Instr

9. 设 a="Visual Basic"，下面使 b="Basic"的语句是(　)。

A) b=Left(a,8,12)　B) b=Mid(a,8,5)　C) b=Right(a,5,5)　D) b=Left(a,8,5)

10. 函数 String(n, "str")的功能是(　)。

A) 把数值型数据转换为字符串

B) 返回由 n 个字符组成的字符串

C) 从字符串中取出 n 个字符

D) 从字符串中第 n 个字符的位置开始取子字符串

11. Rnd 函数永远取不到下面的(　)值。

A) 0　　B) 1　　C) 0.000001　　D) 0.7

12. 设有如下声明：

Dim X As Integer

如果 Sgn(X) 的值为-1，则 X 的值是(　)。

A) 整数　B) 大于 0 的整数　C) 等于 0 的整数　D) 小于 0 的数

13. 设 a=3，b=5，则以下表达式值为真的是(　)。

A) a>=b And b>10　　B) (a>b)Or(b>0)

C) (a<0)Eqv(b>0)　　D) (-3+5>a)And(b >0)

14. 可以同时删除字符串前导和尾部空白的函数是(　)。

A) Ltrim　　B) Rtrim　　C) Trim　　D) Mid

15. 在窗体上画一个名称为 Command1 的命令按钮，然后编写如下事件过程：

```
Private Sub Command1_Click()
a$="Visual Basic"
Print String(3,a$)
End Sub
```

程序运行后，单击命令按钮，在窗体上显示的内容是(　)。

A) VVV　　B) Vis　　C) sic　　D) 11

16. 表达式 4+5 \ 6 * 7 / 8 Mod 9 的值是(　)。

A) 4　　B) 5　　C) 6　　D) 7

17. 下面说法正确的是(　)。

A) 注释语句(Rem)是可执行语句

B) 注释语句(Rem)在执行时不被解释

C) 注释语句(Rem)在执行时被编译

D) 注释语句(Rem)不能放在续行符的后面

18. 执行以下程序段后，变量 c$的值为(　)。

```
a$="Visual Basic Programming"
b$="Quick"
c$=b$ & UCase(Mid$(a$,7,6)) & Right $ (a$,11)
```

A) Visual BASIC Programming

B) Quick Basic Programming

C) QUICK Basic Programming

D) Quick BASIC Programming

19. 表达式 5 Mod 3+3\5*2 的值是(　)。

A) 0　　B) 2　　C) 4　　D) 6

20. 设 a=5，b=4，c=3，d=2，下列表达式的值是(　)。

3>2*b Or a=c And b<>c Or c>d

A) 1　　B) True　　C) False　　D) 2

二、填空题

1. 设有如下的 Visual Basic 表达式：5 * x^2 - 3 * x - 2 * Sin(a)/3。它相当于代数式__________。

2. 表达式 Fix(-32.68)+Int(-23.02)的值为 __________。

3. 执行下面的程序段后，b 的值为__________。

```
a=300：b=20
a=a+b：b=a-b
a=a-b
```

4. “\”，“/”，“Mod”，“*” 4 个运算符优先级最低的是__________。

5. Int(0.678*100+0.5)/100 的值是________。

6. 已知 a$="A12.345"，则表达式 Right(a$,2)+Val(left(a$,2))的值是________。

7. Asc(" A")的值是________。

8. a=3，b=2，c=1，则表达式 a-b And c-1 的值是________。

三、编程题

1. 设计如图 4-4 所示的界面，要求在 Text1 中输入一个两位正整数，单击命令按钮，将这个两位数个位与十位颠倒形成一个新的两位数在 Text2 中输出。

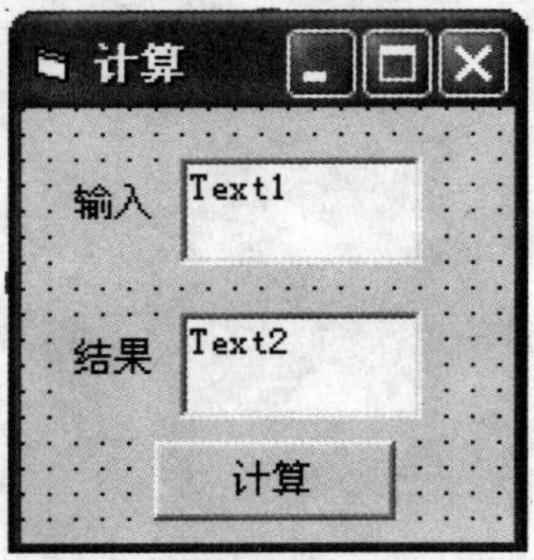

图 4-4　编程题 1 的界面图

图 4-5　编程题 2 的参考界面

2. 编写程序，在文本框中输入一个小写字母，输出该小写字母对应的大写字母(不能使用 Ucase 函数)。参考界面如图 4-5 所示。

3. 输入半径，求圆的面积。要求最后保留 3 位小数，并对第四位进行四舍五入。

4. 在窗体上建立 3 个文本框。程序运行后，在第一个文本框中输入设定的内容(例如"Microsoft Visual Basic")，同时在第二、第三个文本框中分别用小写字母和大写字母显示第一个文本框中的内容。

第5章　Visual Basic数据输入输出

一个计算机程序可分为 3 部分，即输入、处理和输出。VB 的输入输出有着十分丰富的内容和形式，它提供了多种手段，并可通过各种控件实现输入输出的操作，使输入输出灵活、多样。本章将主要介绍窗体的输入输出操作。

5.1　使用 Print 方法输出数据

VB 中，常用 Print 方法在窗体、图片框、立即窗口及打印机上输出文本或表达式的值。

5.1.1　Print 方法

Print 方法可以在窗体上显示文本字符串和表达式的值，并可在图形框或打印机上输出信息。Print 方法的一般格式为：

[对象名称.] Print [表达式表] [,|;]

说明：

(1) “对象名称”可以是窗体(Form)、图片框(PictureBox)或打印机(Printer)，也可以是立即窗口(Debug)。如果省略“对象名称”，则在当前窗体上输出。例如：

Picture1.Print" Microsoft Visual Basic"

把字符串“Microsoft Visual Basic”在图片框 Picture1 上显示出来。例如：

Print "Microsoft VB"

省略对象名称，直接把字符串“Microsoft VB”输出到当前窗体。例如：

Printer.Print "Microsoft VB"

对象名称为 Printer(打印机)，将把字符串“Microsoft VB”输出到打印机上。

(2)“表达式表”是一个或多个表达式，可以是数值表达式或字符串。对于数值表达式，打印出表达式的值；而字符串则照原样输出。如果省略“表达式表”，则输出一个空行。例如，以下程序段：

```
a=200: b=100
Print a   ' 打印变量 a 的值
```

```
Print          ' 输出一个空行
Print "ABCDEFG"   ' 字符串必须放在双引号内
```

输出结果如图 5-1 所示。

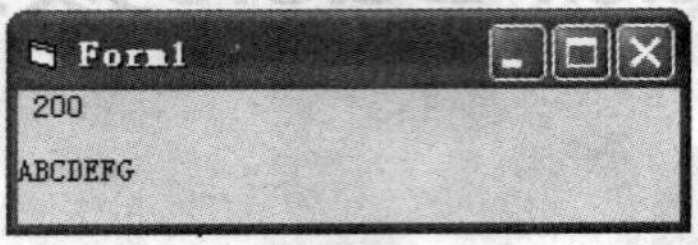

图 5-1　输出结果

(3) 当输出多个表达式或字符串时，各表达式用分隔符逗号“,”或分号“;”隔开。如果输出的各表达式之间用逗号分隔，则按标准输出格式(分区输出格式)显示数据项。在这种情况下，以 14 个字符位置为单位把一个输出行分为若干个区段，将下一数据项在下一打印区输出，两个打印区之间有 14 个字符的宽度。如果各输出项之间用分号或空格作分隔符，则按紧凑输出格式输出数据。例如：

```
x=3: y=10 : z=35
Print x, y, z, "BCDEF"
Print
Print x, y, z; "BCDEF" Spc(3); "HIJK"
```

输出结果如图 5-2 所示。

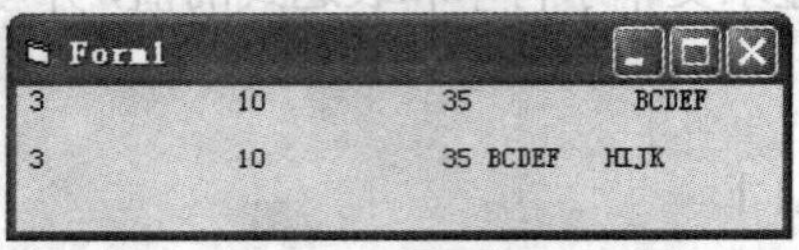

图 5-2　输出结果

当输出数值数据时，数值的前面有一个符号位，后面有一个空格，而字符串前后都没有空格。

(4) Print 方法具有计算和输出双重功能，对于表达式，它先计算后输出。

例如：

```
X=10: y=20
Print (x+y)/3
```

该例中的 Print 方法先计算表达式(x+y)/3 的值，然后输出。但是应注意，Print 没有赋值功能，例如：

```
Print s=(x+y)/3
```

不能输出 s=10。这是因为 s=(x+y)/3 是一个关系表达式，结果是一个逻辑值，所以上面的语句将输出一个逻辑值。

(5) 在一般情况下，每执行一次 Print 方法要自动换行。为了仍在同一行上显示，可以在末尾加上一个分号或逗号(当使用分号时，下一个 Print 输出的内容将紧跟在当前 Print 所输出的信息的后面；如果使用逗号，则在同一行上跳到下一个显示区段显示下一个 Print 所输出的信息)。

5.1.2 特殊打印格式

为了使信息按指定的特殊格式输出，VB 提供了几个与 Print 配合使用的函数，包括 Spc、Tab、Space、Format 等函数，这些函数可以作为 Print 方法的一部分。

1. Spc 函数

格式：Spc(n)

在 Print 的输出中，用 Spc 函数可以产生 n 个空格。

说明：

(1) 参数 n 是一个数值表达式，其取值范围为 0~32 767 的整数。Spc 函数与输出项之间用分号隔开。例如：

```
Print   "ABC"; Spc(18); "DEFG"
```

首先输出“ABC”，然后跳过 18 个空格，再输出“DEFG”。

(2) Spc 函数只表示两个输出项之间的间隔。

2. Tab 函数

格式：Tab(n)

Tab 函数把光标移到由参数 n 指定的第 n 列上，从这个位置开始输出信息。要输出的内容放在 Tab 函数的后面，并用分号隔开。例如：

```
Print Tab(25); 900
```

将在第 25 列输出数值 900。

说明：

(1) 参数 n 为数值表达式，其值为一整数，它是下一个输出位置的列号，表示在输出前把光标(或打印头)移到该列。通常最左边的列号为 1，如果当前的显示位置已经超过 n，则自动下移一行。

(2) 在 VB 中，对参数 n 的取值范围没有具体限制。当 n 比行宽大时，显示位置为 n Mod 行宽；如果 n<1，则把输出位置移到第一列。

(3) 当在一个 Print 方法中有多个 Tab 函数时，每个 Tab 函数对应一个输出项，各输出项之间用分号隔开。

3. Space(n)函数

格式：Space(n)

用于产生 n 个空格，用法同 Spc 函数。

注意：

Spc 函数和 Space 函数的区别是，Spc 函数不能用于字符串的运算，而 Space 函数则可以。例如：

```
Print "姓名"  &  Space(5)  &  "籍贯"  &  Space(5)  &  "生日"
```

输出结果如下:

姓名　　　籍贯　　　生日

4. Format 函数格式输出

用格式输出函数 Format 可使数值或日期按指定格式输出。一般格式为:

Format(数值表达式, 格式字符串)

该函数的功能是：按“格式字符串”指定的格式输出“数值表达式”的值。如果省略“格式字符串”，则 Format 函数的功能与 Str 函数基本相同。唯一的区别是，当把正数转换成字符串时，Str 函数在字符串前面留有一个空格，而 Format 函数则不留空格。

用 Format 函数可以使数值按“格式字符串”指定的格式输出，包括在输出字符串前加美元符号“$”，在字符串前或后补充 0 及加千位分隔逗点等。“格式字符串”是一个字符串常量或变量，它由专门的格式说明字符组成，这些字符决定数据项的显示格式，并指定显示区段的长度。当格式字符串为常量时，必须放在双引号中。这些格式说明符如表 5-1 所示。

表 5-1　格式说明字符

字符	作用	字符	作用
#	数字，不在前面或后面补 0	%	百分比符号
0	数字，在前面或后面补 0	$	美元符号
.	小数点	- +	负、正号
,	千位分隔逗点	E+ E-	指数符号

(1) #表示一个数字位。#的个数决定了显示区段的长度。如果要显示的数值的位数小于格式字符串指定的区段长度，则该数值靠区段的左端显示，多余的位不补 0。如果要显示的数值的位数大于指定的区段长度，则数值照原样显示。

(2) 0 与#功能相同，只是多余的位以 0 补齐。例如(可以在“立即”窗口中验证，下同):

```
Print format(45634, "00000000")   <CR>
 00045634
Print format(45634, "########") <CR>
 45634
Print format(45634, "###")      <CR>
 45634
```

(3) 显示小数点。小数点与#或 0 结合使用，可以放在显示区段的任何位置。根据格式字符串的位置，小数部分多余的数字按四舍五入处理。例如:

```
Print format(750.72, "###.##")     <CR>
 750.72
Print Format(7.879, "000.00")   <CR>
 007.88
```

(4) 插入逗号。在格式字符串中插入逗号，起到“分位”的作用，即从小数点左边一位开始，每 3 位用一个逗号分开。逗号可以放在小数点左边的任何位置(不要放在头部，也不要紧靠小数点)，例如：

```
Print Format(12345.67, "####,#.##")      <CR>     (正确)
 12, 345.67
Print Format(12345.67, "#,####.##")      <CR>     (正确)
 12, 345.67
Print Format(12345.67, ",#####.##")      <CR>     (错误)
 ,12345.67
Print Format(12345.67, "#####,.##")      <CR>     (错误)
 12.35
```

从上面的例子可以看出，逗号可以放在格式字符串中小数点左边除头部和尾部的任何位置，如果放在头部或尾部，则不能得到正确的结果。

(5) %输出百分号。通常放在格式字符串的尾部，用来输出百分号。例如：

```
Print Format(.1257, "00.0%")  <CR>
 12.6%
```

(6) $输出美元符号。通常作为格式字符串的起始字符，在所显示的数值前加上一个“$”。例如：

```
Print Format(1348.2, "$###0.00")  <CR>
 $1348.20
```

(7) +输出正号。使显示的正数带上符号。“+”通常放在格式字符串的头部。

(8) -输出负号。用来显示负数。例如：

```
Print Format(1348.52, "-###0.00")     <CR>
 -1348.52
Print Format(1348.52, "+###0.00")     <CR>
 +1348.52
Print Format(-1348.52, "-###0.00")    <CR>
 --1348.52
Print Format(-1348.52, "+###0.00")    <CR>
 -+1348.52
```

从上面的例子可以看出，“+”和“-”在所要显示的数值前面强加上一个正号或负号。

(9) E+(E-)用指数形式显示数值。两者作用基本相同。例如：

```
Print Format(3485.52, "0.00E+00")     <CR>
3.49E+03
Print Format(3485.52, "0.00E-00")     <CR>
```

```
 3.49E03
Print Format(0.0348552, "0.00E+00")     <CR>
 3.49E-02
Print Format(0.0348552, "0.00E-00")     <CR>
 3.49E-02
```

【例 5-1】 编写程序，数据的格式化输出。程序输出结果如图 5-3 所示。

```
Private Sub Form_Click()
Print Format(1234.567, "00000.0000")
Print Format(1234.567, "000.00")
Print Format(2345.678, "##,##0.000")
Print Format(2345.678, "####.##%")
Print Format(2345.678, "####.00%")
Print Format(2345.678, "$####.##")
Print Format(0.12345, "0.00E+00")
Print Format(0.12345, "0.##E+00")
Print Format(0.12345, "#.####E+00")
Print Format(0.12345, "##.####E+00")
End Sub
```

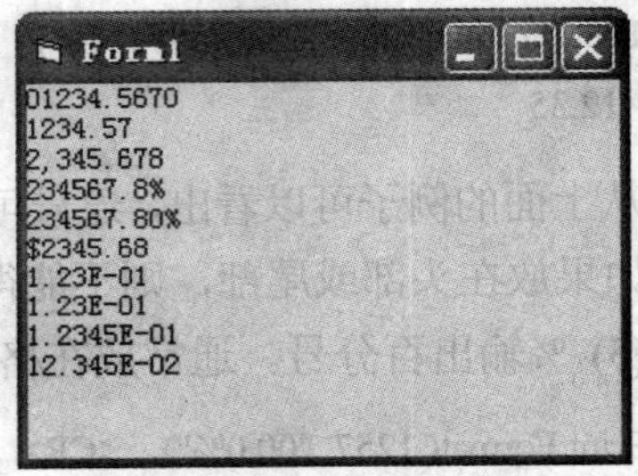

图 5-3　数值格式化输出结果

5.2　输入和输出函数

5.2.1　InputBox()函数——输入对话框

前面介绍了窗体的输出操作，主要是由 Print 方法实现的。为了输入数据，VB 提供了 InputBox()函数。InputBox()函数的作用是产生一个对话框，称为输入对话框，这个对话框作为输入数据的界面，等待用户输入数据，并返回所输入的内容。其语法格式为：

<变量名> = InputBox (提示文本[,标题][,默认值][,x 坐标,y 坐标][,帮助文件,帮助主题号])

该函数有 7 个参数，除第一个参数外，其余参数都是可选的。其含义分别如下。

(1) 提示文本：是一个字符串表达式。其长度不得超过 1024 个字符。它是在对话框内显示的信息，用来提示用户输入。在对话框内多行显示提示内容时，可以自动换行，则需插入回车换行操作，即：

Chr(13)+Chr(10) (回车换行控制符)

或

vbCrLf(符号常量)

(2) 标题：是一个字符串表达式。它是对话框的标题，显示在对话框顶部的标题区。若省略，则把应用程序名放入标题栏中。

(3) 默认值：是一个字符串，是在输入对话框中设置的初始值。如果省略该参数，则对话框的输入区为空白，等待用户输入信息。

(4) x 坐标，y 坐标：是两个整型表达式，(x,y)坐标分别用来确定对话框与屏幕左边界的距离和上边界的距离，其单位为 twip。这两个参数必须全部给出，或者全部省略。如果省略这一对位置参数，则对话框显示在屏幕中心线向下约 1/3 处。

(5) 帮助信息：有两个参数，一个是表示帮助的文件名称，一个是表示帮助主题的帮助目录号，这两个参数必须同时提供或同时省略。当有这两个参数时，将在对话框中出现一个“帮助”按钮，单击该按钮或按 F1 键，可以得到有关的帮助信息。

【例 5-2】 建立一个输入对话框

```
Private Sub Form_Click()
    c1 = Chr(13) + Chr(10)
    msg1 = "请输入姓名："
    msg2 = "输入后按回车键或单击“确定”按钮"
    msg = msg1 + c1 + msg2
    sname = InputBox (msg , "InputBox  函数演示", "Wang Ming")
    Print sname
End Sub
```

上述过程用来建立一个输入对话框，并把 InputBox()函数返回的字符串赋给变量 sname，然后在窗体上显示该字符串。运行后所显示的对话框如图 5-4 所示。

在上述例子中，InputBox()函数使用了 3 个参数。第一个参数 msg 用来显示两行信息，通过 c1 变量换行。第二个参数“InputBox 函数演示”用来显示对话框的标题。第三个参数“Wang Ming”是默认输入值，在输入区显示出来。在函数中省略了确定对话框位置的参数 xpos、ypos。

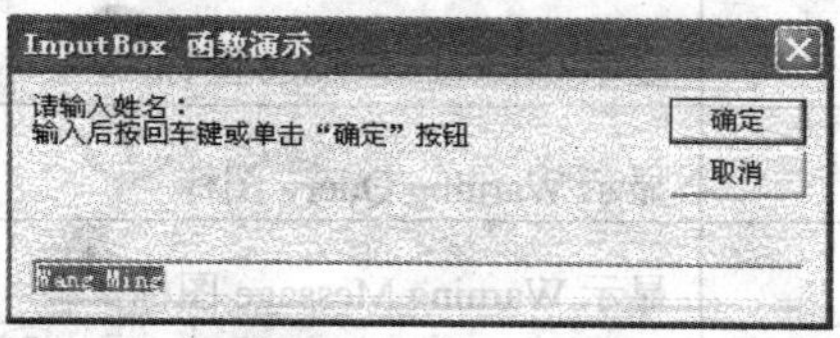

图 5-4 运行例 5-2 所显示的输入对话框

使用 InputBox()函数，应注意以下几点：

(1) InputBox()函数的返回值，系统默认该函数执行结果是一个字符串，有两种情况。当用户在文本框里输入数据后单击“确定”按钮，则其返回值为用户输入的内容；如果单击了“取消”按钮，则返回值将是一个空字符串。

(2) 默认情况下，InputBox()函数的返回值是一个字符串类型数据。当需要用本函数输入数值并参与数值运算时，必须在运算前用 Val()函数(或其他转换函数)把它转换为相应类型的数据，否则，就可能得不到正确的结果。也可以先定义变量相应的类型(或使用类型说明符)。

(3) 每执行一次 InputBox()函数只能输入一个值。如果要输入多个值，则必须多次调用 InputBox()函数。

5.2.2 MsgBox()函数——消息框

1. MsgBox()函数

MsgBox 函数()用于产生一个消息对话框，显示提示信息，要求用户做出必要的响应。

MsgBox 函数()的语法格式如下：

<变量名>[%]=MsgBox(消息文本[,按钮][,标题][,帮助文件,帮助主题号])

该函数有 5 个参数，除第一个参数外，其余参数都是可选的。各参数的含义如下。

(1) 消息文本：是一个字符串，其长度不能超过 1024 个字符，如果超过，则多余的字符被截掉。该字符串的内容将在由 MsgBox()函数产生的对话框内显示。当字符串在一行内显示不下时，将自动换行，当然也可以用 Chr(13)+Chr(10)强制换行。

(2) 按钮：是一个整数值或符号常量，用来控制在对话框内显示的按钮数量、形式，使用图标的样式。该参数的值由 4 类数值相加产生，这 4 类数值或符号常量分别表示按钮的类型、显示图标的种类及活动按钮的位置，如表 5-2 所示。

表 5-2　type 参数的取值

内部常量	按钮值	作用	分组
vbOKOnly	0	只显示“确定”按钮	按钮类型及数目
VbOKCancel	1	显示“确定”及“取消”按钮	
VbAbortRetryIgnore	2	显示“终止”、“重试”及“忽略”按钮	
VbYesNoCancel	3	显示“是”、“否”及“取消”按钮	
VbYesNo	4	显示“是”及“否”按钮	
VbRetryCancel	5	显示“重试”及“取消”按钮	
VbCritical	16	显示 Critical Message 图标	图标类型
VbQuestion	32	显示 Warning Query 图标	
VbExclamation	48	显示 Warning Message 图标	
VbInformation	64	显示 Information Message 图标	
VbDefaultButton1	0	第一个按钮是默认值	默认按钮
VbDefaultButton2	256	第二个按钮是默认值	
VbDefaultButton3	512	第三个按钮是默认值	
VbDefaultButton4	768	第四个按钮是默认值	
VbApplicationModal	0	应用程序强制返回；应用程序一直被挂起，直到用户对消息框作出响应才继续工作	强制返回性
VbSystemModal	4096	系统强制返回；全部应用程序都被挂起，直到用户对消息框做出响应才继续工作	

上述表格中的数值分为 4 类，其作用分别如下：

① 数值 0~5，对话框内按钮的类型和数量。按钮共有 7 种，即确认、取消、终止、重试、忽略、是、否。每个数值表示一种组合方式。

② 数值 16、32、48、64，用于指定对话框所显示的图标。共有 4 种，其中 16 指定暂停(×)，32 表示疑问(?)，48 通常用于警告(!)，64 用于信息提示(i)。

③ 数值 0、256、512、768，指定默认活动按钮。活动按钮中文字的周围有虚线，按回车键可执行该按钮的操作。

④ 数值 0、4096，分别用于应用程序和系统强制返回。

type 参数由上面 4 类数值组成，其组成原则是：从每一类中选择一个值，把这几个值加在一起就是 type 参数的值(在大多数应用程序中，通常只使用前 3 类数值)。不同的组合会得到不同的结果。例如：

- 16＝0+16+0，显示“确定”按钮、“暂停”图标，默认按钮为“确定”按钮。
- 35＝3+32+0，显示“是”、“否”、“取消”3 个命令按钮(3)及“?”图标(32)，默认活动按钮为 Yes(0)。
- 50＝2+48+0，显示“终止”、“重试”、“忽略”3 个按钮(2)及“!”图标(48)，默认活动按钮为“终止”(0)。

每种数值都有相应的符号常量，其作用与数值相同。使用符号常量可以提高程序的可读性。

(3) 标题：是一个字符串，用来显示对话框的标题，默认则为空白。

(4) 帮助信息：同 InputBox()函数。

MsgBox()函数的 5 个参数中，只有第一个参数提示信息是必需的，其他参数均可省略。如果省略第二个参数按钮，则对话框内只显示一个“确定”命令按钮，并把该按钮设置为活动按钮，不显示任何图标。如果省略第三个参数标题，则对话框的标题为当前工程的名称。如果希望标题栏中没有任何内容，则应把标题参数置为空字符串。

MsgBox 函数()的返回值是一个整数，这个整数与所选择的按钮有关。如前所述，MsgBox()函数所显示的对话框有 7 种按钮，返回值与这 7 种按钮相对应，分别为整数 1~7，如表 5-3 所示。

表 5-3 MsSBox 函数的返回值

返回值	操作	符号常量
1	单击“确定”按钮	VbOk
2	单击“取消”按钮	VbCancel
3	单击“终止”按钮	VbAbort
4	单击“重试”按钮	VbRetry
5	单击“忽略”按钮	VbIgnore
6	单击“是”按钮	VbYes
7	单击“否”按钮	VbNo

2. MsgBox 语句

MsgBox()函数也可以写成以下语句形式：

MsgBox　消息文本[,按钮%][,标题][,帮助信息]

各参数的含义及作用与 MsgBox()函数相同，由于 MsgBox 语句没有返回值，因而常用于较简单的信息显示。例如：

```
MsgBox "数据保存成功！"
```

执行上面语句，弹出的消息框如图 5-5 所示。

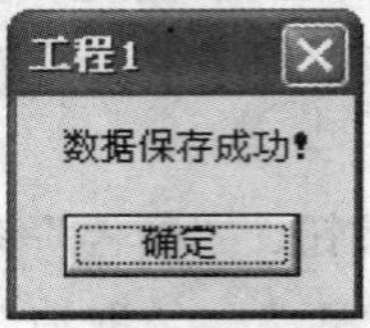

图 5-5　MsgBox 消息框

由 MsgBox 函数()或 MsgBox 语句所显示的信息框有一个特点，就是在出现信息框后，必须作出选择，否则不能执行其他任何操作。在 VB 中，把这样的窗口(对话框)称为“模态窗口”(Modal Window)，这种窗口在 Windows 中普遍使用。在程序运行时，模态窗口挂起应用程序中其他窗口的操作。

与模态窗口相反，非模态窗口(Modaless Window)允许对屏幕上的其他窗口进行操作。也就是说，它可以激活其他窗口，并把光标移到该窗口。MsgBox()函数和 MsgBox 语句强制所显示的信息框为模态窗口。在多窗体程序中，可以把某个窗体设置为模态窗口。

【例 5-3】 编写程序，试验 MsgBox 函数的功能。

```
Private Sub Form_Click()
    msg1="Are you continue to?"
    msg2="Operation Dialog Box"
    r=MsgBox(msg1,34,msg2)
    Print r
End Sub
```

上述事件过程的执行结果如图 5-6 所示。

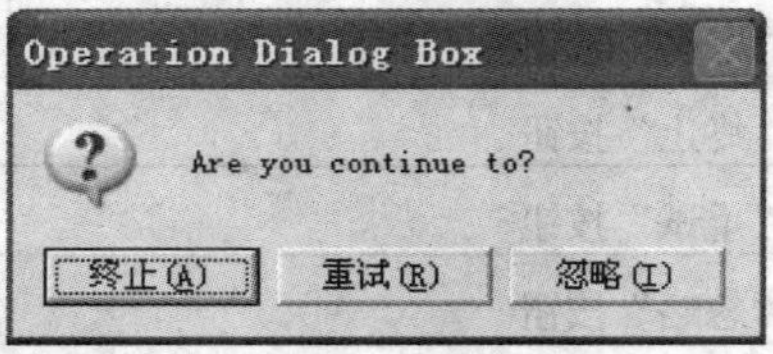

图 5-6　MsgBox()函数对话框

在上面的程序中，MsgBox()函数的第一个参数是显示在对话框内的信息，第三个参数是对话框的标题。第二个参数为 34，是由 2+32+0=34 得来的，它决定了对话框内将显示“终止”(Abort)、“重试”(Retry)、“忽略”(Ignore)3 个命令按钮(第一类中的 2)及“?”图标(第二类中的 32)，并把第一个命令按钮作为默认活动按钮(第三类中的 0)。

执行 MsgBox()函数后的返回值赋给变量 r，最后一个语句打印出这个返回值(在窗体上显示出来)。如果按回车键或单击“终止”按钮，则打印出的返回值为 3；如果单击“重试”或“忽略”按钮，则返回值分别为 4 或 5。

5.3　字　形

VB 可以输出各种英文字体和汉字字体，并可通过设置字形的属性改变字体的大小、笔划的粗细和显示方向，以及加中划线、下划线、重叠等。这些属性已在前面介绍。

【例 5-4】 编写程序，在窗体上输出多种字体。

```
Private Sub Form_Click()
sample1$ = "Visual Basic 6.0    "
sample2$ = ":程序设计方法"
FontSize = 20
FontName = "System"
Print "System--->"; sample1$
FontName = "terminal"
Print "terminal--->"; sample1$
FontName = "helv"
Print "helv--->"; sample1$
FontName = "courier"
Print "courier--->"; sample1$
FontName = "Tms Rmn"
Print "Tms Rmn--->"; sample1$
FontName = "symbol"
Print "symbol--->"; sample1$
Print "roman--->"; sample1$
Print "script--->"; sample1$
FontName = "modern"
Print "modern--->"; sample1$
FontSize = 24
FontName = "宋体"
Print "宋体--->"; sample2$
FontName = "微软雅黑"
Print "微软雅黑--->"; sample2$
```

```
FontName = "黑体"
Print "黑体--->"; sample2$
End Sub
```

上述程序在窗体上输出各种英文和中文字体，在每种字体的前面都有该字体类型的名称。英文字体大小设置为 20，中文字体大小设置为 24。程序运行后，单击窗体，输出结果如图 5-7 所示。

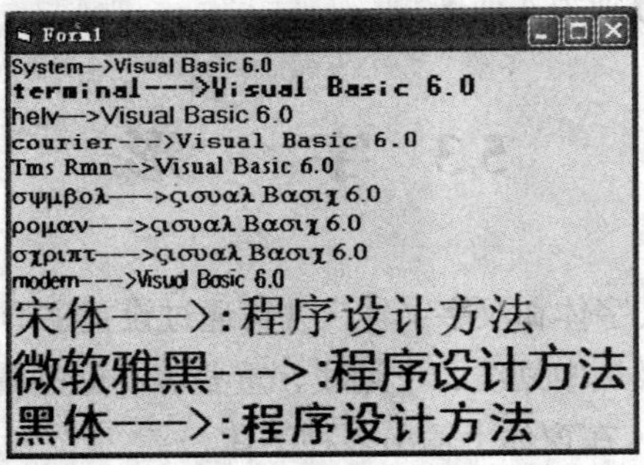

图 5-7　各种字体输出

上述程序输出了 3 种中文字体。这要求系统必须事先安装这 3 种字体，否则不能得到上面的输出结果。

5.4　打印机输出

前面介绍的输出操作基本上是在屏幕(窗体)上输出信息。它们是以窗体作为输出对象的。实际上，只要把输出对象改为打印机(Printer)，就可以在打印机上输出所需要的信息。

VB 使用安装 Windows 时设置的打印机，其分辨率、字体等与在 Windows 下使用完全一致。

1. 直接输出

所谓直接输出，就是把信息直接送往打印机，所使用的仍是 Print 方法，只是把 Print 方法的对象改为 Printer。其格式为：

Printer.Print[表达式表]

这里的 Print 及其“表达式表”的含义同前。执行上述语句后，将把“表达式表”的值在打印机上打印出来。另外，在打印机对象中还会用到以下一些方法和属性。

(1)　Page 属性

Page 属性用来设置页号，其格式为：

Printer.Page

Printer.Page 在打印时被设置成当前页号，并由 VB 解释程序保存。每当一个应用程序开始执行时，Page 属性就被设置为 1。打印完一页后，Page 属性值自动增 1。在应用程序中，通常用 Page 属性打印页号。例如：

```
Printer.Print "page: "; Printer.Page
```

(2) NewPage 方法

NewPage 方法用来实现换页操作，其格式为：

```
Printer.NewPage
```

在一般情况下，打印机打印完一页后换页。如果使用 NewPage 方法，则可强制打印机跳到下一页打印。执行 NewPage 后，属性 Page 的值自动增 1。

(3) EndDoc 方法

EndDoc 方法用来结束文件打印，其格式为：

```
Printer.EndDoc
```

执行 EndDoc 方法表明应用程序内部文件的结束，并向 Printer Manager(打印机管理程序)发送最后一页的退出信号，Page 属性重置为 1。

EndDoc 方法可以将所有尚未打印的信息都送出去。

2. 窗体输出

在 VB 中，还可以用 PrintForm 方法通过窗体来打印信息，其格式为：

```
[窗体.]PrintForm
```

窗体输出是先把要输出的信息送到窗体上，然后再用 PrintForm 方法把窗体上的内容打印出来。格式中的“窗体”是要打印的窗体名。如果打印当前窗体的内容，或者只对一个窗体操作，则窗体名可以省略。

5.5 小　　结

程序在运行过程中，一般总是需要输入数据、输出信息，与用户进行交互。Print 方法是窗体输出信息的方法，InputBox 函数用于产生一个输入对话框，供用户输入数据；MsgBox 函数用于产生一个消息对话框，以便给用户提示。

5.6 习　　题

一、选择题

1. 下列语句中能正确赋值的是(　)。

A) A$=abc　　B) Print a=1+2　　C) x=5; y=6　　D) Print "c=" : 4+3

2. 如果在立即窗口中执行以下操作：

a=8 <CR> (<CR>是回车键，下同。)

b=9 <CR>

print a>b <CR>

则输出结果是(　)。

A) –1　　B) 0　　C) False　　D) True

3. 以下语句的输出结果是(　)。

Print Format $(32548.5,"000,000.00")

A) 32548.5　　B) 32,548.5　　C) 032,548.50　　D) 32,548.50

4. InputBox 函数返回值的类型为(　)。

A) 数值　　B) 字符串

C) 变体　　D) 数值或字符串(视输入的数据而定)

5. 设有语句 x=InputBox("输入数值"，"0"，"示例")，程序运行后，如果从键盘上输入数值 10 并按回车键，则下列叙述中正确的是(　)。

A) 变量 X 的值是数值 10

B) 在 InputBox 对话框 标题栏中显示的是"示例"

C) 0 是默认值

D) 变量 X 的值是字符串"10"

6. MsgBox 函数返回值的类型为(　)。

A) 数值　　B) 字符串

C) 变体　　D) 数值或字符串(视输入的数据而定)

7. 假定有如下窗体事件过程：

```
Private Sub Form_Click()
  a$ = "Microsoft Visual Basic"
  b$ = Right(a$, 5)
  c = Mid(a$, 1, 9)
  MsgBox a$, 34, b$, c$, 5
End Sub
```

程序运行后，单击窗体，则在弹出的信息对话框的标题栏中显示信息(　)。

A) Microsoft Visual　　B) Microsoft

C) Basic　　D) 5

8. 设 x=4，y=6，则以下不能在窗体上显示出“A=10”的语句是(　)。

A) Print A=x+y　　B) Print "A=";x+y

C) Print "A="+Str(x+y)　　D) Print “A="&x+y

9. 假定有如下的命令按钮(名称为 Command1)事件过程：

```
Private Sub Command1_Click()
 x=InputBox("输入：","输入整数")
 MsgBox"输入的数据是：",,"输入数据："+x
End Sub
```

程序运行后，单击命令按钮，如果从键盘上输入整数 10，则以下叙述中错误的是(　)。

A) x 的值是数值 10

B) 输入对话框的标题是“输入整数”

C) 信息框的标题是“输入数据：10”

D) 信息框中显示的是“输入的数据是：”

10. 以下关于 MsgBox 的叙述中，错误的是(　)。

A) MsgBox 函数返回一个整数

B) 通过 MsgBox 函数可以设置信息框中图标和按钮的类型

C) MsgBox 语句没有返回值

D) MsgBox 函数的第二个参数是一个整数，只能确定对话框中显示的按钮数量

11. MsgBox 函数的第二个参数取值为 34，则下面正确的是(　)。

A) 显示“终止”、“重试”、“忽略”按钮和“？”图标

B) 显示“是”、“否”按钮

C) 显示“终止”、“重试”、“忽略”按钮

D) 显示“是”、“否”、“取消”按钮和“？”图标

12. 执行语句 strInput=InputBox ("请输入字符串","字符串对话框","字符串")，将显示输入对话框。此时如果直接单击“确定”按钮，则变量 strInput 的内容是(　)。

A) “请输入字符串”　B)“字符串对话框”　C)“字符串”　D)空字符串

二、填空题

1. 语句 a%=3.14156 : Print a%的输出结果是＿＿＿＿＿。

2. 语句 a=1.732 : Print Format$(a, "000.00") 的输出结果是＿＿＿＿＿。

3. 语句 a=1.732 : Print Format$(a, "###.###")的输出结果是＿＿＿＿＿。

4. 在窗体上画一个命令按钮，然后编写如下事件过程：

```
Private Sub Command1_Click()
  a = InputBox("请输入一个整数")
  b = InputBox("请输入一个整数")
  Print a + b
End Sub
```

程序运行后，单击命令按钮，在输入对话框中分别输入321和456，输出结果为＿＿＿＿＿。

5. 假定有如下命令按钮(名称为 Command1)事件过程：

```
Private Sub Command1_Click()
  x%=InputBox("输入：","输入整数")
  MsgBox"输入的数据是：",,"输入数据："+x%
End Sub
```

程序运行后，单击命令按钮，如果从键盘上输入整数 10，则运行结果是＿＿＿＿＿。

6. 下列语句的输出结果为________。

```
x=10:y=20
Print x; "+";y; "=";
Print x+y
```

三、编程题

1. 设 a=2，b=4.5，c=8.3，编程计算：

$$y = \frac{\pi ab}{a + bc}$$

要求结果保留到小数点后第二位。

2. 求解鸡兔同笼问题： 鸡兔同笼，共有头 100 个，足 316 只。问：鸡有几只，兔有几只？

3. 从键盘上输入 5 个数，编写程序，计算并输出这 5 个数的和及平均值。通过 InputBox 函数输入数据，在窗体上显示和与平均值。

4. 输入一个华氏温度，求对应的摄氏温度。转换公式为：

$$C = \frac{5}{9}(h - 32)$$

5. 编写程序，输入学生的姓名，班级和英语、数学、政治 3 门课程的成绩，并输出在窗体上。

第6章　Visual Basic常用标准控件

一个程序的窗口由窗体和许多对象组成，在 VB 中这些对象被称为“控件”。第 2 章介绍了窗体以及标准控件标签、文本框和命令按钮，这一章将介绍 VB 中的其他常用标准控件。包括单选按钮、复选框、图形控件、列表框与组合框、滚动条、计时器和框架等。

6.1　选择控件

VB 提供了几个用于选择的标准控件，包括单选按钮、复选框、列表框和组合框。在应用程序中，单选按钮和复选框用来表示状态，可以改变其状态。本节介绍单选按钮和复选框两个控件，6.6 节介绍列表框和组合框。

6.1.1　单选按钮

在工具箱中单选按钮控件的图标为。

单选按钮的默认名称及 Caption 属性的默认值都为 Option1、Option2 等。

单选按钮控件是让用户对某些情况作出一些选择判断，但它只能在多种选项中选择一个。当用户在一组单选按钮控件中选择某一个时，其他选项会被自动关闭。单选按钮控件之间是互相排斥的。

单选按钮控件被选中用表示，未被选中用表示。即一组单选按钮控件只有一个处于选中状态()，其他自动变为未选中状态()。

1. 单选按钮的常用属性

(1) Caption 属性(字符类型)

单选按钮的 Caption 属性与其他控件一样，都表示控件在窗体上显示的文本内容，也就是要用户进行选择的内容提示。

(2) Alignment 属性(取值为整数 0、1)

Alignment 属性决定单选按钮的标题(Caption 属性值)在控件上的位置。

① 属性值为 0，表示左对齐(Left Justify)，即单选按钮的标题在右边，此为默认方式。如图 6-1 所示，控件 Option1 的标题“Option1”。

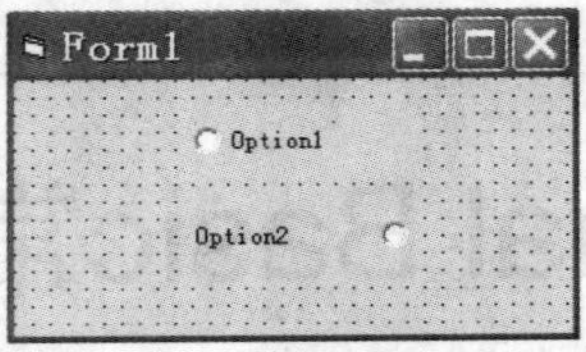

图 6-1　单选按钮对齐属性说明

② 属性值为 1，表示右对齐，即单选按钮的标题在左边，如图 6-1 所示，控件 Option2 的标题“Option2”。

(3) Value 属性(逻辑类型)

单选按钮控件的 Value 属性可取值为 True 或 False。

① True：表示单选按钮控件被选中，用 表示。

② False：(默认值)表示未被选中，用 表示。

单选按钮状态的设置方法如下：

① 界面设计时，将其 Value 属性值设置为 True。

② 程序运行时，单击它。

③ 用 Tab 键定位(如果是一组单选框，可用光标键选择)。

④ 用代码设置它们的 Value 属性值，例如，Option1.Value=True。

⑤ 使用 Caption 属性中指定的快捷键进行操作。

要使某个按钮成为选项组中的默认按钮，只要在程序设计时将其 Value 属性值设置为 True，它将保持被选中状态，直到用户选择另一个选项或用代码改变它为止。

2. 单选按钮的常用事件

和命令按钮一样，单选按钮最常用的也是 Click 事件。

6.1.2　复选框

在工具箱中复选框控件的图标为 。

复选框的默认名称及 Caption 属性的默认值都为 Check1、Check2 等。

与上节所介绍的单选按钮控件作比较，复选框意味着多项选择。与单选按钮不同的是，它每次可在同组的复选框中选择多个选择项，如图 6-2 所示。

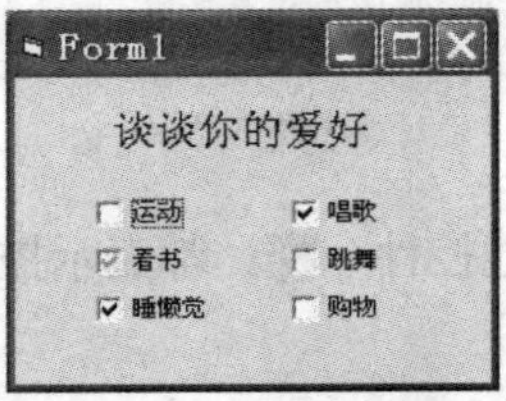

图 6-2　复选框示例

一般情况下，复选框控件是以数组的方式添加的，而是否被选中可以由它的属性 Value 的值进行判断。

复选框控件像一个开关，表明一个特定状态是选定(on：控件前面的方框显示“√”)还是清除(off：控件前面的方框显示的“√”消失)。复选框使用户能够从屏幕上的一组选项中进行多项选择，并且始终看到框的状态。用户可单击复选框任意地方，便可以激活该复选框。

此时，选项内容将被点划线围起来，这样可以使用户直观地看到拥有输入焦点的框。

1. 复选框的常用属性

(1) Caption 属性(字符类型)

复选框控件的 Caption 属性表示控件在窗体上显示的文本内容，也就是要用户进行选择的内容提示。

(2) Index 属性(整数类型)

该属性值为复选框控件数组的下标，一般来说，使用控件数组时这是不可少的属性，通过它可以区分开同一控件数组中的不同复选框。

(3) Value 属性(整数 0、1、2)

复选标志，这是复选框最重要的属性，它的值与复选框控件的状态有关，其默认值为 0。Value 属性的取值包括以下 3 个选项。

- 0(vbUnchecked)：(默认值)表示该复选框未被选中。
- 1(vbChecked)：复选框处于选中状态。
- 2(vbGrayed)：复选框变成灰色，禁止用户对该复选框进行操作。

用户单击复选框控件指定选定或未选定状态，然后可以检测控件状态并根据此信息编写应用程序以执行某些操作。

默认时，复选框控件设置为 vbUnchecked，未选。若要预先在一系列复选框中选定若干复选框，则应在 Form_Load 或 Form_Initialize 过程中将 Value 属性值设置为 vbChecked。

希望满足某些条件时才允许用户选择时，可以先把 Value 属性值设置成 vbGrayed，禁用状态，然后检测条件后再修改其 Value 属性值。

注意，反复单击同一复选框控件时，其 Value 属性值只能在 0、1 之间交替变换。

2. 复选框的常用事件

复选框控件的常用事件一般为 Click 事件，复选框不支持鼠标双击事件，系统把一次双击解释为两次单击事件。

【例 6-1】 在窗体上有两个单选按钮，名称分别为 Op1 和 Op2，标题分别为“黑体”和“楷体_GB2312”；一个文本框，名称为 Text1，字体为宋体，字号为四号；一个命令按钮，名称为 C1，标题为“切换”。要求程序运行后，在文本框中输入“VB 欢迎你！”，并选择一个单选按钮。在单击命令按钮“切换”后，能根据所选的单选按钮来切换文本框中所显示的汉字字体，程序执行结果如图 6-3 所示。控件的属性设置如表 6-1 所示。

表 6-1　控件属性的设置

控件	名称(Name)	标题(Caption)	文本(Text)
文本框	Text1	无	“VB 欢迎你”(程序运行后输入)
单选框 1	Op1	“黑体”	无
单选框 2	Op2	“楷体_GB2312”	无
命令按钮	C1	“切换”	无

编写如下事件过程：

```
Private Sub C1_Click()
If   Op1.Value   Then     '或 Op1.Value = -1
Text1.FontName = "黑体"
Else
Text1.FontName = "楷体_GB2312"
End If
End Sub
```

注意，这个事件过程也可以编写成如下形式：

```
Private Sub C1_Click()
If Op1.Value = True Then
Text1.FontName = "黑体"
End If
If Op2.Value = True Then
Text1.FontName = "楷体_GB2312"
End If
End Sub
```

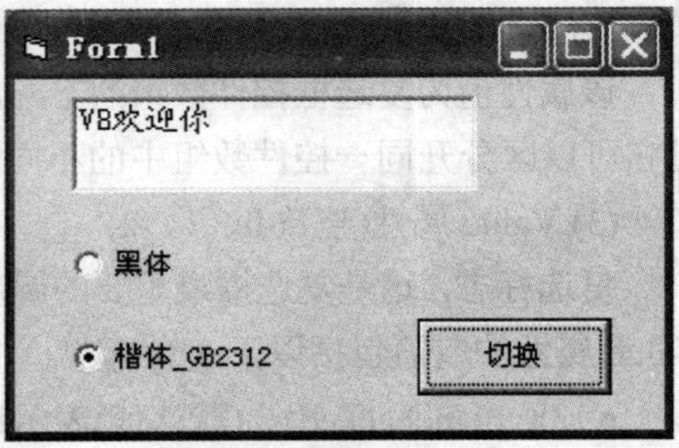

图 6-3　单选按钮举例

这两个过程的运行结果完全相同。

【例 6-2】 用复选框控制文本输入是否加“下划线”和“斜体显示”。本例共建立 3 个控件：一个文本框，两个复选框。在文本框中显示文本，由两个复选框决定显示的文本是否加下划线或用斜体显示。3 个控件的属性设置如表 6-2 所示，程序的运行结果如图 6-4 所示。

表 6-2　控件属性的设置

控件	名称(Name)	标题(Caption)	文本(Text)
文本框	Text1	无	“中文 Visual Basic”
复选框 1	Check1	“加下划线”	无
复选框 2	Check2	“斜体显示”	无

编写如下事件过程：

图 6-4　复选框举例

```
Private Sub Form_Load()
 Text1.FontSize = 20
End Sub
Private Sub Check1_Click()
If Check1.Value = 1 Then
Text1.FontUnderline = True
Else
Text1.FontUnderline = False
```

```
End If
End Sub

Private Sub Check2_Click()
 If Check2.Value = 1 Then
     Text1.FontItalic = True
 Else
     Text1.FontItalic = False
 End If
End Sub
```

当复选框被选中时，复选框的 Value 属性为 1，产生字体变化的效果；而当复选框未被选中时，复选框的 Value 属性为 0，字体恢复到默认的状态。

6.2 框　　架

在工具箱中框架控件的图标为。

框架控件的默认名称以及 Caption 属性的默认值都为 Frame1、Frame2 等。

和窗体一样，框架控件也可以作为其他控件的容器。在容器中的控件，不仅可以随容器移动，而且控件的位置属性也是以相对于容器的位置设置的。

框架的属性包括一些常用的公共属性。其中 Name 属性用于在程序代码中标识一个框架，而 Caption 属性定义了框架的可见文字部分。

对于框架来说，通常把 Enabled 属性设置为 True，这样才能保证框架内的对象是“活动”的。如果把框架的 Enabled 属性设置为 False，则其标题会变灰，框架中的所有对象，包括文本框、命令按钮及其他对象，均被屏蔽。

使用框架的主要目的是为了对屏幕上的控件进行分组，可以把不同的对象放在一个框架中，即把指定的控件放到框架中。为此，必须先画出框架，然后在框架内画出需要成为一组的控件，这样才能使框架内的控件成为一个整体，和框架一起移动。

注意：

必须先建立框架控件，然后在框架中添加其他控件，不能简单地把已建立的控件拖动到框架中去。

1. 框架内创建控件的方法

方法一：单击工具箱上的工具，然后用出现的“+”指针，在框架中适当位置拖拽出适当大小的控件。不能使用双击工具箱上图标的自动方式，只能用鼠标画，使框架内的控件成为一个整体。

方法二：将控件“剪切”(Ctrl+X)到剪贴板，然后粘贴(Ctrl+V)到框架。

有时候，可能需要对窗体上(不是框架内)的控件进行分组，并把它们放到一个框架中，可按如下步骤操作：

(1) 选择需要分组的控件。

(2) 选择“编辑”菜单中的“剪切”命令(或按 Ctrl+X)，把选择的控件放入剪贴板。

(3) 在窗体上画一个框架控件，并保持它为活动状态。

(4) 选择“编辑”菜单中的“粘贴”命令(或按 Ctrl+V)。

经过以上操作，即可把所选择的控件放入框架，作为一个整体移动或删除。

为了选择框架内的控件，必须在框架处于非活动状态时，按住 Ctrl 键，然后用鼠标画一个框，使这个框能“套住”要选择的控件。

2. 框架常用的事件

框架常用的事件是 Click 和 DblClick，它不接受用户输入，不能显示文本和图形，也不能与图形相连。

【例 6-3】用框架来分组，分别控制标签中文本的字体、字号和文字效果。

窗体上有一个标签、两个命令按钮、3 个框架，界面设计如图 6-5 所示，分别表示字体、字号和文字效果。当程序运行时，标签的大小和文字内容长度相一致，选中不同框架中的单选按钮或复选框后，单击“显示”按钮，把结果显示在标签中。

编写如下事件过程：

```
Private Sub Command1_Click()
If Option1.Value Then Label1.FontName = "宋体"
If Option2.Value Then Label1.FontName = "黑体"
If Option3.Value Then Label1.FontName = "楷体_GB2312"   ' 确定字型
If Option4.Value Then Label1.FontSize = 14
If Option5.Value Then Label1.FontSize = 18
If Option6.Value Then Label1.FontSize = 22     ' 确定字号
 If Check1.Value = 1 Then
     Label1.FontStrikethru = -1
 Else
     Label1.FontStrikethru = 0
 End If
 If Check2.Value = 1 Then
     Label1.FontUnderline = -1
 Else
     Label1.FontUnderline = 0
 End If     ' 确定效果
End Sub
```

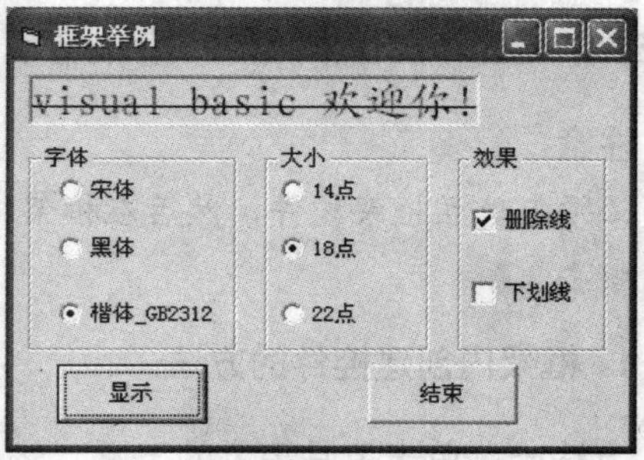

图 6-5　框架举例

```
Private Sub Command2_Click()
  End
End Sub

Private Sub Form_Load()
   Option1.Value = True
   Option4.Value = True
   Label1.Caption = "visual basic 欢迎你!"      ' 设置初始值
End Sub
```

注意：

单击“结束”按钮的作用，就是正常结束程序，而 Form_Load()事件一般都是设置初始值。设置 FontName 属性时，不要采用中文输入法输入双引号，而应采用英文输入法。

6.3 图 形 控 件

VB 中与图形有关的标准控件有 4 种，即图片框(PictureBox)、图像框(Imager)、直线(Line)和形状(Shape)。

6.3.1 图片框和图像框

在 VB 工具箱中，图片框控件的图标为，图像框控件的图标为。

图片框默认名称为 Picture1、Picture2 等。

图像框默认名称为 Image1、Image2 等。

图片框和图像框是 VB 用来显示图形的两种基本控件，用于在窗体的指定位置显示图形信息。

图片框比图像框更灵活，且适用于动态环境；而图像框适用于静态情况，即不需要再修改的位图、图标、Windows 图元文件及其他格式的图形文件。

图片框和图像框以基本相同的方式出现在窗体上，都可以装入多种格式的图形文件。其主要区别是：图片框同时又可以作为其他控件的容器，在作为容器使用时，图片框和框架(Frame)控件类似。而图像框不能作为父控件，并且不能通过 Print 方法接收文本。

1. 图片框、图像框的属性、事件和方法

除前面介绍的公共属性外，VB 还为图片框和图像框提供了一些其他属性。

(1) CurrentX 和 CurrentY 属性

一般格式为：

[对象.]CurrentX[＝X]

[对象.]CurrentY[＝Y]

其中“对象”可以是窗体、图片框和打印机，X 和 Y 表示横坐标值和纵坐标值，默认时以 twip 为单位。如果省略“＝X”或“＝Y”，则显示当前的坐标值。如果省略“对象”，则指的是当前窗体。

(2) Picture 属性

Picture 属性用于窗体、图片框和图像框，通过属性窗口设置，用来把图形放入这些对象中。在窗体、图片框和图像框中显示的图形以文件形式存放在磁盘上。VB 中支持以下格式的图形文件。

① 位图(Bitmap)：位图通常以.bmp 或 .dib 为文件扩展名。

② 图标(Icon)：以.ico 为文件扩展名。

③ 图元文件(Metafile)：元文件的类型有两种，分别是标准型(.wmf)和增强型(.emf)。

④ JPEG 文件：JPEG 是一种支持 8 位和 24 位颜色的压缩位图格式。它是 Internet 上一种流行的文件格式。

⑤ GIF 文件：GIF 是一种压缩位图格式。它可支持多达 256 种的颜色，是 Internet 上一种流行的文件格式。

(3) LoadPicture 函数

LoadPicture 函数的功能与 Picture 属性基本相同，即用来把图形文件装入窗体、图片框或图像框。其一般格式为：

[对象.]Picture＝LoadPicture("文件名")

LoadPicture 函数与 Picture 属性功能相同，但 Picture 属性只是在设计状态装入图形，LoadPicture 函数是在程序运行期间装入图形文件。

(4) Stretch 属性

该属性用于图像框，用来自动调整图像框中图形内容的大小，既可通过属性窗口设置，也可通过程序代码设置。该属性的取值为 True 或 False。当其属性值为 True 时，表示图形要调整大小以适应图像框；而当其属性值为 False(默认值)时，表示图像框要调整大小以适应图形。

(5) AutoSize 属性

该属性用于图片框，设置图片框是否按图片大小自动调整。当该属性取值为 True 时，图片框会根据装入图形的大小来调整自身的大小。但是，如果图形的大小超过图片框所在的窗体，则只能显示部分图形，因为窗体本身无法自动调整大小。

图片框和图像框可以接收 Click(单击)和 DblClick(双击)事件，可以在图片框中使用 Cls(清屏)和 Print 方法。

2. 图形文件的装入

图形文件的装入是指把 VB 所能接收的图形文件装入窗体、图片框或图像框中。图形文件可以在设计阶段装入，也可在运行期间装入。

(1) 在窗体设计阶段装入图形文件

在设计阶段，可以用两种方法装入图形文件。

① 用属性窗口中的 Picture 属性装入

可以通过 Picture 属性把图形文件装入窗体、图片框或图像框中。以图片框为例，操作步骤如下：

1) 在窗体上建立一个图片框。

2) 保持图片框为活动控件，在属性窗口中找到 Picture 属性，单击该属性条，其右端出现 3 个点(…)。

3) 单击右端的“…”小格，显示“加载图片”对话框，单击“文件类型”栏右端的箭头，将下拉显示可以装入的图形文件类型列表，可从中选择所需要的文件类型。

4) 在中间的目录及文件列表框中选择含有图形文件的目录，可以根据需要选择某个目录，然后在该目录中选择所要装入的文件。

5) 单击“打开”按钮。

以上是把图形文件装入图片框中的操作。如果要把图形装入图像框，则操作步骤相同，但应先在窗体上建立图像框并保持活动状态。如果没有建立图片框或图像框，或者窗体上没有活动控件，则按上述步骤装入的图形文件将位于窗体上。

② 利用剪贴板把图形粘贴(paste)到窗体、图片框或图像框中。以粘贴到图片框为例，操作步骤如下：

1) 用 Windows 下的绘图软件(如 Photostyler、CorelDRAW、Paintbrush、Photoshop 等)画出所需要的图形，并把该图形复制到剪贴板中。

2) 启动 VB，在窗体上建立一个图片框，并保持活动状态。

3) 选择“编辑”菜单中的“粘贴”命令，剪贴板中的图形即出现在图片框中。

在建立图片框时，应适当调整其大小，以便能装入完整的图形。

(2) 在程序运行期间装入图形文件

在运行期间，可以用 LoadPicture 函数把图形文件装入窗体、图片框或图像框中。例如，假定在窗体上建立了一个名为 Picture1 的图片框，则用下面的语句：

```
Picture1.Picture＝LoadPicture("C:\vb60\Graphics\metafile\3dxcirar.wmf")
```

可以把一个图元文件装入该图片框中。如果图片框中已有图形，则被新装入的图形覆盖。

装入图片框中的图形可被复制到另一个图片框中。假定在窗体上再建立一个图片框 Picture2，则用下面的语句：

```
Picture2.Picture＝Picture1.Picture
```

可以把图片框 Picture1 中的图形复制到图片框 Picture2 中。

图片框中的图形也可用 LoadPicture 函数删除，只要用一个“空”图形覆盖原来的图形就能实现。例如：

```
Picture1.Picture＝LoadPicture()
```

将删除图片框 Picture1 中的图形，使该图片框变为空白。

(3) 保存图片

使用 SavePicture 语句，其使用格式如下：

SavePicture [Object.]Picture|Image, FileName

【例 6-4】实现图像的放大和缩小。窗体上有一个图像框 Image1，3 个命令按钮，在 Image1 中装入图片，注意，要把 Image1 的 Stretch 设置为 True，使得图片的大小和图像框相适应。

① 窗体界面设计如图 6-6 所示。

② 属性设置(略)。

③ 程序代码如下：

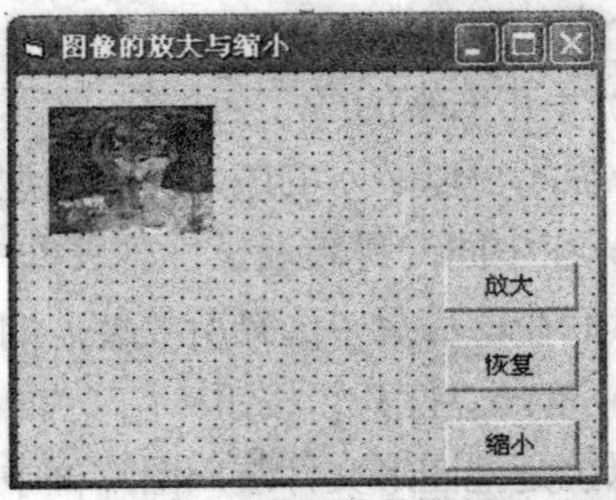

图 6-6　图形控件举例

```
Private Sub Command1_Click()
    Image1.Stretch = True
    Image1.Width = 2 * Image1.Width
    Image1.Height = 2 * Image1.Height
End Sub

Private Sub Command2_Click()
Image1.Stretch = False
End Sub    '使图片恢复装载前大小

Private Sub Command3_Click()
    Image1.Stretch = True
    Image1.Width = Image1.Width / 2
    Image1.Height = Image1.Height / 2
End Sub
```

6.3.2　直线和形状

在工具箱中的直线控件的图标为╲，形状控件的图标为。

直线的默认名称为 Line1、Line2 等。

形状的默认名称为 Shape1、Shape2 等。

利用直线和形状控件，可使窗体上显示的内容丰富、效果更好，例如在窗体上增加简单的线条和实心图形等。

直线、形状和图片框常用于为窗体提供可见的背景。用直线控件可以建立简单的直线，通过属性的变化可以改变直线的粗细、颜色和线型。用形状控件可以在窗体上画矩形，通过设置该控件的 Shape 属性可以画出圆、椭圆和圆角矩形，同时可设置形状的颜色和填充图案。

直线和形状具有 Name 和 Visible 属性。形状还具有 Height、Left、Top、Width 等标准属性，直线具有位置属性 X1，Y1 和 X2，Y2，分别表示直线两个端点的坐标，即(X1,Y1)和(X2,Y2)，这些属性决定着直线显示时的位置坐标，X1 属性设置(或返回)了线的最左端水平位置坐标，Y1 属性设置(或返回)了最左端垂直坐标，X2、Y2 则表示右端的坐标。

此外，直线和形状还具有以下属性。

(1) BorderColor

该属性用来设置形状边界和直线的颜色。BorderColor 用 6 位十六进制数表示。当通过属性窗口设置 BorderColor 属性时，会显示调色板，可以从中选择所需要的颜色，不必考虑十六进制数值。

(2) BorderStyle

该属性用于确定直线或形状的边界线的线型，可以取以下 7 种值。

① 0-TransParent，透明；

② 1-Solid，实线；

③ 2-Dash，虚线；

④ 3-Dot，点线；

⑤ 4-Dash-Dot，点画线；

⑥ 5- Dash-Dot-Dot，双点画线；

⑦ 6-Inside Solid，内实线。

当属性 BorderStyle 的值为 0 时，控件实际上是不可见的，VB 认为它可见；尽管这个控件没有明显的内容，但它仍在窗体上。如果执行了相应的操作(例如把 BorderStyle 的属性设置为 1)，则可以显示出来。

(3) BorderWidth

该属性用于指定直线的宽度或形状边界线的宽度，默认时以像素为单位。VB 认为直线或形状就像是用铅笔画出来的，“笔尖”的宽度由 BorderWidth 属性所指定的像素宽度决定。对于形状控件，VB 认为是用笔尖的内侧画出来，从而使总的 BorderWidth 向外扩展，控件变大。如果把属性 BorderStyle 的值设置为 6，则可使画线向内扩展。BorderWidth 属性不能设置为 0。

(4) BackStyle

该属性用于形状控件，其设置值为 0 或 1，用来决定形状是否被指定的颜色填充。当该属性值为 0(默认)时，形状边界内的区域是透明的；而当值为 1 时，该区域由 BackColor 属性所指定的颜色来填充(默认时，BackColor 为白色)。

(5) FillColor

该属性用来定义形状的内部颜色，其设置方法与 BorderColor 属性相同。

(6) FillStyle

该属性的设置值决定了形状控件内部的填充图案，可以取以下 8 种值。

① 0-Solid，实心；

② 1- TransParent，透明；

③ 2-Horizontal Line，水平线；

④ 3-Vertical Line，垂直线；

⑤ 4-Upward Diagonal，向上对角线；

⑥ 5-Downward Diagonal，向下对角线；

⑦ 6-Cross，交叉线；

⑧ 7-DiagonalCross，对角交叉线。

(7) Shape

该属性用来确定所画形状的几何特性。它可以被设置为 6 种值，默认值为 0，分别画出不同的几何形状，如图 6-7 所示。

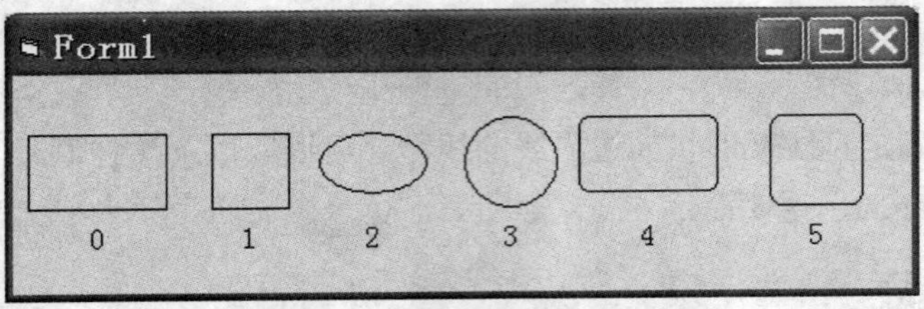

图 6-7　Shape 属性取不同值对应的形状

利用直线与形状控件，用户可以迅速地显示简单的线与形状或将之打印输出，与其他大部分控件不同的是，这两种控件不会响应任何事件，它们只用来显示或打印。

6.4　滚　动　条

在工具箱中水平滚动条控件、垂直滚动条控件的图标分别为。

水平滚动条的默认名称为 HScroll1、HScroll2 等。

垂直滚动条的默认名称为 VScroll1、VScroll2 等。

滚动条用来附在窗口上帮助观察数据或确定位置，也可作为数据输入的工具，被广泛地用于 Windows 应用程序中。

滚动条控件分为水平滚动条(Hscroll)控件和垂直滚动条控件(Vscroll)，在项目列表很长或者信息量很大时，可以使用滚动条来提供简便的定位。

水平滚动条和垂直滚动条。除方向不一样外，水平滚动条和垂直滚动条的结构和操作相同，属性和事件也相同。

1. 滚动条属性

滚动条的属性用来标识滚动条的状态。除支持一些公共属性外，还具有以下属性。

(1) Max

滚动条所能表示的最大值，取值范围为-32 768~32 767。当滚动框位于最右端或最下端时，Value 属性将被设置为该值。

(2) Min

滚动条所能表示的最小值，取值范围同 Max。当滚动框位于最左端或最上端时，Value 属性取该值。

设置 Max 和 Min 属性后，滚动条被分为 Max~Min 个间隔，当滚动框在滚动条上移动时，其属性 Value 值也随之在 Max 和 Min 之间变化。

(3) LargeChange

单击滚动条中滚动框前面或后面的部位时，Value 增加或减小的增量值。

(4) SmallChange

单击滚动条两端的箭头时，Value 属性增加或减小的增量值。

(5) Value

该属性值表示滚动框在滚动条上的当前位置。如果在程序中设置该值，则把滚动框移到相应的位置。注意，不能把 Value 属性设置为 Max 和 Min 范围之外的值。

2. 滚动条事件

与滚动条有关的事件主要是 Scroll 和 Change。当在滚动条内拖动滚动框时会触发 Scroll 事件(单击滚动箭头或滚动条时不发生 Scroll 事件)，而改变滚动框的位置后会触发 Change 事件。

Scroll 事件用于跟踪滚动条中的动态变化，Change 事件则用来得到滚动条的最后的值。

注意：

Scroll 事件与 Change 事件的区别在于：当滚动条控件滚动时 Scroll 事件一直发生，而 Change 事件只是在滚动结束之后才发生一次。Scroll 事件是针对滚动块的，它对于单击箭头、单击滑块与箭头之间的区域没有反应，而 Change 事件对滚动块的移动、单击箭头、单击滑块与箭头之间的区域都能作出反应。

【例 6-5】 编程，在窗体上建立 6 个控件，其中 4 个标签、1 个文本框、1 个水平滚动条，如图 6-8 所示。控件及属性值如表 6-3 所示。

表 6-3　控件及其属性值

对象	Name	Caption	BorderStyle	Min	Max	LargeChange	SmallChange
标签 1	Label1	速度					
标签 2	Label2	慢					
标签 3	Label3	快					
标签 4	Label4		1-Fixed Single				
文本框	Display						
滚动条	SpeedBar			0	200	10	2

双击滚动条，进入代码窗口，输入 Change 事件的过程：

```
Private Sub SpeedBar_Change()
Display.Text=Str(SpeedBar.Value)
End Sub
```

输入处理 Scroll 事件的过程：

```
Private Sub SpeedBar_Scroll()
label4.Caption= "Moveing to"+ Str( speedbar. Value)
End Sub
```

程序运行后，单击滚动条两端的箭头，则值以 2 为单位变化；单击滚动条的灰色区域，则值以 10 为单位变化。如果用鼠标拖动滚动框，则值不一定以 2 或 10 为单位变化。程序在文本框中显示变化的值，在上面的标签中显示当前值，如图 6-9 所示。

选择“运行”菜单中的“中断”命令，或者单击工具条中的中断按钮，可以打开“立即”窗口，在该窗口中输入：

```
SpeedBar.Value=17
```

然后选择“运行”菜单中的“继续”命令，即可看到滚动框的位置变化。如果输入：

```
SpeedBar.Max=100
```

则也可以看到滚动框位置的变化。

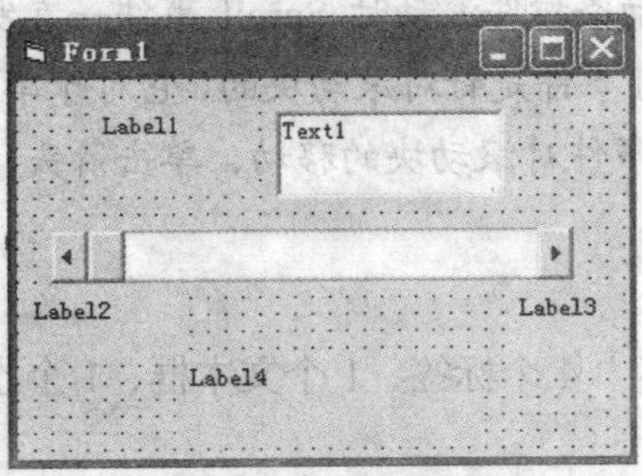

图 6-8　建立窗体界面

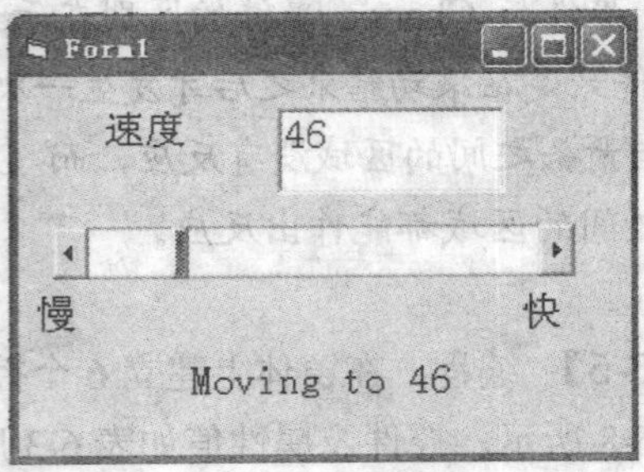

图 6-9　程序运行结果

6.5　计　时　器

在工具箱中计时器控件的图标为。

计时器控件默认的控件名称为 Timer1、Timer2 等。

计时器控件又称时钟、定时器控件，用于有规律地定时执行指定的工作，适合编写不需要与用户进行交互就可直接执行的代码，如计时、倒计时、动画等。在程序运行阶段，计时器控件不可见。

VB 可以使用系统内部的计时器计时，并且提供了设置时间间隔(Interval)的功能，可由用户设置每个计时器事件的时间间隔。时间间隔是指各计时器事件之间的时间，它以毫秒为单位。在大多数个人计算机中，计时器每秒钟最多可产生 18 个事件，即两个事件之间的间隔为 56 / 1000 秒。也就是说，时间间隔的准确度不会超过 1 / 18 秒。

1. 计时器控件常用属性

(1) Interval 属性

Interval 属性用来设置计时器事件之间的间隔，以毫秒为单位(设置为 1000 毫秒，时间间隔为 1 秒)，取值范围为 0~65535，Interval 属性值为 0 时，则计时器不起作用，因此其最大时间间隔不能超过 65 秒。

(2) Enabled 属性

当 Enabled 属性值为 True(默认值)时，激活计时器开始计时；当 Enabled 属性值为 False 时，计时器处于休眠状态、不计时。

2. 计时器控件的 Timer 事件

计时器控件只能响应一个事件，即该控件的 Timer 事件。对于一个含有计时器控件的窗体，每经过一段由属性 Interval 指定的时间间隔，就产生一个 Timer 事件。

在 VB 中，可以用 Timer 函数获取系统时钟的时间。Timer 事件是 VB 模拟实时计时器的事件，这是两个不同的时间系统。

【例 6-6】 在名称为 Form1 的窗体上有一个名称为 Text1 的文本框，初始内容为 0；一个名称为 C1 的命令按钮，标题为“开始计数”；一个名称为 T1 的计时器。要求在程序开始运行时计时器不计时，单击“开始计数”按钮后，则使得文本框中的数字每 3 秒钟自动加 1。

分析：本题需要注意的是计时器只有在程序运行后单击“开始计数”按钮时，才开始计时，所以最初计时器是应该无效的，即 T1.Enabled=False。

(1) 窗体界面设计，如图 6-10 所示。程序运行结果如图 6-11 所示。

图 6-10 程序界面

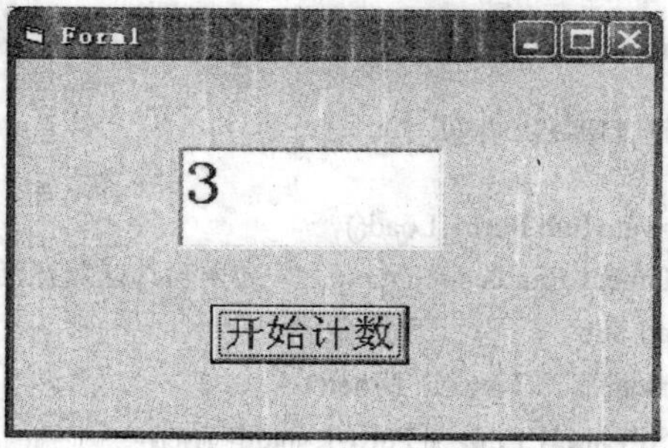

图 6-11 程序运行结果

(2) 在属性窗口中将命令按钮的 Name 属性改为 C1；将计时器的 Name 属性改为 T1。

```
Text1.text=0
C1.caption="开始计数"
T1.Intervel=3000
T1.Enabled=False
```

(3) 代码设计如图 6-12 所示。

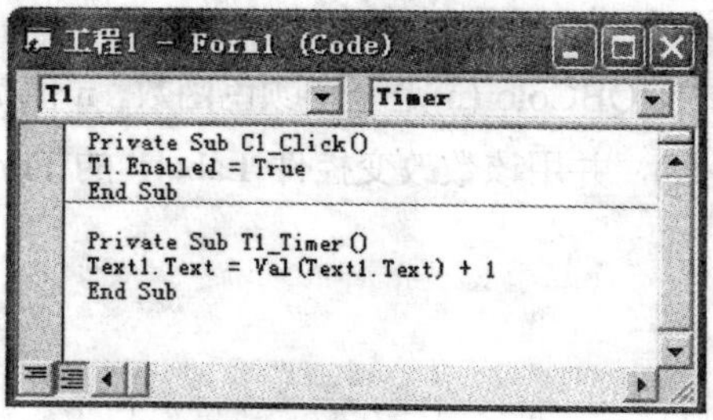

图 6-12 例 6-6 代码设计

【例 6-7】 编制一个带有简单动画效果的程序：使一行文字在窗体上从左向右移动，到达右边界后再从左边界开始不间断地移动，同时文字的颜色自动变化。

(1) 界面设计如图 6-13 所示。

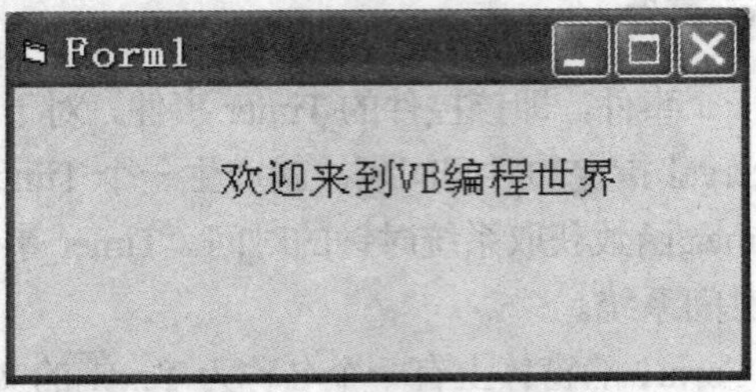

图 6-13　例 6-7 的界面设计

(2) 控件的部分属性设置如下：

Label1.Caption = "欢迎来到 VB 编程世界"

标签的字体大小为四号

Timer1.Interval = 200

(3) 代码设计如下：

```
Private Sub Form_Load()
 Timer1.Enabled = True          '装入窗体时就激活计时器控件 Timer1
End Sub
Private Sub Timer1_Timer()
   If Label1.Left> = Form1.Width Then
      Label1.Left = - Label1.Width
   Else
      Label1.Left = Label1.Left + 100
   End If
   Label1.ForeColor = QBColor(Int(Rnd * 16))
End Sub
```

每次调用计时器事件 Timer1_Timer 都会使标签右移 100，表达式“Label1.Left >= Form1.Width”用来判断标签是否越界，当移动到窗体右边界时，越界则重新设置标签的左边界，使标签从窗体左边渐进。

QBColor(Int(Rnd * 16))中，QBColor(n)是一个颜色函数，n 值是在 0~15 之间的整数(用一个随机数来产生该函数的参数)，并用该数改变控件 Label1 的 ForeColor 属性，使得 Label1 的前景色发生变化。

6.6　列表框与组合框

利用列表框，可以选择所需要的项目，而组合框可以把一个文本框和列表框组合为单个控制窗口。

6.6.1　列表框

在工具箱中，列表框控件的图标为。

列表框控件的默认名称以及 List 属性的默认值都为 List1、List2 等。

列表框常用于在多个项目中作出选择。在列表框中可有多个项目供选择，用户可通过单击某一项选择自己所需要的项目。如果项目太多，超出了列表框设计时的长度，则 VB 会自动给列表框加上垂直滚动条。为了能正确操作，列表框的高度应不少于 3 行。

1. 列表框常用属性

列表框除了具有一些公共属性外，还具有以下一些特殊属性。

(1) Columns

该属性用于确定列表框的列数。当该属性设置为 0(默认)时，所有项目呈单列显示。如果该属性大于或等于 1，则列表框呈多列显示。默认设置时，如果项目的总高度超过了列表框的高度，将在列表框的右边加上一个垂直滚动条，可以通过它上下移动列表。当 Columns 的设置值不为 0 时，如果项目的总高度超过了列表框的高度，将把部分表项移到右边一列或几列显示。当各列的宽度之和超过列表框宽度时，将自动在底部增加一个水平滚动条。Columns 属性只能在界面设置时指定。

(2) List

该属性是列表框最重要的属性，该属性用来列出列表项的内容。List 属性是一个字符型数组，保存了列表框中所有项目的值，可以通过下标访问数组中的值(下标值从 0 开始)，例如：

```
s＝Listl.1ist(6)
```

将列出列表框 List1 第七项的内容。也可以改变列表框中已有的值，例如：

```
Listl.1ist(3)＝"AAAAA"
```

将把列表框 List1 第四项的内容设置为“AAAAA”。

(3) ListCount

该属性表示列表框中项目的数量。只能在程序运行时起作用。列表框中项目的排列从 0 开始，最后一项的序号为 Listcount-1。例如执行以下代码后：

```
x＝List1.Listcount
```

x 的值为列表框 List1 中的总项数。

(4) ListIndex

该属性的值是已选中的项目的位置。项目位置由索引值指定，第一项的索引值为 0，第二项为 1，依此类推。如果没有选中任何项，ListIndex 的值将设置为-1。该属性是只读的，只能在程序运行时使用。

对于一个列表框，事先并不知道用户将要选择哪一个项目，这时只有根据 ListIndex 返回的值，才能让程序针对用户的选择做出适当的反应。在程序中设置 ListIndex 后，被选中的条目反相显示。

例如，返回列表框 List1 的 ListIndex 的语句如下：

```
n%=List1.ListIndex
```

其中 n 是变量。如果要列出列表框中第 3 项的内容，语句为：

```
s=List1.list(2)
```

假设现在选中的是第 3 项，但事先不知道用户要选择这一项，那么访问第 3 项的语句是：

```
s=List1.List(List1.ListIndex)
```

此时，List1.ListIndex 的值等于 2。

(5) MultiSelect

该属性用来设置一次可以选择的项目数。设置该列表框是否能选择多项。MultiSelect 属性可能的取值如下：

- 0(默认值)：表示不允许多重选择，用户一次只能选择一项。
- 1 表示简单多重选定：用户用鼠标单击或按 Space 键来选取多个列表项，但一次只能增减一个项目。
- 2 表示高级多重选定：用户可利用 Ctrl 键与鼠标的配合来进行重复选取，或利用与 Shift 键的配合进行连续选取。

如果选择了多个项目，ListIndex 和 Text 的属性只表示最后一次的选择值。为了确定所选择的表项，必须检查 Selected 属性的每个元素。

(6) Selected

该属性用于返回或设置在列表框中某项目是否选中的状态。该属性实际上是一个数组，各个元素的值为 True 或 False，每个元素与列表框中的一项相对应。当元素的值为 True 时，表明选择了该项；如为 False，则表示未选择。用下面的语句可以检查指定的项目是否被选择：

列表框名称.Selected(索引值) =True | False

"索引值"从 0 开始，它实际上是数组的下标。上面的语句返回一个逻辑值(True 或 False)。

(7) SelCount

只有 MultiSelect 属性设置为 1 或 2 时，该属性才起作用。该属性表示列表框选中项目的数目。通常它与 Selected 一起使用，以处理控件中的所选项目。

(8) Sorted

该属性用来确定列表框中的项目是否按字母数字升序排列。如果 Sorted 的属性设置为 True，则项目按字母数字升序排列；如果为 False(默认)，则项目按加入列表框的先后次序排列。

(9) Style

这个属性用于确定控件外观，只能在设计时确定。其取值可以设置为 0 (标准形式)和

1(复选框形式)。如图 6-14 所示的是两个列表框，左边为标准列表框样式，右边为复选列表框样式。

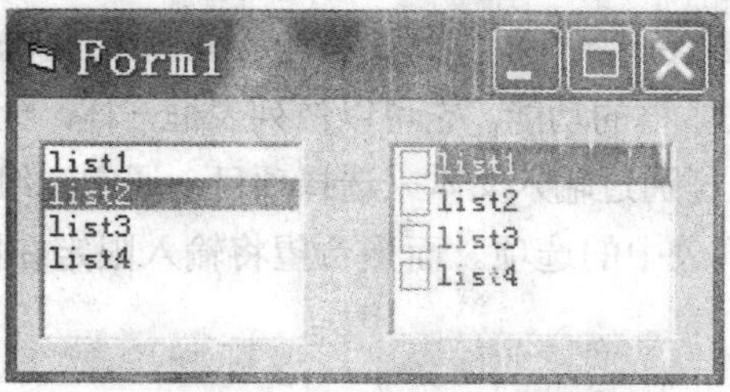

图 6-14 两种列表框样式

(10) Text

该属性的值为最后一次选中项目的文本，其返回值总与 List1.List(List1.ListIndex)的值相同，不能直接修改 Text 属性。

2. 列表框事件

列表框接收 Click 和 DblClick 事件。但有时不用编写 Click 事件过程代码，而是当单击一个命令按钮或发生 DblClick 事件时，读取 Text 属性。

3. 列表框方法

列表框可使用 AddItem、Clear 和 RemoveItem 等 3 种方法，用于在运行期间修改列表框的内容。

(1) AddItem

该方法用来在列表框中插入一行文本，其格式为：

列表框.AddItem 项目字符串[,索引值]

AddItem 方法把“项目字符串”的文本内容放入“列表框”中。如果省略“索引值”，则文本被放在列表框的尾部。可以用“索引值”指定插入项在列表框中的位置，表中的项目从 0 开始计数，“索引值”不能大于“表中的项数-1”。该方法只能单个地向表中添加项目。

(2) Clear

该方法用来清除列表框中的全部内容，其格式为：

列表框.Clear

执行 Clear 方法后，ListCount 属性重新被设置为 0。

(3) RemoveItem

该方法用来删除列表框中指定的项目，其格式为：

列表框.RemoveItem 索引值

RemoveItem 方法从列表框中删除以“索引值”为地址的项目，该方法每次只能删除一个项目。

6.6.2 组合框

在工具箱中，组合框控件的图标为 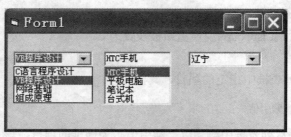。

组合框控件的名称以及 Text 属性的默认值都为 Combo1、Combo2 等。

组合框兼有列表框和文本框的功能。它可以像列表框一样，让用户通过鼠标选择所需要的项目；也可以像文本框一样通过输入文本来选择项目。通常，组合框适用于建议性的选项列表，用户可以输入不在列表中的选项。而当希望将输入限定在固定条目中时，应使用列表框。

1. 组合框属性

列表框的属性基本上都可用于组合框，此外组合框还有自己的独有属性。

(1) Style

这是组合框的一个重要属性，其取值为 0、1 或 2，它决定了组合框 3 种不同的类型。

① 当 Style 属性被设置为 0(默认值)时，组合框称为“下拉式组合框”(Dropdown Combo)。由一个文本框和下拉列表框组成，但可以输入文本或从下拉列表中选择表项。单击右端的箭头可以下拉显示项目，并允许用户选择，可识别 Dropdown、Click 及 Change 事件。

② Style 属性值为 1 的组合框称为“简单组合框”(Simple Combo)，它由一个文本框和一个简单列表框组成。列表不是下拉式的，一直显示在屏幕上，可以选择表项，也可以在编辑区中输入文本，它识别 DblClick 及 Change 事件。

③ Style 属性值为 2 的组合框称为“下拉式列表框”(Dropdown ListBox)。和下拉式组合框一样，它的右端也有个箭头，可供“拉下”或“收起”列表框，可以输入列表框中的项目。它不能识别 DblClick、Change 事件，但可识别 Dropdown 及 Click 事件。如图 6-15 所示的是 3 种不同类型的组合框。

(2) Text

在 Style 属性设置为 0 或 1 时，Text 属性返回或设置文本框中的文本；Style 属性为 2 时，Text 属性返回列表框中选择的项目。在设计时，Text 属性的默认值为组合框的名称，可以将 Text 属性设置为空。

在设计模式下，可直接在属性窗口中编辑组合框的 List 属性，增加或删除列表项。运行时则要使用 AddItem、RemoveItem 等方法添加、删除列表项，这些方法的使用与列表框控件中的相同。

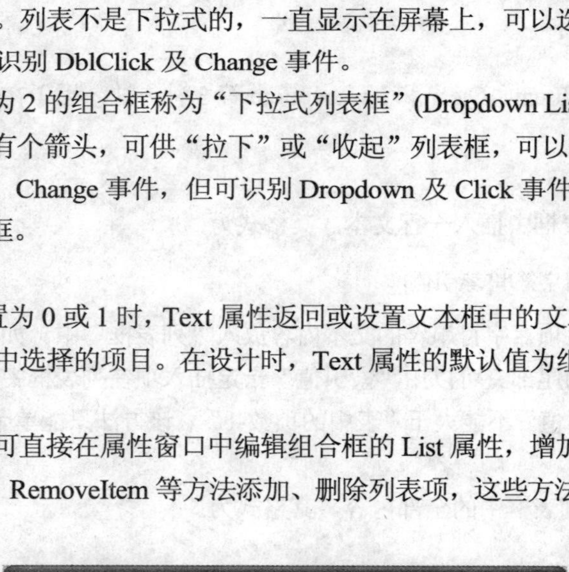

图 6-15　3 种不同类型的组合框

2. 组合框事件

组合框所响应的事件依赖于其 Style 属性。例如，只有简单组合框(Style 属性值为 1)才能接收 DblClick 事件，其他两种组合框可以接收 Click 事件和 Dropdown 事件。对于下拉式组合框(属性 Style 的值为 0)和简单组合框，可以在编辑区输入文本，当输入文本时可以接收 Change 事件。一般情况下，用户选择项目之后，只需要读取组合框的 Text 属性。

当用户单击组合框中的向下箭头时，将触发 Dropdown 事件，该事件实际上对应于向下箭头的 Click 事件。

3. 组合框方法

前面介绍的 AddItem、Clear 和 RemoveItem 方法也适用于组合框，其用法与在列表框中相同。

【例 6-8】 交换两个列表框中的项目。其中一个列表框中的项目按字母升序排列，另一个列表框中的项目按加入的先后顺序排列。当双击某个项目时，该项目从本列表框中消失，并出现在另一个列表框中。

首先在窗体上建立两个列表框，其名称分别为 List1 和 List2；然后把列表框 List2 的 Sorted 属性设置为 True，列表框 List1 的 Sorted 属性使用默认值 False。

编写如下代码：

```
Private Sub Form_Load()
    List1.FontSize = 14
    List2.FontSize = 14
    List1.AddItem  "GateWay"
    List1.AddItem  "DELL"
    List1.AddItem  "HP"
    List1.AddItem  "Acer"
    List1.AddItem  "长城"
    List1.AddItem  "联想"
    List1.AddItem  "方正"
End Sub
Private Sub Listl_DblClick()
    List2.AddItem List1.Text
    List1.RemoveItem List1.ListIndex
End Sub
Private Sub List2_DblClick()
    List1.AddItem List2.Text
    List2.RemoveItem List2.ListIndex
End Sub
```

Form_Load 过程用来初始化列表框，把每个项目加到列表框 List1 中，各个项目按加入的先后顺序排列。当双击列表框 List1 中的某一项时，该项即在 List1 中被删除并被放到列表框 List2 中，在 List2 中的项目按字母顺序排列。事件过程 List1_DblClick 和事件过程 List2_确 DblClick 的操作类似，但按相反的方向移动项目。程序的执行情况如图 6-16 所示。

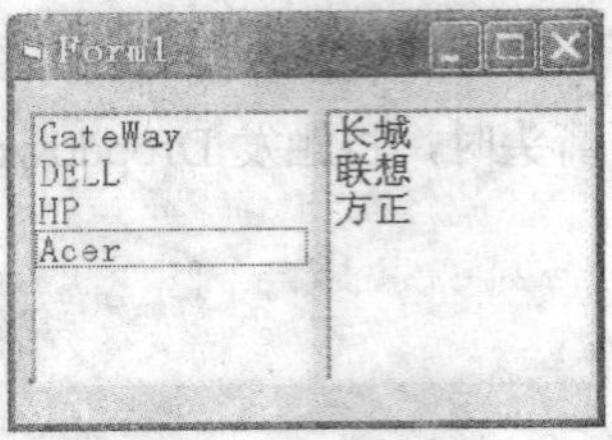

图 6-16　列表框举例

注意：

为列表框的 List 属性赋值，有以下几种方法。

- 可以在属性窗口直接为 List 属性赋值，用 Ctrl+回车键换行。
- 也可以在程序中利用 AddItem 方法赋值，如例 6-8。
- 还可以利用赋值语句直接为 List 属性赋值，例如：

List1.list(0)= "VB 程序设计"

List1.list(1)= "C 程序设计"

【例 6-9】 下面的示例程序演示了列表框的属性、事件和主要方法。

窗体上有 1 个文本框，4 个标签，1 个列表框，4 个命令按钮，窗体界面如图 6-16 所示。本程序通过窗体的 Form_Load 事件给列表框设置初始值，在程序运行时，在文本框中输入要添加的列表项，然后单击“添加”命令按钮就可以将它添加到列表框中；要删除列表项时，只要先在列表框中单击要删除的列表项，该项就算被选中了，接着单击“删除”命令按钮即可；“全部清除”命令按钮用来清除列表框中所有内容，并且清除文本框中的文本。

程序代码如下：

```
Private Sub Command1_Click()        '添加命令按钮的单击事件过程代码
    List1.AddItem Text1.Text
    Label4.Caption=List1.ListCount
    Text1.Text=" "
    Text1.SetFocus                   '为文本框设置焦点
End Sub
Private Sub Command2_Click()         '删除命令按钮的单击事件过程代码
    List1.RemoveItem List1.ListIndex
    Label4.Caption=List1.ListCount
End Sub
Private Sub Command3_Click()     '全部清除命令按钮的单击事件过程代码
```

```
        List1.Clear
        Text1.Text= " "
        Label4.Caption="0"
      Text1.SetFocus
    End Sub
    Private Sub Command4_Click()      '退出命令按钮的单击事件过程代码
        Unload Me
End Sub
    Private Sub Form_Load()           '窗体装载事件过程代码
        List1.AddItem  "计算机科学与工程学院"
        List1.AddItem  "国际商学院"
        List1.AddItem  "信息与通信学院"
        List1.AddItem  "经济管理学院"
        List1.AddItem  "土木工程学院"
        Label4.Caption=List1.ListCount
    End Sub
```

程序的运行结果如图 6-17 所示。

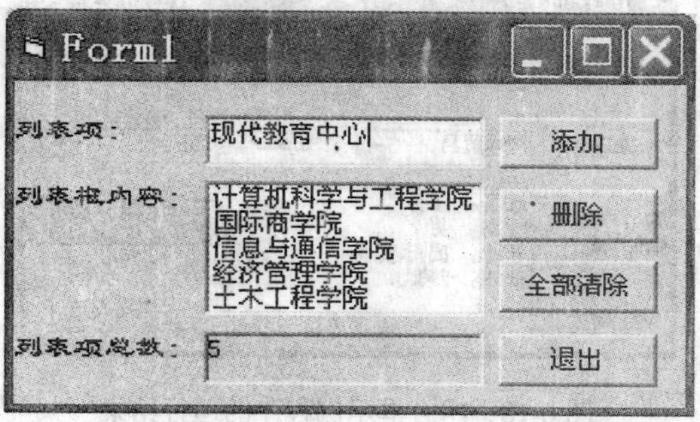

图 6-17　列表框应用示例程序的执行结果

【例 6-10】 下面的程序演示了组合框使用示例。用户根据提示的内容输入职员的姓名、性别、职称和学历 4 项基本信息。在窗体的装载事件过程中设置组合框的初始值。单击“确定”命令按钮后将一个职员的 4 项基本信息写入下面的标签控件中。

程序代码如下所示，其中的“vbCrLf”是“回车”和“换行”的 VB 内部常量。

```
Private Sub Command1_Click()     '确定命令按钮的单击事件过程
  Label1.Caption="姓名：" & Text1.Text & vbCrLf
  Label1.Caption=Label1.Caption & "性别：" & Combo1.Text & vbCrLf
  Label1.Caption=Label1.Caption & "专业：" & Combo2.Text & vbCrLf
  Label1.Caption=Label1.Caption & "班级：" & Combo3.Text & vbCrLf
End Sub
Private Sub Command2_Click()     '"结束"命令按钮的单击事件过程
```

```
    Unload Me
  End Sub
  Private Sub Form_Load()              '窗体装载事件过程
    Combo1.AddItem "男"
    Combo1.AddItem "女"
    Combo2.AddItem "会计学"
    Combo2.AddItem "国际贸易"
    Combo2.AddItem "旅游管理"
    Combo2.AddItem "财务管理"
   Combo2.AddItem "工商"
   Combo3.AddItem "1 班"
    Combo3.AddItem "2 班"
    Combo3.AddItem "3 班"
    Combo3.AddItem "4 班"
  End Sub
```

程序的运行结果如图 6-18 所示。

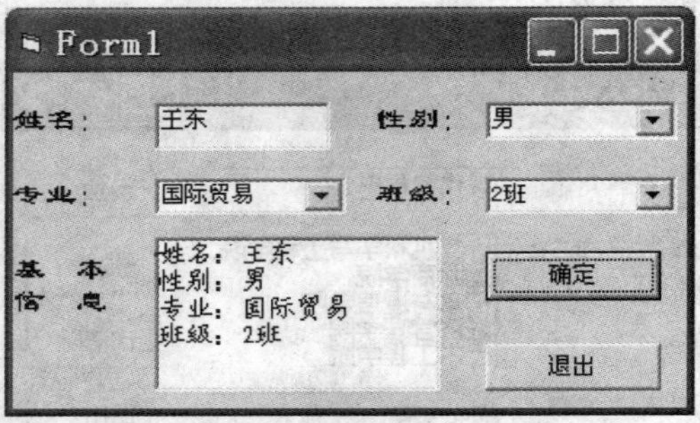

图 6-18　组合框示例程序的运行结果

6.7　焦点与 Tab 顺序

1. 设置焦点

焦点(Focus)就是光标，当对象具有“焦点”时才能响应用户的输入，因此也是对象接收用户鼠标单击或键盘输入的能力。在 Windows 环境中，在同一时间只有一个窗口、窗体或控件具有这种能力。具有焦点的对象通常会以突出显示标题或标题栏来表示。焦点是对象接收用户鼠标或键盘操作的能力。当对象具有焦点时，才可接收用户的操作。

例如，在有几个文本框的窗体中，只有具有焦点的文本框才能接受用户的输入。当文本框具有焦点时，用户输入的数据才会出现在文本框中。

焦点只能移到可视的窗体或控件，仅当控件的 Visible 和 Enabled 属性被设置为真(True)时，控件才能接收焦点。某些控件不具有焦点，如标签(Label)、框架(Frame)、计时器(Timer)、图像框(Image)、直线(Line)和形状(Shape)等。对于窗体来说，只有当窗体上的任何控件都不能接收焦点时，该窗体才能接收焦点。

当控件接收焦点时，会引发 GotFocus 事件，当控件失去焦点时，将会引发 LostFocus 事件。

可以用 SetFocus 方法在代码中设置焦点。但是应注意，由于窗体的 Load 事件完成前，窗体或窗体上的控件是不可见的，因此，不能直接在 Form_Load 事件过程中用 SetFocus 方法把焦点移到正在装入的窗体或窗体上的控件。必须先用 Show 方法显示窗体，然后才能对该窗体或窗体上的控件设置焦点。例如，窗体上有一个文本框，编写如下事件过程：

```
Private Sub Form_Load()
    Text1.SetFocus
End Sub
```

程序运行后，显示出错信息，如图 6-19 所示。

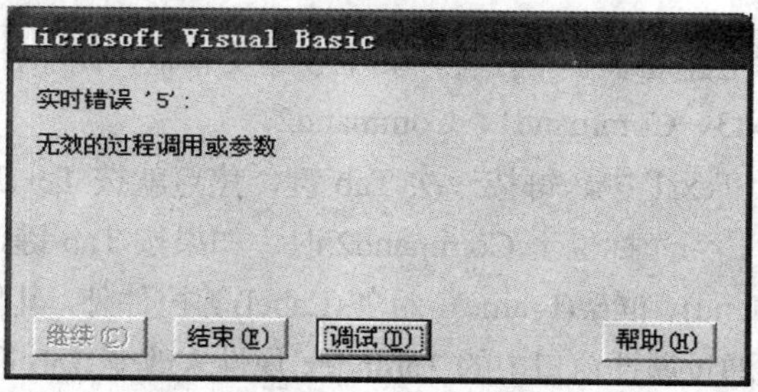

图 6-19　在窗体可视之前不能设置焦点

要解决这个问题，必须在设置焦点前使窗体可视，上面的程序可改为：

```
Private Sub Form_Load()
  Show
  Text1.SetFocus
End Sub
```

在程序运行的时候，用户可以按下列方法改变焦点：

(1) 用鼠标单击对象。

(2) 按 Tab 键或 Shift+Tab 在当前窗体的各对象之间巡回移动焦点。

(3) 按热键选择对象。

2. Tab 序

使用鼠标来使对象具有焦点有时很不方便。例如，若窗体中有多个文本框，在输入数据时，如果每次总是使用鼠标来切换文本框的焦点，是一件很烦人的事。人们通常习惯使用 Tab 键来使对象按指定的顺序获得焦点，这就是所谓的 Tab 键顺序。

在使用 VB 创建程序时，可以使用 TabIndex 和 TabStop 两个属性来指定对象的 Tab 键顺序。通常情况下，Tab 键顺序与窗体所安放对象的顺序相一致。

(1) TabIndex 属性

该属性用来设置对象的 Tab 键顺序。在默认情况下，第一个被安放的控件，其 TabIndex 取值为 0；第二个被安放的控件，其 TabIndex 取值为 1，依次类推。在程序运行时，焦点默认位于 TabIndex 取值最小的控件上。当按 Tab 键时，焦点按对象 TabIndex 属性的值顺序切换。如果需要改变某个控件的 TabIndex 取值或在窗体上插入、删除控件时，VB 会自动地将其他控件的 Tab 键顺序重新编号，以反映变化了的情况。

(2) TabStop 属性

该属性的作用是决定用户是否可以使用 Tab 键来使对象具有焦点。当一个对象的 TabStop 属性取值为 True(默认)时，使用 Tab 键可以使该对象具有焦点；若它取值为 False，则 Tab 操作时将跳过该对象，即不能使用 Tab 键使该对象具有焦点。

如果控件的 TabStop 属性设置为假(False)，则在运行中按 Tab 键选择控件时，将跳过该控件，并按焦点移动顺序把焦点移到下一个控件上。所谓 Tab 顺序，就是指焦点在各个控件之间移动的顺序。

例如，假定在窗体上建立了 5 个控件，其中 3 个文本框，两个命令按钮，按以下顺序建立：Text1、Text2、Text3、Command1、Command2。

执行时，光标位于 Text1 中，每按一次 Tab 键，焦点就按 Text2、Text3、Command1、Command2 的顺序移动。当光标位于 Command2 时，如果按 Tab 键，则光标又回到 Text1。除时钟(Timer)、菜单(Menu)、框架(Frame)、标签(Label)等控件外，其他控件均支持 Tab 顺序。

在设计阶段，可以通过属性窗口中的 TabIndex 属性来改变 Tab 顺序。在前面的例子中，如果要把 Command2 的顺序由 4 改为 0，则可按如表 6-4 所示进行修改，Tab 顺序变为 Command2→Text1→Text2→Text3→Command1。

表 6-4　TabIndex 属性的改变

控　　件	原来的 TabIndex	改变后的 TabIndex
Text1	0	1
Text2	1	2
Text3	2	3
Command1	3	4
Command2	4	0

也可以在运行时改变 Tab 的顺序。例如：

```
Command2.TabIndex＝0
```

在 Windows 及其他一些应用软件中，通过 Alt 键和某个特定的字母，可以把光标移到指定的位置。在 VB 中，通过把“&”加在标题前面，使用 Alt+英文字母的方法，可以使焦点移动到此控件上。

6.8　小　结

本章介绍了 VB 标准控件的常用属性、事件及方法，读者应熟练掌握。

单选按钮和复选框提供了两种选择方式；更多的选择可以在列表框控件或组合框控件的列表中为用户提供，运行时不允许通过键盘直接在列表框中添加表项。

框架作为其他控件的容器(图片控件、窗体也是容器控件)，起着分隔容器之间控件的作用，值得注意的问题是：必须先建立框架控件，后在框架中添加其他控件。

滚动条控件提供了更直观、快捷地向应用程序输入数据的手段，滚动条控件的常用事件是 Scroll 事件和 Change 事件，应注意它们的区别。

程序设计中，若有需要每隔一个时间段就执行一次操作，那么计时器控件是必不可少的。

6.9　习　题

一、选择题

1. 表示滚动条控件取值范围最大值的属性是(　)。

A) Max　　B) LargeChange　　C) Value　　D) Max-Min

2. 在窗体上有若干控件，其中有一个名称为 Text1 的文本框。影响 Text1 的 Tab 顺序的属性是(　)。

A) TabStop　　B) Enabled　　C) Visible　　D) TabIndex

3. 当一个复选框被选中时，它的 Value 属性的值是(　)。

A) 3　　B) 2　　C) 1　　D) 0

4. 以下关于图片框控件的说法中，错误的是(　)。

A) 可以通过 Print 方法在图片框中输出文本

B) 清空图片框控件中的图片的方法之一是加载一个空图片

C) 图片框控件可以作为容器使用

D) 用 Stretch 属性可以自动调整图片框中图形的大小

5. 假定在图片框 Picture1 中装入了一个图片，为了清除该图片(不删除图片框)，应采用的正确方法是(　)。

A) 选择图片框，然后按 Delete 键

B) 执行语句 Picture1.Picture=LoadPicture("")

C) 执行语句 Picture1.Picture=""

D) 选择图片框，在属性窗口中选择 Picture 属性，然后按回车键

6. 要使两个单选按钮属于同一个框架，正确的操作是(　)。

A) 先画一个框架，再在框架中画两个单选按钮

B) 先画一个框架，再在框架外画两个单选按钮，然后把单选按钮拖到框架中

C) 先画两个单选按钮，再画框架将单选按钮框起来

D) 以上 3 种方法都正确

7. 在窗体上画一个 List1 的列表框，一个名称为 Label1 的标签，列表框中显示若干个项目，当单击列表框中的某个项目时，在标签中显示被选中的项目的内容，下列能正确实现上述操作的程序是(　)。

A) Private Sub List1_Click()
```
    Label1.Caption = List1.ListIndex
End Sub
```
B) Private Sub List1_Click()
```
    Label1.Name = List1.ListIndex
End Sub
```
C) Private Sub List1_Click()
```
    Label1.Name = List1.Text
End Sub
```
D) Private Sub List1_Click()
```
    Label1.Caption = List1.Text
End Sub
```

8. 为了使列表框中的项目呈多列显示，需要设置的属性为(　)。

A) Columns　　B) Style　　C) List　　D) MultiSelect

9. 设在窗体上有 1 个名称为 Combo1 的组合框，含有 5 个项目，要删除最后一项，正确的语句是(　)。

A) Combo1.RemoveItem Combo1.Text　　B) Combo1.RemoveItem 4

C) Combo1.RemoveItem Combo1.ListCount　　D) Combo1.RemoveItem 5

10. 在窗体上画一个列表框和一个命令按钮，其名称分别为 List1 和 Command1，然后编写如下事件过程：

```
Private Sub Form_Load()
  List1.AddItem "Item 1"
  List1.AddItem "Item 2"
  List1.AddItem "Item 3"
End Sub
Private Sub Command1_Click()
  List1.List(List1.ListCount) = "AAAA"
End Sub
```

程序运行后，单击命令按钮，其结果为(　)。

A) 把字符串"AAAA"添加到列表框中，但位置不能确定

B) 把字符串"AAAA"添加到列表框的最后(即"Item 3"的后面)

C) 把列表框中原有的最后一项改为"AAAA"

D) 把字符串"AAAA"插入到列表框的最前面(即"Item 1"的前面)

11. 在窗体上画一个名称为 Text1 的文本框，然后画一个名称为 HScroll1 的滚动条，其 Min 和 Max 属性分别为 0 和 100。程序运行后，如果移动滚动框，则在文本框中显示滚动条的当前值，如图 6-20 所示。

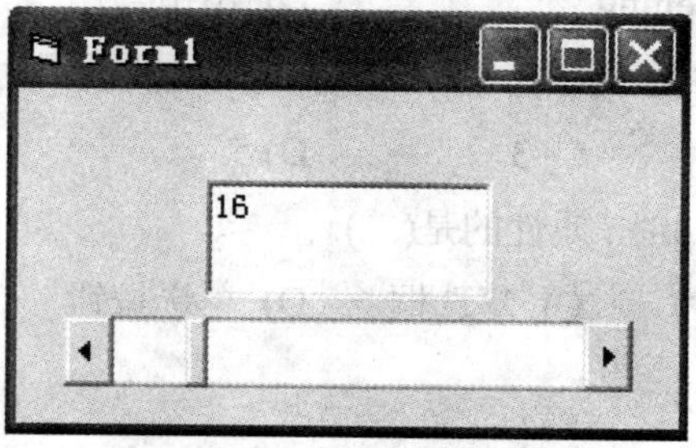

图 6-20 选择题 11 的运行效果图

以下能实现上述操作的程序段是( )。

A) Private Sub Hscroll1_Change()
```
        Text1.Text=HScroll1.Value
End Sub
```
B) Private Sub Hscroll1_Click()
```
    Text1.Text=HScroll1.Value
    End Sub
```
C) Private Sub Hscroll1_Change()
```
    Text1.Text=Hscroll1.Caption
    End Sub
```
D) Private Sub Hscroll1_Click()
```
    Text1.Text=Hscroll1.Caption
    End Sub
```

12. 在窗体上画一个名称为 Timer1 的计时器控件，要求每隔 0.5 秒发生一次计时器事件，则以下正确的属性设置语句是( )。

A) Timer1.Interval=0.5　　　B) Timer1.Interval=5

C) Timer.Interval=50　　　D) Timer1.Interval=500

13. 在窗体上画两个文本框，其名称分别为 Text1 和 Text2，然后编写如下程序：

```
Private Sub Form_Load()
  Text1.Text = "BeijingChina"
  Text2.Text = ""
  Text1.SetFocus
End Sub
```

```
Private Sub Text1_Change()
  Text2.Text = Mid(Text1.Text, 8)
End Sub
```

程序运行后，下面哪个是正确的结果？(　)

A) Text1 显示内容为 BeijingChina　　B) Text2 的内容为 China

C) Text2 的内容为 Beijing　　D) 出错

14. 为了让 Shape1 控件显示圆形，应该将 Shape 属性设置为(　)。

A) 0　　B) 1　　C) 3　　D) 5

15. 下列控件中没有 Caption 属性的是(　)。

A) 框架　　B) 列表框　　C) 复选框　　D) 单选按钮

二、填空题

1. 滚动条响应的主要事件有__________和 Change。

2. 时钟控件响应的主要事件是__________。

3. 如果要每隔 11s 产生一个 Timer 事件，应该将时钟控件的__________属性设置为__________。

4. 为了让单选按钮和复选框以图形方式显示，可以将它们的__________属性设置为 1。

5. 当单选按钮被选中，它的__________属性值为__________。

6. 为了让 Shape 控件显示如图 6-21 所示形状，应该设置__________属性值为__________。

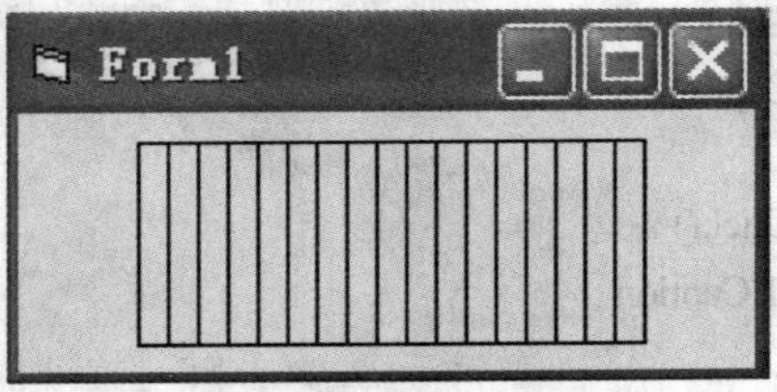

图 6-21　填空题 6 的效果图

7. 删除列表框 List1 的第一项的语句是__________。

8. 组合框控件有 3 种类型，分别是__________、__________和__________。

9. 要删除组合框 Combo1 中的所有列表项，使用的语句是__________。

三、编程题

1. 编写程序，交换两个图像框中的图片。

2. 在窗体上画一个图片框和一个垂直滚动条。给图片框加载一个图片，让图片框的宽度和图片宽度一样，图片框高度任意，如图 6-22(a)、6-22(b)所示，要求编写适当的事件过程，运行后通过移动滚动条上的滚动块来放大或缩小图片框。

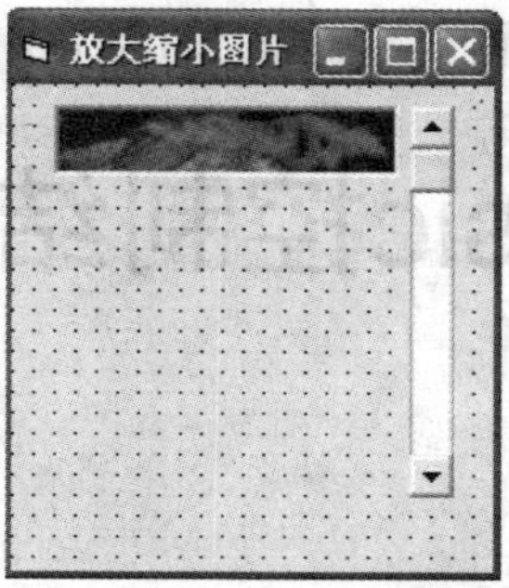

(a) 设计界面

(b) 运行效果

图 6-22　设计界面与运行效果

3. 设计一个 2014 年世界杯倒计时程序(精确到小时)。

4. 在窗体上画一个 Shape 控件，两个标签，一个列表框、一个组合框，如图 6-23 所示。在组合框中添加“矩形”，“正方形”，“椭圆”，“圆”，“圆角矩形”，“圆角正方形”。在列表框中添加“实心”，“透明”，“水平线”，“竖直线”，“斜向下”，“斜向上”，“网格”，“斜边网格”。两个标签的标题分别为“图形形状”和“填充模式”。编写适当的事件过程，要求运行后，通过组合框可以更改 Shape 控件显示的图形，通过单击列表框中的项目，更改 Shape 控件的填充模式。

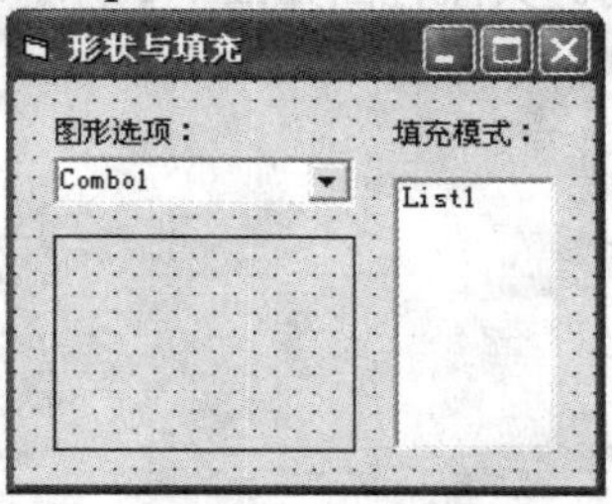

(a) 设计界面

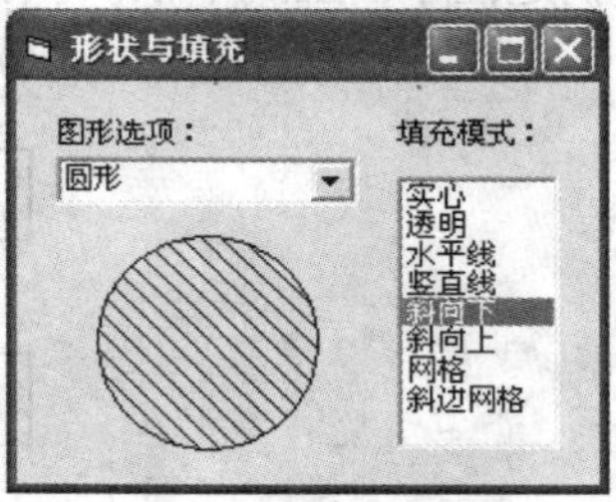

(b) 运行效果

图 6-23　设计界面运行效果

5. 在窗体上画一个 Image 控件和两个单选按钮。给 Image 控件加载一个图片，单选按钮的标题分别为“放大”、“缩小”，如图 6-24 所示。编写适当的程序，要求运行程序时，单击“放大”按钮，Image 控件的图片放大 2 倍；单击“缩小”按钮时，Image 控件的图片缩小一半。

(a) 设计界面

(b) 运行效果

图 6-24　设计界面与运行效果

第7章　Visual Basic控制结构

VB 开发应用程序一般包括两方面：用可视化编程技术设计应用程序界面；用结构化的编程思想编写事件过程代码。结构化的程序设计中有 3 种基本结构，即顺序结构、选择结构和循环结构。程序在执行时按照设定的结构执行。VB 中有不同的语句支持上述 3 种基本程序设计结构。

7.1 顺 序 结 构

顺序结构就是程序由上到下依次执行每一条语句。其流程图如图 7-1 所示。

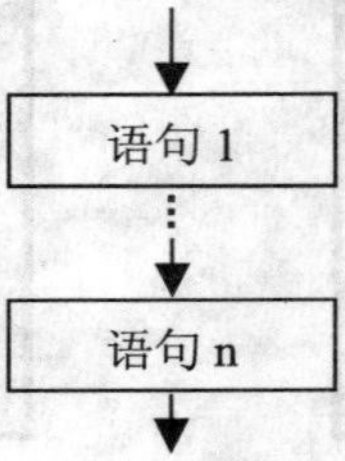

图 7-1　顺序结构流程图

在一般程序设计语言中，顺序结构的语句主要是赋值语句、输入/输出语句等。在 VB 中也有赋值语句；而输入/输出可以通过文本框、标签、InputBox 函数和过程以及 Print 方法等来实现。

7.1.1　赋值语句

用赋值语句可以把指定的值赋给某个变量或某个带有属性的对象。其一般格式为：

<变量名|对象.属性>=<表达式>

其中“＝”称为“赋值号”。赋值语句的功能是计算赋值号右边表达式的值，然后把计算结果赋给左边的变量(或对象.属性)。例如：

```
x＝156                          '把数值常量 156 赋给变量 x
Out3＝"Good Morning! "          '把字符串常量赋给字符串变量 Out3
Text1.text="VB6.0 程序设计"      '把文本内容赋给文本框的 Text 属性
```

说明：

(1) 赋值语句兼有计算与赋值的双重功能，它首先计算赋值号右边表达式的值，然后把结果赋给赋值号左边的变量或某控件的一个属性。

(2) 在赋值语句中，“＝”是赋值号，与数学上的等号不同。

(3) 赋值号“＝”两边的数据类型必须一致。例如，不能把字符串常量或字符串表达式的值赋给整型变量或实型变量，也不能把数值赋给文本框的 Text 属性。如果数据类型相关但不完全相同，例如把一个整型值存放到一个双精度变量中，则 VB 将把整型值转换为双精度值。但是，不管表达式是什么类型，都可以赋给一个变体类型变量。例如：

```
Dim x%,y%
X=10.8
Y="1234"
Print x; y   '输出结果为 11   1234
```

(4) 用赋值语句可以多次给同一个变量赋值，此时新值会覆盖旧值。例如：

```
A=15
A=A+1
Print A   '结果为 16
```

(5) 赋值语句一般可以具体化为下面两种形式：

```
变量名= <表达式>
对象.属性=<表达式>
```

这里把赋值号左边用①表示，赋值号右边用②来表示。①和②的数据类型必须一致，当二者不一致时，VB 把②的运算结果自动转换为与①的变量的数据类型相同的形式。

- 当①②都为数值型时：

```
x%=5.54   'x 的值为 6 (按四舍五入取整)
x%=5.14   'x 的值为 5
y! =123   'y 的值为 123.0
x%=3.5    'x 的值为 4
x%=2.5    'x 的值为 2，向偶数取整
```

注意：

将实数赋值给整数，如果有 0.5 的形式，此时系统采用向偶数取整的原则。

- 当②为数值字符串，①为数值型，如果②中有非数值字符或空串，则出错。

```
x%="123"     'x 的值为 123
s%="123A"    's 的值出错，提示“类型不匹配”的错误信息
y%=""        'y 的值出错，提示“类型不匹配”的错误信息
```

- ②为任何非字符类型数据赋值给字符类型①时，都自动转换为字符类型。

```
St=123      'St 的值为 "123"
St=True     'St 的值为 "True"
```

- 当②为逻辑型，①为数值型，True 转换为-1，False 转换为 0；反之，当数值型赋值给逻辑型时，非 0 值转换为 True，0 转换为 False。

```
A%=True    'A 的值为-1
Dim X as Boolean
X=-5        'X 的值为 True
```

7.1.2　结束语句 End

结束语句的格式为：

```
End
```

End 语句通常用来结束一个程序的执行。

一个程序中如果没有 End 语句，或者虽有但没有执行(例如不执行含有 End 语句的事件过程)，则程序不能正常结束，必须执行“运行”菜单中的“结束”命令或单击工具栏中的“结束”按钮。为了保持程序的完整性，应当在程序中含有 End 语句，并且通过 End 语句结束程序。

7.1.3　暂停语句 Stop

暂停语句的格式为：

```
Stop
```

Stop 语句用来暂停程序的执行。当执行 Stop 语句时，将自动打开立即窗口。在解释系统中，Stop 语句保持文件打开，并且不退出 VB。因此，常在调试程序时用 Stop 语句设置断点。如果在可执行文件(.EXE)中含有 Stop 语句，则将关闭所有文件。

Stop 语句的主要作用是把解释程序置为中断(Break)模式，以便对程序进行检查和调试。一旦 VB 应用程序通过编译并能运行，则不再需要解释程序的辅助，也不需要进入中断模式。因此，程序调试结束后，生成可执行文件之前，应删去代码中的所有 Stop 语句。

7.2　选 择 结 构

计算机要处理的问题往往是复杂多变的，仅采用顺序结构是不够的，还需要利用选择结构等来解决各种问题。VB 中通过 If 条件语句和 Select Case 情况语句等根据条件进行判断，来选择执行不同的分支。

7.2.1　If 条件语句

If 条件语句有多种形式：单分支、双分支和多分支等。

1. If…Then(单分支结构)

格式 1：If <表达式> Then
　　<语句块>
　End If

格式 2：If <表达式> Then　<语句>

该语句的作用是当“表达式”的值为真，则执行“语句”，否则不做任何操作，其流程图如图 7-2 所示。

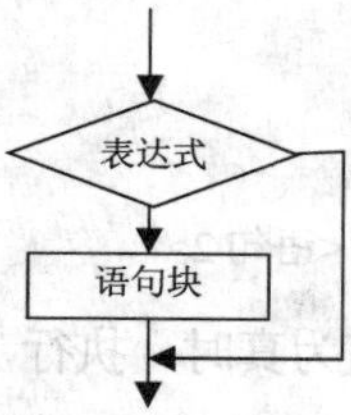

图 7-2　单分支结构流程图

其中“表达式”可以是关系表达式、逻辑表达式、数值表达式。如果用数值表达式作条件，则非 0 为真，0 为假。

语句块可以是一条或多条语句。当有多条语句时，可以分别写在多行里；如果写在一行中，则各语句之间用冒号隔开。

【例 7-1】 编写一个程序，输入 x 和 y，仅当 x<y 时交换 x 和 y 值，然后输出 x 和 y 的值(在 Text 控件输入，输出到 Label 控件上)。

分析：按题目要求，不管 x 和 y 的值如何，总要使得大数放在 x 中，小数放在 y 中，如果 x<y，就要交换 x 和 y 的值，以达到题目要求。

x 和 y 都是变量，不能直接交换数值，要通过一个中间变量来达到交换 x 和 y 的目的，这实际上是一种间接交换。程序段如下，如图 7-3 所示的变量 t 是中间交换变量。

```
If x<y Then
  t=x: x=y: y=t    '通过 3 条赋值语句实现变量 x 与 y 的值交换
End If
```

或

```
If x<y Then t=x: x=y: y=t
```

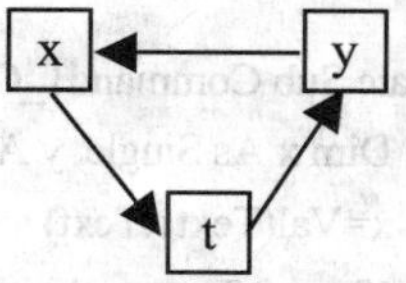

图 7-3　交换变量 x，y 的值

编制事件过程 Form_Click()如下(单击窗体响应)：

```
Private Sub Form_Click()
   Dim x as Single, y as Single, t as Single
   x = Val (Text1.Text)
   y = Val(Text2.Text) '两文本框中应已输入相应数值，再赋值到变量 x、y。
    If x < y Then t= y :y = x :x =t   ' 当 x<y 时，交换两个变量的值。
   Label1.Caption = "x=" + str(x) +"    y=" + str(y)
End Sub
```

本例中，表达式"x=" + str(x) +"　y=" + str(y)，不可以写作"x=" + x +"　y="+ y，因为字符类型与数值类型数据不可以用“+”连接。

2. If…Then…Else 语句(双分支结构)

```
格式 1：If <表达式> Then
        <语句块 1>
        Else
        <语句块 2>
        End If
格式 2：If <表达式> Then <语句 1> Else <语句 2>
```

该语句的作用是当“表达式”的值为真时，执行“语句块 1”，否则执行“语句块 2”，其流程图如图 7-4 所示。

【例 7-2】 输入 x，计算 y 的值。其中：

$$y = \begin{cases} 1+x & (x \geq 0) \\ 1-2x & (x \leq 0) \end{cases}$$

(1) 建立应用程序用户界面与设置对象属性，如图 7-5 所示。

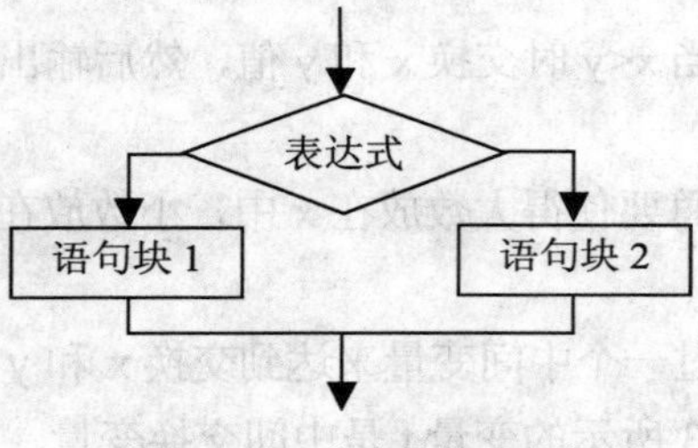

图 7-4　双分支结构流程图

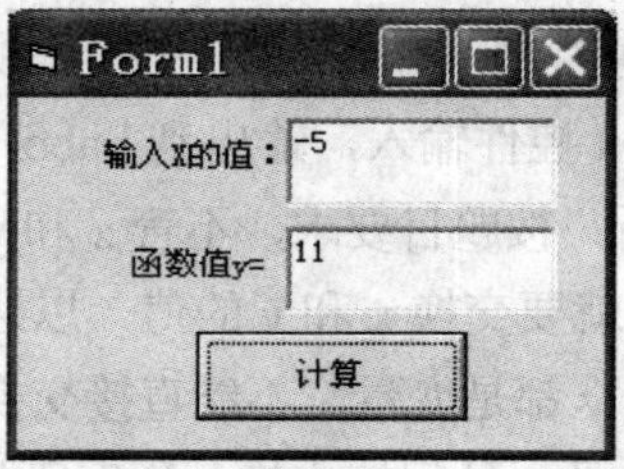

图 7-5　窗体界面

(2) 编写命令按钮 Command1 的单击(Click)事件的代码如下：

```
Private Sub Command1_Click()
    Dim x As Single, y As Single
    x=Val(Text1.Text)
    If x>=0 Then y=1+x Else y=1-2*x
    Text2.Text=y
End Sub
```

本例中的 if 语句也可以写成如下形式：

```
If x>=0 Then
  y=1+x
Else
  y=1-2*x
End If
```

注意：

上面单分支和双分支中格式 1 叫做块 If 结构，必须用 EndIf 语句结束，格式 2 叫做单行 If 结构，不用 EndIf 语句。

3. If 语句的嵌套

If 语句中的 Then 部分和 Else 部分还可以包括 If 语句，即 If 语句可以嵌套，其嵌套层数没有具体规定，当嵌套层数较多时，应注意嵌套的每个 If 语句都必须与 EndIf 配对，对已嵌套结构，为了增强程序的可读性，在书写时最好采用锯齿型写法。

4. If…Then…ElseIf 语句(多分支结构)

语句格式如下：

```
If <表达式 1> Then
<语句块 1>
ElseIf <表达式 2>Then
<语句块 2>
……
[Else
<语句块 n+1>  ]
End If
```

不管有几个分支，依次判断，当某条件满足，执行相应的语句块，其余分支不再执行；若条件都不满足，且有 Else 子句，则执行该语句块，否则什么也不执行。之后程序执行 EndIf 之后的语句。

ElseIf 不能写成 Else If，结尾处只能有一个 EndIf。当多分支有多个表达式同时满足，则只执行第一个与之相匹配的语句块。多分支流程图如图 7-6 所示。

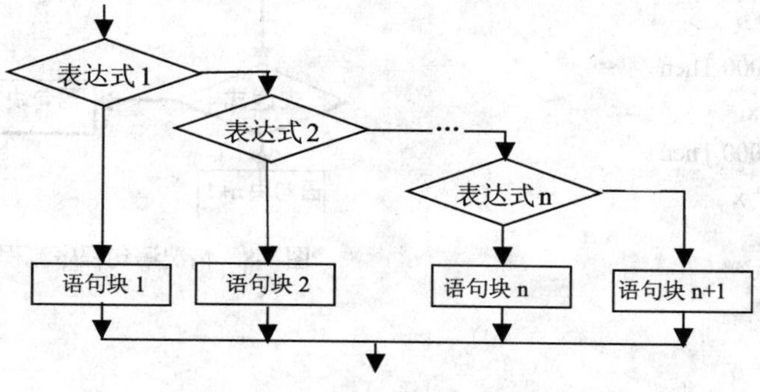

图 7-6　多分支结构流程图

【例 7-3】 某百货公司为了促销，采用购物打折的优惠办法，每位顾客一次购物：

(1) 在 1000 元以上者，按九五折优惠；

(2) 在 2000 元以上者，按九折优惠；

(3) 在 3000 元以上者，按八五折优惠；

(4) 在 5000 元以上者，按八折优惠。

设购物款数为 x 元，优惠价为 y 元，优惠付款公式为：

$$y=\begin{cases} x & (x<1000) \\ 0.95x & (1000\le x<2000) \\ 0.9x & (2000\le x<3000) \\ 0.85x & (3000\le x<5000) \\ 0.8x & (x\ge 5000) \end{cases}$$

制作步骤如下：

(1) 建立应用程序用户界面与设置对象属性。参照第 4 章的方法建立用户界面与设置对象属性，如图 7-7 所示。

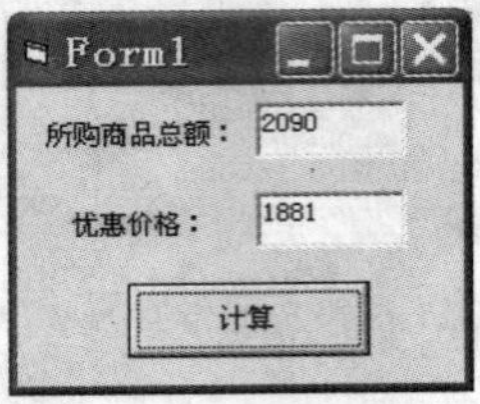

图 7-7　计算优惠价格

(2) 编写命令按钮 Command1 的单击(Click)事件代码为：

```
Private Sub Command1_Click()
    Dim x, y As Single
    x = Val(Text1.Text)
    If x < 1000 Then
      y = x
    ElseIf x < 2000 Then
      y = 0.95 * x
    ElseIf x < 3000 Then
      y = 0.9 * x
    ElseIf x < 5000 Then
      y = 0.85 * x
    Else
      y = 0.8 * x
    End If
    Text2.Text = y
End Sub
```

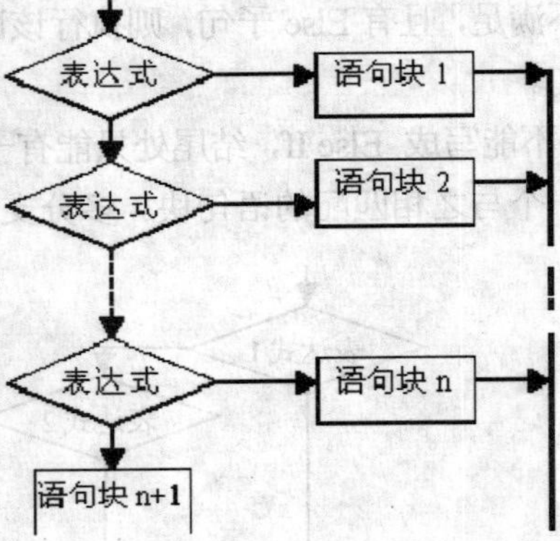

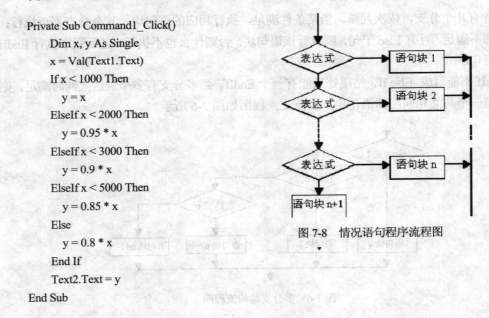

图 7-8　情况语句程序流程图

7.2.2　多分支控制结构

VB 中，多分支结构程序也可以用 Select Case 语句来实现。Select Case 语句也叫情况语句，一般格式为：

```
Select Case 变量或表达式
Case 表达式表 1
    <语句块 1>
[Case 表达式表 2
   <语句块 2>
        ⋮
    [Case Else
    <语句块 n+1>]
End Select
```

情况语句以 Select Case 开头，以 End Select 结束。其作用是根据“变量或表达式”的值，从多个语句块中选择符合条件的一个语句块执行，如果有多个 Case 子句的值与测试值相匹配，则只执行第一个与之匹配的语句块。情况语句流程图如图 7-8 所示。

说明：

(1) 情况语句中含有多个参量，这些参量的含义分别如下：

- 变量或表达式：可以是数值表达式或字符串表达式，通常为变量或常量。
- 语句块 1，语句块 2 等每个语句列由一行或多行合法的 VB 语句组成。
- 表达式表 1，表达式表等 n 称为域值，可以是下列形式之一：

① 表达式[，表达式]：例如，Case 2,4,6,8。

② 表达式 To 表达式：关键字 To 用来指定一个范围，必须把小数写前面，大数写后面，字符串常量的范围必须按字母顺序写。例如：

Case 1 To 5

③ 使用关键字 Is，则只能用关系运算符。例如：

Case Is＝12

Case Is<a+b

用 Is 定义条件时，只能是简单条件，不能用逻辑运算符将两个以上的简单条件组合在一起。例如，Case Is>15 And Is<5，是不合法的。

④ 以上三种形式可以混用。例如：

Case Is<"HAN", " Mao"To " Tao"

(2) 情况语句的执行过程是：先对“变量或表达式”求值，然后测试该值与哪一个 Case 子句中的“表达式表”相匹配；如果找到了，则执行与该 Case 语句有关的语句列，并把控制转移到 End Select 后面的语句；如果没有找到，则执行与 Case Else 子句有关的语句列，然后把控制转移到 End Select 后面的语句。例如：

```
Private Sub Form_Click()
msg = "Enter data"
Var = InputBox(msg)
```

```
Select Case Var
Case 1
    Text1.Text = "1"
Case 2
    Text1.Text = "2"
Case 3
    Text1.Text = "3"
Case Else
    Text1.Text = "Good bye"
End Select
End Sub
```

程序运行后，在输入对话框中输入一个数值。如果输入的值为 1，则在文本框中显示 1；如果输入 2 或 3，则在文本框中显示 2 或 3；如果输入 1、2、3 之外的数值，则执行 Case Else 子句，在文本框中显示“Good bye”。因此，对于上面的程序来说，共有 4 种不同的输出，每次运行只能输出一种，并在输出后结束程序。

(3) Select Case 语句与块结构 If…Then…Else 语句的功能类似。一般来说，可以使用块形式条件语句的地方，也可以使用情况语句。例如，下面两个程序的功能相同：

程序 1：

```
Private Sub Form_Click()
    msg = "EnterData"
    Var = InputBox(msg)
    If Var = 1 Then
        Print "One"
    ElseIf Var = 2 Then
        Print "Two"
        ElseIf Var = 3 Then
        Print "Three"
        Else
        Print "Must be integer from 1 to 3"
    End If
End Sub
```

程序 2：

```
Sub Form_Click()
    msg= "Enter Data"
    var=InputBox(msg)
```

```
Select Case var
    Case 1
        Print "One"
    Case 2
        Print "Two"
    Case 3
        Print "Three"
    Case Else
        Print "Must be integer from l to 3"
  End Select
End Sub
```

对多分支结构，用 Select Case 语句比用 If…Then…Else 语句更为直观，程序的可读性强。但不是所有的多分支结构均可以用 Select Case 语句代替 If…Then…Else 语句。二者的主要区别是 Select Case 语句只对单个表达式求值，并根据求值结果执行不同的语句块；而对多个变量进行条件判断时，只能使用 If…Then…Else 语句块形式。

(4) 如果同一个域值的范围在多个 Case 子句中出现，则只执行符合要求的第一个 Case 子句的语句块。

(5) 在情况语句中，Case 子句的顺序对执行结果没有影响，但是应注意，Case Else 子句必须放在所有的 Case 子句之后。如果在 Select Case 结构中的任何一个 Case 子句都没有与测试表达式相匹配的值，而且也没有 Case Else 子句，则不执行任何操作。

7.2.3 IIf 条件函数

IIf 函数用来实现一些比较简单的选择结构。IIf 函数的语法结构为：

IIf(条件表达式,真部分,假部分)

说明：

(1) “条件表达式”可以是关系表达式、逻辑表达式、数值表达式。如果用数值表达式作条件，则非 0 为真，0 为假。

(2) “真部分”是当条件表达式为真时函数返回的值，可以是任何表达式。

(3) “假部分”是当条件表达式为假时函数返回的值，可以是任何表达式。

(4) 语句 y=IIf (条件表达式，真部分，假部分) 相当于：

If 条件表达式 then y=真部分 Else y= 假部分

注意：

IIf 函数中的 3 个参数都不能省略，而且要求真部分、假部分及结果变量的类型一致。由于要计算真部分和假部分，因此有可能会产生副作用。例如，如果假部分存在被零除的问题，则程序将会出错(即使条件为真)。

【例 7-4】 将例 7-2 中的命令按钮 Command1 的单击(Click)事件代码改为:

```
Private Sub Command1_Click()
    Dim x As Single, y As Single
    x=Val(Text1.Text)
    y=IIf( x>=0, 1+x , 1-2*x)
    Text2.Text=y
End Sub
```

7.2.4 程序举例

【例 7-5】 输入 3 三个数，将它们从大到小排序输出。要求用户在 3 个文本框(Text1、Text2、Text3)中输入数据，单击“排序”按钮(Command1)，则在第四个文本框(Text4)中显示结果，程序运行结果如图 7-9 所示。

(1) 建立应用程序的用户界面和设置对象属性(略)。

(2) 编写程序代码如下:

```
Private Sub Command1_Click()
a = Val(Text1.Text)
b = Val(Text2.Text)
c= Val(Text3.Text)
 If   a < b Then   t = a: a = b: b = t          '本条件语句实现 a>=b
 If   a < c Then   t = a: a = c: c = t          '本条件语句实现 a>=c
 If   b < c Then   t = b: b = c: c = t          '本条件语句实现 b>=c
 Text4.Text = a   &   ","   &   b   &   ","   &   c
 End Sub
```

需注意，本例中的条件判断是用单行 If 的结构写的。也可以用一个 IF 语句和一个嵌套的 IF 语句实现。注意在 If 嵌套中 If 语句要配对。

```
If a < b Then t = a: a = b: b = t
If b < c Then
t = b: b = c: c = t
If a < b Then
t = a: a = b: b = t
End If
End If
```

图 7-9 界面是由用户输入 3 个数后，单击命令按钮排序。如果把界面改为如图 7-10 所示的形式，程序运行时单击命令按钮生成任意 3 个整数，再单击排序按钮，则输出排序后的结果。

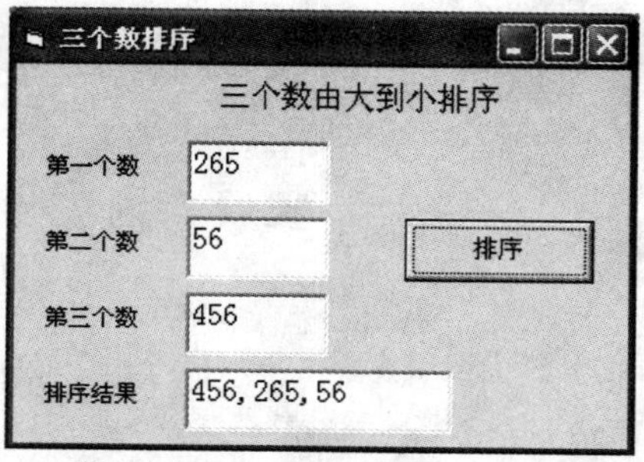

图 7-9　3 个数由大到小排序之一

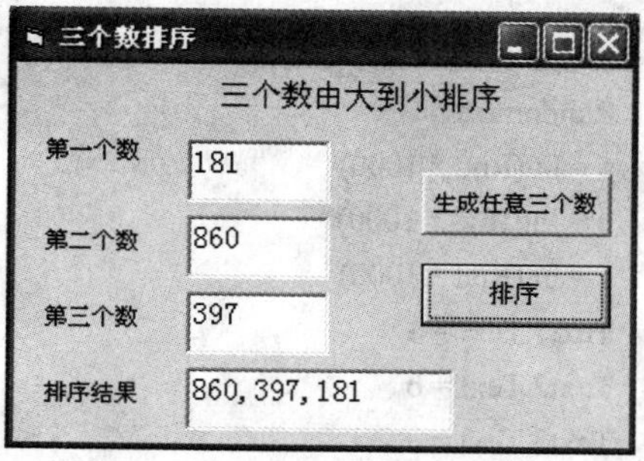

图 7-10　3 个数由大到小排序之二

程序代码如下：

```
Private Sub Command1_Click()
Randomize
 Text1.Text = Int(Rnd * 1000)
 Text2.Text = Int(Rnd * 1000)
 Text3.Text = Int(Rnd * 1000)
 Text4.Text = ""
End Sub

Private Sub Command2_Click()
  a = Val(Text1.Text)
  b = Val(Text2.Text)
  c = Val(Text3.Text)
  If a < b Then   '本条件语句实现 a>=b
      t = a: a = b: b = t
  End If
  If a < c Then   '本条件语句实现 a>=c
      t = a: a = c: c = t
  End If
  If b < c Then   '本条件语句实现 b>=c
      t = b: b = c: c = t
  End If
    Text4.Text = a & "," & b & "," & c
End Sub
```

需要注意的是，程序是两个命令按钮的单击事件，在 Command1_Click()事件中生成 3 个数，而在 Command2_Click()事件中再进行排序。现在用文本框 Text1、Text2、Text3 充当了这两个单击事件中桥梁，把 Command1_Click()事件中产生的 3 个数带到 Command2_Click()事件中。VB 中经常利用不同级别的变量来传递数据，这里可以定义 a、b、c3 个变量是窗体级变量，然后问题处理就很简单了。变量的作用域详见 9.5 节，程序代码如下：

```
Dim a As Integer, b As Integer, c As Integer   '定义 a、b、c3 个变量是窗体级变量
```

```
Private Sub Command1_Click()
    Randomize
    a = Int(Rnd * 1000)
    b = Int(Rnd * 1000)
    c = Int(Rnd * 1000)
    Text1.Text = a
    Text2.Text = b
    Text3.Text = c
    Text4.Text = ""
    End Sub
Private Sub Command2_Click()
    If a < b Then              '本条件语句实现 a>=b
        t = a: a = b: b = t
    End If
    If a < c Then              '本条件语句实现 a>=c
        t = a: a = c: c = t
    End If
    If b < c Then              '本条件语句实现 b>=c
        t = b: b = c: c = t
    End If
Text4.Text = a & "," & b & "," & c
End Sub
```

【例 7-6】 编程序求一元二次方程$ax^2+bx+c=0$的根，其中 a 不等于 0。根据数学知识，在求一元二次方程的根时，要使用判别式b^2-4ac。如果 a 不等于 0，则有以下 3 种情况：当$b^2-4ac\geqslant 0$时，方程有两个实根；当$b^2-4ac<0$时，方程有两个复根；当$b^2-4ac=0$时，方程有两个相同的实根。

求根公式为：

$$x=(-b\pm\sqrt{b^2-4ac})/(2a)$$

即：

$$x=(-b/(2a))\pm\sqrt{b^2-4ac})/(2a)$$

程序如下：

```
Private Sub Form_Click()
    Dim a%, b%, c%, d!
    Dim x1, x2
```

```
  Dim p, q, r
   a = InputBox("请输入 a 的值")
   b = InputBox("请输入 b 的值")
   c = InputBox("请输入 c 的值")
   d = b * b - 4 * a * c
   p = -b / (2 * a)
   If d >= 0 Then
       If d > 0 Then
             r = Sqr(d) / (2 * a)
   x1 = p + r
   x2 = p - r
       Else
             x1 = p
   x2 = p
       End If
       Print "X1="; x1, "X2="; x2
   Else
       q = Sqr(-d) / (2 * a)
       Print "X1="; p; "+"; q; " i "; "X2="; p; "-"; q; " i "
   End If
End Sub
```

运行上面的程序，在输入对话框中输入 a、b、c 的值，程序将输出方程的根。

【例 7-7】 输入学生成绩(按百分制计算)，若成绩在 100 和 90 之间输出“优秀”；若成绩在 89 和 80 之间输出“良好”；若成绩在 79 和 70 之间输出“中等”；若成绩在 69 和 60 之间输出“及格”；若成绩在 59 和 0 之间输出“不及格”；若成绩为其他数据则输出“Error”。

分析：这是一个多分支结构，此类题目可以将输入数值按从小到大的顺序逐级比较，先判断输入成绩 s 的合法性，若输入的成绩有效，则按成绩的分界点 60、70、80、90 分段逐级进行判断。

第一种方法用 If…Else…EndIf 实现。

```
Private Sub Form_Click()
   Dim s As Single
   s = Val(Text1.Text)
   t = "成绩等级为："
   If s >100 or s< 0    Then
      Label1.Caption = "成绩出错,请重新输"
   ElseIf s < 60      Then
      Label1.Caption = t + "不及格"
```

```
    ElseIf s < 70    Then
        Label1.Caption = t+ "及格"
    ElseIf s < 80    Then
        Label1.Caption = t + "中等"
    ElseIf s < 90    Then
        Label1.Caption = t + "良好"
    Else
        Label1.Caption = t + "优秀"
    End If
End Sub
```

第二种方法用 Select Case 语句实现。

```
Private Sub Form_Click()
    Dim score   As Single
    score= Val(Text1.Text)
    t = "成绩等级为："
    If score >100 or score< 0    Then
        Label1.Caption = "成绩出错,请重新输"
    Else
        Select Case score
        Case 0 To 59
            Label1.Caption = temp + "不及格"
        Case 60 To 69
            Label1.Caption = temp + "及格"
        Case 70 To 79
            Label1.Caption = temp + "中等"
        Case 80 To 89
            Label1.Caption = temp + "良好"
        Case 90 To 100
            Label1.Caption = temp + "优秀"
        End Select
    EndIf
End Sub
```

7.3 循环结构

循环是指在程序设计中，从某处开始有规律地反复执行某一程序块的现象，重复执行的程序块称为“循环体”。使用循环可以避免重复不必要的操作，简化程序，节约内存，从而提高效率。

循环语句产生一个重复执行的语句序列，直到指定的条件满足为止。VB 提供了 3 种不同风格的循环结构，包括计数循环(For…Next 循环)、Do 循环(Do…Loop 循环)和当循环(While…Wend 循环)。

7.3.1 For…Next 循环语句

For…Next 循环也称 For 循环或计数循环，用于循环次数预知的情况，其格式如下：

```
For 循环变量=初值 To 终值 [Step 步长]
  [循环体]
  [Exit For]
Next[循环变量]
```

For 循环按指定的次数执行循环体。例如：

```
For x=1 to 50 Step 1
   Sum=Sum +x
Next x
```

该例循环变量的值从 1 变化到 50，步长为 1，共执行 50 次“Sum=Sum +x”语句。其中 x 是循环变量，1 是初值，50 是终值，Step 后面的 1 是步长值，“Sum=Sum +x”是循环体。

1. 参数含义

循环中各参数的含义如下。

① 循环变量：必须为数值变量，用于统计循环次数。

② 初值：用于设置循环变量的初值，为数值表达式。

③ 终值：用于设置循环变量的终值，为数值表达式。

④ 步长：决定循环变量每次增加的数值，为数值表达式。当步长为正，初值应小于或等于终值；若步长为负，初值应大于或等于终值，但不能为 0。一般默认值为 1，此时可略去不写。

⑤ 循环体：在 For 语句和 Next 语句之间的语句序列，可以是一个或多个语句。

⑥ Exit For：在某些情况下，需要中途退出 For 循环时使用。

⑦ Next：循环终端语句，用于结束一次 For 循环，根据终值和现在循环变量值的大小决定是否执行下一次循环。在 Next 后面的“循环变量”与 For 语句中的“循环变量”必须相同。

⑧ 格式中的初值、终值、步长均为数值表达式，但其值不一定是整数，如果是实数，则 VB 自动取整。例如，有如下程序段：

```
Dim i As Integer
For i = 2.4 To 4.9 Step 0.6
Print i
Next i
```

循环变量 i 的取值是 2，3，4，5，这就是自动取整。

如果改写成下面的程序段：

```
For i = 2.4 To 4.9 Step 0.6
Print i
Next i
```

则循环变量 i 的取值是 2.4、3、3.6、4.2、4.8，循环变量 i 没有被定义为整型变量。

For…Next 循环语句的程序流程图如图 7-11 所示。

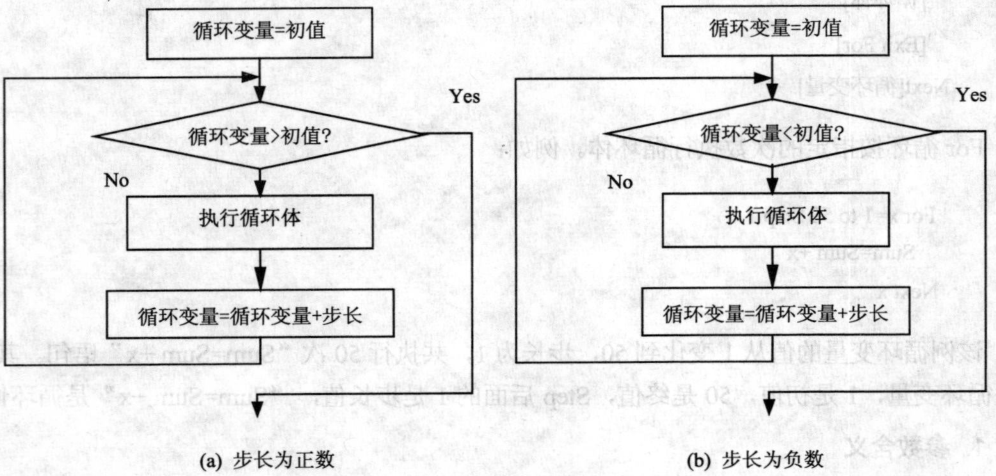

图 7-11　For…Next 循环语句的程序流程图

2. For 循环语句的执行过程

首先把“初值”赋给“循环变量”，接着检查“循环变量”的值是否超过终值。如果超过就停止执行“循环体”，跳出循环，执行 Next 后面的语句；否则执行一次“循环体”，然后把“循环变量+步长”的值赋给“循环变量”，重复上述过程。

这里所说的“超过”有两种含义，即大于或小于。当步长为正值时，检查循环变量是否大于终值；当步长为负值时，判断循环变量的值是否小于终值。例如：

```
t=0
For I=2 to 10 step 2
t=t+I
Print t
Next I
```

在这里，I 是循环变量，循环变量的初值为 2，终值为 10，步长为 2，t=t+I 和 Print t 是循环体。执行过程为：

(1) 把初值 2 赋给循环变量 I；

(2) 将 I 的值与终值进行比较，若 I>10，则转到(5)，否则执行循环体；

(3) I 增加一个步长值，即 I=I+2；

(4) 返回(2)继续执行；

(5) 执行 Next 后面的语句。

3. For 循环的原则

在 VB 中，For 循环遵循“先检查，后执行”的原则，即先检查循环变量是否超过终值，然后决定是否执行循环体。因此，在下列情况下，循环体将不会被执行：当步长为正数，初值大于终值时；当步长为负数，初值小于终值时，这是 For 循环不被执行的前提条件。当初值等于终值时，不管步长是正数还是负数，均执行一次循环体。

4. 语句顺序

For 语句和 Next 语句必须成对出现，不能单独使用，且 For 语句必须在 Next 语句之前。

5. 循环次数

循环次数由初值、终值和步长 3 个因素确定，计算公式为：

循环次数 = Int (终值-初值) / 步长+1

6. For…Next 的嵌套

For…Next 循环可以嵌套使用，嵌套层数没有具体限制，其基本要求是：每个循环必须有一个唯一的变量名作为循环变量；内层循环的 Next 语句必须放在外层循环的 Next 语句之前，内外循环不得互相“骑跨”。例如下面的嵌套是错误的：

```
For j=1 To 7
  For i=2 To 10
      …
  Next j
Next i
```

For…Next 循环的嵌套通常有以下 3 种形式：

(1) 一般形式

```
For I1=…
  For I2=…
    For I3=…
      ⋮
    Next I3
  Next I2
Next I1
```

(2) 省略 Next 后面的 I1、I2、I3

```
For I1=…
```

```
For I2=…
    For I3=…
        ⋮
    Next
Next
Next
```

(3) 当内层循环与外层循环有相同的终点时，可以共用一个 Next 语句，此时循环变量名不能省略。例如：

```
For I1=…
    For I2=…
For I3=…
    …
Next I3, I2, I1
```

7. For…Next 循环的退出

一般情况下，For…Next 正常结束，即循环变量到达终值。但有些情况下，可能需要在循环变量到达终值前退出循环，这可以通过 Exit For 语句实现。在一个 For…Next 循环中，可以含有一个或多个 Exit For 语句，并且可以出现在循环体的任何位置。此外，用 Exit For 只能退出当前循环，即退出它所在的最内层循环。例如：

```
For i=1 to 100
    For j=1 to 100
    Print i+j;
    If   i*j>5000   Then   Exit For
    Next j
Next i
```

在执行上述程序时，如果 i*j>5000，程序将从内层循环中退出；如果外层循环还没有结束，则控制仍回到内层循环中去。

【例 7-8】 求下列表达式的值。

$$1-\frac{1}{2}+\frac{1}{3}-\frac{1}{4}+\Lambda\quad+(-1)^{n-1}\frac{1}{n}$$

分析：多项式求和问题实际是一个逐步累加的过程。不妨先来看一个更简单的例子，求 1+2+3+4+…+10 的和。

设两个变量 Sum 和 i，Sum 的初始值为 0，让 i 从 1 变化到 10，每次变化的值都累加到 Sum 中，即做 Sum=Sum+I。可以编写出如下程序段：

```
    Sum = 0
For i = 1 To 10
```

```
        Sum = Sum + i
    Next i
```

本例多项式中的每一项的分母有规律地从 1 变化到 n；而每一项的符号也是有规律地正负变化，可以设一个变量表示符号位。程序代码设计如下：

```
Private Sub Command1_Click()
    Dim i As Integer, S As Double, n As Integer
    n = InputBox("输入 n")
    S = 1
    For i = 1 To n
        If I Mod 2=1 Then
        S = S + 1/i
        Else
        S=S-1/i
        EndIf
    Next i
    Print S
End Sub
```

本例中的循环过程还可以编写成如下形式：

```
For   i=1 to n
S=S+((-1)^(i+1))*1/i
Next i
```

注意：

初学者最容易忽视的问题就是当退出 For 循环后，循环变量的值一定保持退出时的值，上例中，求 1+2+3+4+...+10 的和，当循环结束后，循环变量 I 的值为 11；多项式求和，当循环结束后，循环变量 I 的值为 n+1。

7.3.2 Do…Loop 循环语句

Do 循环用于循环次数未知的循环结构，Do-Loop 语句有两种语法形式，程序流程图如图 7-12 所示。

```
格式 1：  Do[While | Until  循环条件]
          [循环体]
          [Exit Do]
Loop
格式 2：  Do
          [循环体]
          [Exit Do]
Loop[While | Until  循环条件]
```

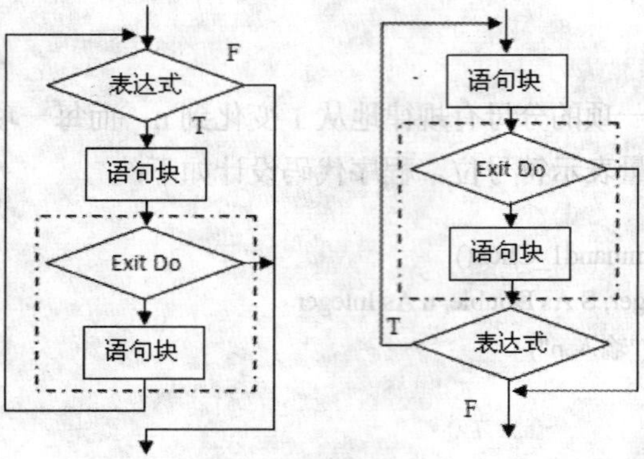

图 7-12　Do…Loop 循环语句两种格式程序流程图

说明：

Do 循环语句的功能是当指定的"循环条件"为 True 或直到指定的"循环条件"变为 True 之前重复执行一组语句(即循环体)。上述两种格式构成了 Do 循环的两种方法。

(1) Do 循环中有两种判断条件的格式：一种为"While 条件"，判断时只要条件成立，则继续执行循环体，然后重复上述判断过程；如果条件不成立，则退出循环，执行其后的语句。一种为"Until 条件"，判断时直到条件成立才退出循环。也就是说，条件不成立时，继续执行循环体，然后重复判断过程；当条件成立时，就要退出循环体，执行其后的语句。

(2) 格式 1 中的判断条件"While 或 Until 条件"的位置在整个循环体的起始位置，先判断循环条件是否满足来决定是否执行循环体，为"前测型"；而格式 2 中的判断条件"While 或 Until 条件"的位置在整个循环体的最后，先执行一次循环体，然后再判断循环条件是否满足来决定是否继续执行循环体，为"后测型"。

(3) 格式 1 的执行过程为：先对条件进行判断，仍然要根据不同的判断条件格式执行不同的判断过程，判断为能够执行循环体时，才能进入循环体内执行相应语句，否则只能退出循环体。而格式 2 的执行过程为：先执行一遍循环体，在碰到 Loop 后的条件时再进行判断，根据不同的判断条件格式执行不同的判断过程，决定是继续执行循环体，还是退出循环。所以，不论循环是否满足，格式 2 至少要执行一遍循环体，而格式 1 则可能循环体一遍也不执行。

下面 4 个程序段中，输出"*"号个数最少的循环是哪个选项？

A) a=5：b=8
```
Do
Print "*"
a=a+1
Loop while a<b
```

B) a=5：b=8
```
Do
Print "*"
a=a+1
Loop Until a<b
```

C) a=5:b=8
```
Do Until a-b
Print "*"
```

D) a=5：b=8
```
Do While a-b
Print "*"
```

```
b=b-1                        b=b-1
Loop                         Loop
```

分析：本题是 Do 循环的几种形式，求循环次数。

A 是后测型，先执行循环一次，然后判断条件，循环执行 3 次，a 值由 5 变 8，不满足循环条件，循环结束。

B 也是后测型，先执行循环一次，a 为 6，注意 Until 是条件为真时结束循环，6<8，所以循环结束。A、B 选项都是后测型循环，二者的区别是 Loop 语句中的关键字不同，所以不管循环条件是否满足，都至少执行一次循环体。

C 是前测型，先判断循环条件，a-b 为-3，非零值为 True，条件为真，C 选项不满足循环条件，结束循环，跳到 Loop 的下一条语句，循环一次没做。

D 也是前测型，条件为真，满足循环条件，执行循环 3 次，b 的值为 5，a-b 为 0，条件变 False，结束循环。C、D 选项都是前测型循环，二者的区别是 Do 语句中的关键字不同。

(4) 两种格式都可以嵌套使用，而且可以互相嵌套：两种 Do 循环的嵌套与前面的 For 循环的嵌套类似，嵌套层数没有具体限制。其基本要求是各层循环之间不得相互“骑跨”。

(5) 如果条件总是成立，Do 循环也可能陷入“死循环”。这种情况下，可以使用 ExitDo 语句跳出循环。当在循环体中执行到该语句时，则立即结束循环，并把控制转移到 Do 循环后面的语句。Exit Do 语句只能从它所在的那个循环中退出。

【例 7-9】 判断输入的任意正整数是否素数。程序运行结果如图 7-13 所示。

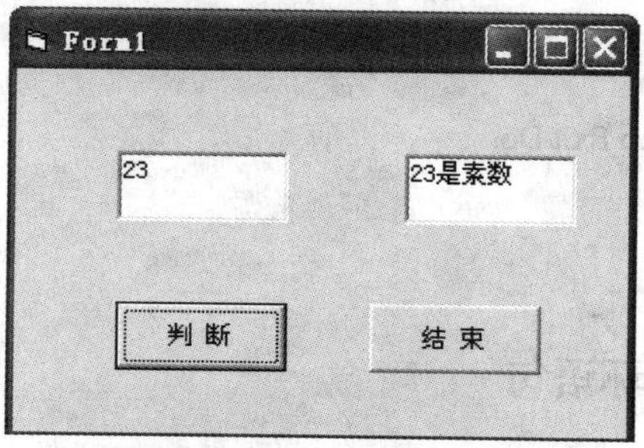

图 7-13　例 7-9 的运行结果

分析：只能被 1 和它自身整除的数称为素数。若 n 不能被 2 到 n-1 的任何一个数整除，则 n 就是素数。更进一步说，如果 n 不能被 2 到 Sqr(n)中的任何一个数整除，则 n 就是素数。

例如对 23，只要被 2、3、4 除即可，这是因为：如果 n 能被某一个整数整除，则可表示为 n=a*b。a 和 b 之中必然有一个小于或等于 Sqr(n)。判断 n 是否为素数的过程就是拿 2 到 Sqr(n)中的每一个数依次去整除 n 的过程，如果其中有一个数能够整除 n，则 n 肯定不是素数。

本例的界面设计(略)。

程序代码如下：

```
Private Sub Command1_Click()
Dim n As Integer
n = Val(Text1.Text)
```

```
If n = 2 Or n = 3 Then
   Text2.Text = Text1.Text + "是素数"
Else
   For i% = 2 To Sqr(n)                    ' ①
    If n mod i% = 0 Then Exit For          ' ②
   Next i                                  ' ③
    If i > Sqr(n) Then
       Text2.Text = Text1.Text + "是素数"
    Else
       Text2.Text = Text1.Text + "不是素数"
     End If
End If
End Sub
Private Sub Command2_Click()
   End
End Sub
```

判断素数的程序段也可以很容易地改成用 Do…Loop 语句实现。上述程序的①、②、③行可以替换为：

```
i% = 2
Do While i% <= Sqr(n)
   If n mod i% = 0 Then Exit Do
   i% = i% + 1
Loop
```

7.3.3 While…Wend 循环语句

While 循环用于对条件进行判断，如果条件成立，可以循环执行循环体，直到条件不成立结束循环为止。也称为当型循环，其一般格式如下：

```
While 条件
  [循环体]
Wend
```

在该格式中，“条件”为一个逻辑表达式，结果为布尔变量 True 或 False。当循环语句的功能是当给定的“条件”为 True 时，执行循环体中的语句。

While 循环语句的执行过程是：如果“条件”为 True(非 0 值)，则执行循环体，当遇到 Wend 语句时，控制返回到 While 语句并对“条件”进行测试，如仍然为 True，则重复上述过程；如果“条件”为 False，则不执行循环体，而执行 Wend 后面的语句。

当型循环给定的条件必须在循环体内有所变动才可以。否则，若初始条件成立，则每次执行完循环体后再检验条件，条件仍然成立，此循环可以无限执行下去，不能结束，变成“死循环”；若初始条件不成立，则循环体一次都不能执行。当循环程序流程图如图 7-14 所示。

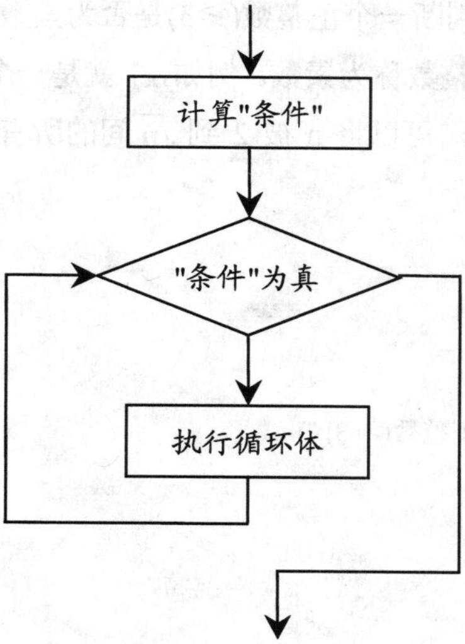

图 7-14　当循环结构程序流程图

当循环允许嵌套，可以嵌套多层，每个用于表示结束的 Wend 均与最近的一个 While 配对。

使用当循环语句时，应注意以下几点：

(1) While 循环语句先对“条件”进行测试，然后才决定是否执行循环体，只有在“条件”为 True 时才执行循环体。如果条件从开始就不成立，则一次循环体也不执行。例如：

```
While a<>a
  [循环体]
Wend
```

条件“a<>a”永为 False，因此不执行循环体。

(2) 如果条件总是成立，则不停地重复执行循环体。例如：

```
x=1
While x
    循环体
Wend
```

这是“死循环”的一个特例。程序运行后，只能通过人工干预的方法或由操作系统强迫其停止执行。

(3) 循环开始时对条件进行测试，如果成立，则执行循环体；执行完一次循环体后，再测试条件，如成立，则继续执行……直到条件不成立为止。也就是说，当条件最初出现 False

时，或是以某种方式执行循环体，使得条件的求值最终出现 False 时，当循环才能终止。在正常使用的当循环中，循环体的执行应当能使条件改变，否则会出现死循环。这是程序设计中容易出现的严重错误，应当尽力避免。

【例 7-10】 编写程序，判断一个正整数(≥3)是否为素数(比较上例和本例两种方法)。

只能被 1 和本身整除的正整数称为素数。例如，7 就是一个素数，它只能被 1 和 7 整除。为了判断一个数 n 是不是素数，可以将 n 被 2 到 $\sqrt{n}$ 间的所有整数除，如果都除不尽，则 n 就是素数，否则 n 不是素数。

程序如下：

```
Sub Form_Click()
    Dim n As Integer
    n=InputBox("请输入一个正整数(>=3) ")
    k=Int(Sqr(n))
    i=2
Swit=0
While i<=k And Swit=0
   If n Mod i=0 Then
    Swit=1
   Else
    i=i+1
   End If
Wend
If Swit=0 Then
  Print n; "是一个素数"
Else
  Print n; "不是素数"
End If
  End Sub
```

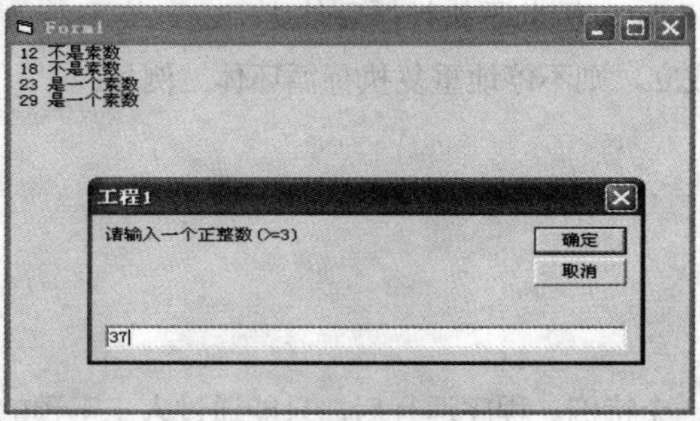

图 7-15　判断一个正整数是否素数

在上面的程序中，Swit 是一个标志变量。如果 Swit=0，则表示 n 未被任何一个整数整除过；如果 n 能被一个整数 i 整除(即使只有一次)，则 Swit 就变为 1。While 循环执行的条件有两个，一是 i<=k，一是 Swit=0，必须两个条件同时成立才执行循环。当 i>k 时，显然不必再检查 n 是否能被 i 整除；而如果 Swit=1，则表示 n 已被某个数整除过，肯定不是素数，也不必再检查了。只有当 i<=k 和 Swit=0 两者同时满足时才需要检查 n 是否为素数。循环体内只有一个判断操作，即判断 n 能否被 i 整除，如不能，则 i=i+1，即 i 的值加 1，以便为下一次判断 n 能否被 i 整除做准备。如果在本次循环中 n 能被 i 整除，则 Swit=1，表示 n 不是素数，这样将不再进行下一次循环。如果 n 始终不能被 i 整除，则 Swit 保持为 0。因此，在结束循环后根据 Swit 的值为 0 或 1，分别输出 n 是素数或非素数的信息。

程序运行后，单击窗体，将显示一个输入对话框，在对话框中输入一个正整数，单击“确定”按钮，程序即可判断并显示该数是不是素数。程序的执行情况如图 7-15 所示。

【例 7-11】 输入任意一个整数，将其反向输出。如输入 62315，则输出 51326。

分析：实现任意一个整数的反向输出，首先应该将这个数的每个数字位拆出，然后再把它们按照反序重新组合。假设整数 a 由文本框 Text1 获得，编写程序如下：

```
Private Sub Command1_Click()
a = Val(Text1.Text)              '将字符串转为数值
d = 0
While (a <> 0)
  b = a Mod 10                   '获得当前数的最低位
  d = d * 10 + b                 '将得到的数位组合到变量 d 中
  a = a \ 10
Wend
Print d
End Sub
```

注意：

在以上程序中，用 While 循环的对一个整数进行了 Mod 10 和整除 10 的运算，目的是依次得到数字的各个数位，得到一个数位后使用累加将其组合到新的变量中。这也是 V B 编程的一个重要思想。

7.3.4 多重循环

人们通常把循环体内不含有循环语句的循环叫做单层循环，而把循环体内含有循环语句的循环称为多重循环。例如在循环体内含有一个循环语句的循环称为二重循环，又称多层循环或循环嵌套。

【例 7-12】 基本字符图形的输出。如图 7-16 所示的是 4 种字符图形，要求用循环嵌套来实现。

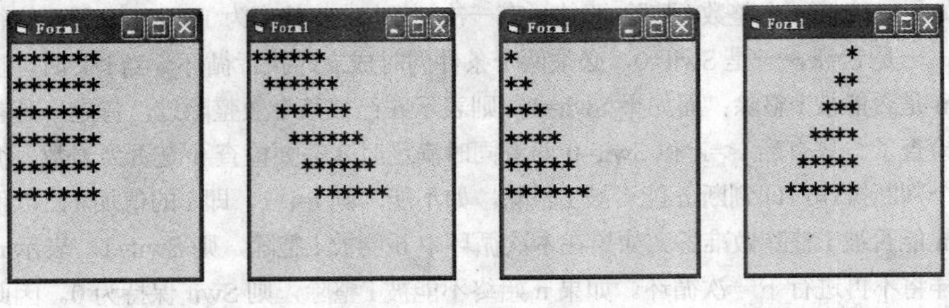

(a)　　(b)　　(c)　　(d)

图 7-16　运行效果

在解决这类问题时，应首先考虑一行字符的输出，只需要再把这个一行字符的输出语句利用循环结构控制执行多次即可。

在输出图 7-16(a)时，每一行都输出了同样的 6 个星号，输出每一行之后换行，然后输出下一行，所以，只需要将输出一行字符的语句连续执行 6 次即可。

图 7-16a 程序段如下：

```
For   i = 1 To 6              '外循环控制输出 6 行
For   j = 1 To 6      '这 3 条语句是内循环，控制每一行输出 6 个星号
Print    "*";         '分号表示输出的星号是紧凑格式
Next   j
Print                         '输出一行后换行
Next i
```

程序中用到了两个循环控制变量 i 和 j，i 的作用是控制外循环输出多少行；j 的作用是控制同一行中输出多少个字符，即输出多少列，所以通常把它们称之为行变量和列变量。在实现这一类输出字符图形时，要找清楚输出的图形与行列变量之间的关系。

注意：

打印由多行组成的图案，通常采用双重循环，外层循环用于控制行数，内层循环用于输出每一行的信息。

图 7-16(a)与图 7-16(c)的差别在于每一行输出的星号个数不同，图形 7-16(a)中每行都输出了固定个数的字符，而图 7-16(c)中每行输出的字符个数与其行数相同，因为内循环是用来控制输出每行的字符的，所以，只需要修改一下内循环控制变量的终值就可以了。

图 7-16(c)程序段如下：

```
For   i = 1 To 6              '外循环控制输出 6 行
For   j = 1 To i      '这 3 条语句是内循环，控制每一行输出 i 个星号，i 是外循环的循环变量
Print    "*";         '分号表示输出的星号是紧凑格式
Next j
Print                         '输出一行后换行
Next i
```

那么，在图 7-16(c)的基础上，能打出图形 7-16(e)吗？

图 7-16(b)和图 7-16(d)，在程序中要利用 Tab 函数来设置每一行输出星号的起始位置。

图 7-16 (b)的程序段如下：

```
For i = 1 To 6             '外循环控制输出 6 行
Print Tab(i);          'Tab()函数是定位输出位置的
For j = 1 To 6       '这 3 条语句是内循环，控制每一行输出 6 个星号
Print "*";           '分号表示输出的星号是紧凑格式
Next j
Print                        '输出一行后换行
Next i
```

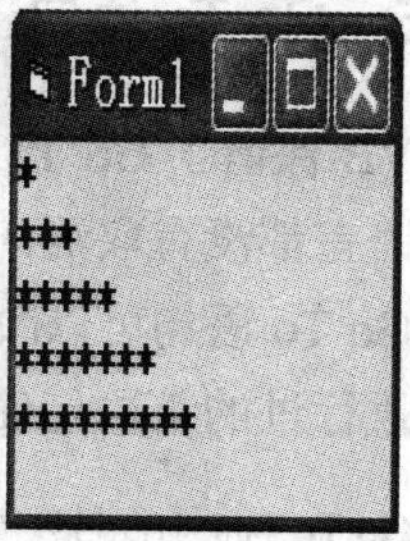

图 7-16(e)

图 7-16(d)有何特点？请读者试着写出它的代码。

在该例中，内层循环和外层循环使用的都是 For...Next 循环，实际上，多重循环也可以是不同类型的循环嵌套，嵌套层数没有具体限制。其基本要求是各层循环之间不得相互“骑跨”。

【例 7-13】 利用辗转相除法求任意两个自然数 a、b 的最大公约数和最小公倍数。

分析：求解最大公约数最常用的算法有递归法和辗转相除法。辗转相除法即将两个数中较大的数作为被除数，与较小的数相除，取得余数，如余数不为 0，则将上述除数作为被除数，余数作除数，继续相除，直至余数为 0，最后一次除法的除数就是所求的最大公约数。最小公倍数就是 2 个数的积除以最大公约数。

程序代码如下：

```
Private Sub Command1_Click()
    Dim m As Integer, n As Integer
    Dim a As Integer, b As Integer
    Dim r As Integer
    m = InputBox("输入 m")
    n = InputBox("输入 n")
    a = m
    b = n
    If m < n Then t = m: m = n: n = t
     r = m Mod n
    Do While r <> 0
      m = n
      n = r
      r = m Mod n
     Loop
    Print a; "和"; b; "最大公约数是"; n
```

```
    Print a; "和"; b; "最小公倍数是"; a * b / n
End Sub
```

7.3.5　Go To 语句

VB 保留了 Go To 型控制，尽管此语句会影响程序质量，但在有些情况下还是有用的，多数语言都没有取消。

Go To 语句可以改变程序执行的顺序，跳过程序的某一部分去执行另一部分，或者返回已经执行过的某语句使之重复执行。其一般格式：

Go To {标号|行号}

“标号”是一个以冒号结尾的标识符，而“行号”是一个整型数。

Go To 语句改变程序执行的顺序，无条件地把控制转移到“标号”或“行号”所在的程序行，并从该行开始向下执行。

说明：

(1) 标号必须以英文字母开头，以冒号结束，而行号由数字组成，后面不能跟有冒号。

G0 To 语句中的行号或标号在程序中必须存在，并且是唯一的，否则会产生错误。标号或行号可以在 Go To 语句之前，也可以 Go To 语句之后。

(2) VB 对 Go To 语句的使用有一定的限制，它只能在一个过程中使用。

(3) Go To 语句是无条件转移语句，但常常与条件语句结合使用。

【例 7-14】 编写程序，用于计算存款利息。

```
    Sub Form_ Click()
        Dim p As Currency
        p=10000 :r= 0.125
        t=1
Again:
        If t>10 Then GoTo 100
        i=p*r
        p=p+i
        t=t+1
        GoTo Again
100:
        Print p
    End Sub
```

7.3.6　循环出口语句

一般情况下，循环都不能在循环过程中途退出循环，只能从头到尾地执行。VB 中有多种形式的 Exit 出口语句，用于退出循环及其他某种控制结构的执行。

Exit 出口语句可以在 For 循环和 Do 循环中使用，也可以在过程(见第 8 章)中使用。它有多种形式，即 Exit For(退出 For 循环)、Exit Do(退出 Do 循环)、Exit Sub(退出子过程)、Exit Function(退出函数)等。

下面的代码可以检测出 3~20 之间的质数。其中使用了循环的嵌套及条件语句，并且当发现 i 不是质数时立即用 Exit For 转向对下一个数的检测。

```
Sub Form_Click ()
    Dim i, j, x As Integer
    For i = 3 To 20
        x = False
        For j = 2 To i - 1
            If (i Mod j) = 0 Then Exit For
            If j = i - 1 Then x = True
        Next j
        If x Then Print i
    Next i
End Sub
```

7.3.7 程序举例

【例 7-15】 编写程序，打印如下乘积表：

```
            乘 积 表
    *     3     6     9     12
   15
   16
   17
   18
   19
   20
```

程序代码如下：

```
Private Sub Form_Click()
Print Tab(25); "乘   积   表"
Print: Print "    *",
For i = 3 To 12 Step 3
    Print i,
  Next i
  Print: Print
  For j = 15 To 20
  Print j,
  For i = 3 To 12 Step 3
```

```
        Print i * j;
        Next i
        Print
        Next j
    End Sub
```

运行结果如图 7-17 所示。

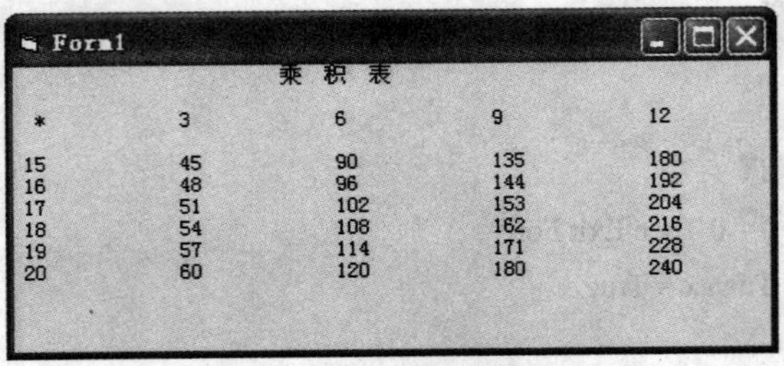

图 7-17　输出乘积表

【例 7-16】 编写程序，打印如下所示的“数字金字塔”。

```
                        1
                     1  2  1
                  1  2  3  2  1
               1  2  3  4  3  2  1
            1  2  3  4  5  4  3  2  1
                       ......
1  2  3  4  5  6  7  8  9  8  7  6  5  4  3  2  1
```

分析：这个图形和前面的例子相似，用二重循环完成。外循环一样，所不同的是内循环实际上是两个并列循环分别控制输出同一行的前半部分和后半部分。

程序代码如下：

```
Private Sub Form_Click()
 For i = 1 To 9
     Print Tab(28 - 3 * i);          ' 确定每一行的起点
     For j = 1 To I                  ' 输出每一行的前半部分
        Print j;
     Next j
     For j = i - 1 To 1 Step -1      ' 输出每一行的后半部分
        Print j;
     Next j
     Print
  Next i
 End Sub
```

运行结果如图 7-18 所示。

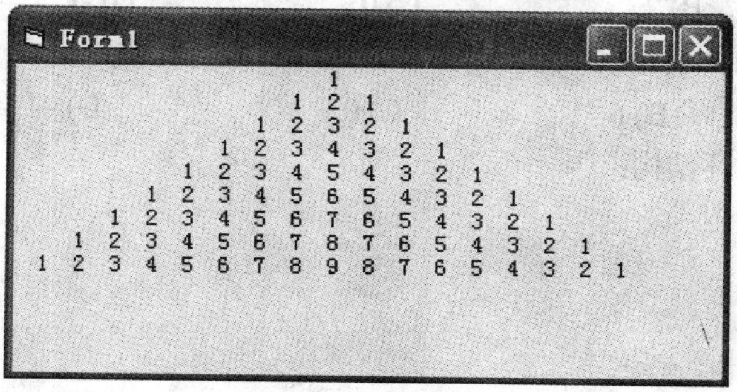

图 7-18　输出数字金字塔

7.4 小　结

本章介绍了 VB 程序设计的基本结构。通过本章的学习，应掌握 VB 程序设计的基本规则、方法，以及编程技巧。

按照结构化程序设计的基本思想，任何程序都可以用顺序结构、选择结构和循环结构这 3 种基本结构表示。在一个简单的顺序结构程序中，各个语句是顺序执行的，这种程序主要由赋值语句、输入输出语句组成。

对于选择结构，如果表达式取值连续，则结构简单采用单行 If 语句，结构复杂采用块 If 语句；如果需要根据表达式的多个不同离散化取值决定程序的执行，则应使用 Select Case 语句，实现多路选择功能。

对于循环结构，如果已知循环次数，则最好采用 For…Next 语句；否则最好采用 While…Wend 和 Do…Loop 语句。

循环体语句可以是另一个循环结构，这种现象称为循环的嵌套。

7.5 习　题

一、选择题

1. 表达式 2=5\2 的值是(　)。

   A) 1　　B) 2　　C) True　　D) False

2. 数学不等式：a≤x≤b，在 Visual Basic 中应写为(　)。

   A) a<=x<=b　　B) a<=x, x<=b　　C) a<=x And x<=b　　D) a<=x Or x<=b

3. 设 a=2, b=3, c=4, d=5，则表达式 a>b And c<=d Or 2*a 的值是(　)。

   A) True　　B) False　　C) 4　　D) 6

4. 设 x=5，则执行 If x<0 Then y=1 else y=2 后，y 的值为(　)。

A) 1　　B) 2　　C) 0　　D) -1

5. 设 a=6，则执行 x=IIf(a>5,-1,0)后，x 的值为(　)。

A) 5　　B) 6　　C) 0　　D) –1

6. 假定有以下循环结构：

```
Do Until 条件
  循环体
Loop
```

则正确的描述是(　)。

A) 如果“条件”是一个为 0 的常数，则一次循环体也不执行

B) 如果“条件”是一个为 0 的常数，则至少执行一次循环体

C) 如果“条件”是一个不为 0 的常数，则至少执行一次循环体

D) 不论“条件”是否为“真”，至少要执行一次循环体

7. 在窗体上画一个命令按钮，然后编写如下事件过程：

```
Private Sub Command1_Click()
For i=1 To 4
   x=4
   For j=1 To 3
      x=3
      For k=1 To 2
         x=x+6
      Next k
   Next j
Next i
Print x
End Sub
```

程序运行后，单击命令按钮，输出结果是(　)。

A) 7　　B) 15　　C) 157　　D) 538

8. 下列程序段的输出结果为(　)。

```
x=1
y=4
Do Until y>4
x=x*y
y=y+1
Loop
Print x
```

A) 1　　B) 4　　C) 8　　D) 20

9. 执行下面的程序段后，x 的值为(　)。

```
x=5
For i=1 To 20 Step 2
x=x+i\5
Next i
```

A) 21　　B) 22　　C) 23　　D) 24

10. 在窗体上画一个命令按钮，然后编写如下事件过程：

```
Private Sub Command1_Click()
  x=0
  Do Until x=-1
    a=InputBox("请输入 a 的值")
    a=Val(a)
    b=InputBox("请输入 b 的值")
    b=Val(b)
    x=InputBox("请输入 x 的值")
    x=Val(x)
    a=a+b+x
  Loop
  Print a
End Sub
```

程序运行后，单击命令按钮，依次在输入对话框中输入 5、4、3、2、1、-1，则输出结果为(　)。

A) 2　　B) 3　　C) 14　　D) 15

11. 阅读下面的程序段：

```
For i=1 To 3
   For j=1 To i
      For k=j To 3
         a=a+1
      Next k
   Next j
Next i
```

执行上面的三重循环后，a 的值为(　)。

A) 3　　B) 9　　C) 14　　D) 21

12. 设有以下循环结构：

```
Do
循环体
Loop While <条件>
```

则以下叙述中错误的是：

A) 若“条件”是一个为 0 的常数，则一次也不执行循环体

B) “条件”可以是关系表达式、逻辑表达式或常数

C) 循环体中可以使用 Exit Do 语句

D) 如果"条件"总是为 True，则不停地执行循环体

二、填空题

1. 设 a=3, b=4, c=5, d=6，则下面的表达式的值是__________。

Not a<=c Or 4*c=b^2 And b<>a+c

2. 设 a=-1，则执行以下语句：

If a>=0 Then If a>0 Then b=1 Else b=0 Else b=-1

后，b 的值是__________。

3. 下面程序段执行后，Wages 的值__________。

```
age=35 :   job= "CEO"
If age >=30 Then
    If job= "CEO" Then
        Wages=Wages+10000
    End If
End If
```

4. 执行下面的程序段后，s 的值为__________。

```
s=5
For i=2.6 To 4.9 Step 0.6
    s=s+1
Next i
```

5. 以下程序段的输出结果是__________。

```
num=0
While num<=2
    num=num+1
    Print num
Wend
```

6. 设有以下循环：

```
x=1
Do
    x=x+2
    Print x
Loop Until__________
```

程序运行后，要求执行 3 次循环体，请填空。

7. 阅读以下程序：

```
Private Sub Form_C1ick()
    Dim k,n,m As Integer
    n=10
    m=1
    k=1
    Do While k<=n
        m=m*2
        k=k+1
    Loop
    Print m
End Sub
```

程序运行后，单击窗体，输出结果为__________。

8. 以下循环的执行次数是__________。

```
k=0
Do While k<=10
    k=k+1
Loop
```

9. 在窗体上画一个命令按钮，然后编写如下事件过程：

```
Private Sub Command1_C1ick()
    a=0
    For i=1 To 2
        For j=1 To 4
            If j Mod 2<>0 Then
                a=a+1
            End If
            a=a+1
        Next j
```

```
        Next i
        Print a
    End Sub
```

程序运行后，单击命令按钮，输出结果是＿＿＿＿＿＿。

10. 设有如下程序段：

```
  x=2
For i=1 To 10 Step 2
x=x+i
Next
```

运行以上程序后，i 的值是＿＿＿＿＿＿。

三、编程题

1. 输入 x，计算 y 的值。其中：

$$y=\begin{cases}1 & x>0\\ 0 & x=0\\ -1 & x<0\end{cases}$$

2. 给定三角形的 3 条边长，计算三角形的面积。编写程序，首先判断给出的 3 条边能否构成三角形，如可以构成，则计算并输出该三角形的面积，否则要求重新输入。当输入-1 时结束程序。

3. 税务部门征收所得税，规定如下：

(1) 收入在 200 元以内，免征；

(2) 收入在 200~400 元，超过 200 元的部分纳税 3%；

(3) 收入超过 400 的部分，纳税 4%；

(4) 当收入达到或超过 5000 元时，将 4%税金改为 5%。

编程序实现上述操作。

4. 从键盘上输入一个学生的学号和成绩，然后输出该学生的学号、成绩，并根据成绩按下面的规定输出对该学生的评语：

成绩	80~100	60~79	50~59	40~49	0~39
评语	Very good	Good	Fair	Poor	Fail

5. 编写程序，计算 1+1/2+1/3+…+1/100。

6. 我国现有人口约为 12 亿，设年增长率为 1%，编写程序，计算多少年后增加到 20 亿。

7. 在窗体上输出如图 7-19 所示的图形。

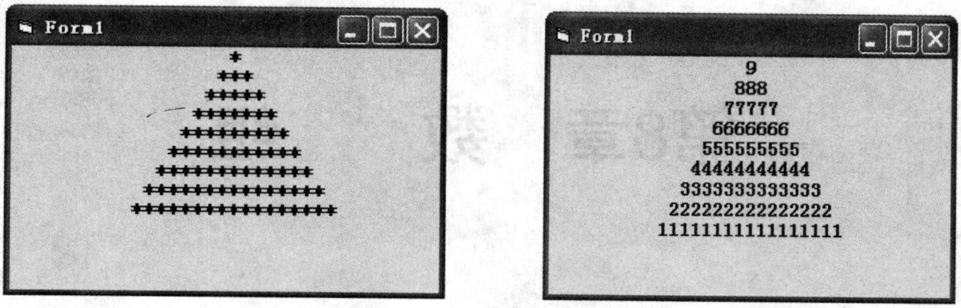

(a) 图形 1　　　　(b) 图形 2

图 7-19　图形

8. 在窗体上输出如图 7-20 所示的图形。

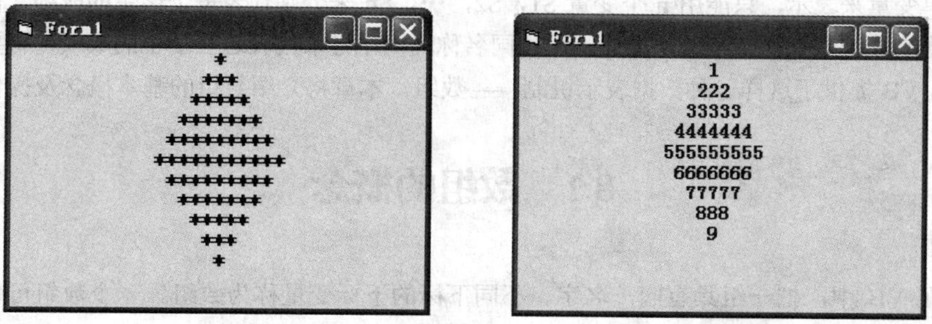

(a) 图形 1　　　　(b) 图形 2

图 7-20　图形

9. 勾股定理中 3 个数的关系是：$a^2 + b^2 = c^2$。编写程序，输出 30 以内满足上述关系的整数组合，例如 3、4、5 就是一个整数组合。

10. 从键盘上输入两个正整数 M 和 N，求最大公因子(要求至少使用两种方法)。

11. 如果一个数的因子之和等于这个数本身，则称这样的数为“完全数”。例如，整数 28 的因子为 1、2、4、7、14，其和 1+2+4+7+14=28，因此 28 是一个完全数。编写一个程序，从键盘上输出正整数 N 和 M，求出 M 和 N 之间的所有完全数。

12. 一个两位的正整数，如果将它的个位数字与十位数字对调，则产生另一个正整数，把后者叫做前者的对调数。现给定一个两位的正数，请找到另一个两位的正整数，使得这两个两位正整数之和等于各自的对调数之和。例如，12+32=23+21。编写程序，把具有这种特征的一对两位正整数都找出来。下面是其中的一种结果：

56+(10)=(1)+65　　　　56+(65)=(56)十 65
56+(21)=(12)+65　　　　56+(76)=(67)十 65
56+(32)=(23)+65　　　　56+(87)=(78)+65
56+(43)=(34)+65　　　　56+(98)=(89)+65
56+(54)=(45)+65

13. 求斐波那契(Fibonacci)数列中第 20 项的值(斐波那契数列指的是这样一个数列：1、1、2、3、5、8、13、21……即这个数列从第三项开始，每一项都等于前两项之和)。

第8章　数　　组

前几章介绍了基本数据类型，可以用这些数据类型来处理简单的单个数据，但在实际应用中，往往需要处理批量的、同类型的数据，例如，处理 N 个学生某门课程的考试成绩，若用简单变量来表示，只能用 n 个变量 S1，S2，…，Sn 来分别代表每个学生的成绩，但变量太多将给编程带来许多不便，显然，用相同名称辅以序号来代表这些学生的成绩，将要方便得多。VB 提供了这样一种数据表示机制——数组。本章将介绍数组的基本概念及操作。

8.1　数组的概念

在 VB 中，把一组具有同一名字、不同下标的下标变量称为数组。一个数组可以含有若干个下标变量。下标用来指出某个数组元素在数组中的位置。如 S(1 to 100)中 S 是数组名，可以表示逻辑上相关的一组数，其中，“1 To 100”称为下标，可以表示该数组中的各个元素。

数组并不是一种数据类型，而是一组有序的同类型数据的集合。利用数组，可以方便灵活地组织和使用数据。

1. 数组

数组：是同类型变量的一个有序的集合。如：A(1 To 100)，表示一个包含 100 个数组元素的名为 A 的数组。

2. 数组声明

数组必须先声明后使用。声明数组的目的就是通知计算机为其留出所需要的空间，用来存储数组元素。在计算机中，数组占据一块连续的内存区域，数组名是这个区域的名称，区域的每个单元都有自己的地址，该地址用下标表示。可声明的内容包括数组名、类型、维数、数组大小。

3. 数组元素

即数组中的变量。用下标表示数组中的各个元素。

4. 下标

下标表示顺序号，每个数组有一个唯一的顺序号，下标不能超过数组声明时的上、下界范围。下标可以是整型的常数、变量、表达式。

下标的取值范围是：下界 To 上界，缺省下界时，系统默认取 0。

5. 数组维数

由数组元素中下标的个数决定，一个下标表示一维数组，两个下标表示二维数组。VB 中有一维数组，二维数组……最多 60 维数组。

一般情况下，数组中各元素类型必须相同，但若数组为 Variant 型时，可包含不同类型的数据(建议不要使用)。

6. 静态数组

声明时确定了大小的数组，叫做静态数组。

7. 动态数组

声明时没有给定数组大小(省略了括号中的下标)，使用时需要用 ReDim 语句重新指出其大小的数组叫做动态数组。

8.2 数组的声明和应用

8.2.1 静态数组的声明

静态数组是指数组元素个数固定的数组，需要在编译时开辟内存区域。在定义数组时，VB 提供了两种格式。

1. 第 1 种格式

对于数组的每一维，只给出下标的上界，即可以使用的下标的最大值。对一维数组，格式如下：

Dim 数组名(下标上界)[As 类型]

例如：

Dim Arr(9) As Integer '声明了名称为 Arr，有 10 个元素(下标的范围是 0~9)的一维整型数组。

Dim S(5) As String*10 '声明了名称为 S，有 6 个元素(下标的范围是 0~5)的一维字符串型数组，每个元素最多存放 10 个字符。

对二维数组，格式如下：

Dim 数组名(第一维下标上界，第二维下标上界)[As 类型]

例如：

Dim A(2,2) As Single '声明了名称为 A，有 3 行 3 列 9 个数组元素的二维单精度型数组，该数组有 3 行(第一维下标 0~2)、3 列(第二维下标 0~2)。

例如：Dim ArrayDemo (2,3) As Integer　' 声明了一个名称为 ArrayDemo，有 3 行 4 列 12 个元素的二维整形数组，该数组有 3 行(第一维下标 0~2)、4 列(第二维下标 0~3)，占据 12 个整型变量的空间，如图 8-1 所示。

ArrayDemo (0,0)	ArrayDemo (0,1)	ArrayDemo (0,2)	ArrayDemo (0,3)
ArrayDemo (1,0)	ArrayDemo (1,1)	ArrayDemo (1,2)	ArrayDemo (1,3)
ArrayDemo (2,0)	ArrayDemo (2,1)	ArrayDemo (2,2)	ArrayDemo (2,3)

图 8-1　二维数组的各元素按行存储

说明：

(1) 下标必须为常数，不可以为表达式或变量。

(2) 一般情况下，下标下界的默认值为 0，省略下界，一维数组的大小为：上界−下界+ 1。如果希望从 1 开始，可以通过 Option Base 语句来设置，格式为：

```
Option Base n
```

其中 n 只能是 0 或 1，如果不使用该语句，则默认值为 0。Option Base 语句作用是指定数组下标的默认下界。Option Base 语句只能出现在窗体层或模块层，不能出现在过程中，并且必须放在数组定义之前，如果定义的是多维数组，则定义对每一维都有效。

注意：

① Option Base 语句只能出现在窗体层或模块层，不能出现在过程中。

② 若数组元素的下标超出数组定义时的下标范围，则会产生“下标越界”的错误。

(3) 如果省略类型，则为变体型数组。

(4) 下标个数决定数组的维数，最多 60 维。

(5) 每一维的大小=上界-下界+1；数组的大小=每一维大小的乘积。

2. 第二种格式

用第一种格式定义的数组，其下标的下界只能是 0 或 1，而如果使用第二种格式，则可根据需要指定数组下标的下界，格式如下：

```
Dim 数组名([下界 To]上界 [,[下界 To]上界] …)[As 类型]
```

例如：

Dim Arr(-2 To 3)　'声明了名称为 Arr，有 6 个数组元素的一维数组，其下标的下界为-2，上界为 3。

Dim C(-1 To 5, 2 To 4) As Long　'声明了名称为 C，有 7 行 3 列 21 个元素(第一维下标范围为-1~5，第二维下标的范围是 2~4)的二维长整型数组，占据 21 个长整型变量的空间。

第二种格式实际上已经包含了第一种格式，因此，如果不使用 Option Base 语句，则下述数组说明语句是等效的：

```
Dim A (3, 8)
Dim A (0 To 3, 0 To 8)
```

```
Dim A (0 To 3, 8)
```

但是，没有这种格式，数组下标的下界只能是 0 或 1，而使用了 To，下标范围为：最小下界~最大上界，为-32768~32767。

在定义数组时，要注意以下几点：

(1) 数组名的命名规则与变量名相同。

(2) 在数组声明中的下标关系到每一维的大小，是数组说明符，而在程序其他地方出现的下标为数组元素，两者写法相同，但意义不同。例如：

```
Dim x(10) As Integer     '声明了整形数组 x 有 11 个元素
……
x(10)=100    '对 x 数组中下标为 10 的数组元素赋值
```

(3) 在数组声明时的下标只能是常数，而在其他地方引用的数组元素的下标可以是变量。

(4) 在同一个过程中，数组名与变量名不能相同，否则出错。例如：

```
Private Sub Form_Click()
    Dim a(5)
    Dim a
    A=8
    a(2)=10
    Print a , a(2)
End Sub
```

程序运行后，单击窗体，将显示一个信息框，如图 8-2 所示。

图 8-2 编译错误提示信息

图 8-3 编译错误提示信息

(5) 在定义数组时，每一维的元素个数必须是常数或常数表达式，不能是变量或变量表达式。例如，Dim Arr2(n)和 Dim Arr3(n+5)都是不合法的。即使在执行数组定义语句之前给出变量的值，也是错误的。例如：

```
n=InputBox ("输入 n 的值")
Dim Arr2(n)
```

执行上面的操作后，将产生错误，如图 8-3 所示。

(6) 多维数组的存放顺序是：先按行，后按列。即先放第 1 行，再放第 2 行，以此类推。数组元素的总数等于各维大小的乘积。例如，Dim a(2,3) As Single，定义了一个 3 行 4 列的二维单精度数组 a，数组 a 的各元素在内存中的存放顺序是：

a(0,0)→a(0,1)→a(0,2)→a(0,3)

→a(1,0)→a(1,1)→a(1,2)→a(1,3)

→a(2,0)→a(2,1)→a(2,2)→a(2,3)

一维数组是一个线性表；二维数组可以表示平面、矩阵；三维数组可以表示三维空间。如图 8-4 所示的是一维、二维和三维数组的结构示意图。

(7) 无论用哪种格式定义数组，下界都必须小于上界。LBound 和 UBound 这两个函数的功能分别返回数组的指示维数的最小、最大可用下标，函数格式为：

Lbound(数组名[,维数])

Ubound(数组名[,维数])

当维数为一维时，可以省略

例：Dim aa(2 to 50,-8 to 100, 10 to 20)

```
s=Lbound(aa)        '结果为 2
p=Ubound(aa)        '结果为 50
s=Lbound(aa,2)      '结果为-8
p=Ubound(aa,2)      '结果为 100
s=Lbound(aa,3)      '结果为 10
p=Ubound(aa,3)      '结果为 20
```

图 8-4(a)　一维数组的线性表结构

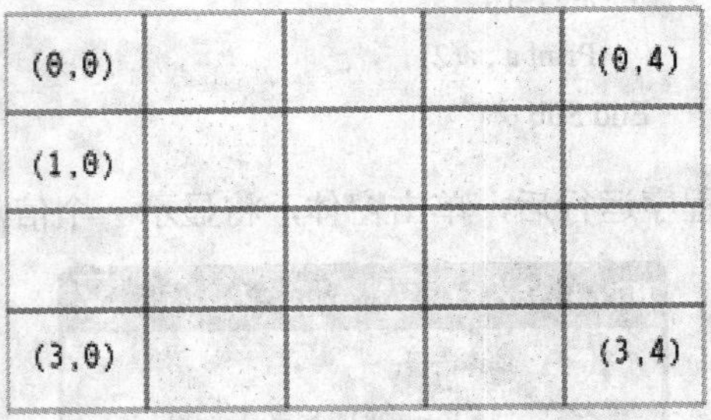

图 8-4(b)　二维数组的平面结构

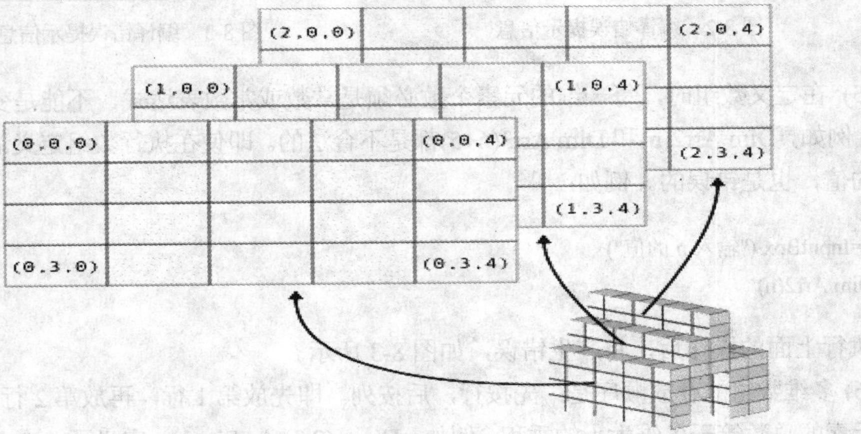

图 8-4(c)　三维数组的立体结构

8.2.2 动态数组及声明

动态数组是指声明时没有给定数组大小(省略了括号中的下标)，使用时需要用 ReDim 语句重新指出其大小的数组，需在运行时开辟内存区域。当程序没有运行时，动态数组不占用内存。使用动态数组的优点是根据用户需要，有效地利用存储空间。

建立动态数组的方法分为以下两步进行。

第 1 步：用 Dim 语句声明括号内为空的数组。

格式如下：Dim 数组名() [As 数据类型]

第 2 步：在过程中用 ReDim 语句指明该数组的大小。

ReDim 格式如下：ReDim [Preserve]数组名(下标 1[，下标 2…]) [As 类型]

其中下标可以是常量，也可以是有了确定值的变量，类型可以省略，若不省略，必须与 Dim 中的声明语句保持一致。

例：
```
Dim D() As Single
Private Sub Form_Load()
  ……
  ReDim D(4,6)
  ……
  End Sub
```

定义了窗体级动态数组 D，在 Form_Load()事件过程中重新指明 D 为 5 行 7 列的二维数组。

说明：

(1) 在窗体层或模块层定义的动态数组只有类型，没有指定维数，其维数在 ReDim 语句中给出，最多不能超过 8 维。

(2) 在一个程序中，可以多次用 ReDim 语句定义同一个数组，随时修改数组中元素的个数，例如，在窗体层声明如下：

```
Option Base 1
Dim this() As String
```

然后编写如下事件过程：

```
Private Sub Command1_Click()
  ReDim this(4)
  this(2)= "Microsoft"
  Print this(2)
  ReDim this(6)
  this(5)="Visual Basic"
  Print this(5)
End Sub
```

在事件过程中，开始时用 ReDim 定义的数组 this 有 4 个元素，然后再一次用 ReDim 把 this 数组定义为 6 个元素。

注意：

(1) ReDim 语句只能出现在事件过程或通用过程中，用它定义的数组是一个“临时”数组，即在执行数组所在过程时为数组开辟一定的内存空间，当过程结束时，这部分内存空间即被释放。

(2) 在动态数组 ReDim 语句中的下标可以是常量，也可以是有了确定值的变量。

(3) 在过程中可以多次使用 ReDim 来定义同一个数组，首次使用 ReDim 可以决定数组的维数，以后再用 ReDim 时不能再改变数组的维数，但可以改变数组的大小。

例如：

```
Option Base 1
Dim this() As String
Private Sub Command1_Click()
    ReDim this(4)
    this(2)="Microsoft"
    Print this(2)
    ReDim this(2, 3)
    this(2, 1)="Visual Basic"
    Print this(2, 1)
End Sub
```

是错误的。此外，也不能用 ReDim 改变数组类型，下面的程序也是错误的：

```
Option Base 1
Dim this() As String
Private Sub Command1_Click()
    ReDim this(4)
    this(2)= "Microsoft"
    Print this(2)
    ReDim this(6) As Integer
    this(5)=200
    Print this(5)
End Sub
```

(4) 每次使用 ReDim 语句都会使原来数组中的值丢失，可以在 ReDim 语句后加 Preserve 参数来保留数组中的数据，但使用 Preserve 只能改变最后一维的大小，前面几维大小不能改变。

8.2.3　数组的清除和重定义

静态数组一经定义，便在内存中分配了相应的存储空间，其大小是不能改变的。也就是说，在一个程序中，同一个数组只能定义一次。有时候，可能需要清除数组的内容或对数组重新定义，这可以用 Erase 语句来实现，其格式为：

Erase 数组名[, 数组名] ……

Erase 语句用来重新初始化静态数组的元素，或者释放动态数组的存储空间。注意，在 Erase 语句中，只给出要刷新的数组名，不带括号和下标。例如：

Erase Test

说明：

(1) 当把 Erase 语句用于静态数组时，如果这个数组是数值数组，则把数组中的所有元素置为 0；如果是字符串数组，则把所有元素置为空字符串；如果是记录数组，则根据每个元素(包括定长字符串)的类型重新进行设置，如表 8-1 所示。

表 8-1　Erase 语句对静态数组的影响

数组类型	Erase 对数组元素的影响
数值数组	将每个元素设为 0
字符串数组(变长)	将每个元素设为零长度字符串("")
字符串数组(定长)	将每个元素设为 0
Variant 数组	将每个元素设为 Empty
用户定义类型的数组	将每个元素作为单独的变量来设置
对象数组	将每个元素设为 Nothing

(2) 当把 Erase 语句用于动态数组时，将删除整个数组结构并释放该数组所占用的内存。也就是说，动态数组经 Erase 后即不复存在；而静态数组经 Erase 后仍然存在，只是其内容被清空。

(3) 当把 Erase 语句用于变体数组时，每个元素将被重置为“空”(Empty)。

(4) Erase 释放动态数组所使用的内存，在下次引用该动态数组之前，必须用 ReDim 语句重新定义该数组变量的维数。

从下面的程序中可以看到 Erase 语句的功能。

```
Static Sub Form_Click()
    Dim Test (1To 5) As Integer
      Print "显示数组内容．"
      For i=1 To 5
        Test (i)=i
        Print Test (i);
```

```
        Next i
    Print "开始刷新"
      Erase Test
      Print "显示刷新后的结果．"
      For i=1 To 5
        Print Test (i);
      Next i
End Sub
```

上面的事件过程使用了关键字 Static，因而在该过程中定义的变量为静态变量(包括数组)。过程中定义了一个静态数组 Test，用 For 循环语句为每个元素赋值，并输出每个元素的值，然后执行 Erase 语句，将各元素的值清除，使每个元素的值都为 0。程序的运行结果如图 8-5 所示。

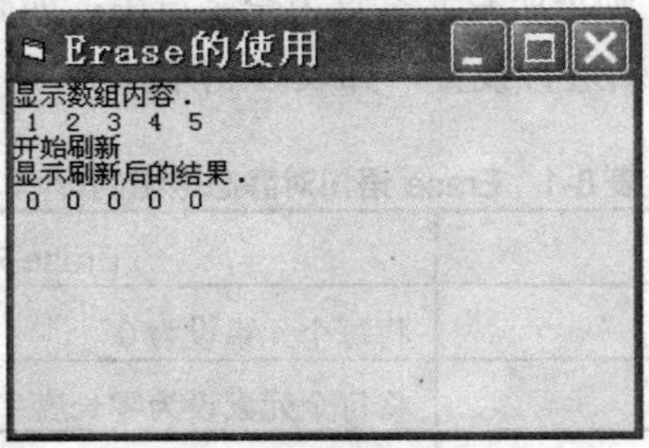

图 8-5　Erase 语句试验显示

8.3　数组的基本操作

建立一个数组之后，可以对数组或数组元素进行操作。数组的基本操作包括输入、输出及复制，这些操作都是对数组元素进行的。此外，在 VB 中还提供了 For Each…Next 语句，可用于对数组的操作。

8.3.1　数组元素的引用

在定义一个数组之后，就可以使用数组了。引用数组就是对数组元素进行各种操作，例如：赋值、表达式运算、输入输出等。

数组的引用通常是指对数组元素的引用，方法是，在数组后面的括号中指定下标。例如：

x (10) , y (2,3) , z%(3)

要注意区分数组定义和数组元素，在下面的程序片断中：

Dim x (10)

……

```
Temp=x (10)
……
```

有两个 x (10)，其中 Dim 语句中的 x(10)不是数组元素，而是“数组说明符”，由它说明所建立的数组 x 的最大可用下标值为 10；而赋值语句“Temp=x (10)”中的 x (10)是一个数组元素，它代表数组元素 x 中下标为 10 的元素。

在引用数组时，应注意以下几点：

(1) 在引用数组元素时，数组名、类型和维数必须与定义数组时一致。例如：

```
Dim x%  (10)
……
Print x (5)
```

Print 语句中的 x (5)是数组 x 中下标为 5 的元素，必须写成 x%(5)。

(2) 如果建立的是二维或多维数组，则在引用是必须给出两个或多个下标。

(3) 引用数组元素时，其下标值应在建立数组时所指定的范围内。例如：

```
Dim Arr (20)
……
Print    Arr (21)
```

运行时将出现“下标越界”的错误。

8.3.2　数组初始化

所谓数组的初始化，就是给数组的各元素赋初值。在 VB 中数组的初始化的方法大致可以分为 3 种。一种是直接利用赋值语句为数组元素赋值；另一种则是利用循环语句为数组赋值；第三种则是利用 Array 函数。利用该函数，可以使数组在程序运行之前初始化，得到初值。

1. 当数组元素个数较少或者只需要对数组中的指定元素赋值时，可以用赋值语句来实现数组元素的输入。

例如：

```
Dim A(3) as Integer
A(0)=2: A(1)=5: A(2)=-2: A(3)=2
```

2. 当数组元素较多时，数组元素通过 For 循环语句及 InputBox 函数输入。

例如：

```
Option Base 1
Dim stuname () As String       '这两行在窗体层输入
Private Sub Form_Click()
    ReDim stuname (4) As String
    For i=1 To 4
        Temp= InputBox ("Enter Name：")
```

```
        Stuname (i)=temp
    Next i
End Sub
```

上述程序运行后，在对话框中输入“Zhang”、“Wang”、“Li”、“Zhao”，它们被存入字符串数组 stuname 中。

多维数组元素的输入通过多重循环来实现。由于 VB 中的数组是按行存储的，因此把控制数组第一维的循环变量放在最外层循环中。例如：

```
Option Base 1       '写在窗体层
Private Sub Form_Click()
    Dim a(3,5)
    For i=1 To 3
      For j=l To 5
          a(i,j)=i*j
      Next j
    Next i
End Sub
```

程序运行后，数组 a 中各元素的值为：

```
a(1,1)=1
a(1,2)=2
a(1,3)=3
……
a(3,5)=15
```

注意，当用 InputBox 函数输入数组元素时，如果要输入的数组元素是数值类型，则应显式定义数组的类型，或者把输入的元素转换为相应的数值，因为用 InputBox 函数输入的是字符串类型。

3. Array 函数用来为数组元素赋值，即把一个数据集读入某个数组。其格式为：

<数组变量名>=Array(数组元素值)

这里的“数组变量名”是预先定义的数组名，在“数组变量名”之后没有括号。之所以称为“数组变量”，是因为它作为数组使用，但作为变量定义，它既没有维数，也没有上下界。“数组元素值”是需要赋给数组各元素的值，各值之间以逗号分开。例如：

```
Dim Numbers As Variant
Numbers=Array(1,2,3,4,5)
```

将把 1、2、3、4、5 这 5 个数值赋给数组 Numbers 的各个元素，即 Numbers(0)=1，Numbers(1)=2，Numbers(2)=3，Numbers(3)=4，Numbers(4)=5。

注意：

在默认情况下，数组的下标从 0 开始，数组 Numbers 有 5 个元素。如果想使下标从 1 开始，则应执行以下语句：

Option Base 1

加上该语句后，数组 Numbers 各元素的值为 Numbers(1)=1，Numbers(2)=2，Numbers(3)=3，Numbers(4)=4，Numbers(5)=5。

对于字符串数组，其初始化操作相同。例如：

```
    Option Base 1
Private Sub Commandl_Click()
    Dim Test
    Test=Array("One","Two","Three","Four")
    Print Test(4)
End Sub
```

经过上面的定义和初始化后，Test (1)="One"，Test (2)="Two"，Test (3)= "Three"，Test (4)="Four"。运行该程序，单击命令按钮，将输出“Four”。

注意，数组变量不能是具体的数据类型，只能是变体(Variant)类型。

一般来说，数组变量可以通过以下 3 种方式定义：

(1) 显式定义为 Variant 变量。例如：

```
Dim Numbers As Variant
```

(2) 在定义时不指明类型。例如：

```
Dim Numbers
```

(3) 不定义而直接使用。

例如下面的程序：

```
Option Base 1
Private Sub Form_Click()
  Dim aaa As Variant
  MyWeek=Array("Mon","Tue","Wed","Thu","Fri","Sat","Sun")
  myday2=MyWeek(2)        ' myday2 的值为"Tue"
  myday3=MyWeek(4)        ' myday3 的值为"Thu"
  Print myday2;myday3
  aaa=Array(1,2,3,4,5,6)
  For i=1 To 6
    Print aaa(i);
  Next i
End Sub
```

程序的执行结果如图 8-6 所示。

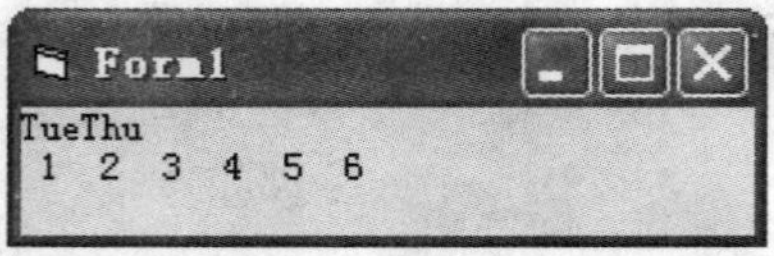

图 8-6　程序的执行结果

在该例中，用 Array 函数对两个数组变量进行初始化。其中，变量 aaa 被显式地定义为变体类型；MyWeek 未定义而直接使用，默认为变体类型。

在一般情况下，数组元素的值通过赋值语句或 InputBox 函数读入数组，如果使用 Array 函数，则可使程序大为简化，例如：

```
Static stuname As Variant
stuname=Array("王大明", "李小芸", "佟蓉", "东方明", "辛向荣")
```

注意：

Array 函数只适用于一维变体型数组初始化。

8.3.3 数组元素的输出

数组元素的输出可以用 Print 方法来实现。假定有如下一组数据：

25	36	78	13
12	23	92	88
75	24	64	56
79	44	58	29

可以用下面的程序把这些数据放入一个二维数组：

```
Option Base 1      '该语句放在窗休层
Private Sub Form_Click()
Dim a (4, 4) As Integer
For i=1 To 4
  For j=1To 4
    a (i, j)=InputBox ("Enter Data: ")
  Next j
Next i
End Sub
```

原来的数据分为 4 行 4 列，存放在数组 a 中。为了使数组中的数据仍按原来的 4 行 4 列输出，可以这样编写其中的程序段：

```
For i=1 To 4
  For i=1 To 4
    Print a (i, j);"";
```

```
    Next j
    Print
Next i
```

8.3.4 不同数组间数组元素的相互赋值

单个数组元素可以像简单变量一样从一个数组赋值到另一个数组。例如：

```
Dim B(4, 8,   A(6, 6)
……
B(2, 3)=A(3, 2)
```

二维数组中的元素可以复制给另一个二维数组中的某个元素，也可以复制给一个一维数组中的某个元素，并且反之亦然。例如：

```
Dim A(8) , B(3, 2)
……
A(3)=B(1, 2)
B(2, 1)=A(4)
```

为了复制整个数组，仍要使用 For 循环语句。例如：

```
Option Base 1
Dim name1(),name2()        '以上两行放在窗体层中
Private Sub Form_Click()
    ReDim name1(10),name2(10)
    For i=1 To 10
     name1(i)=InputBox("Enter name：")
     Next i
    For i=1 To 10
     name2(i)=name1(i)
    Next i
End Sub
```

本程序执行结果把数组 name1 中的数据复制到数组 name2 中。

8.3.5 For Each...Next 循环语句

For Each...Next 语句类似于 For...Next 语句，两者都用来执行指定重复次数的一组操作，但 For Each...Next 语句专门用于数组或对象“集合”，其一般格式为：

```
For Each 成员 In 数组
    [语句块]
    [Exit For]
    [语句块]
Next [成员]
```

这里的“成员”是一个变体变量，它是为循环提供的，并在 For Each…Next 结构中重复使用，它实际上代表的是数组中的每个元素。“数组”是一个数组名，没有括号和上下界。

用 For Each...Next 语句的目的是扫描整个数组的元素，因而可以对数组元素进行处理，包括查询、显示或读取。它所重复执行的次数由数组中元素的个数确定，也就是说，数组中有多少个元素，就自动重复执行多少次。例如：

```
Dim MyArray(1 to 5)
For Each x In MyArray
    Print x;
Next x
```

将重复执行 5 次(因为数组 MyArray 有 5 个元素)，每次输出数组的一个元素的值。这里的 x 类似于 For…Next 循环中的循环控制变量，但不需要为其提供初值和终值，而是根据数组元素的个数确定执行循环体的次数。此外，x 的值处于不断的变化之中，开始执行时，x 是数组第一个元素的值，执行完一次循环体后，x 变为数组第二个元素的值……当 x 为最后一个元素的值时，执行最后一次循环。x 是一个变体变量，它可以代表任何类型的数组元素。

可以看出，在数组操作中，For Each…Next 语句比 For…Next 语句更方便，因为它不需要指明结束循环的条件。看下面的例子。

```
Dim arr(1 To 20)
Private Sub Form_Click()
    For i=1 To 20
   art(i)=Int(Rnd*100)
    Next i
    For Each Arr_elem In arr
      If Arr_elem>50 then
       Print Arr_elem
       Sum=Sum+Arr_elem
      End If
      If Arr_elem>95 then Exit For
    Next Arr_elem
    Print Sum
End Sub
```

该例首先建立一个数组，并通过 Rnd 函数为每个数组元素赋一个 1 至 100 之间的整数，然后用 For Each...Next 语句输出值大于 50 的元素，求出这些元素的和。如果遇到值大于 95 的元素，则退出循环。

注意：

不能在 For Each...Next 语句中使用用户自定义类型数组，因为 Variant 不能包含用户自定义类型。

8.4　数组的应用

1. 一维数组的应用

【例 8-1】 用数组求和：1+2+3+…+100。

程序代码如下：

```
Option Base 1          '这条语句放到窗体层的位置
Private Sub Command1_Click()
Dim a(100) As Integer, sum As Integer
For i = 1 To 100
a(i) = I      '给数组赋初值
Next i
sum = 0   '累加器清零
For i = 1 To 100
sum = sum + a (i)
Next i
Print sum
End Sub
```

上述程序中，语句 sum=0 可以省略，但为了养成编程的一些好习惯，建议将累加器清零。

【例 8-2】 随机产生 10 个两位整数，输出最大值，最小值及所对应下标。

分析：该题目首先要产生 10 个随机整数，并保存到一维数组中，然后求出数组元素中的最大值和最小值及对应下标。程序运行结果如图 8-7 所示。

程序代码如下：

```
Option Base 1          '这条语句放到窗体层的位置
Private SubCommand1_Click()
Dim Max%, x%, Min%, y%
Dim a%(10), i%
    Print: Print "输出数组："
    Randomize
    For I = 1 To 10
        a(I) =Int (Rnd*90)+10
        Print a(I);
    Next I
    Print: Print
    Max = a(1): x = 1: Min = a(1): y = 1
```

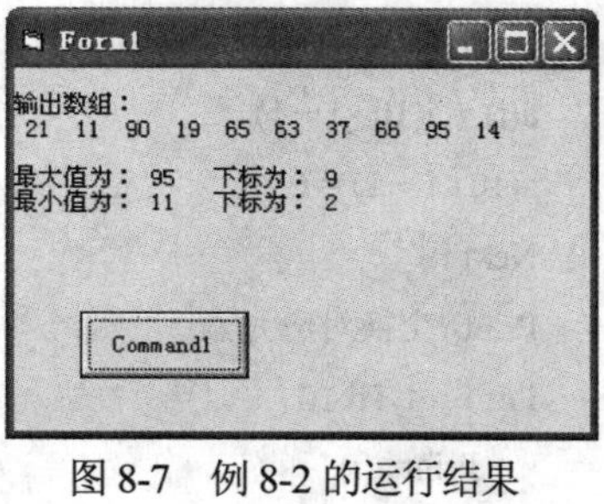

图 8-7　例 8-2 的运行结果

```
        For I = 2 To 10
        If a(I) > Max Then
        Max = a (I)
        x = I
        End If
         If a(I) < Min Then
        Min = a (I)
        y = I
        End If
    Next I
    Print "最大值为："; Max; "    下标为："; x
    Print "最小值为："; Min; "    下标为："; y
End Sub
```

【例 8-3】 编写程序，输入 10 个整数，逆序输出。程序运行结果如图 8-8 所示。

分析：数组元素逆序输出，即是数组对应元素交换内容。

程序代码如下：

```
Option Base 1        '这条语句放到窗体层的位置
Private Sub Command1_Click()
Dim a%(10)
 Print: Print "输出数组："
 Randomize
 For i = 1 To 10
   a(i) = InputBox("请输入一个整数：")
   Print a(i);
 Next i
 Print: Print
 For i = 1 To 10 \ 2
  t = a(i)
  a(i) = a(10 - i + 1)
  a(10 - i + 1) = t
  Next i
  Print "交换对应元素："
  For i = 1 To 10
     Print a(i);
 Next i
End Sub
```

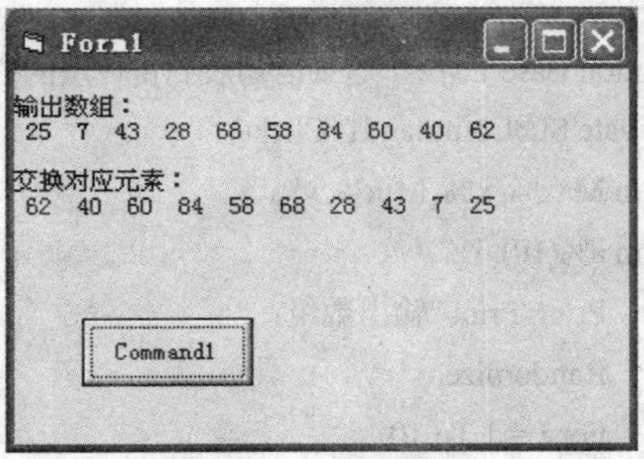

图 8-8　例 8-3 的运行结果

2. 一维数组排序

数组排序是将一组数按递增或递减的次序排列，常用的排序算法有选择排序、冒泡排序等。

(1) 选择排序法

选择排序法是最简单的排序算法，其排序思想为：

已知存放在数组中的 *n* 个数，用选择法按递增顺序排序(递增算法)

①从 *n* 个数的序列中选出最小的数，与第一个数交换位置；

②除第 1 个数外，其余 *n*-1 个数再按上面的方法选出次小的数，与第 2 个数交换位置；

③重复 *n*-1 遍，最后构成递增序列。

【例 8-4】 随机产生 10 个两位整数，用选择排序法，按由小到大的顺序排列输出。

分析：该题目首先要随机产生 10 个两位整数，并保存到一维数组中，然后应用“选择排序”方法，递增排序并输出。完成上述比较及排序处理过程，可以采用两重循环结构，外循环的循环变量 i 从 1 到 9，共循环 9 次；内循环的循环变量 j 从 i+1 到 10。

程序运行结果如图 8-9 所示。

程序代码如下：

```
Private Sub Form_Click()
Randomize
Dim a(1 To 10) As Integer
Print "原始数据："
For i = 1 To 10       ' 产生 10 个随机数
a(i) = Int(91 * Rnd + 10)
Print a(i);
Next i
Print: Print
  For i = 1 To 9    ' 排序
     For j = i + 1 To 10
        If a(i) > a(j) Then
        t = a(i): a(i) = a(j): a(j) = t     ' 交换位置
        End If
     Next j
  Next i
Print "排序结果："
For i = 1 To 10
   Print a(i);
Next i
End Sub
```

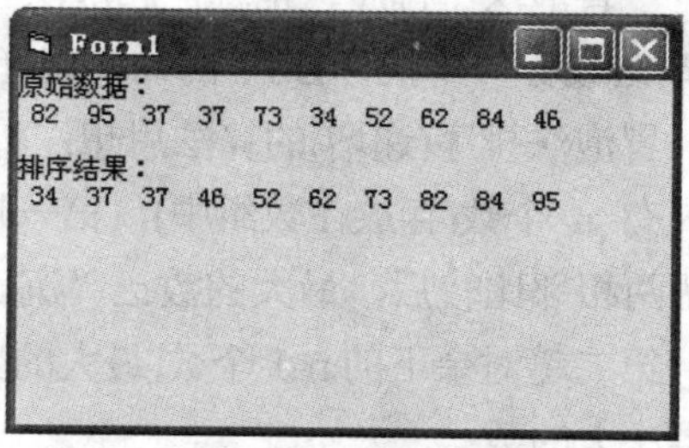

图 8-9　选择排序运行结果

注意:

改写中间程序段“For i=1 To 9”到“Next i”如下。

```
For i = 1 To 9
      k = i                        'k 用来记录每次选择的最小值的下标
      For j = i + 1 To 10
         If   a(k) > a(j) Then   k = j
      Next j
      t = a(k): a(k) = a(i): a(i) = t    ' 交换位置
   Next i
```

变量 k 记录每一次选出的最小值的下标，在本次比较结束后，使 a(i)与 a(k)一次换位即可。

注意：这个改进很有意义。因为在改进前的比较过程中每当两个数的大小不符合要求时就要进行两个数的交换操作，这种交换实际意义不大，因为交换后这两个数的位置仍然未最后确定，在以后的操作中或许还需要进行交换，因此，只有确定某数的最后位置的交换才是有意义的。

选择排序是每一轮确定一个数的位置，经过若干次比较后，把确定的数一次性交换目标位置，其最大的改进在于减少了交换的次数。

(2) 冒泡排序法

“冒泡法”排序，也称“起泡法”排序，就是每次将两个相邻的数进行比较，然后将大数调换(或称“下沉”)到下面，实现递增排序。

冒泡法排序(递增)的算法思想：将相邻两个数比较，小的调到前头。

有 n 个数(存放在数组中)，第一趟将每相邻的两个数进行比较，小的调到前头，经 n-1 次两两相邻比较后，最大的数已“沉底”，放在最后一个位置，小数上升“浮起”；

第二趟对余下的 n-1 个数(最大的数已“沉底”)按上述方法比较，经 n-2 次两两相邻比较后得次大的数;

依次类推，n 个数共进行 n-1 趟比较，在第 j 趟中要进行 n-j 次两两比较。需要两重循环。

下图展示了一个冒泡排序实例。

原序列	49	38	65	97	76	13	27
第 1 趟排序	38	49	65	76	13	27	[97]
第 2 趟排序	38	49	65	13	27	[76	97]
第 3 趟排序	38	49	13	27	[65	76	97]
第 4 趟排序	38	13	27	[49	65	76	97]
第 5 趟排序	13	27	[38	49	65	76	97]
第 6 趟排序	13	[27	38	49	65	76	97]
排序结果	13	27	38	49	65	76	97

【例 8-5】 冒泡排序法，随机产生 50 个 10~99 的随机整数，排序并按由小到大顺序每行输出 10 个数。

分析：该题目首先要随机产生 50 个 10~99 内的整数，并保存到一维数组中。然后应用“冒泡排序”方法，递增排序并输出。完成上述比较及排序处理过程，可以采用两重循环结构，外循环的循环变量 i 从 1~49，共循环 49 次；内循环的循环变量 j 从 1~50-j。50 个数，每行输出 10 个数，在输出时可以根据循环变量的值来计数判断，如果是第 10 个、20 个、30 个、40 个位置的数，输出之后要换行。程序运行结果如图 8-10 所示。

程序代码如下：

```
Private Sub Form_Click()
    Dim t(1 To 50) As Integer, i As Integer
  Dim j As Integer, k As Integer
  Randomize
  Print
  Print "原始数据："
  For i = 1 To 50                ' 产生 50 个随机数
  t(i) = Int(90 * Rnd + 10)
    If i Mod 10 <> 0 Then    ' 这个条件判断使得数据按 10 个一行输出
    Print t(i);
    Else
    Print t(i)
    End If
  Next i
  For j = 1 To 49      ' 冒泡排序
      For i = 1 To 50 - j
          If t(i) > t(i + 1) Then
          k = t(i)
          t(i) = t(i + 1)
          t(i + 1) = k
          End If
      Next i
  Next j
  Print: Print
  Print "排序结果："
  For i = 1 To 50
      If i Mod 10 <> 0 Then    ' 判断个数，每行输出 10 个数
      Print t(i);
```

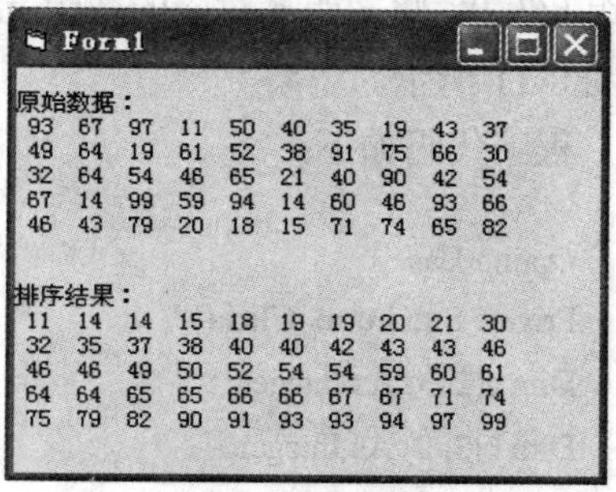

图 8-10　冒泡排序运行结果

```
        Else
            Print t(i)
        End If
    Next i
End Sub
```

上述过程首先定义一个一维数组，接着通过 For 循环用 Rnd 函数产生 50 个随机整数，然后用一个二重循环对输入的数进行排序，最后输出排序结果。在排序时，程序判断一个数是否大于后一个数。如果大于，则交换两个数的下标，即交换两个数在数组中的位置。交换通过一个临时变量 k 来进行。输出 50 个随机整数和输出递增排序后的数时，要判断个数，每行输出 10 个数。

3. 二维数组的应用

【例 8-6】 编写程序，实现矩阵的转置。

有 2×3 的矩阵 A，行与列互换后的转置矩阵为 3×2 的矩阵 B。

$$A=\begin{bmatrix}2 & 4 & 6\\1 & 3 & 5\end{bmatrix}\qquad B=\begin{bmatrix}2 & 1\\4 & 3\\6 & 5\end{bmatrix}$$

分析：2×3 的矩阵可以使用二维数组 a(2,3)来实现。矩阵的转置可以定义一个新的二维数组 b(3,2)。将数组 a 对应的数组元素赋值给数组 b，赋值规律为 b(i, j)=a(j, i)。程序运行结果如图 8-11 所示。

程序代码如下：

```
Option Base 1
Private Sub Form_Click()
Dim a(2, 3) As Integer
Dim b(3, 2) As Integer
Print "矩阵 A："
For i = 1 To 2            ' 输入矩阵 A 的值
    For j = 1 To 3
        a(i, j) = InputBox ("输入矩阵：")
        Print a(i, j);
    Next
    Print
Next
Print "转置后："
For i = 1 To 3            ' 开始转置将 a(i, j)赋值给 b(j, i)
    For j = 1 To 2
        b(i, j) = a(j, i);
        Print b(i, j)
```

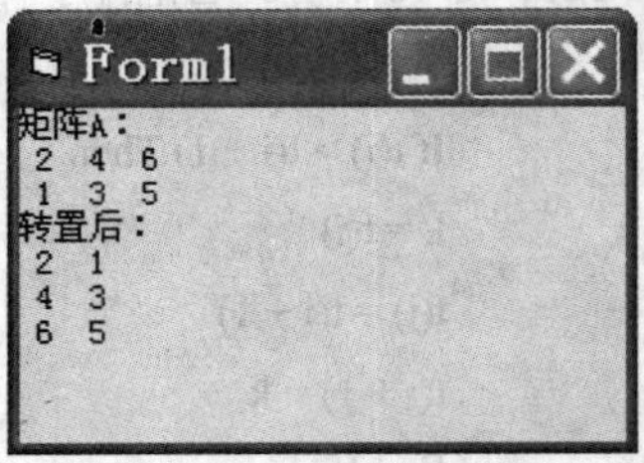

图 8-11　转置运行结果

```
        Next
        Print
    Next
    End Sub
```

使用上述代码时要注意，不要让循环变量 i 和 j 的取值超过各个数组对应的上下界。

4. 动态数组的应用

【例 8-7】 在窗体上输出如图 8-12 所示的杨辉三角。

分析：杨辉三角形是一个二维图形，其特点是两个腰上的数都为 1，其他位置上的数是它的上一行相邻两个数之和。由于它的每一行都是在上一行的基础上计算出来的，可以用二维数组进行迭代。一般可以表示为：a(i, j)=a(i-1, j-1)+a(i-1, j)

每一次迭代数组都将增加一个元素，所以程序使用了动态数组。又因为每一次迭代都覆盖掉原来的值，故需在生成下一行之前把原来的值打印出来。

代码设计如下：

```
Private Sub Form_Click()
Dim A() As Long, N As Integer, I As Integer, J As Integer
N = Val(InputBox("请输入"))
ReDim A(N, N)
Me.Cls
For I = 1 To N
    For J = 1 To I
        If J = 1 Or I = J Then
            A(I, J) = 1
        Else
            A(I, J) = A(I - 1, J - 1) + A(I - 1, J)
        End If
    Next J
Next I
For I = 1 To N
    For J = 1 To I
    Print A(I, J);
    Next J
    Print
Next I
End Sub
```

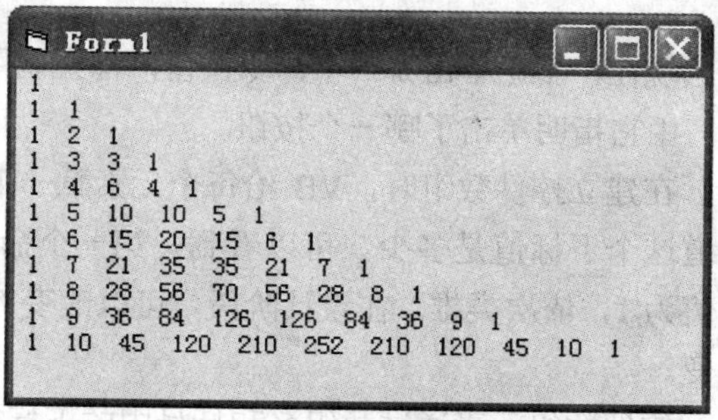

图 8-12　输出杨辉三角形

8.5 控件数组

前面介绍了数值数组和字符串数组。在 VB 中，还可以使用控件数组，它为处理一组功能相同的控件提供了方便的途径。

8.5.1 控件数组的概念

控件数组由一组相同类型的控件组成，这些控件共用一个相同的控件名字，具有同样的属性设置。数组中的每个控件都有唯一的索引号(Index Number)，即下标，其所有元素的 Name 属性相同。

当有多个控件执行大致相同的操作时，控件数组是很有用的，控件数组共享同样的事件过程。例如，假定一个控件数组含有 3 个命令按钮，则不管单击哪一个按钮，都会调用同一个 Click 过程。

控件数组的每个元素都有一个与之关联的下标，也称为索引值(Index)，下标值由 Index 属性指定。由于一个控件数组中的各个元素共享 Name 属性，所以 Index 属性与控件数组中的某个元素有关。也就是说，控件数组的名字由 Name 属性指定，而数组中的每个元素则由 Index 属性指定。和普通数组一样，控件数组的下标也放在圆括号中，例如 Option1(0)。

为了区分控件数组中的各个元素，VB 把下标值传送给一个过程。例如，假定在窗体上建立了两个命令按钮，将它们的 Name 属性都设置为 Comtest。设置完第一个按钮的 Name 属性后，如果再设置第二个按钮的属性，则 Visual Basic 会弹出一个对话框，询问是否要建立控件数组。此时单击对话框中的“是”按钮，对话框消失，然后双击窗体上的第一个命令按钮，打开程序代码窗口，可以看到在事件过程中加入了一个下标(Index)参数，即：

```
Sub Comtest_Click (Index As Integer)
  ......
End Sub
```

现在，不论单击哪一个命令按钮，都会调用这个事件过程，按钮的 Index 属性将传给过程，由它指明单击了哪一个按钮。

在建立控件数组时，VB 给每个元素赋一个下标值，通过属性窗口中的 Index 属性可以知道这个下标值是多少。可以看到，第一个命令按钮的下标值为 0，第二个命令按钮的下标值为 1，依次类推。在设计阶段，可以改变控件数组元素的 Index 属性，但不能在运行时改变。

控件数组元素通过数组名和括号中的下标来引用。例如：

```
Sub Comtest_Click(Index As Integer)
Comtest (Index).Caption=Format(Now,"hh:mm:ss")
End Sub
```

当单击某个命令按钮时，该按钮的 Caption(标题)属性将被设置为当前时间。

控件数组多用于单选按钮。在一个框架中，有时候可能会有多个单选按钮，可以把这些按钮定义为一个控件数组，然后通过赋值语句使用 Index 属性或 Caption 属性。

8.5.2　控件数组的建立

控件数组是针对控件建立的，因此与普通数组的定义不一样。可以通过以下两种方法来建立控件数组：

第一种方法的步骤如下：

(1) 在窗体上画出作为数组元素的各个控件。

(2) 单击要包含到数组中的某个控件，将其激活。

(3) 在属性窗口中选择"名称"属性，并输入控件的名称。

(4) 对每个要加到数组中的控件重复(2)、(3)步，输入与第(3)步中相同的名称。

当对第二个控件输入与第一个控件相同的名称后，VB 将显示一个对话框，如图 8-13 所示，询问是否确实要建立控件数组。单击"是"按钮将建立控件数组，单击"否"按钮则放弃建立操作。

图 8-13　建立控件数组

第二种方法的步骤如下：

(1) 在窗体上画出一个控件，将其激活。

(2) 选择"编辑"菜单中的"复制"命令(快捷键为 Ctrl+C)，将该控件放入剪贴板。

(3) 选择"编辑"菜单中的"粘贴"命令(快捷键为 Ctrl+V)，将显示一个对话框，询问是否建立控件数组，如图 8-13 所示。

(4) 单击对话框中的"是"按钮，窗体的左上角将出现一个控件，它就是控件数组的第二个元素。

(5) 选择"编辑"菜单中的"粘贴"命令，或按快捷键 Ctrl+V，建立控件数组的其他元素。控件数组建立后，只要改变一个控件的"Name"属性值，并把 Index 属性置为空(不是 0)，就能把该控件从控件数组中删除。控件数组中的控件执行相同的事件过程，通过 Index 属性可以决定控件数组中的相应控件所执行的操作。

控件数组可以在设计阶段通过设置相同的 Name 属性建立，可以通过改变数组中某个控件的 Name 和 Index 属性将其删除。此外，也可以在程序代码中通过 Load 方法建立控件数组，通过 Unload 方法删除数组中的某个控件。

【例 8-8】 设计窗体，其中有 5 个单选按钮构成的控件数组，要求当单击某个单选按钮时，能够改变文本框中文字的大小，程序运行结果如图 8-14 所示。

程序代码如下：

```
Private Sub Option1_Click (Index As Integer)
  Select Case Index    '系统返回 Index 值
     Case 0
        Text1.FontSize = 10
     Case 1
        Text1.FontSize = 14
     Case 2
        Text1.FontSize = 18
     Case 3
        Text1.FontSize = 24
     Case 4
        Text1.FontSize = 28
    End Select
End Sub
Private Sub Form_Load()
        Option1(0).Value = True      '选定第一个单选按钮
        Text1.FontSize = 10      '设定文本框中的字号
End Sub
```

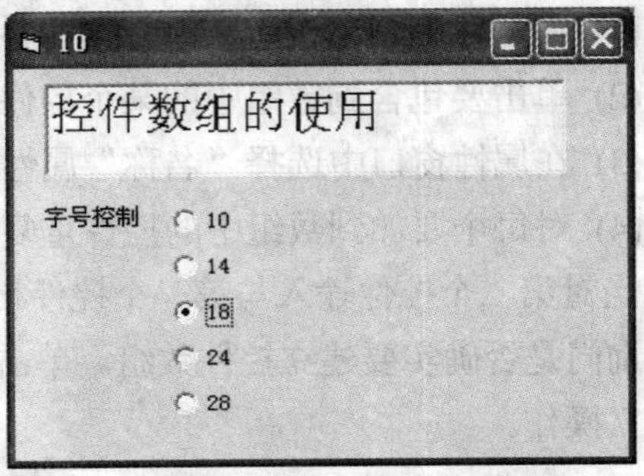

图 8-14　控件数组的使用

【例 8-9】 建立含有 3 个命令按钮的控件数组，当单击某个命令按钮时，分别执行不同的操作。

在窗体上建立命令按钮数组，并把 3 个命令按钮的 Caption 属性分别设置为“命令按钮 1”、“命令按钮 2”、“退出”。双击任意一个命令按钮，打开代码窗口，输入如下事件过程：

```
Private Sub Comtest_Click (Index As Integer)
    FontSize=12
    If Index=0 Then
      Print "单击第一个命令按钮"
    ElseIf Index=1 Then
      Print "单击第二个命令按钮"
    Else
      End
    End If
End Sub
```

上述过程根据 Index 的属性值决定在单击某个命令按钮时所执行的操作。所建立的控件数组包括 3 个命令按钮，其下标(Index 属性)分别为 0、1、2。第一个命令按钮的 Index 属性为 0，因此，当单击第一个命令按钮时，执行的是下标为 0 的那个数组元素的操作；而当单击第二个命令按钮时，执行的则是下标为 1 的那个数组元素的操作。

8.6 用户定义的数据类型

迄今为止，已介绍了基本类型的变量，如整型、实型、字符型变量等，但是只有这些数据类型是不够的。有时需要将不同类型的数据组合成一个有机的整体，以便于引用。这些组合在一个整体中的数据是互相联系的。例如，一个学生的学号、姓名、性别、年龄、成绩、家庭地址等项。这些项都与某一学生相联系。如果将这些项分别定义为互相独立的简单变量，是难以反映它们之间的内在联系的。应当把它们组织成一个组合项，在一个组合项中包含若干个类型不同(当然也可以相同)的数据项。

用户定义的数据类型是指由若干标准数据类型组成的一种复合类型，也称为记录类型。

1. 用户自定义数据类型的格式

在 VB 中，用户可以利用 Type 语句定义自己的数据类型，其格式如下：

```
Type　数据类型名
数据类型元素名　As　类型名
数据类型元素名　As　类型名
……
End Type
```

其中，“数据类型名”是要定义的数据类型的名字，其命名规则与变量的命名规则相同；“数据类型元素名”也遵守同样的规则，且不能是数组名；“类型名”可以是任何基本数据类型，也可以是用户定义的类型。

用 Type 语句可以定义类似于 Pascal、Ada 语言中“记录类型”和 C 语言中“结构体”类型的数据，因而通常把用 Type 语句定义的类型称为记录类型。例如：

```
Type Student
    num As Integer
    name As String*4
    sex As String*1
    age As Integer
    score As Single
    addr As String*20
End Type
```

这里的 Student 是一个用户定义的类型，它由 6 个元素组成：num、name、sex、age、score

和 addr，表示一个学生的学号、姓名、性别、年龄、成绩、家庭地址。其中 num 和 age 是整型，name、sex 和 addr 是定长字符串，score 是单精度浮点型。例如，下面定义了一个学生信息的自定义类型：

```
Type studtype
    No  As  Integer         '定义学号
    Name  As  String*10     '定义姓名
    Sex  As  String*2       '定义性别
    Age  As Integer         '定义年龄
    Mark (1 To 4) As Single   '定义 4 门课程的成绩
    Total As Single         '定义总分
End Type
```

在使用 Type 语句时，应注意以下几点：

(1) 记录类型中的元素可以是字符串，但必须是定长字符串，其长度用类型名称加上一个星号和常数指明，一般格式为：

```
String*常数
```

这里的“常数”是字符个数，它指定定长字符串的长度，例如：

```
name As String*4
```

(2) 记录类型的定义必须放在模块(包括标准模块和窗体模块)的声明部分，在使用记录类型之前，必须用 Type 语句加以定义。在一般情况下，记录类型在标准模块中定义，其变量可以出现在工程的任何地方。当在标准模块中定义时，关键字 Type 前可以有 Public(默认)或 Private；而如果在窗体模块中定义，则必须在前面加上关键字 Private。

(3) 在记录类型中不能含有数组。

(4) 在随机文件操作中，记录类型数据有着重要的作用。

① 自定义类型一般在标准模块(.bas)中定义，默认是 Public。

② 自定义类型中的元素可以是字符串,但应是定长字符串。

③ 不可把自定义类型名与该类型的变量名混淆。

④ 注意自定义类型变量与数组的差别：它们都由若干元素组成，前者的元素代表不同性质、不同类型的数据，以元素名表示不同的元素；后者存放的是同种性质、同种类型的数据，以下标表示不同元素。

2. 自定义型变量的声明和使用

声明形式：Dim 变量名 As 自定义类型名

例如：

```
Dim  student As studtype,  mystud  As studtype
```

自定义类型中元素的表示方法是：

变量名.元素名

如：student.name student.mark(4)

为了简单起见，可以用 With…End With 语句进行简化。例如：

```
With  student
   .no=99001
   .name=""
   .sex=""
   .total=0
      for I=1 to 4
   .mark(I)=Int (Rnd*101)     ' 随机产生 0~100 之间的分数
   .total=.total+.may(I)
 next I
 End With
 Mystud=student      ' 同种自定义类型变量可以直接赋值
```

自定义类型数组就是数组中的每个元素都是自定义类型。

8.7 综合举例

数组是 VB 中重要的数据结构，广泛用于各种应用程序设计中。前面介绍了数组的基本概念和操作，这一节通过几个例子说明数组的具体应用。

【例 8-10】 打印 5 名学生的数学、英语和计算机课程的考试分数，同时计算出各门课程的平均分数和总平均分数。

程序代码如下：

```
Option Base 1    '该语句在窗体层
Private Sub Form_Click()
Static Stuname(5) As String * 10
Static Socre(5, 3) As Single
Stuname(1) = "王心心"
Stuname(2) = "张杨"
Stuname(3) = "白如雪"
Stuname(4) = "周文"
Stuname(5) = "李小刚"
Socre(1, 1) = 87: Socre(1, 2) = 76: Socre(1, 3) = 88.5
Socre(2, 1) = 78: Socre(2, 2) = 89: Socre(2, 3) = 78.5
```

```
Socre(3, 1) = 69: Socre(3, 2) = 92: Socre(3, 3) = 91.7
Socre(4, 1) = 82: Socre(4, 2) = 90.5: Socre(4, 3) = 93
Socre(5, 1) = 97: Socre(5, 2) = 95.5: Socre(5, 3) = 98
FontName = "宋体"
FontSize = 12
FontUnderline = True
Print Tab(20); "考试成绩统计表"
Print
Print "姓名"; Tab(15); "数学"; Tab(25); "英语";
Print Tab(37); "计算机"; Tab(50); "总计"
Print
FontUnderline = 0
For i = 1 To 5
Print Stuname(i);
Print Tab(14); Format(Socre(i, 1), "000.00");
Print Tab(25); Format(Socre(i, 2), "000.00");
Print Tab(37); Format(Socre(i, 3), "000.00");
sumscore = Socre(i, 1) + Socre(i, 2) + Socre(i, 3)
Print Tab(50); Format(sumscore, "000.00")
summath = summath + Socre(i, 1)
sumeng = sumeng + Socre(i, 2)
sumcom = sumcom + Socre(i, 3)
 Next i
 Sum = sunmath + sumeng + sumcom
 FontUnderline = True
 Print
 FontItalic = True
 FontUnderline = False
 Print "平均";
 Print Tab(14); Format(summath / 5, "000.00");
 Print Tab(25); Format(sumeng / 5, "000.00");
 Print Tab(37); Format(sumcom / 5, "000.00");
Print Tab(50); Format(Sum / 5, "000.00")
End Sub
```

该程序首先把 5 各学生的姓名及各科考试分数分别存入数组中，然后对数组(主要是一个二维数组)进行处理，包括按行、按列求和及输出等。程序的具体输出结果如图 8-15 所示。

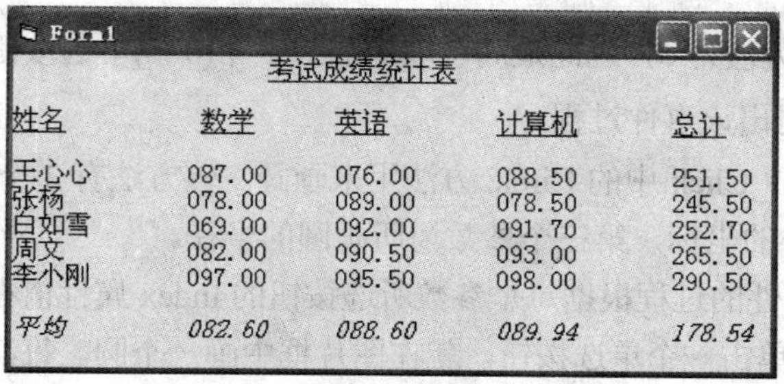

图 8-15　例 8-10 的运行结果

【例 8-11】　在程序运行中通过 Load 方法来建立控件数组。

在窗体上有两个命令按钮、一个单选按钮和一个图片框，程序运行后，每单击一次“增加”命令按钮，则在窗体上增加一个新的单选按钮。如果单击某个单选按钮，则在图片框中画出具有不同填充图案的圆，单击“退出”命令按钮，则结束程序。

把第一个单选按钮的“名称”属性设为 Option1，Index 属性设置为 0。直接设置 Index 为 0 就可以建立单选按钮的控件数组。

编写如下事件过程：

```
Private Sub Command1_Click()
Static MaxIdx
MaxIdx = MaxIdx + 1
If MaxIdx > 7 Then Exit Sub
Load option1(MaxIdx)                    '建立新的控件数组元素
Option1(MaxIdx).Top = Option1(MaxIdx - 1).Top + 360   '新单选按钮在原来单选按钮的下面
Option1(MaxIdx).Visible = True      '使新的单选按钮可见
End Sub
Private Sub Option1_Click(Index As Integer)
    Dim H, W
    Picture1.Cls
    Picture1.FillStyle = Index      '设置填充类型
    W = Picture1.ScaleWidth / 2
    H = Picture1.ScaleHeight / 2
    Picture1.Circle (W, H), W / 2 '画圆
End Sub

Private Sub Command2_Click()
End
End Sub
```

事件过程 Command1_Click 用来增加单选按钮。每单击一次命令按钮，用 Load 为控件数组 Option1 增加一个元素。新增加的控件位于原来控件的下面，其 Visible 属性被设置为

True。控件数组的最大值为 6，因此最高可以增加到 7 个(0~6)单选按钮。超过 7 个后，将通过“Exit Sub”语句退出该事件过程。

事件过程 Option1_Click 中的 Circle 方法用来画圆。该方法有 3 个参数，前两个参数(在括号中)用来指定圆心的坐标，第三个参数为所画圆的半径。

Option1_Click 事件的过程根据每个参数所选按钮的 Index 属性值在图片框中画出具有不同填充图案的圆。每单击一个单选按钮，就在图片框中画一个圆。每次画圆都以不同的图案来填充。

【例 8-12】 在一组有序数中，插入一个数后，使这组数仍然有序，在一组有序数中将与某个变量值相同的那个数删除。

分析：本题的操作如果只用数组，将涉及数组元素的大量移位。如果利用列表框则可以很方便地实现数据项的插入和删除，通过“AddItem”方法插入数据，通过“RemoveItem”方法删除指定数据，系统会自动对索引号进行相应的改变。程序运行结果如图 8-16 所示。

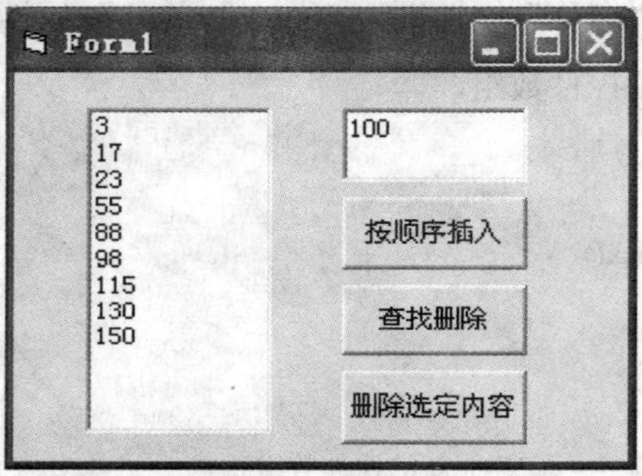

图 8-16　例 8-12 之运行结果

程序代码如下：

```
Private Sub Command1_Click()
x = Val(Text1.Text)
For i = 0 To List1.ListCount - 1
If x < Val(List1.List(i)) Then      '判断文本框中数的值在列表框中的位置
Exit For
End If
Next i
List1.AddItem x, I        '将 x 的值插入到文本框中指定的位置
End Sub
Private Sub Command2_Click()
x = Val(Text1.Text)
For i = 0 To List1.ListCount - 1
If x = Val(List1.List(i)) Then      '找到数，则删除
List1.RemoveItem i
```

```
End If
Next i
End Sub
Private Sub Command3_Click()
List1.RemoveItem List1.ListIndex    '删除由选定项的序号 ListIndex 决定
的数据项
End Sub

Private Sub Form_Load()
Dim a(), i%, n%
a = Array(3, 17, 23, 55, 88, 98, 115, 130, 150)    '一组有序的数
n = UBound(a)
For i = 0 To n
List1.AddItem a(i)    '将数组元素添加到列表框中
Next i
End Sub
```

8.8 小　　结

本章主要介绍了数组基本的概念和操作。在程序中如需要处理大量类型相同的数据时，VB 提供了数组。数组由多个同类型的元素组成，用同一个名、不同下标，标识数组中不同元素。数组必须先声明、后引用。

根据数组定义时下标格式不同可分为一维数组和多维数组；根据数组定义时数组长度是否确定可分为静态数组和动态数组。同类控件也可以创建控件数组，控件数组中的每个控件共享相同的名称和事件过程。

8.9 习　　题

一、选择题

1. 用下面的语句定义的数组元素的个数是(　)。

Dim A(-3 To 5) As Integer

A) 6　　B) 7　　C) 8　　D) 9

2. 用下面的语句定义的数组元素个数是(　)。

Dim Arr(3 To 5, -2 To 2)

A) 20　　B) 12　　C) 15　　D) 24

3. 在窗体上画一个命令按钮(其 Name 属性为 Command1)，然后编写如下代码：

```
Private Sub Command1_Click()
  Dim Arr1(10) As Integer ,Arr2(10) As Integer
  n=3
  For i=1 To 5
    Arr1(i)=i
    Arr2(n)=2*n+i
  Next i
  Print Arr2(n);Arr1(n)
End Sub
```

程序运行后，单击命令按钮，输出结果是(　)。

A) 11　3　　B) 3　11　　C) 13　3　　D) 3　13

4. 在窗体上画一个命令按钮(其 Name 属性为 Command1)，然后编写如下代码：

```
Option Base 1
Private Sub Command1_Click()
  Dim a
  a=Array(1,2,3,4)
  j = 1
  For i = 4 To 1 Step-1
    s = s + a(i)*j
    j=j*10
  Next i
  Print s
End Sub
```

运行上面的程序，单击命令按钮，其输出结果是(　)。

A) 4321　　B) 12　　C) 32　　D) 1234

5. 在窗体上画一个命令按钮(其 Name 属性为 Command1)，然后编写如下代码：

```
Option Base 1
Private Sub Command1_Click()
 Dim a(4,4)
 For i =1 To 4
   For j=1 To 4
    a(i,j)=(i-1)*3+j
   Next j
 Next i
```

```
For i = 3 To 4
  For j = 3 To 4
    Print a(j,i);
  Next j
  Print
Next i
End Sub
```

程序运行之后，单击命令按钮，其输出结果为(　)。

A) 6　9　　B) 7　10　　C) 8　11　　D) 9　12
　 7　10　　　 8　11　　　 9　12　　　 10　13

6. 下列数组声明正确的是( )。

A) n=5:Dim x%(4,n)　　　　B) Dim x!

C) Dim a&[2 to 5]　　　　D) Dim x#():n=3:ReDim x#(n)

7. 设在窗体上有一个名称为 Command1 的命令按钮，并有以下事件过程:

```
Private Sub Command1_C1ick()
  Static b As Variant
  b=Array(1,3,5,7,9)
  …
End Sub
```

此过程的功能是把数组 b 中的 5 个数逆序存放(即排列为 9，7，5，3，1)。为实现此功能，省略号处的程序段应该是(　)。

```
A) For i=0 To 5-1\2
       tmp=b(i)
       b(i)=b(5-i-1)
       b(5-i-1)=tmp
   Next
B) For i=0 To 5
       tmp=b(i)
       b(i)=b(5-i-1)
       b(5-i-1)=tmp
   Next
C) For i=0 To 5\2
       tmp=b(i)
       b(i)=b(5-i-1)
       b(5-i-1)=tmp
   Next
D) For i=1 To 5\2
       tmp=b(i)
       b(i)=b(5-i-1)
       b(5-i-1)=tmp
   Next
```

8. 语句 Dim A&(10),B#(10,5)定义了两个数组，其类型分别为(　)。

A) 一维实型数组和二维双精度型数组

B) 一维整型数组和二维实型数组

C) 一维实型数组和二维整型数组

D) 一维长整型数组和二维双精度型数组

9. 下列描述错误的是( )。

A) ReDim 命令不可以独立使用来声明数组变量

B) ReDim 命令声明数组变量时，不可以使用变量来定义数组元素的个数

C) ReDim 命令声明的数组变量是动态数组变量

D) ReDim 命令声明的数组变量可以用 Erase 命令来删除

10. 以 Dim x(6,2 to 5)来声明一个二维数组，错误的选项是(　)。

A) LBound(x,2)的返回值是 1　　B) UBound(x,2)的返回值是 5

C) UBound(x,1)的返回值是 6　　D) LBound(x,1)的返回值是 0

11. 在窗体上用复制、粘贴的方法建立了一个命令按钮组，数组名为 m1。设窗体 Form1 标题为 myform1，双击控件数组的第三个命令按钮，打开代码编辑器，编写如下代码：

```
Private Sub m1_Click(index As Integer)
  Form1.Caption = "myform2"
End Sub
```

程序运行时，单击按钮组中的第一个按钮，窗体标题为(　)。

A) form1　　B) m1　　C) myform1　　D) myform2

12. 要存放如下方阵的数据，在不浪费存储空间的基础上，能实现声明的语句是(　)。

1	2	3
2	4	6
3	6	9

A) Dim A(9) As Integer　　B) Dim A(3,3) As Integer

C) Dim A(-1 to 1,-3 to -1) As Single　　D) Dim A(-3 to -1,1 to 3) As Integer

13. 有如程序：

```
Private Sub From_Click()
  Dim a
  a=Array(1 ,2 ,3, 4, 5)
  For i=LBound(a) To UBound(a)
     a(i)=i*a(i)
  Next i
  Print i,LBound(a),UBound(a),a(i)
 End Sub
```

其输出结果是(　)。

A) 4　0　4　25　　B) 5　0　4　25

C) 不确定　　D) 程序出错

二、填空题

1. 控件数组的名字由________属性指定，而数组中的每个元素由________属性指定。

2. 由 Array 函数建立的数组名字必须是________类型。

3. 在窗体上画一个命令按钮(其 Name 属性为 Command1)，然后编写如下代码：

```
Private Sub Command1_Click()
  Dim n() As Integer
  Dim a, b As Integer
  a =InputBox("Enter the first number")
  b = InputBox("Enter the second number")
  ReDim n(a To b)
  For k=LBound(n,1) To UBound(n,1)
    n(k)=k
    Print "n(";k; ")=";n(k)
  Next k
End Sub
```

程序运行后，单击命令按钮，在输入对话框中分别输入 2 和 3，输出结果为________。

4. 在窗体上画一个命令按钮(其 Name 属性为 Command1)，然后编写如下代码：

```
Private Sub Command1_Click()
 Dim M(10) As Integer
 For k=1 To 10
  M(k)=12-k
 Next k
 x=6
 Print M(2+M(x))
End Sub
```

程序运行后，单击命令按钮，输出结果为________。

5. Dim a (3,-3 to 0,3 to 6) as String 语句定义的数组元素有________个。

6. 以下程序的功能是：用 Array 函数建立一个含有 8 个元素的数组，然后查找并输出该数组中元素的最大值。请填空。

```
Option Base 1
  Private Sub Command1_Click()
  Dim arr1, Max as Integer
  arr1 = Array(12, 435, 76, 24, 78, 54, 866, 43)
  ________ = arr1(1)
  For i = 1 To 8
  If arr1(i) > Max Then ________
  Next I
```

```
    Print "最大值是: "; Max
    End Sub
```

7. 程序运行后，利用冒泡法对数组 a 中的数据按从小到大排序。请在空白处填上适当的内容，将程序补充完整。

```
Private Sub Form_load()
 Dim a(1 to 5) As Integer
 a(1) = 20: a(2) = 25: a(3) = 10: a(4) = 40: a(5) = 15
 ____________________
     For z = 1 to n – m
         If a(z) > a(z+1) Then
             t = a(z)
             a(z) = a(z+1)
             a(z+1) = t
         End If
     Next z
   Next m
End Sub
```

三、编程题

1. 建立工程，其功能是产生 20 个 0~1000 的随机整数，放入一个数组中，然后输出这 20 个整数中大于 500 的所有整数之和。程序运行后，单击命令按钮，即可求出这些整数，并在窗体上显示出来，运行界面如图 8-17 和 8-18 所示。

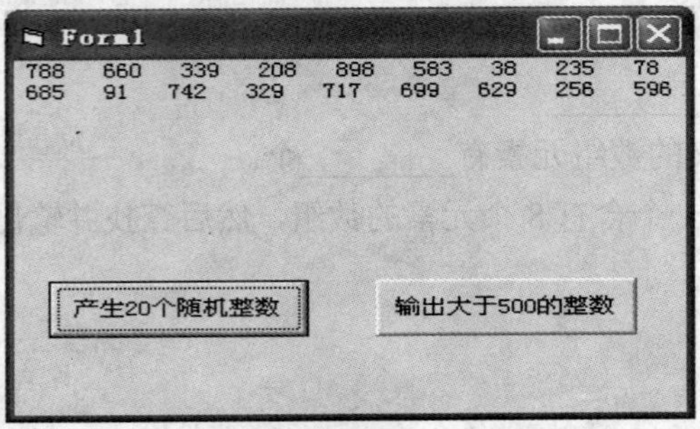

图 8-17　编程题 1 运行效果图(1)

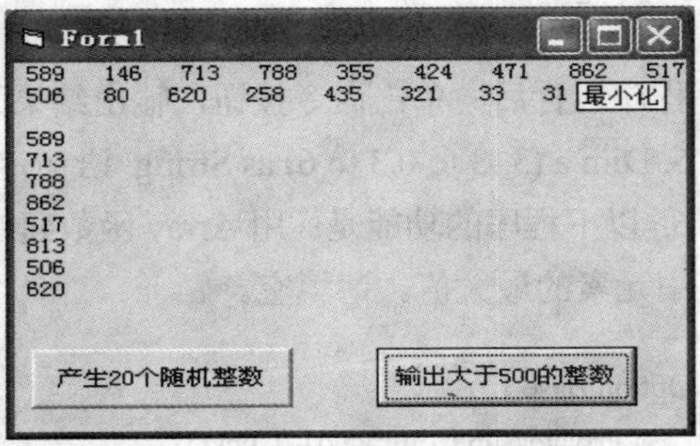

图 8-18　编程题 1 运行效果图(2)

2. 设由如下两组数据：

A：2,5,9,6,7

B：15,25,80,35,57

编写一个程序，把上面两组数据分别输入到两个数组中，然后把两个数组对应下标的元素相乘，即 2×15，5×25……7×57，并把相应的结果放入第三个数组中，最后输出第三个数组的值。

3. 用数组的方法求斐波那契(Fibonacci)数列中第 20 项的值。(斐波那契数列指的是这样一个数列：1、1、2、3、5、8、13、21、……这个数列从第三项开始，每一项都等于前两项之和。)

4. 请将下列数据存入到一个一维数组中：

9 26 3 78 65 85 12 40 66

然后执行下面的操作：①输出数组；②对数组进行升序排列并输出；③用输入对话框输入一个数 56，在②的基础上插入这个数，要求插入后数组仍然保持升序。

5. 有一个 N×M 的矩阵，编写程序，找出其中最大的元素所在的行和列，并输出其值及行号和列号。

6. 编写程序，将下面的数据输入一个二维数组中：

25	48	12	85
13	52	46	20
30	17	24	75
15	27	38	58

执行以下操作：(1)输出矩阵两个对角线上的数；(2)分别输出各行和各列的和；(3)交换第一行和第三行的位置；(4)交换第二列和第四列的位置；(5)输出处理后的数组

7. 编写程序建立并输出一个 8×8 的矩阵，该矩阵对角线元素为 1，其余元素均为 0。

第9章　过　　程

在前面的各章中已经多次出现事件过程，并使用系统提供的事件过程和内部函数进行程序设计。在 VB 中编程的大部分工作是编写事件过程，这种事件过程构成了 VB 应用程序的主体。有时候，多个不同的事件过程可能需要使用一段相同的程序代码，因程序代码的重复，给程序编译带来影响。可以把这一段代码独立出来，作为用户自己定义的一个过程或函数，供其他事件过程调用，这样的过程叫做“通用过程”。

VB 中，用户自定义过程有：

- 以 Sub 关键字开头的子过程，完成一定的操作，子过程名无返回值。
- 以 Function 关键字开头的函数过程，是用户自定义函数，函数名有返回值。

9.1　Sub 子过程的定义和调用

9.1.1　Sub 子过程的定义

用户自定义的子过程通常用来完成一个特定的功能。子过程定义的形式如下：

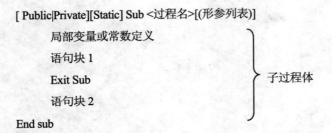

```
[ Public|Private][Static] Sub <过程名>[(形参列表)]
    局部变量或常数定义      ┐
    语句块 1                │
    Exit Sub                ├ 子过程体
    语句块 2                ┘
End sub
```

说明：

(1) Sub 过程以关键字 Sub 开头，以 End Sub 结束，在二者之间是描述过程操作的语句块，即过程体。

(2) 关键字 Public 表示该子过程是全局的、公有的，可以被程序中的任何模块调用；关键字 Private 表示子过程是局部的、私有的，仅供本模块中的其他过程调用，不能被其他模块的过程调用。缺省[Private|Public]时，系统默认为 Public；关键字 Static 表示过程中的局部变量为“静态”变量，如省略 Static，则局部变量就默认为“自动的”。

(3) 过程名命名规则与变量名的命名规则相同，在同一个模块中，同一符号名不得既用作 Sub 过程名，又用作 Function 过程名。

(4) 参数列表中的参数称为形式参数，它可以是变量名或数组名，只能是简单变量，不能是常量、数组元素、表达式；若有多个参数时，各参数之间用逗号分隔，形参没有具体的值。VB 的过程可以没有参数，但一对圆括号不可以省略。不含参数的过程称为无参过程。形参格式为：

[ByVal] 变量名[()] [As 数据类型]，式中参数的含义分别如下。

① 变量名[()]：变量名为合法的 VB 变量名或数组名，无括号表示变量，有括号表示数组。此处参数也称为形参或哑元，仅表示形参的类型、个数、位置，在定义时没有具体的值。

② ByVal：表明其后的形参是按值传递参数(传值参数 Passed By Value)，若缺省或用 ByRef，则表明参数是按地址传递的(传址参数)或称“引用”(Passed By Reference)。

③ As：数据类型。缺省表明该形参是变体型变量。若形参变量的类型声明为 String，则只能是不定长的。而在调用该过程时，对应的实在参数可以是定长的字符串或字符串数组，若形参是数组则无限制。

(5) Sub 过程不能嵌套定义，但可以嵌套调用。就是说在 Sub 过程中，不能定义 Sub 过程或 Function 过程，不能用 GoTo 语句进入或转出一个 Sub 过程，只能通过调用执行 Sub 过程，而且可以嵌套调用。

(6) End Sub 标志该过程的结束，系统返回并调用该过程语句的下一条语句。

(7) 过程中可以用 Exit Sub 提前结束过程，并返回到调用该过程语句的下一条语句。

注意：

在 Sub 过程体中，不得为 Sub 过程名赋值。函数过程名在函数体中一定要被赋值，因为函数过程调用结束后，函数名要用其获得的值参加调用处表达式的计算。而 Sub 过程名不能被赋值，这是函数过程和 Sub 过程的最主要的区别之一。

9.1.2 Sub 子过程的建立

通用过程不属于任何一个事件过程，不能放在事件过程中，Sub 通用过程可以在标准模块中建立，也可以在窗体模块中建立。

1. 通过菜单添加过程

(1) 打开窗体或标准模块的代码窗口。

(2) 选择“工具”菜单中的“添加过程”命令，打开“添加过程”对话框，如图 9-1 所示。

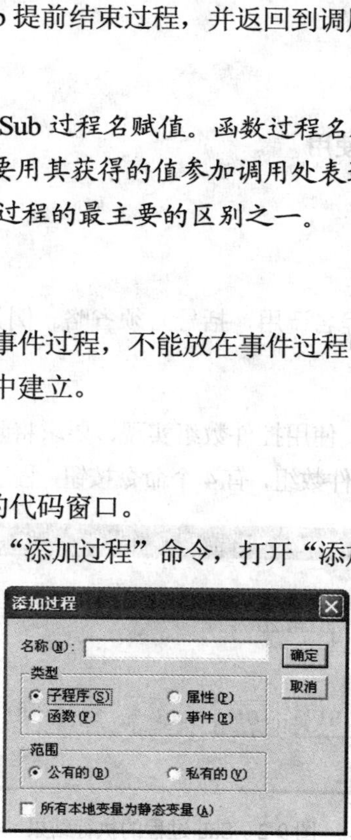

图 9-1 “添加过程”对话框

(3) 在对话框中输入过程名(过程名不允许有空格)，选择“子程序”类型，在范围选项中选择“公有的”，则定义一个公共级的全局过程；选择“私有的”，在定义一个标准模块级/窗体级的局部过程。

(4) 在新创建的过程中输入内容。

2. 在代码编辑器窗口中添加过程

(1) 在代码编辑器窗口的对象中选择“通用”，在文本编辑区输入 Private Sub 过程名。

(2) 按回车键，即可创建一个 Sub 过程模板。

(3) 在新创建的过程中输入代码。

9.1.3　Sub 子过程的调用

要执行一个过程，必须调用该过程。Sub 过程的调用有以下两种形式。

1. 用 Call 语句调用 Sub 过程

调用格式为：

Call Sub 过程名(实参列表)

使用 Call 语句调用时，如果有实参，则实参必须加圆括号括起来；如果没有实参，括号可以省略。例如：

```
call Tryout (x, y)
```

2. 把过程名作为一个语句使用

调用格式为：

Sub 过程名　实参列表

无关键字 Call，直接写过程名调用，括号必须省略。例如：

```
Tryout x, y
```

【例 9-1】 编程，求阶乘。使用控件数组实现，要求将阶乘计算编成 Sub 过程。窗体上一个标签，还有一个命令按钮控件数组，有 4 个命令按钮，程序界面及运行结果如图 9-2 所示。

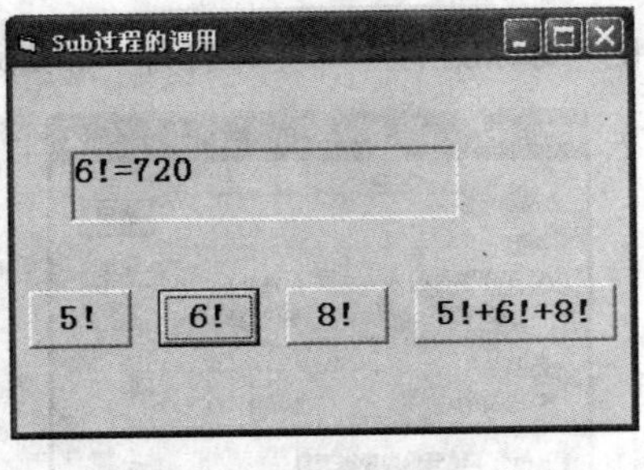

图 9-2　Sub 过程的执行结果

分析：用 Sub 过程来计算任意阶乘 tot！，每次调用前给 tot 赋一个值，在 Sub 过程中将所求结果放入到 total 变量中，返回主程序后 tot 接收 total 的值。

```
Private Sub Command1_Click(Index As Integer)
  Dim a As Integer, b As Integer, c As Integer, s As Long, tot As Long
  n = Index
  Select Case n
   Case 0
      a = 5
      Call fact(a, tot)
      Label1.Caption = a & "!=" & tot
   Case 1
      a = 6
      Call fact(a, tot)
    Label1.Caption = a & "!=" & tot
   Case 2
      a = 8
    Call fact(a, tot)
   Label1.Caption = a & "!=" & tot
  Case 3
  a = 5: b = 6: c = 8
  Call fact(a, tot)
   s = tot
  Call fact(b, tot)
   s = s + tot
  Call fact(c, tot)
    s = s + tot
  Label1.Caption = a & "!+" & b & "!+" & c & "!=" & s
 End Select
 End Sub
 Sub fact(m As Integer, total As Long)      '求任意整数 m 的阶乘
      Dim i As Integer
      total = 1
      For i = 1 To m
      total = total * i
      Next i
 End Sub
```

9.2　事件过程与通用过程

在 VB 中，过程分两类：事件过程和通用过程。其中事件过程又分为窗体事件过程和控

件事件过程；通用过程分为子过程和函数过程。事件过程也是 Sub 过程，但它是一种特殊的 Sub 过程，它附加在窗体和控件上。窗体的事件过程不能由用户任意定义，而是由系统指定。

1. 事件过程的一般格式

窗体事件过程的一般格式为：

```
Private Sub Form_ <事件名>([<形参表>])
    [(语句组)]
    End Sub
```

控件事件过程的一般格式为：

```
Private Sub <控件名>_<事件名>([<形参表>])
    [(语句组)]
    End Sub
```

可以看出，除了名字外，窗体的事件过程与控件的事件过程格式上基本一样，在大多数情况下，通常是在事件过程中调用调用过程。实际上，由于事件过程也是一种 Sub 过程，因此也可以被其他过程调用(包括事件过程和通用过程)。

2. 建立事件过程的方法

(1) 打开代码编辑器窗口(有两种方法：双击对象或从工程管理器中单击“查看代码”按钮)。

(2) 在代码编辑器窗口中，选择所需要的“对象”(如窗体 Form)和“事件过程”(如 Click 事件)，系统就会在“代码编辑器”窗口中生成该对象所选事件的过程模板，如图 9-3 所示。

(3) 在 Private Sub……End Sub 之间输入代码。

(4) 保存工程和窗体。

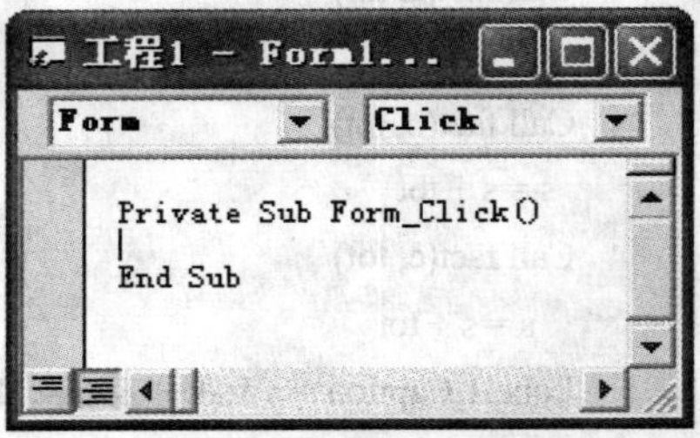

图 9-3　事件过程模板

3. 事件过程的调用

事件过程由一个发生在 VB 中的事件来自动调用或者由同一模块中的其他过程显示调用。

4. 通用过程和事件过程的关系

(1) 事件过程是指当发生某个事件如 Click()、load()时，对该事件做出响应的程序代码。事件过程往往是由用户事件触发。通用过程是把一段程序代码独立出来，作为一个过程，可以供不同的事件过程或其他通用过程调用的。通用过程往往是由程序中的语句调用。

(2) 通用过程可以放在标准模块中，也可以放在窗体模块中，而事件过程只能够在窗体模块中，不同模块中的过程(包括事件过程和通用过程)可以相互调用。当过程名唯一时，可以直接通过过程名调用；如果两个或两个以上的标准模块中含有相同的过程名，则在调用时必须用模块名限定，其一般格式为：

模块名.过程名(参数表)

(3) 事件过程名是由 VB 自动给出的，如 Form_Click。因此在为新控件或对象编写事件代码之前，应先设置它的 Name 属性。如果编写代码后再改变控件或对象的 Name 属性，也必须同时更改事件过程的名字。否则，控件或者对象会失去与代码的联系，这时将会把它当作一个通用过程。

(4) 在大多数情况下，通常是事件过程中调用通用过程。实际上，由于事件过程也是过程(Sub 过程)，因此也可以被其他过程调用(包括事件过程和通用过程)，调用关系如图 9-4 所示。

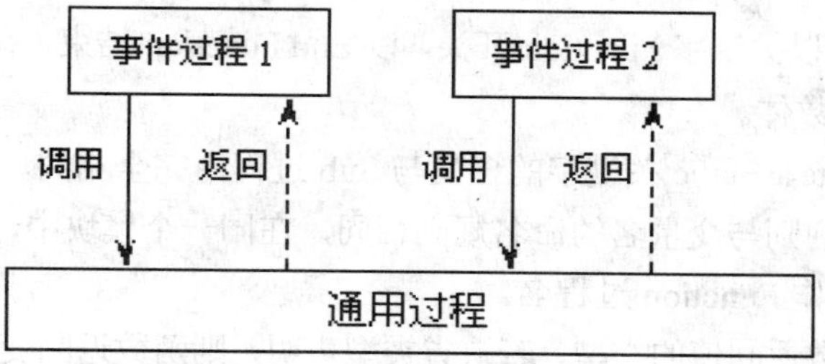

图 9-4　事件过程与通用过程的调用关系

9.3　Function 函数过程的定义和调用

前面介绍了 Sub 过程，它不直接返回值，可以作为独立的基本语句调用。而 Function 过程要返回一个值，通常出现在表达式中。

在 VB 中，函数分为内部函数和外部函数。内部函数是系统预先定义好的，能完成特定功能的一段程序，如 Int()、Len()函数等。程序中可以直接调用这些函数，而无须由用户自己编制实现该函数功能的程序段。例如，可以调用系统函数 exp(x)计算 e^x 的值，而不必按下式编写一个循环结构来计算。

$$e^x = 1 + x + \frac{x^2}{2!} + \frac{x^3}{3!} + \frac{x^4}{4!} + \cdots$$

程序中多次重复出现的操作过程，若不能通过调用系统函数实现，VB 允许用户将这些操作自定义为函数过程或 Sub 过程。

9.3.1　Function 子过程的定义

外部函数是用户根据需要用 Function 关键字定义的函数过程，函数过程通常会得到一个确定的值。函数过程定义的形式如下：

[Public|Private][Static] Function <函数名>[(形参列表)] [As <类型声明>]

```
    局部变量或常数定义      ┐
    语句块 1                │
    Exit Sub                │
    函数名=表达式           ├ 函数过程体
    语句块 2                │
    函数名=表达式           ┘
End Function
```

说明：

(1) Function 过程以关键字 Function 开头，以 End Function 结束，在二者之间是描述过程操作的语句块，即函数体。

(2) Public、Private、Static 关键字的含义与 Sub 过程中完全相同。

(3) 函数名命名规则与变量名的命名规则相同，在同一个模块中，同一符号名不得既用作 Sub 过程名，又用作 Function 过程名。

(4) As 类型：函数返回值的类型，若缺省类型声明，则函数返回变体类型的值。将调用、被调用过程之间要相互传递的数据作为形参(形式参数)，形参列表形式如下。

[ByVal] 变量名[()] [As 数据类型]

① 变量名[()]：变量名为合法的 VB 变量名或数组名，无括号表示变量，有括号表示数组。此处参数也称为形参或哑元，仅表示形参的类型、个数、位置，在定义时没有具体的值。

② ByVal：表明其后的形参是按值传递参数(传值参数 Passed By Value)，若缺省或用 ByRef，则表明参数是按地址传递的(传址参数)或称“引用”(Passed By Reference)。

(5) 函数体为实现运算的若干语句，其中至少应有一个赋值语句为函数名赋值一次。在函数体内，函数名可以当变量使用，函数的返回值就是通过对函数名的赋值语句来实现的。如果没有“函数名=表达式”这条语句，则该函数会返回一个系统默认值。数值型函数的默认返回值为 0，字符型函数的默认返回值为空串，变体型函数默认返回值为空值。

(6) End Function 标志该过程的结束，系统返回并执行该过程语句的下一条语句。

(7) 过程中可以用 Exit Function 提前结束过程，并返回到调用该过程语句的下一条语句。

9.3.2 Function 函数过程的建立

Function 函数过程可以在标准模块中建立，也可以在窗体模块中建立。

1. 通过菜单添加函数过程

(1) 打开窗体或标准模块的代码窗口。

(2) 选择“工具”菜单中的“添加过程”命令，打开“添加过程”对话框，如图 9-5 所示。

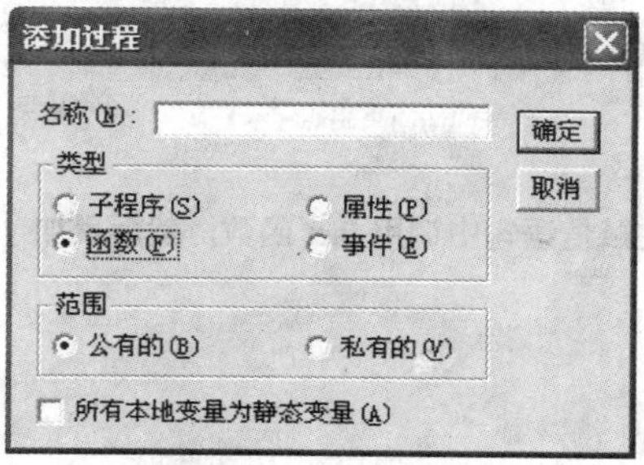

图 9-5　“添加过程”对话框

(3) 在对话框中输入函数名(函数名不允许有空格)，选择“函数”类型，在范围选项中选择“公有的”，则定义一个公共级的全局过程；选择“私有的”，在定义一个标准模块级/窗体级的局部过程。

(4) 在新创建的过程中输入内容。

2. 在代码编辑器中添加函数过程

(1) 在代码编辑器窗口的对象中选择“通用”，在文本编辑区输入 Private Function 过程名。

(2) 按回车键，即可创建一个 Function 过程模板。

(3) 在新创建的过程中输入代码。

9.3.3　Function 子过程的调用

函数过程的调用比较简单，一般应像使用 VB 内部函数一样来调用 Function 过程，调用后返回结果是一个函数值。

与 Sub 过程不同，不能单独将 Function 过程作为一个语句使用，编写必须在表达式中写入函数的名称。

(1) 可以把它看作一个数据，即直接放在赋值号右端。例如：

前面讲述调用 Sub 过程求阶乘的例子，若要用函数过程来实现可编写程序如下：

```
Function fact ( x As Integer) As Long        '求任意整数 x 的阶乘
Dim p As Long, I As Integer
p=1
For i=1 To x
p=p * i                    '求 x 的阶乘，并保存在 p 中
Next i
fact=p                     '将 p 作为返回值，由函数名带回
End Function
```

假设求 3 到 10 的阶乘之和，则可在如下事件过程中调用上述 fact 函数过程，其代码如下：

```
Private Sub Command1_Click()
Dim sum As Long, I As Integer
  For i=3 To 10
    sum=sum+fact(i)        ' 在赋值语句中调用 fact 函数，然后累加
  Next i
 Label2.Caption=sum
 End Sub
```

(2) 可直接作为参数出现在调用过程或函数中。 例如：

```
Private Sub Form_Click()
  Dim a As Integer, b As Integer
  a = 1: b = 2
  Print   a + a + fun1(a, b)     '在表达式中调用函数过程
End Sub
Private Function fun1(x As Integer, y As Integer)
  x = x + y
  y = x + 3
  fun1 = x + y
End Function
```

【例 9-2】 编写求两数最大公约数的 Function 过程。在主程序中输入 3 个整数，调用 Function 过程求出 3 个整数的最大公约数。

分析：在第 7 章的例 7-13 已经给出了利用“辗转相除法”求任意两整数的最大公约数的算法，求 3 个数的最大公约数，需先求出其中两个数的最大公约数，然后再求出该数和第 3 个数的最大公约数。

根据此算法，设计一个求两数最大公约数的 Function 过程 Hcf，然后在主程序中调用，通过两次调用 Hcf 过程得到最后结果。应用程序用户界面的建立与对象属性的设置如图 9-6 所示，下面给出 Function 过程以及命令按钮的事件代码：

```
Function Hcf(m As Long, n As Long) As Long
Dim r As Long, c As Long
If m < n Then                 '如果 m<n，交换 m 和 n
c = m: m = n: n = c
End If
r = m Mod n                   'r 保存 m 和 n 的求余结果
Do While r <> 0               '只要余数不为 0，辗转相除
m = n
n = r
```

```
r = m Mod n
Loop
Hcf = n                    'r 为 0 时，n 就是最大公约数
End Function
Private Sub Command1_Click()
Dim I As Long, m As Long, n As Long
Dim p As String
I = Val(Text1.Text)
m = Val(Text2.Text)
n = Val(Text3.Text)
If I * m * n = 0 Then Exit Sub
 p = "3 个数的最大公约数是：" & Str (Hcf (Hcf (I, m), n))   '嵌套调用过程 Hcf
Label1.Caption = p
End Sub
```

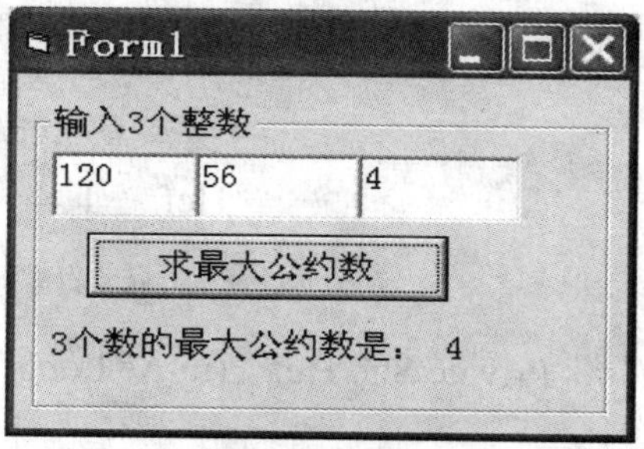

图 9-6 求解最大公约数的程序运行界面

注意：

函数过程与子过程有许多相似的地方，它们之间最大、最本质的区别在于，函数过程有一个返回值，而子过程只是执行一系列动作。

函数的返回值就是通过对函数名的赋值语句来实现的。如果没有“函数名=表达式”这条语句，则该函数会返回一个系统默认值。数值型函数的默认返回值为 0，字符型函数的默认返回值为空串("")，变体型函数默认返回值为空值(Null)。

9.4 参数传递

VB 中不同模块(过程)之间数据的传递有以下两种方式：

- 通过过程调用实现参数传送。
- 使用全局变量实现在各个过程中共享数据。

本节只讨论第一种形式的数据传送。

9.4.1　形参和实参

1. 形式参数(简称形参)

指出现在 Sub 和 Function 过程中形参表中的变量名或数组名，多个形参用逗号分隔。在过程被调用前，没有分配内存，形参的作用是说明参数的类型、个数、位置。

2. 实际参数(简称实参)

是在调用 Sub 和 Function 过程时，传送给相应过程的变量名、数组名、常数或表达式。实参的作用是将它们的数据(值或地址)传送给被调过程对应的形参变量。

形参可以是除定长字符串变量之外的变量、带一对括号的数组名。实参可以是同类型的常量、变量、数组元素、表达式、带一对括号的数组名。

在 VB 中，有两种方式传送参数：即按位置传送和指名传送，这里只介绍最常用的按位置传送。按位置传送就是实参与形参的位置、次序、类型一一对应。在过程调用传递参数时，形参与实参是按位置结合的，形参表和实参表中对应的变量名可以不必相同，但位置必须对应起来。

过程调用　　　　Hcf　I，　m

　　　　　　　　　　↙　　↘

过程　　Private Sub Hcf　(m As Long，n As Long)

3. 形参与实参的关系

形参如同公式中的符号，实参就是符号具体的值。调用过程，即实现形参与实参的结合，也就是把值代入公式进行计算。

9.4.2　传地址和传值

VB 中，形参与实参的结合方式有两种：即传地址(ByRef)与传值(ByVal)。传地址又称为引用。

1. 按地址传递参数(定义时带关键字 ByRef 或省略关键字)

形参声明时变量名前面带关键字 ByRef 或省略关键字，为按地址传递，例如：

```
Sub Swap(x%,  ByRef y%)
    ……
End Sub
```

形参 x 和 y 均为传地址方式调用。

按地址传递参数时，把实参变量的地址传送给被调用过程，形参和实参共用内存的同一地址。在被调用过程中，形参的值一旦被改变，相应实参的值也跟着改变。

注意：

当形参默认为传址方式，而实参是一个常数或表达式时，此时传址无效，只是将常数或表达式的值赋给形参，相当于“传值”方式。

【例 9-3】 传址调用。

```
Private Sub value (m As Integer, n As Integer)
m = m - 5          '形参 m 和 n 都为地址传送
n = n * 3
Print "m="; m, "n="; n
End Sub
Private Sub Form_Click()
Dim x As Integer, y As Integer
x = 15: y = 10
Call value (x, y)
Print "x="; x, "y="; y
End Sub
```

运行程序，单击窗体，在窗体上显示两行内容，如图 9-7 所示。

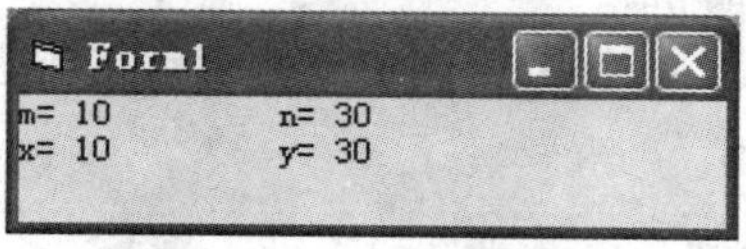

图 9-7　程序运行结果

在调用过程中，传址使得形参 m 和 n 的变化引起了实参 x 和 y 的变化，改变了实参原有的值。

2. 按值传递参数(定义时带关键字 ByVal)

形参声明时变量名前面带关键字 ByVal，为按值传递，例如：

```
Sub Swap (ByVal x%, ByVal y!)
……
End Sub
```

形参 x 和 y 均为传值方式调用。

按值传递参数是将实参变量的值复制一个到临时存储单元中，如果在调用过程中改变了形参的值，不会影响实参变量本身，即实参变量保持调用前的值不变，保证了其“安全性”。

在上例中如果在形参 m 和 n 前面分别加上关键字 ByVal，变为按值传递，Sub 过程程序修改如下：

```
Private Sub value( ByVal m As Integer, ByVal n As Integer)
```

```
m = m - 5
n = n * 3
Print "m="; m, "n="; n
End Sub
```

运行程序，单击窗体，在窗体上显示两行内容，如图 9-8 所示。

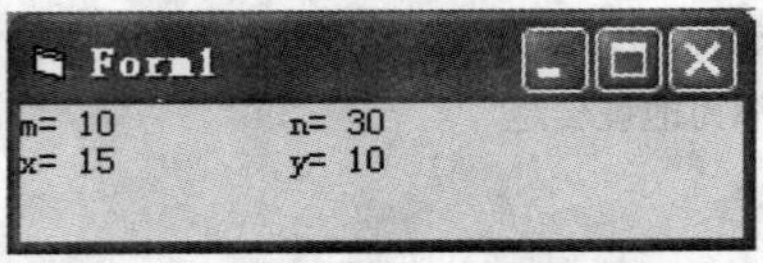

图 9-8　程序运行结果

在调用过程中，形参 m 和 n 发生了变化，但没有改变实参原有的值。

注意：

(1) 按地址传递时，实参应为与形参同类型的变量(数组)名。过程中对形参变量值的改变即是对实参变量的改变。

(2) 如果实参是一个常量或表达式，尽管形参声明为按地址传递，实际还是按值传递。

(3) 若参数按地址传送，则在调用发生时将实参的值传递到形参，在调用结束、控制返回时，实参的值就是对应形参的值。

如果说按值传递的方式为单向传递(由调用处向被调用函数传递数据)，参数的按地址传送则是一种双向传递的方式。

3. 传值和传地址的选用规则

(1) 若要被调过程中的结果返回给主调程序，则形参必须是传地址方式，而此时实参必须是同类型的变量名，不能是常量和表达式。

(2) 如不希望过程调用中修改实参的值，则用传值方式。

(3) 形参是数组或自定义类型时，只能是传地址方式。

9.4.3　数组参数的传送

VB 允许把数组作为形参出现在形参表中，语法格式如下：

形参数组名() [As　数据类型]

形参数组只能按地址传递参数，对应的实参也必须是数组，且形参与实参的数据类型必须相同。调用过程时，把要传递的数组名放在实参表中，数组名后面不跟圆括号。

在过程中不可以用 Dim 语句对形参数组进行声明，否则会产生“重复声明”的错误。但在使用动态数组时，可以用 ReDim 语句改变形参数组的维界，重新定义数组的大小。例如，有如下过程：

```
sub s(a(), b)
…
```

```
end sub
```

调用该过程语句为：

```
call s(p(), s)
```

传送过程是把数组 p 的起始地址传给过程，使 a 数组也具有与 p 数组相同的起始地址，在过程执行期间，数组 p 和 a 共占同一段内存单元，p 数组中的值与 a 数组共享。

注意：

形参为数组时，对应的实参为同类型的数组名，数组参数只有按地址传递一种方式。数组元素作参数，在实参和形参中写数组名，可以忽略维数的定义，但圆括号不能省。被调过程可通过 Lbound 和 Ubound 函数确定实参数组的下、上界。

例如：

```
Static Sub sqval(a())
    For row=LBound(a,1) To UBound(a,1)
        For col=LBound(a,2) To UBound(a,2)
            Print a(row, col)
        Next   col
    Next   row
End Sub
```

上述过程用 LBound 函数把 row 和 col 初始化为数组 a 中的各维的下界，同时用 UBound 函数把 For 循环执行的次数限制为数组元素的个数。

【例 9-4】 编写程序，将数组中各元素按值从大到小排序，要求将数组排序编写为 Sub 过程。

程序代码如下：

```
Private Sub sort(a() As Single, ByVal n As Byte)
    For i = 1 To n - 1 '排序，对数组的 6 个元素按值从大到小
        k = i
        For j = i + 1 To n
            If a(j) > a(k) Then k = j
        Next j
        Temp = a(k)
        a(k) = a(i)
        a(i) = Temp
    Next i
End Sub
```

```
Private Sub Form_Click()
  Dim b(6) As Single
  For i = 1 To 6
  b(i) = Val(InputBox ("b(" + Str(i) + ")=", ""))
  Next i
  Call sort(b(), 6)     '调用 Sub 过程 sort，也可以写作"sort b(), 6"
  For i = 1 To 6        '输出排序后的数组元素
  Print b(i);
  Next i
End Sub
```

【例 9-5】 编写程序，将输入在文本框中的文本删除其中空格符后、在标签控件内输出。界面设计如图 9-9 所示。

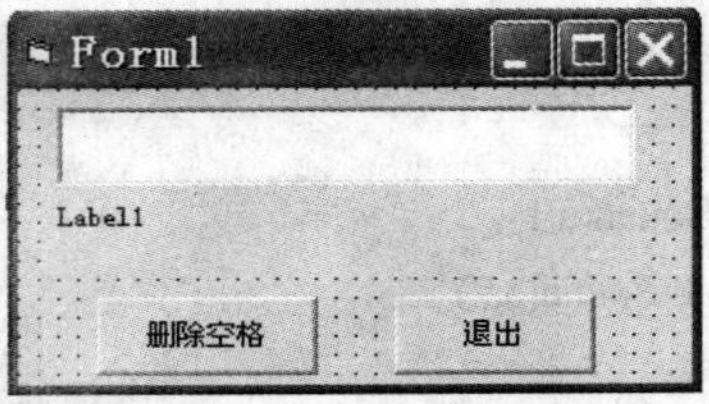

图 9-9　例 9-5 的界面设计

程序代码如下：

```
Private Function delkg ( st () As String, m As Byte) As Boolean
    Dim i As Integer, j As Integer
    delkg = False     'delkg 赋值 False,表示(假定)此次查找没有找到空格符。
    For i = 1 To m - 1              '在数组中查找空格符，m 为数组元素个数。
      If st(i) = " " Then       ' 找到空格符,则以后的所有字符向前移动 1 位。
        For j = i To m - 1
          st(j) = st(j + 1)
        Next j
        delkg = True       'delkg 赋值 True，表示此次查找找到了空格符。
        m = m – 1        'm 为地址传递的形参，删除 1 个空格后，字符串长度减 1。
        Exit For         '删除 1 个空格符后，则退出 For 循环、返回调用处。
      End If
    Next i
End Function
```

其函数过程 delkg 的功能是在字符数组 st 中删除第一个空格符(空格符后的所有数组元素循环向前移动 1 位)。

```
  Private Sub Command1_Click()
    Dim s(100) As String, n As Byte, i As Byte
     n = Len(Text1.Text)      '计算字符串 Text1.Text 的长度。
     For i = 1 To n
       s(i) = Mid(Text1.Text, i, 1)   '将 Text1.Text 中所有字符逐个存入数组 s
    Next i
    Do
    Loop Until delkg(s, n) = False
    For i = 1 To n
       Label1.Caption = Label1.Caption + s(i)
    Next I          '将数组 s 中的各字符相连、改写 Label1 的 Caption 属性。
End Sub
```

循环调用函数过程 delkg，直到返回值为 False 即数组 s 的 n 个元素中没有空格符为止。注意参数 n 是按地址传递的，随着空格符被删除，n 值相应在减小。

```
Private Sub Command2_Click()
  End
End Sub
```

图 9-10 表示运行时在 Text1 中输入一串字符后，单击 Command1 按钮时的输出结果。

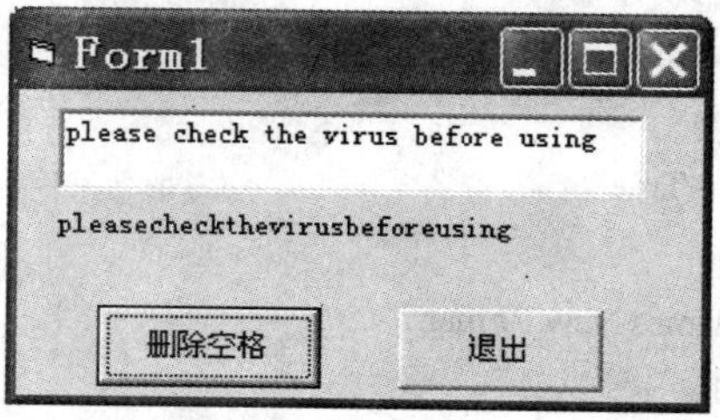

图 9-10 例 9-5 运行时的输出结果

9.4.4 对象参数

前面介绍了用数值、字符串、数组作为过程的参数，以及如何把这些类型的实参传递到过程。实际上，VB 中还可以向过程传递对象，即窗体或控件作为通用过程的参数。在有些情况下，这可以简化程序设计，提高效率。

用对象作参数与用其他数据类型作参数的过程没有什么区别，其格式为：

```
Sub 过程名 <形参表>
   语句块
   [Exit Sub]
End Sub
```

在形参表中，把形参变量的类型声明为 Control(控件对象)，在调用可以向过程传递控件；若声明为 Form(窗体对象)则可向过程传递窗体。注意，对象的传递只能按地址传递，因此在定义过程时，不能在其参数前面加关键字 ByVal。

控件参数和窗体参数一样，都可以作为通用过程的参数，即在一个调用过程中设置相同性质控件所需要的属性，然后用不同的控件调用此过程。

【例 9-6】 编写一通用过程，在过程中设置字体属性，并调用该过程显示指定的信息。

窗体上有两个文本框，编写如下事件过程：

```
Private Sub Form_Load()
Text1.Text = "欢迎来到"
Text2.Text = "Visual Basic 6.0 世界"
End Sub
Private Sub Form_Click()
 Fontout Text1, Text2
End Sub
```

通用过程如下：

```
Sub Fontout (TestCtrl1 As Control, TestCtrl2 As Control)
  TestCtrl1.FontSize = 18
  TestCtrl1.FontName = "黑体"
  TestCtrl1.FontItalic = True
  TestCtrl1.FontBold = True
  TestCtrl1.FontUnderline = True
  TestCtrl2.FontSize = 24
  TestCtrl2.FontName = "Times New Roman"
  TestCtrl2.FontItalic = False
  TestCtrl2.FontUnderline = False
End Sub
```

通用过程有两个参数，其类型都为 Control，该过程用来设置控件上所显示的文字的各属性。运行程序，结果如图 9-11 与图 9-12 所示。

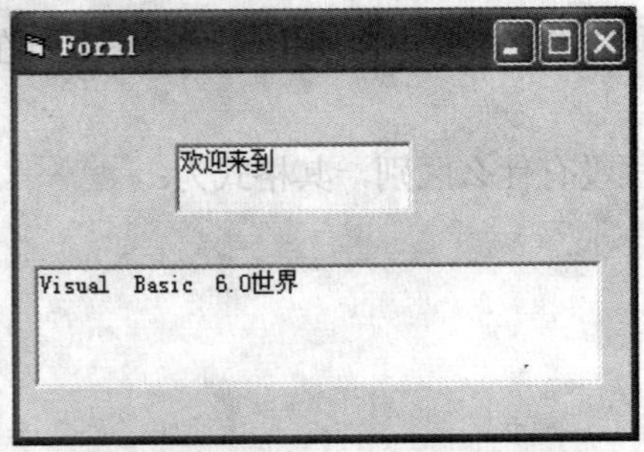

图 9-11　单击窗体之前的界面

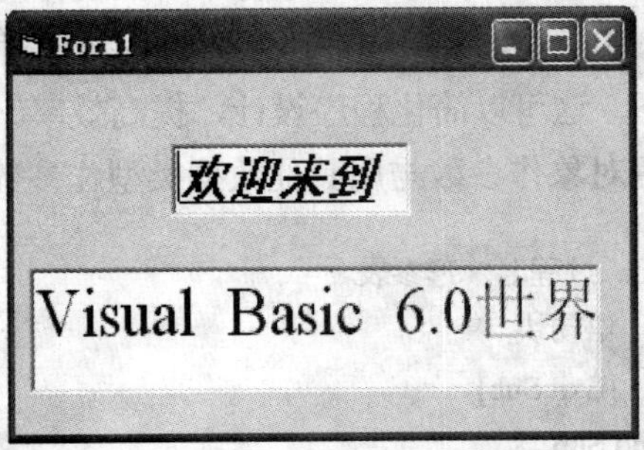

图 9-12　单击窗体之后的界面

注意，在用控件作参数时，必须考虑到作为实参的控件是否具有通用过程中所列的控件的属性，如果不具备这种属性，则会发生错误。本例中的通用过程 Fontout 如果用标签作为实参调用，则发生错误，因为标签没有 Text 属性。

9.5　变量的使用

VB 的应用程序即工程，可以由若干个窗体模块、标准模块和类模块组成(本书不讨论类模块)，每个模块又可以包含若干个过程，如图 9-13 所示。

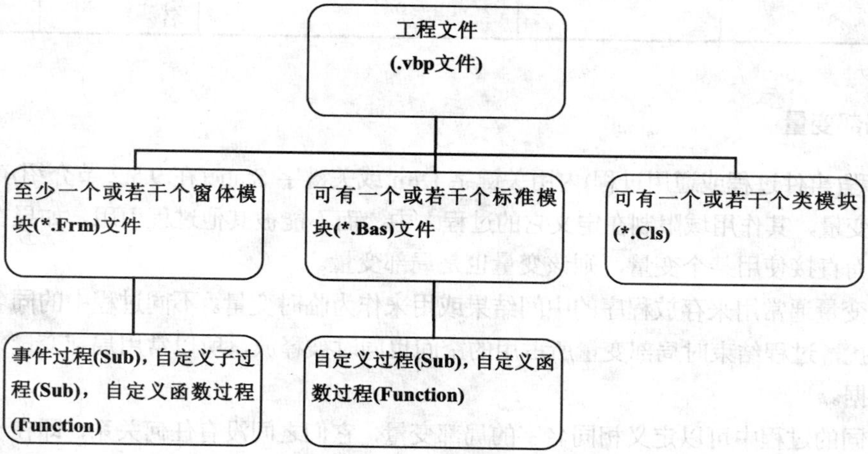

图 9-13　VB 应用程序的组成

变量在程序中必不可少，变量可以在不同模块、不同过程中声明，还可以用不同的关键字声明。由于变量声明的位置不同，可以被访问的范围也不同，变量可以被访问的范围通常称为变量的作用域，同样由于不同关键字的声明，过程也有不同的作用域。

9.5.1　变量的作用域

变量的作用域是指变量的有效作用范围。定义了一个变量后，为了能正确地使用变量的值，应当明确指出程序的什么地方可以访问该变量。所谓能够访问该变量，就是能够正确地给它赋值(写该变量)，或者能够正确地引用它的值(读该变量)。

VB 应用程序由窗体模块(Form)和标准模块(Module)组成。窗体由事件过程(Event Procedure)、通用过程(General Procedure)和声明部分组成；而标准模块由通用过程和声明部分组成。根据定义位置和所使用的变量定义语句的不同，VB 中的变量可以分为 3 类，即局部变量(Local)、窗体级变量/模块级变量(Form 或 Module)和全局变量(Public 或 Global)。3 种变量的作用范围及使用规则如表 9-1 所示。

表 9-1　3 种变量作用范围及使用规则

作用范围	局部变量	窗体/模块级变量	全局变量	
			窗体	标准模块
声明方式	Dim、Static	Dim、Private	Public	
声明位置	在过程中	窗体/模块的“通用声明”段	窗体/模块的“通用声明”段	
能否被本模块其他过程存取	不能	能	能	
能否被其他模块存取	不能	不能	能，但在变量名前加窗体名	能

1. 局部变量

在过程(事件过程或通用过程)内用关键字 Dim 或关键字 Static(在 9.5.2 节介绍)声明的变量叫局部变量，其作用域限制在定义它的过程之中，而不能被其他过程引用。如果在过程中没有声明而直接使用某个变量，则该变量也是局部变量。

局部变量通常用来存放程序的中间结果或用来作为临时变量。不同过程中的同名变量不会相互干扰，过程结束时局部变量所占用的空间也同时被释放，所以常用局部变量来存储临时性的数据。

在不同的过程中可以定义相同名字的局部变量，它们之间没有任何关系，即在一个过程中的变量与另一个过程中的同名变量之间是两个不同的变量。使用局部变量，会使得程序更安全，也有利于程序的调试。

2. 窗体级/模块级变量

凡是用 Private、Dim 关键字，在窗体模块(Form)的通用声明段或标准模块(Module)中声明的变量都称为窗体级/模块级变量。

窗体级/模块级变量主要用于该窗体内的所有过程。如果同一窗体内的不同过程要使用相同的变量传递数据时，必须定义窗体级变量(或下文要提到的全局变量)，该变量可被本窗体模块或标准模块中的任何过程访问，但其他模块不能访问该变量。

使用窗体级/模块级变量，必须先声明，也就是说，窗体级/模块级变量不能默认声明。

在声明模块级变量时，关键字 Private 和 Dim 没有什么区别，但关键字 Private 更好些，因为可以把它和声明全局变量的关键字 Public 区别开来，使代码更容易理解。

【例 9-7】 编写程序，当多次单击窗体后，单击命令按钮 Command1 则显示单击窗体的次数(在标签框控件 Label1 中显示结果)，界面设计如图 9-14 所示。

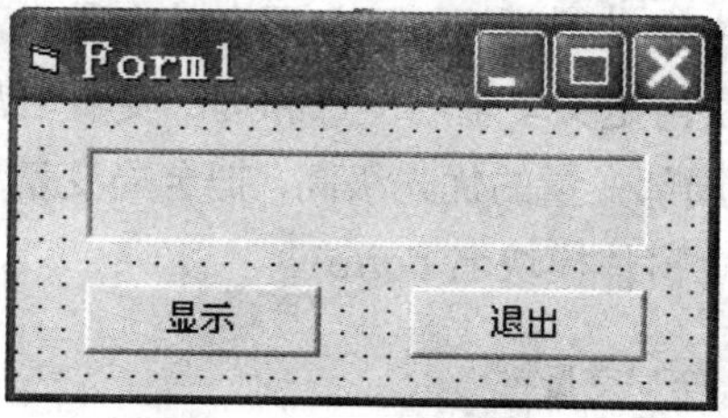

图9-14　例9-7之界面设计

窗体代码窗口显示如图9-15所示。

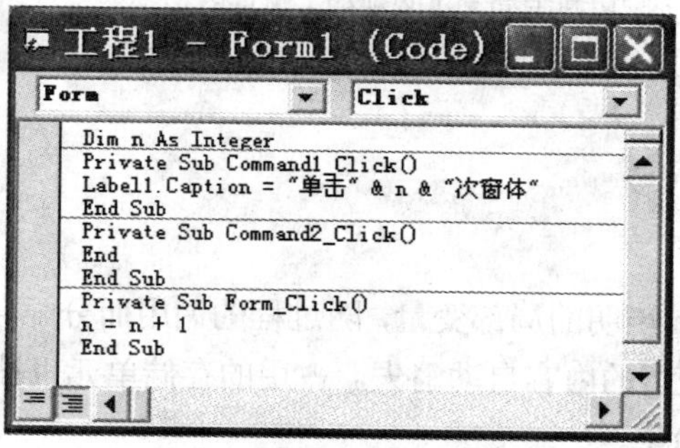

图9-15　例9-7的代码窗口

在图9-15所示代码窗口中，变量n声明在通用模块部分是模块级变量。而过程Form_Click中没有显式声明n，因此所引用的变量n与通用模块中声明的n是同一变量。

读者可以判断，过程Command1_Click中的变量n是局部变量还是模块级变量。

3. 全局变量

全局变量又称全程变量，在标准模块的通用对象声明部分，必须用关键字Public声明，全局变量只能在标准模块中声明，不能在过程中或窗体模块中声明。

全局变量作用域最大，是整个应用程序，可以被应用程序的每个模块、每个过程访问。全局变量的值在整个应用程序中始终不会消失和重新初始化，只有当整个应用程序执行结束时，才会消失。

例如，在一个标准模块中不同级别的变量声明如下：

```
Public Pa As Integer        '全局变量
Private s As String*15      '窗体/模块级变量
Sub Swap1()
Dim a As Integer            '局部变量
Static x As Single          '局部静态变量
……
End Sub
```

一般来说，在同一模块中定义了不同级别但同名的变量时，系统优先访问作用域小的变量名。例如，在一个窗体模块内定义了全局变量和局部变量名都为 x，在定义局部变量的过程 Form_Click()内访问 x，则局部变量的优先级高，把全局变量“屏蔽”；若想访问全局变量，则必须在全局变量名 x 前加上窗体模块名 Form1。

```
Public x As Integer          '全局变量
Sub Form_Click()
Dim x As Integer             '局部变量
X=10                         '访问局部变量
Form1.x=20                   '访问全局变量必须加上窗体名
Print x, Form1.x             '输出 10        20
Enc Sub
```

9.5.2 静态变量

对于使用关键字 Dim 声明的局部变量，随过程的调用而分配存储单元，并进行变量的初始化。一旦过程结束，变量的内容自动消失，占用的存储单元也被释放。因此，每次调用过程时，变量都将重新初始化。

使用关键字 Static 声明的变量称为静态变量，它与局部变量的不同之处在于当一个过程结束时，过程中所用到的静态变量的值会保留，下次再调用此过程时，变量的初值是上次调用结束时被保留的值。这就是说，每次调用过程时，用 Static 声明的静态变量保持其原来的值；而用 Dim 声明的变量，每次调用过程时，会重新初始化。

因为静态变量有此特性，所以在进行累加、计数等运算时是最适合的。虽然这样的功能用模块级的变量也可以实现，但模块级的变量对于本模块中的各个过程都是透明的，大家都可以访问修改，很容易对其进行误操作，所以安全性不够强。

静态变量声明的格式如下：

```
Static 变量名 [As 数据类型]
Static Function 函数过程名([参数列表]) [As 类型]
Static Sub 子过程名[(参数列表)]
```

如果声明一个过程中所有的变量都为静态变量，可以在过程的声明部分加上一个 Static 关键字，如 Static Private Sub Added(Apple)。

【例 9-8】 局部变量和静态变量使用示例。

```
Dim a As Integer
Private Sub Command1_Click()
    Static b As Integer
    Dim c As Integer
    a = a + 10
    b = b + 10
```

```
    c = c + 10
    Print "a="; a, "b="; b, "c="; c
End Sub
```

说明：

变量 a 定义为模块级 Integer 类型变量，当程序启动加载窗体其初值为 0；变量 b 定义为静态变量，每次调用 Command1_Click 事件过程结束时，都保留 b 的当前值，作为下一次该事件过程被调用时 b 的初值；变量 c 是局部变量，在每次执行该事件过程时都被重新声明，自动赋初值为 0。

当程序运行时，连续单击 Command1 按钮 4 次，窗体上的输出结果如下：

```
a= 10      b= 10      c= 10
a= 20      b= 20      c= 10
a= 30      b= 30      c= 10
a= 40      b= 40      c= 10
```

9.6 综合举例

【例 9-9】 打印 1~1000 之间的素数，每行输出 15 个素数。编制函数过程，用于判断一个整数是否是素数。

函数过程名为 prime，该函数有 1 个整型形参 n，由调用处的实参向其传送需判断的数值。函数返回值也就是函数名 prime 的值类型为逻辑型。如果 n 是素数则返回 True，否则返回 False。

```
Private Function prime(ByVal n As Integer) As Boolean
      If n < 2 Then
         prime = False
      Else
         For i% = 2 To Sqr(n)
            If n Mod i% = 0 Then Exit For
         Next i%
         If i% > Sqr(n) Then prime = True Else prime = False
      End If
   End Function
   Private Sub Form_Click()
      k% = 0
      For i% = 1 To 1000
         If prime(i%) Then
            Print i%;
            k% = k% + 1
```

```
            If k% Mod 15 = 0 Then Print     '每行输出 15 个素数。
        End If
    Next i%
End Sub
```

【例 9-10】 编制 Sub 过程，用于在数组中找出最大值和最小值。

```
Private Sub find(a() As Integer, ByVal n As Integer, max As Integer,
min As Integer)
    max = a(1)
    min = max
    While n > 1
        If a(n) > max Then max = a(n)
        If a(n) < min Then min = a(n)
        n = n - 1
    Wend
End Sub
Private Sub Form_Click()
    Dim b(6) As Integer, x As Integer, y As Integer
    Randomize
    For i = 1 To 6
    b(i) = Int(Rnd * 1000 + 10)
    Print b(i);
    Next i
    find b(), 6, x, y
    Print: Print
    Print "数组最大值为："; x, "最小值为："; y
End Sub
```

如果将过程 Find 中的形参 max、min 都改为按值传递，请读者判断，程序运行后会显示怎样的结果。

【例 9-11】 窗体上一命令按钮 Command1，编写如下程序：

```
Private Sub Command1_Click()
Dim x As Integer, y As Integer, z
x = 3
y = 5
z = fy(y)
Print fx(fx(x)), y
End Sub
```

```
Function fx(ByVal a As Integer)
a = a + a
fx = a
End Function
Function fy(ByRef a As Integer)
a = a + a
fy = a
End Function
```

分析：

本题是过程嵌套调用，两个 Function 过程 fx 和 fy。在 Command1_Click()事件过程中，实参 x 初值为 3，实参 y 初值为 5。z = fy(y)是第一次调用过程，fy 过程中形参 a 是地址传递，a 的值变为 10，所以实参 y 的值也变为 10。Print 语句中是嵌套调用，第一次调用 fx(x)，fx 过程中形参 a 是值传递，a 的值变为 6，第一次调用的结果为 6，这个结果作为第二次调用的参数，又一次调用 fx 过程，a 的值为 12，第二次调用的结果为 12，即嵌套调用的结果为 12。运行程序，在窗体上输出结果为：1210。

9.7　过程嵌套和递归

1. 过程的嵌套调用

在程序中调用一个子过程，而在子过程中又调用另外的子过程，这种程序结构称为过程的嵌套。过程的嵌套调用执行过程如图 9-16 所示。

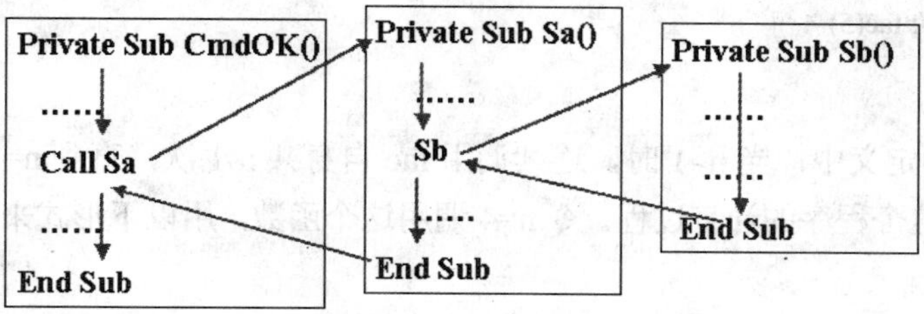

图 9-16　过程的嵌套调用执行过程

2. 过程的递归调用

(1) 递归的概念

递归是推理和问题求解的一种强有力方法，原因在于许多对象，特别是数学研究对象具有递归的结构。简单地说，如果通过一个对象自身的结构来描述或部分描述该对象就称为“递归”，即一个过程调用过程本身。VB 的过程调用具有递归调用功能。递归调用在阶乘运算、级数运算、幂指数运算等方面特别有效。递归分两种类型：一种是直接递归，即在过程中调用过程本身；一种是间接递归，即间接地调用一个过程，如一个过程调用了第二个过程，而第二个过程又回头来调用第一个过程。

如对阶乘运算的定义就是递归的：

n!=n(n-1)!　(n-1)!=(n-1)(n-2)!

(2) 递归子过程和递归函数

VB 允许一个自定义子过程或函数过程在过程体的内部调用自己，这样的子过程或函数就叫递归子过程和递归函数。递归过程包含了递推和回归两个过程。

构成递归的条件是：

① 递归结束条件和结束时的值。

② 能用递归形式表示，并且递归向结束条件发展。

【例 9-12】 编制程序求 fac(n)=n！的函数。

根据求 n!的定义 n!=n(n-1)!，写成如下形式：

$$fac=\begin{cases}1 & n=1\\ n\quad fac(n-1) & n>1\end{cases}$$

编写计算 fac (n)的函数：

```
Public Function fac (n As Integer)As Integer
If  n=1  Then
  Fac=1
Else
  Fac=n*fac(n-1)
End If
End Sub
Private Sub Command1_Click()    '调用递归函数，显示出 fac(5)=120
Print  "fac(5)="; fac(5)
End Sub
```

函数 fac(n)的定义中，当 n>1 时，连续调用 fac 自身共 n-1 次，直到 n=1 为止。

下面来跟踪这个程序的计算过程，令 n=4 调用这个函数，用以下形式来表示递归求解的过程：

第 1 步：F(4)=4*F(3)，n=4 调用函数过程 F(3)。

第 2 步：F(3)=3*F(2)，n=3 调用函数过程 F(2)。

第 3 步：F(2)=2*F(1)，n=2 调用函数过程 F(1)。

第 4 步：F(1)=1，n=1 求的 F(1)的值。

第 5 步：F(2)=2*1=2 回归，n=2，求得 F(2)的值。

第 6 步：F(3)=3*2=6 回归，n=3，求的 F(3)的值。

第 7 步：F(4)=4*6=24 回归，n=3，求得 F(4)的值。

上面第 1 步到第 4 步求出 F(1)=1 的步骤称为递推，从第 4 步到第 7 步求出 F(4)=4*6 的步骤称为回归。

从这个例子可以看出，递归求解有以下两个条件：

首先是给出递归终止的条件和相应的状态。在本例中递归终止的条件是 n=1，状态是 F(1)=1。

其次是给出递归的表述形式，并且这种表述要向着终止条件变化，在有限步内达到终止条件。在本例中，当 n>1 时，给出递归的表述形式为 F(n)=n*F(n-1)。函数值 F(n)用函数值 F(n-1)来表示。参数的值向减少的方向变化，在第 n 步出现终止条件 n=1。

(3) 使用递归的注意事项

① 递归算法设计简单，但消耗的上机时间和占据的内存空间比非递归大。

② 设计一个正确的递归过程或函数过程必须具备两点：递归条件和递归结束条件。

【例 9-13】 求程序运行结果。

```
Private Sub aot(x As Integer)
x = x * 2 + 1
If x < 6 Then
Call aot(x)
End If
x = x * 2 + 1
Print x
End Sub

Private Sub Form_Click()
aot 2
End Sub
```

分析：

这是一个递归调用，第一次调用 aot 2，实参 2 传进去，2*2+1=5，因为<6，所以第二次调用 aot 5，实参 5 传进去，5*2+1=11，因为>6 所以到下面一步 11*2+1=23 输出 23，因为第一次调用的还没有结束，所以继续执行 end if 后面的语句，此时 x=23，所以 23*2+1=47，输出 47。

9.8 小 结

本章主要介绍了通用过程的相关内容，过程可以包含参数和返回值。按照过程是否具有返回值，分为 Sub 子过程和 Function 函数过程。事件过程是子过程的一种。在调用一个过程时可能需要传递参数，参数可分为按值传递和按地址传递两种方式。按值传递时，对于形参来说，实参只为可读；按地址传递时，实参可读可写。

根据变量定义的关键字不同，可以分为全局变量，窗体级/模块级变量和局部变量，不同变量的作用范围不同。

9.9　习　题

一、选择题

1. 下列叙述中正确的是(　)。

A) 在窗体的 Form_Load 事件过程中定义的变量是全局变量

B) 局部变量的作用域可以超出所定义的过程

C) 在某个 Sub 过程中定义的局部变量可以与其他事件过程中定义的局部变量同名，但其作用域只限于该过程

D) 在调用过程时，所有局部变量被系统初始化为 0 或空字符串

2. 以下叙述中错误的是(　)。

A) 如果过程被定义为 Static 类型，则该过程中的局部变量都是 Static 类型

B) Sub 过程中不能嵌套定义 Sub 过程

C) Sub 过程中可以嵌套调用 Sub 过程

D) 事件过程可以像通用过程一样由用户定义过程名

3. 以下关于过程及过程参数的描述中，错误的是(　)。

A) 过程的参数可以是控件名称

B) 用数组作为过程的参数时，使用的是“传地址”方式

C) 只有函数过程能够将过程中处理的信息传回到调用的程序中

D) 窗体可以作为过程的参数

4. 以下关于函数过程的叙述中，正确的是(　)。

A) 函数过程形参的类型与函数返回值的类型没有关系

B) 在函数过程中，过程的返回值可以有多个

C) 当数组作为函数过程的参数时，既能以传值方式传递，也能以传址方式传递

D) 如果不指明函数过程参数的类型，则该参数没有数据类型

5. 以下关于变量作用域的叙述中，正确的是(　)。

A) 窗体中凡被声明为 Private 的变量只能在某个指定的过程中使用

B) 全局变量必须在标准模块中声明

C) 模块级变量只能用 Private 关键字声明

D) Static 类型变量的作用域是它所在的窗体或模块文件

6. 在过程定义中用下列(　)表示形参的传递方式为数值传递。

A) Var　　　B) ByDef　　C) ByVal　　D) Value

7. 下面子过程语句说明合法的是(　)。

A) Sub f1(byval n() as integer)　　　B) Sub f1(n() as integer) as integer

C) function f1(f1 as integer) as integer　　D) Sub f1(byval n as integer)

8. 已知函数定义 Function f(x1%,x2%) as integer，则下列调用语句正确的是(　)。

A) a=f(x,y)　　B) call f(x,y)　C) f(x,y)　D) f x y

9. 设有如下过程：

```
sub ff(x,y,z)
x=y+z
End sub
```

以下所有参数的虚实结合都是传地址的调用语句是(　)。

A) call ff(5,6,a)　　　　B) call ff(x,y,z)

C) call ff(3+x,t+y,z)　　D) call ff(x+y,x-y,z)

10. 在窗体上画 1 个名称为 Command1 的命令按钮和 3 个名称分别为 Label1、Label2、Label3 的标签，然后编写如下代码：

```
Private x As Integer
    Private Sub Command1_Click()
    Static y As Integer
    Dim z As Integer
    n=10
    z=n+z
    y=y+z
    X=x+z
    Label1.Caption=x
    Label2.Caption=y
    Label3.Caption=z
  End Sub
```

运行程序，连续 3 次单击命令按钮后，则 3 个标签中显示的内容分别是(　)。

A) 10　10　10　　B) 30　30　30　　C) 30　30　10　　D) 10　30　30

11. 阅读下面程序，当运行程序后，单击窗体，输出结果为(　)。

```
Function f(a As Integer)
    b = 0
    Static c
    b = b + 1
    c = c + 1
    f = a + b + c
    End Function
    Private Sub Form_Click()
    Dim a As Integer
    a = 2
    For i = 1 To 3
    Print f(a);
```

```
    Next i
    End Sub
```

A) 4　5　6　　B) 4　4　4　　C) 3　4　5　　D) 4

12. 运行程序，单击窗体，在窗体上显示的内容是(　)。

```
Private Sub value(ByVal m As Integer,  ByVal  n As Integer)
  m = m * 2
  n = n – 5
 Print "m="; m, "n="; n
End Sub
Private Sub Form_Click()
  Dim x As Integer, y As Integer
  x = 10: y = 15
  Call value(x, y)
  Print "x="; x, "y="; y
End Sub
```

A) m=20 n=10　　B) m=10 n=15　　C) m=20 n=10　　D) x=10 y=15
　x=10 y=15　　　x=10 y=15　　　x=20　y=10　　　m=20 n=10

13. 单击按钮时，以下程序运行后的输出结果是(　)。

```
Private Sub proc1(x As Integer, y As Integer, z As Integer)
   x=3 * z
   y=2 * z
   z=x + y
End Sub
Private Sub Command1_Click()
   Dim x As Integer, y As Integer, z As Integer
   x=1: y=2: z=3
   Call proc1(x, x, z)
   Print x; x; z
   Call proc1(x, y, y)
   Print x; y; y
End Sub
```

A) 1 2 3　　B) 1 1 3　　C) 6 6 12　　D) 9 6 15
　1 2 3　　　1 2 2　　　6 10 10　　　6 4 10

二、填空题

1. Visual Basic 中的过程分为________和________。
2. Visual Basic 中的变量按作用域可以分为________、________和________。

3. 过程中形参与实参的传递方式有________和________两种。

4. 数组作为参数时只能按照________方式传递。

5. 地址传递方式是指过程调用时，形参和实参共享________。

6. 窗体级变量的定义应在________处声明,它的作用域是窗体的________。

7. 在窗体上画一个名称为 Command1 的命令按钮，然后编写如下程序：

```
Option Base 1
Private Sub Command1_Click()
  Dim a(10) As Integer
  For i = 1 To 10
   a(i) = i
  Next
  Call swap (________)
  For i = 1 To 10
   Print a(i);
  Next
End Sub
Sub swap(b() As Integer)
  n = ________
  For i = 1 To n / 2
  t = b(i):b(i) = b(n):b(n) = t
  ________
  Next
End Sub
```

上述程序的功能是，通过调用过程 swap，调换数组中数值的存放位置，即 a(1)与 a(10)的值互换，a(2)与 a(9)的值互换……a(5)与 a(6)的值互换。请填空。

8. 在窗体上画一个命令按钮，其名称为 Command1，然后编写如下程序：

```
Function M(x As Integer,y As Integer)As Integer
 M=IIf(x>y,x,y)
End Function
Private Sub command1_Click()
  Dim a As Integer,b As Integer
   a=100
   b=200
  Print M(a,b)
End Sub
```

程序运行后，单击命令按钮，输出结果为________。

三、编程题

1. 计算 1！+3！+5！…+15!的值，要求分别编写一个函数过程和 Sub 过程来计算任意正整数 N 的阶乘，然后用事件过程来调用。

2. 输入 3 个数，求出它们的最大数。要求编写求两个数中的大数的 Function 过程，过程名为 max(用 InputBox 输入 3 个数，判断出最大数后直接输出到窗体上)。

3. 通过键盘输入 10 个整数，输出其中的最大数和平均数，并将这 10 个数从小到大排序输出到窗体上。要求分别编写子过程 max、aven、sort 求最大数、平均数、和排序，在窗体的单击事件过程中调用这些函数。

4. 编写一个函数，判断一个整数是奇数还是偶数。

5. 编写一个函数，要求输入一个数 n，求斐波那契(Fibonacci)数列中第 n 项的值。斐波那契数列指的是这样一个数列：1、1、2、3、5、8、13、21……这个数列从第三项开始，每一项都等于前两项之和。

6. 从键盘上输入两个正整数 M 和 N，编写函数求 M 和 N 的最小公倍数。

7. 编写函数，使用下面的公式计算 π 的值：

$$\frac{\pi}{4}=1-\frac{1}{3}+\frac{1}{5}-\frac{1}{7}+\Lambda+(-1)^{n-1}\frac{1}{2n-1}$$

并输出 n=1000 时结果。

8. 随机产生一个 N×M 的矩阵，编写过程，找出其中最大的元素所在的行和列，并输出其值及行号和列号。

9. 在窗体上画一个命令按钮、一个标签和一个文本框，在文本框中输入一段英文。单击命令在标签中显示字符串中回文的个数。下面已经给出事件过程代码，要求编写一个过程 Huiwen，判断字符串 t 是否为回文(回文是指字符串反着看和正着看内容一样)。

```
Private Sub Command1_Click()
    Dim n As Integer, t As String, word_num As Integer
    Dim s As String
    s = Trim(text1.Text)
    n = Len(s): t = ""
    For i = 1 To n
        c = Mid(s, i, 1)
        If c <> " " Then
            t = t + c
        Else
            If Huiwen(t) Then
                word_num = word_num + 1
            End If
            t = ""
        End If
    Next i
    text1.Text = word_num
End Sub
```

10. 在窗体上画两个文本框，一个命令按钮。在 Text1 中输入原文，单击命令按钮，将加密后的内容显示在 Text2 中。要求编写一个过程，给字符串加密。加密规则为：将所有英文字符往后移两位，即 A 变为 C，a 变为 c……Z 变为 B，z 变为 b。如字符串 student 加密后为 uvwfgpv。

第10章 用户界面设计

用户界面是VB应用程序的一个重要组成部分，主要用于用户与应用程序间的交互。对用户而言，界面就是应用程序，它使用户感觉不到在后台运行的代码。应用程序的可用性，在很大程度上取决于界面的设计。VB 提供了大量的用户界面设计工具和方法，本章主要介绍对话框、菜单、多窗体和键盘鼠标事件。

10.1 对 话 框

在VB图形用户界面中，对话框通常是程序和用户进行交互的有效途径，通过对话框显示和获取信息来与用户进行交流。它既可以用来输入信息，也可以用于输出信息，是程序的必要组成部分。对话框是一种特殊的窗口，从结构上说，对话框与窗体很类似，但对话框有自己的特性。

VB中的对话框分3种类型，即预定义对话框、自定义对话框和通用对话框。

预定义对话框是由系统提供的。VB提供了两种预定义对话框，输入对话框InputBox和消息框MsgBox。

自定义对话框也称定制对话框，这种对话框由用户根据应用程序设计的需要进行定义。通常由标签、文本框与命令按钮等控件组合而成。前面各章中的许多程序，都用到了自定义对话框。

通用对话框是一种ActiveX控件，这种控件可以利用Windows系统进行打开/保存文件、设置字体和颜色及打印等较为复杂的对话框设计。

10.1.1 通用对话框控件

除可以设计用户对话框外，VB还提供了一组基于Windows的标准对话框。用户可以利用通用对话框控件在窗体上创建 6 种对话框，分别为打开(Open)、另存为(Save As)、颜色(Color)、字体(Font)、打印(Printer)和帮助(Help)对话框。

通用对话框不是VB的标准控件，而是一种ActiveX控件。

使用ActiveX控件时，要将其添加到工具箱中，添加的方法是：选择“工程”菜单中的“部件”命令，打开“部件”对话框。在对话框中选择“控件”选项卡，然后在控件列表框中选中“Microsoft Common Dialog Control 6.0”，单击“确定”按钮，如图10-1所示，通用对话框控件即被加到工具箱中，如图10-2所示。把通用对话框添加到工具箱以后，就可以像使用标准控件一样把它添加到窗体上了。

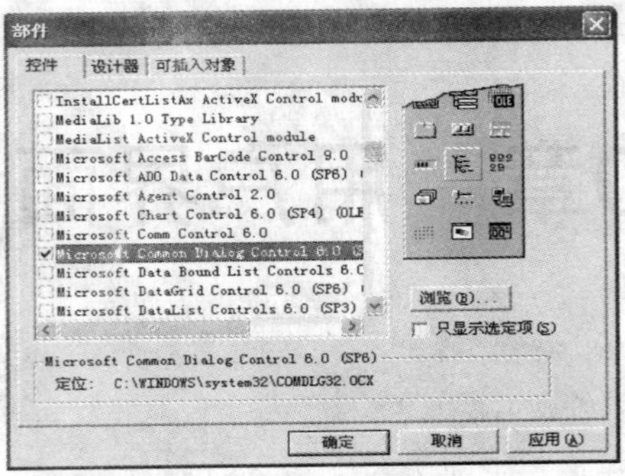

图 10-1　“部件”对话框

在程序的设计状态下，窗体上显示通用对话框图标，如图 10-3 所示，不能调整该图标的大小。

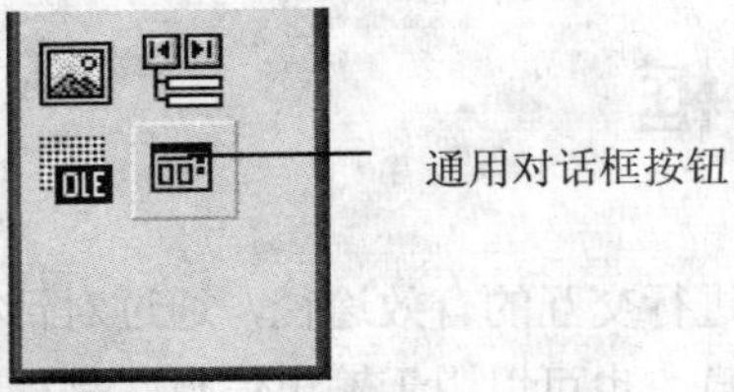

图 10-2　添加到工具箱中的通用对话框图标

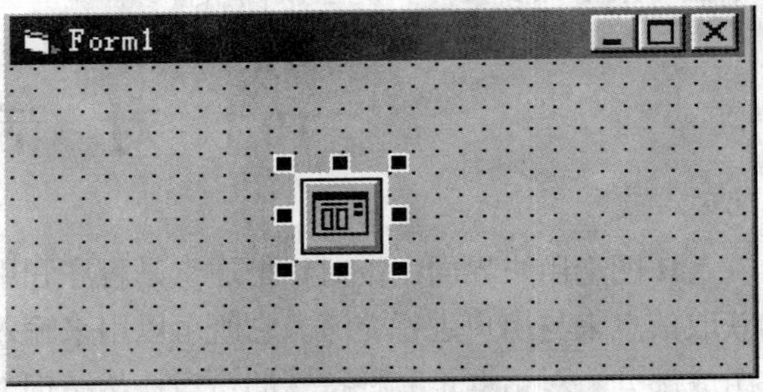

图 10-3　窗体上的通用对话框图标

在程序运行时，窗体上的通用对话框图标消失，在程序中通过对 Action 属性的设置或调用 Show 方法来调出所需要的对话框。

1. 通用对话框的控件名称

默认名称(Name 属性)为 CommonDialog1，CommonDialog2……

2. 设计时设置控件属性

(1) 右击窗体上的 CommonDialog 控件图标，在弹出的快捷菜单中选择“属性”命令，或在属性窗口中选择“(自定义)”，再单击右侧的“...”按钮，就可以打开“属性页”对话框，如图 10-4 所示。

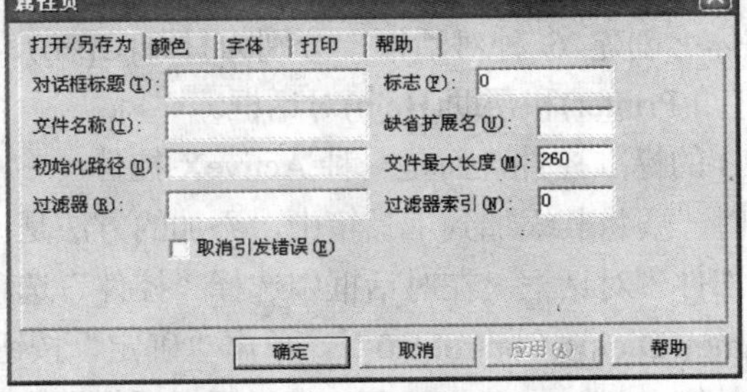

图 10-4　“属性页”对话框

在“属性页”对话框中有 5 个选项卡，用于对不同类型的对话框进行属性设置。例如，要设置颜色对话框的属性，需要选定“颜色”选项卡。

(2) 也可以在属性窗口中设置通用对话框的属性。

3. 打开通用对话框的 Action 属性和方法

在程序中，可以通过对该属性的设置来决定打开何种类型的通用对话框。Action 属性是只写属性，只能在程序中赋值，而后即刻出现一个对话框。如表 10-1 所示的是对话框类型与相应的属性和方法。

表 10-1　对话框类型与相应的属性和方法

对话框类型	Action 属性值	方　法
打开文件对话框	1	ShowOpen
保存文件对话框	2	ShowSave
颜色对话框	3	ShowColor
字体对话框	4	ShowFont
打印机设置对话框	5	ShowPrint
Windows 帮助对话框	6	ShowHelp

10.1.2　“文件”对话框

文件对话框有两种：打开(Open)对话框和保存(Sava As)对话框。打开对话框可以让用户指定一个文件，由程序使用；而另存为对话框可以指定一个文件，并以这个文件名保存当前文件。

打开对话框与保存对话框的结构类似，如图 10-5 所示的是一个打开文件对话框，图中各部分的作用分别如下。

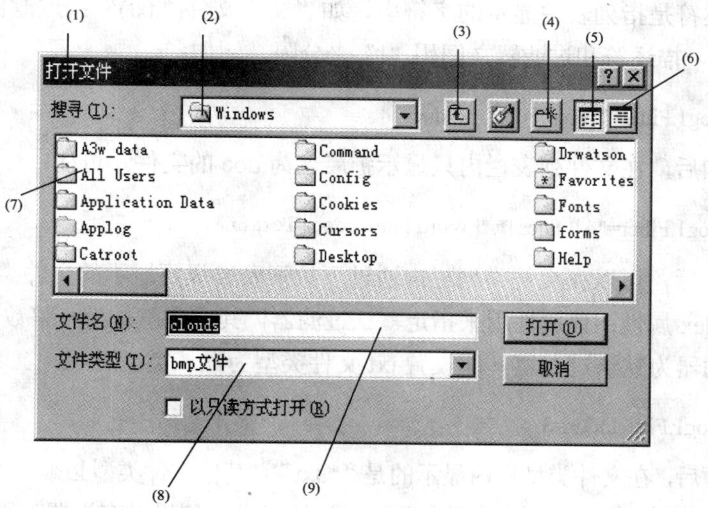

图 10-5　打开文件对话框

(1) 对话框标题：通用对话框的标题，字符串类型，用于设置对话框的标题，默认值为“打开”。

(2) 文件夹：用来显示文件夹。

(3) 选择文件夹级别。

(4) 新文件夹：用来建立新文件夹。

(5) 文件列表模式：以列表方式显示文件和文件夹。

(6) 文件细节：显示文件的详细情况，包括文件大小、建立(修改)日期、时间等属性。

(7) 文件列表。

(8) 文件类型：指定打开或保存的文件类型，该类型由通用对话框的 Filter 属性确定。

(9) 文件名：单击“打开”或“保存”按钮后，将以该文件名打开或保存文件。

打开对话框和保存对话框用于文件操作时需要对下列属性进行设置。

(1) DefaultEXT 属性：该属性用来设置对话框中默认的文件类型，即扩展名。当打开或保存一个没有扩展名的文件时，则自动将 DefaultEXT 属性值设置为默认的文件扩展名。

(2) DialogTitle 属性：该属性用来设置对话框的标题。默认情况下，打开对话框的标题是“打开”，保存对话框的标题是“另存为”。

(3) FileName 属性：该属性用来设置或返回要打开(或保存)的文件名和路径。

(4) FileTitle 属性：该属性用来指定文件对话框所选择的文件名，该属性只有文件名称，不包含路径。该属性与 FileName 属性的区别是 FileName 属性用来指定完整的路径，如“d:\prog\vb\test.frm”，而 FileTitle 只指定文件名，如 test.frm。

(5) Filter 属性：该属性用来指定对话框中显示的文件类型，可以设置多个文件类型，供用户在对话框的“文件类型”下拉列表中选择。Filter 的属性值由一对或多对文本字符串组成，其语法格式如下。

```
[窗体.]对话框名.Filter="描述符 1|过滤器 1|描述符 2|过滤器 2……"
```

其中，描述符是指列表中显示的字符串，如“文本文件(*.txt)”；过滤器是指实际的文件类型“*.txt”，描述符和过滤器之间用“|”来分隔。例如：

```
CommonDialog1.Filter="Word Files |    *.doc    "
```

执行该语句后，在文件列表栏内只显示扩展名为.doc 的文件。再如：

```
CommonDialog1.Filter="All Files |*.*| Word Files|*.doc | Text Files | *.txt    "
```

执行该语句后，可以在文件类型栏内通过下拉列表选择要显示的文件类型。

(6) FilterIndex 属性：该属性用来指定默认过滤器，其设置值是为一整数。例如，上例中设置第三个过滤器为默认过滤器，即设置 txt 文件类型为默认类型。

```
CommonDialog1.FilterIndex=3
```

打开对话框后，在文件类型栏内显示的是“*.txt”，其他文件类型必须通过下拉列表显示。

(7) InitDir 属性：用来指定对话框中显示的初始目录，如果没有设置，则显示当前目录。

【例 10-1】 编写程序，创建“打开”对话框与“保存”对话框。窗体界面如图 10-6 所示。添加一个通用对话框，其名称为 CommonDialog1，两个命令按钮名称为 Command1 和 Command2。下面编写两个命令按钮的单击事件过程。

程序代码如下：

```
Private Sub Command1_Click()
CommonDialog1.FileName = ""
    CommonDialog1.Flags = vbOFNFileMustExist
    CommonDialog1.Filter = "All Files|*.*|(*.exe)|*.exe|(*.TXT)|*.TXT"
    CommonDialog1.FilterIndex = 3
    CommonDialog1.DialogTitle = "Open File"
    CommonDialog1.Action = 1
    If CommonDialog1.FileName = "" Then
    MsgBox "No file selected", 37, "Checking"
    End If
    End Sub
Private Sub Command2_Click()
CommonDialog1.CancelError = True
CommonDialog1.DefaultExt = "TXT"
CommonDialog1.FileName = "aa.txt"
CommonDialog1.Filter = "Text files(*.txt)|*.TXT |All Files(*.*)|*.*"
CommonDialog1.FilterIndex = 1
CommonDialog1.DialogTitle = "Save File "
CommonDialog1.Flags = vbOFNOverwritePrompt Or vbOFNPathMustExist
CommonDialog1.Action = 2
End Sub
```

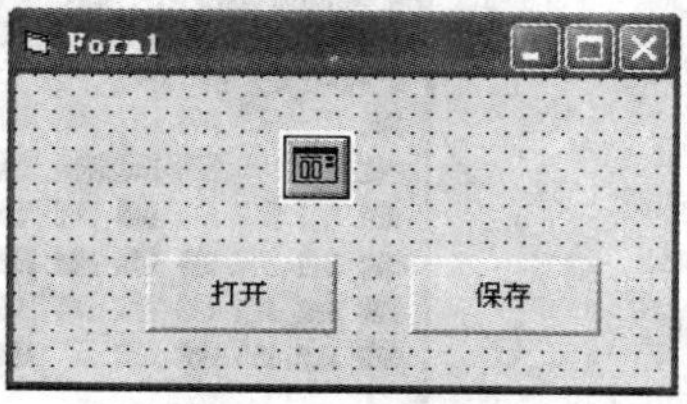

图 10-6　用户界面

单击“打开”按钮，则创建的“打开”对话框如图 10-7 所示。单击“保存”按钮，则创建 “保存”对话框。

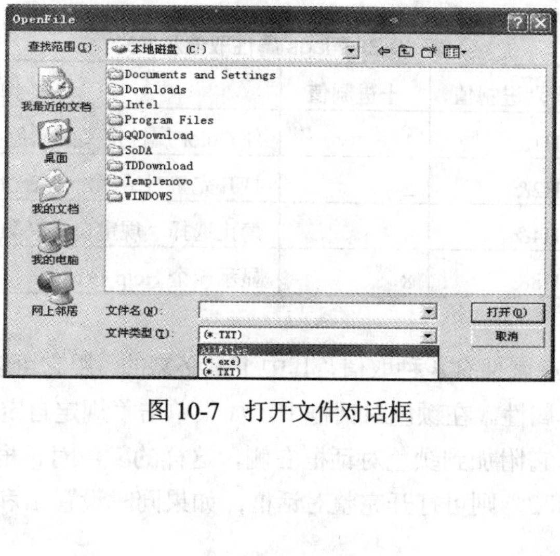

图 10-7　打开文件对话框

注意：

打开对话框，并不能真正"打开"文件，而仅仅是用来选择一个文件。保存对话框也只能用来选择文件，本身不能执行保存文件的操作。"打开文件"与"另存为"对话框的对话结果，只是改变了控件的 Filename 属性，并不能提供真正的打开、存储文件操作，打开、存储文件的操作需要通过编程来实现(详见第 11 章文件有关例子)。

10.1.3　颜色对话框

颜色对话框用来提供调色板并从中选择颜色，或创建自定义颜色。使用通用对话框控件的 ShowColor 方法，或将 Action 属性赋值为 3，可显示颜色对话框，颜色对话框的样式如图 10-8 所示。

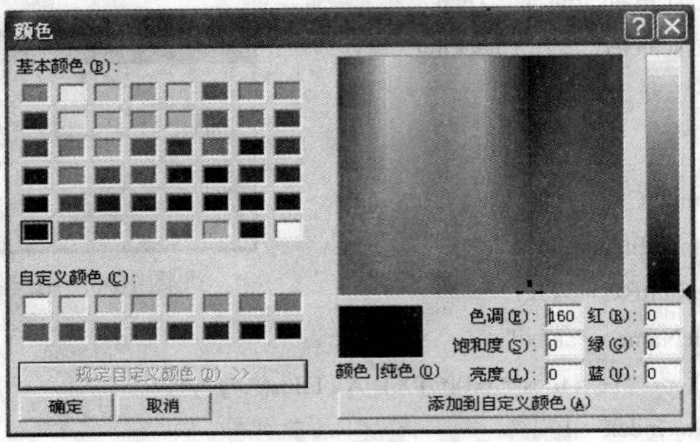

图 10-8　"颜色"对话框

颜色对话框具有与文件对话框相同的一些属性，此外还有两个属性，即 Color 属性和 Flags 属性。

Color 属性用来设置初始颜色，并把在颜色对话框中选择的颜色返回给应用程序。该属性是一个长整型数。为了设置或读取 Color 属性，必须将 Flags 属性设置为 1(vbCCRGBInit)。Flags 属性的取值如表 10-2 所示。

表 10-2　Flags 属性取值及含义

常量	十六进制值	十进制值	作用
vbCCRGBInit	&H1&	1	使 Color 属性定义的颜色在首次显示对话框时显示
vbCCFullOpen	&H2&	2	打开完整对话框，包括"用户自定义颜色"窗口
vbCCPreventFullOpen	&H4&	4	禁止选择"规定自定义颜色"按钮
vbCCShowHelp	&H8&	8	显示一个 Help 按钮

颜色对话框的 Flags 属性有 4 种取值，其中 1 是必需的，用它可以打开一个颜色对话框，并可设置或读取 Color 属性。在颜色对话框中，如果单击"规定自定义颜色"按钮，则可打开自定义颜色对话框，它附加到颜色对话框右侧，这样的颜色对话框称为完整对话框。

如果同时设置 1 和 2，则可打开完整对话框；如果同时设置 1 和 4，则禁止打开右边的自定义颜色对话框，这种情况下，对话框中的“规定自定义颜色”按钮无效。

【例 10-2】 颜色对话框的使用。

窗体界面如图 10-9 所示。在窗体上有一个框架、一个形状控件，在框架上画出 6 个单选按钮(设计成控件数组)，用来选择不同形状；一个通用对话框控件、一个命令按钮。程序运行后，在框架上选择形状，形状控件自动设置为所选形状；单击命令按钮打开颜色对话框，如图 10-10 所示为形状控件设置颜色，运行时如图 10-11 所示。

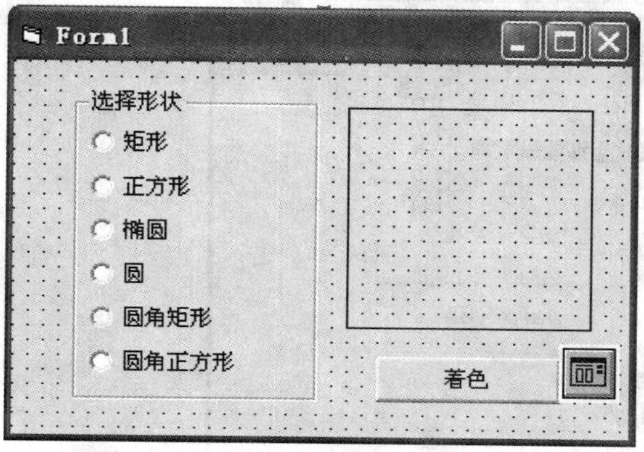

图 10-9　窗体界面设计

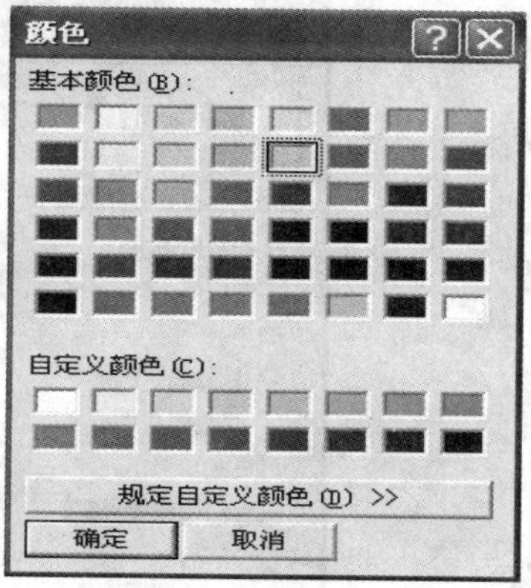

图 10-10　选择颜色值

设计有关事件过程如下：

```
Private Sub Command1_Click()
  CommonDialog1.ShowColor         ' 打开颜色对话框
  Shape1.FillStyle = 0            ' 实心填充
  Shape1.FillColor = CommonDialog1.Color
End Sub
Private Sub Option1_Click(Index As Integer)
  Shape1.Shape = Index            ' 选择形状
End Sub
```

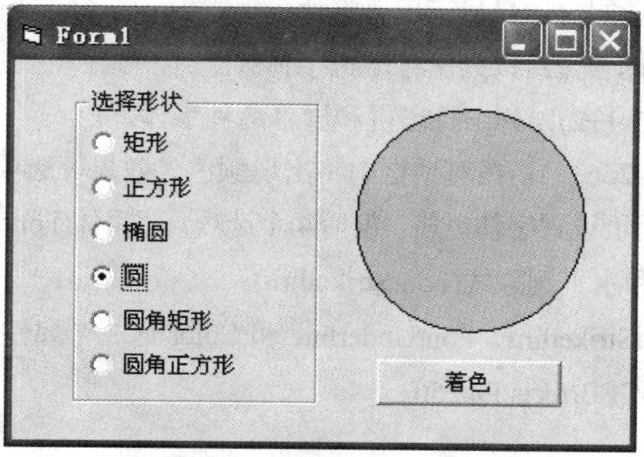

图 10-11　程序运行结果

10.1.4　字体对话框

字体对话框用来设置并返回所用字体的名字、样式、大小、效果及颜色等。使用通用对话框控件的 ShowFont 方法，或将 Action 属性赋值为 4，可以显示字体对话框，如图 10-12 所示。

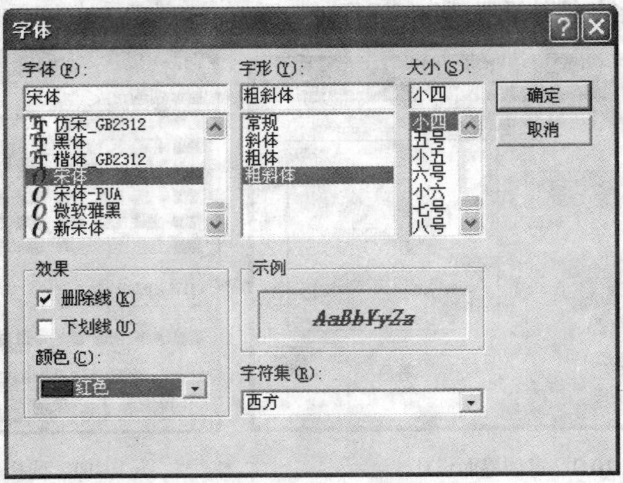

图 10-12　“字体”对话框

设计时，在通用对话框控件的属性页窗口“字体”选项卡设置属性，如图 10-13 所示。其中“属性页”中有关属性的含义分别如下。

(1) 字体名称(FontName)：用于设置初始字体，并可返回用户所选择的字体名称。

(2) 字体大小(FontSize)：用于设置对话框中字体大小，并可返回用户所选择的字体大小。

(3) 最小(Min)：用于设置对话框中“大小”列表框中的最小值。

(4) 最大(Max)：用于设置对话框中“大小”列表框中的最大值。

(5) 标志(Flags)：设置对话框的一些选项。

- vbCFScreenFonts 或 1：只显示屏幕字体。
- vbCFPrinterFonts 或 2：只列出打印机字体。
- vbCFBoth 或 3(=1+2)：列出打印机和屏幕两种字体。
- 如设置为 257(=256+1)，在对话框中将出现颜色、效果等选项。

(6) 样式(Style)：用于设置字体风格，包括 4 个选项，即粗体(FontBold)、斜体(FontItalic)、下划线(FontUnderline)和水平删除线(FontStrikethru)。、

其中，要使用 FontStrikethru、FontUnderline 和 Color 这 3 个属性，必须先将通用对话框的 Flags 属性设置为 vbCFEffects 或 256。

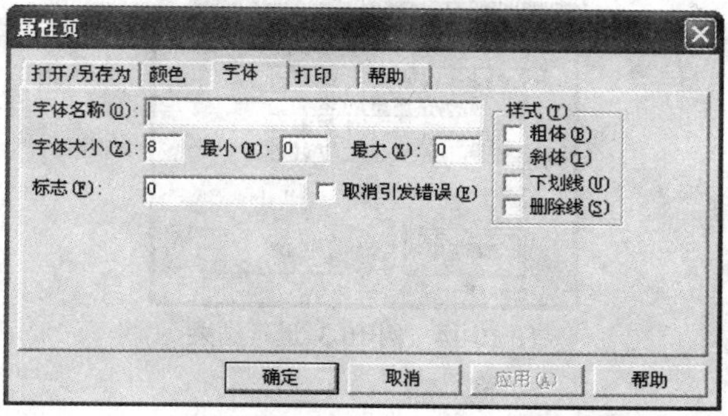

图 10-13 “属性页”对话框

【例 10-3】 字体对话框的使用。在文本框上显示文字，利用字体对话框来设置所显示文字的字体、字型、大小、颜色、效果等。

在窗体上添加一个通用对话框，名称 CommonDialog1、一个文本框 Text1，文本框多行，具有垂直滚动条，两个命令按钮名称为 Command1 和 Command2，Command1.Caption="选择字体"，Command2.Caption="结束"，在 Text1 的属性窗口内设置 Text 属性，输入若干行要在文本框内显示的文字。

程序代码如下：

```
Private Sub Form_Load()
CommonDialog1.FontName = "宋体"        '设置初始字体为宋体
CommonDialog1.Flags = 257 'Flags 为 257，屏幕字体；用颜色、效果等选项
End Sub
Private Sub Command1_Click()
CommonDialog1.ShowFont              '打开字体对话框
Text1.FontName = CommonDialog1.FontName
Text1.FontSize = CommonDialog1.FontSize
Text1.FontBold = CommonDialog1.FontBold
Text1.FontItalic = CommonDialog1.FontItalic
Text1.FontUnderline = CommonDialog1.FontUnderline
Text1.FontStrikethru = CommonDialog1.FontStrikethru
Text1.ForeColor = CommonDialog1.Color
End Sub
Private Sub Command2_Click()
End
End Sub
```

运行程序，单击“选择字体”按钮，打开“字体”对话框(与在属性窗口设置 Font 属性打开的对话框完全相同)，字形选择“粗斜体”，字号大小选择“小四”，效果选择“下划线”，颜色选择“绿蓝”色，则文本框中所显示设置后的效果如图 10-14 所示。

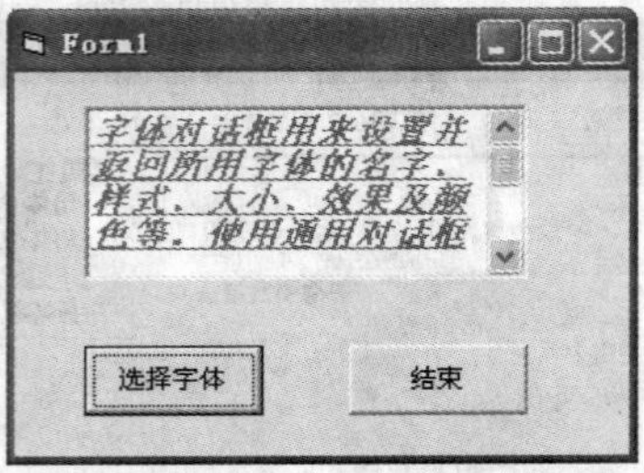

图 10-14　例 10-3 运行结果

10.1.5　打印对话框

打印对话框可以选择要使用的打印机，并可以为打印机设置打印输出的选项，如打印范围、打印份数、打印纸的相关内容以及当前安装的打印机信息等。使用通用对话框控件的 ShowPrinter 方法，或将 Action 属性赋值为 5，可以显示打印对话框。

该对话框的常用属性如下。

- FromPage：起始页号。
- ToPage：终止页号。使用这两个属性时，必须把 Flags 设置为 2。
- Copies：打印文档的份数。如果打印驱动程序不支持多份打印，该属性有可能始终返回 1。

注意：

打印对话框只是用于一些打印参数的设置和选定，不能实际启动打印机，如果要执行具体的打印操作，还必须编写相应的代码。打印对话框的样式如图 10-15 所示。

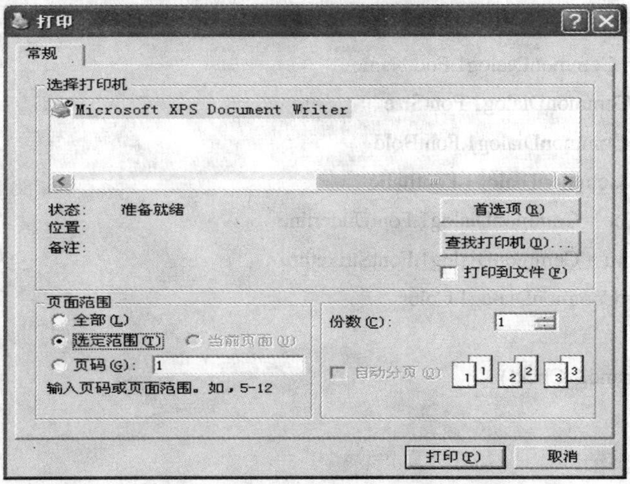

图 10-15　“打印”对话框

10.1.6　帮助对话框

帮助对话框是使用通用对话框控件的 ShowHelp 方法或将 Action 属性赋值为 6 时，打开的对话框，是一个标准的对话窗口，用于制作应用程序的在线帮助界面。它不能制作应用程序的帮助文件，只能调用 Windows 系统的帮助引擎，将已经制作好的帮助文件从磁盘中读出，并与界面连接起来，可以达到显示检索帮助信息的目的。

帮助文件需要用其他的工具制作，如 Microsoft Windows Help Compiler。

帮助对话框的常用属性如下。

- HelpCommand：在线 Help 帮助类型。
- HelpFile：Help 文件的路径及其名称。
- HelpKey：在帮助窗口显示由该帮助关键字指定的帮助信息。

10.2　菜 单 设 计

菜单是窗口界面的重要组成部分，在 Windows 环境中，几乎所有的应用软件都提供菜单，并通过菜单来实现各种操作。菜单一方面提供了人机对话的接口，以便让用户选择应用系统的各种功能；另一方面，借助于菜单，能够有效地组织和控制应用系统各功能模块的运行。

10.2.1　菜单概述

菜单设计已经成为窗口界面不可缺少的组成部分。菜单代表程序的各项命令，在进行菜单设计时，一般将功能类型一致的命令放在同一个菜单中，考虑到用户的使用习惯，程序菜单应尽量与 Windows 风格的程序保持一致。

在 VB 中有两种基本类型的菜单，一是下拉式菜单，由一个主菜单和若干个子菜单所组成的，下拉式菜单通过单击菜单栏中的菜单标题来打开，如图 10-16 所示；二是弹出式菜单，是用户在某个对象上右击所弹出的快捷菜单，弹出式菜单则通过用鼠标左键或右键单击某个区域的方式打开，如图 10-17 所示。

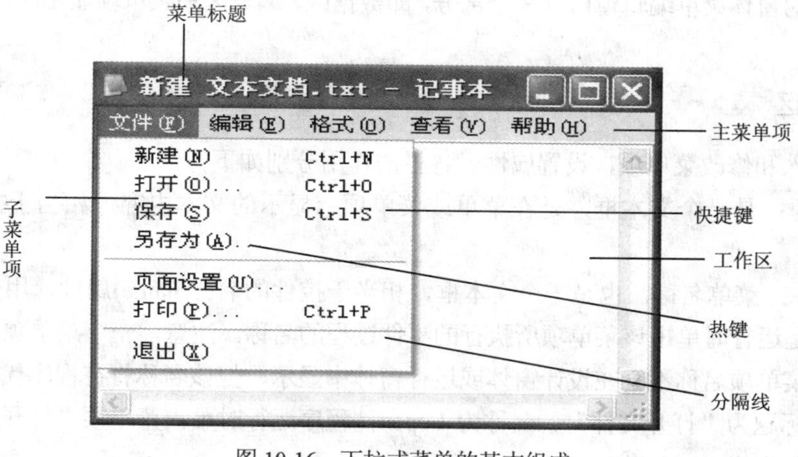

图 10-16　下拉式菜单的基本组成

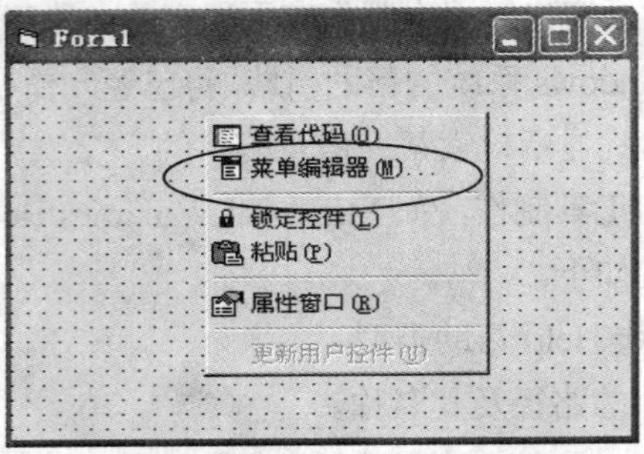

图 10-17　用弹出菜单打开菜单编辑器窗口

在 VB 中，每一个菜单项就是一个控件。与其他控件一样，具有定义它的外观和行为的属性。在设计或运行时可设置 Caption、Enabled、Visible 和 Checked 属性等。菜单控件只能识别一个事件，即 Click 事件，当用鼠标或键盘选中某个菜单控件时，将引发该事件。

不管是哪种类型的菜单，菜单中的所有菜单项(包括分隔线)从本质上来说都是与命令按钮相似的控件，有属性、事件和方法。它们响应 Click 事件，VB 中为菜单编写程序就是编写 Click 事件过程。

10.2.2　菜单编辑器

VB 没有菜单控件，但提供了建立菜单的菜单编辑器。可以通过以下 4 种方式进入菜单编辑器。

(1) 选择“工具”菜单中的“菜单编辑器”命令。

(2) 使用快捷键 Ctrl+E。

(3) 单击工具栏中的“菜单编辑器”按钮。

(4) 在要建立菜单的窗体上右击鼠标，将弹出一个快捷菜单，如图 10-17 所示，选择“菜单编辑器”命令。

打开后的窗体菜单编辑窗口分 3 个部分，即数据区、编辑区和菜单项显示区，如图 10-18 所示。

1. 数据区

用来输入和修改菜单项，设置属性。各栏的作用分别如下。

(1) 标题：是一个文本框，是在菜单或菜单项上显示的文本内容，相当于控件的标题(caption)属性。

(2) 名称：菜单名称，也是一个文本框，相当于控件的名称(name)属性，用来唯一识别该菜单，也是运行时单击该菜单项所执行的事件过程的名称。注意，一个菜单项必须有一个名称，虽然菜单项名称不会在设计窗体或运行窗体中显示，但该名称将在程序代码中使用。

例如，标题为“打开文件”、名称为 Fopen，程序运行时单击菜单项“打开文件”所执行的事件过程为 Fopen_Click。

(3) 索引：如果建立菜单控件数组，必须使用该属性。index 属性表示菜单控件在控件数组中的位置。

(4) 快捷键：在该下拉列表框中可以为调用事件过程确定快捷键，每个菜单项都可以有一个访问字母键字母，但不是都可以有快捷键的，只有无下拉菜单的菜单项可以有快捷键。默认的表项是 None。快捷键将显示在菜单项后，如“打开文件　Ctrl+O”。

(5) 帮助上下文：输入数值，该值用来在帮助文件中查找相应的帮助主题。

(6) 协调位置：确定菜单项是否出现或出现的位置。该下拉列表中有 4 个选项，分别为 0-None，菜单项不显示；1-Left，菜单项靠左显示；2-Middle，菜单项居中显示；3-Right，菜单项靠右显示。

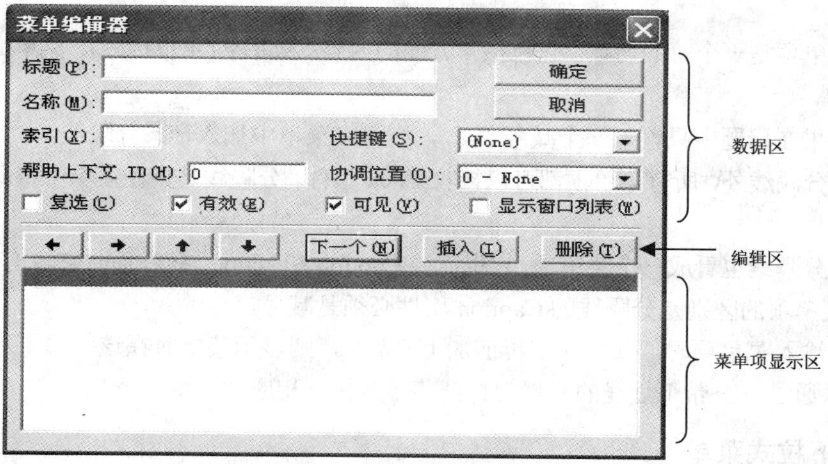

图 10-18　VB 的菜单编辑窗口

(7) 复选：该复选框决定菜单项前面是否有复选标记“√”，即用于设置下拉菜单项的 Checked 属性。若该复选框被选中，则下拉菜单项的 Checked 属性为 True，运行程序时在菜单项的左边选中复选，使标记变为“√”。

(8) 有效：设置下拉菜单项的 Enabled 属性，默认值为 True。若要在程序运行时使某个菜单项不可选，可设置为 False。

(9) 可见，设置下拉菜单项的 Visible 属性，默认值为 True。若要在程序运行时使某个菜单项不可见，可设置为 False。

2. 编辑区

编辑区共 7 个按钮，用来对输入的菜单项进行简单的编辑。

(1) “→”和“←”按钮：菜单层次选择按钮，可以使编辑器窗口选定的菜单项左边减少、增加 4 个点。若某菜单项比它上一行的菜单项前面增加 4 个点，则该选项作为上一菜单项的子菜单(VB 最多允许 6 级菜单)。

(2) “↑”和“↓”按钮：菜单项位置移动按钮。上移按钮可以使编辑器窗口选定的菜单项移动到上一行菜单项的上边，下移按钮可以使编辑器窗口选定的菜单项移动到下一行菜单项的下边。

(3) “下一个”按钮：该按钮用来创建或选择下一个菜单项。如果当前菜单项是最后一项，则加入一个新的菜单项。

(4) “插入”按钮：在当前选择的菜单项前插入一个新的菜单项。

(5) “删除”按钮：删除当前选择的菜单项。

在菜单设计过程中，已经设计的菜单项及其上下级关系都会显示在菜单编辑器下端的列表框中，可以非常直观地修改、调整有关的菜单项。

3. 菜单项显示区

位于菜单编辑器下部，输入的菜单在这里显示，并通过内缩符号“….”表示菜单项的层次。

(1) 菜单项是一个总的名称，它包括 4 方面的内容：菜单名(菜单标题)、菜单命令、分隔线和子菜单。

(2) 如果在标题中只输入一个减号“-”，则可在菜单中加入一条分隔线。

(3) 除分隔线外，所有菜单项都可以接收 Click 事件。分隔线是指在菜单中将命令分组的水平线。

VB 将分隔线也看成一个菜单项，它也需要 Caption 和 Name 属性，而且它也有其他属性，分隔线与菜单项的区别是分隔线的 Caption 属性必须是减号。

(4) 在输入菜单项时，如果在字母前加上“&”，则显示菜单时在该字母下加上一条下划线，可以通过 Alt+带下划线的字母键打开菜单或执行相应的菜单命令。

10.2.3　下拉式菜单

在下拉式菜单中，一般有一个主菜单，称为菜单栏。每个菜单栏包括一个或多个选择项，称为菜单标题，如 VB 6.0 集成开发环境中的文件、编辑、视图、工程等。

当单击一个菜单标题时，包含菜单项的列表(即菜单)被打开，在列表项目中，可以包含分隔条和子菜单标题(其右边含有三角的菜单项)等。当选择子菜单标题时又会“下拉”出下一级菜单项列表，称为子菜单。

VB 的菜单系统最多可达 6 级，但在实际应用中一般不超过 3 层，因为菜单层次过多，会影响操作的方便性。

建立下拉式菜单的步骤如下：

(1) 启动菜单编辑器。

(2) 输入菜单标题。

(3) 输入菜单名称。

(4) 选择快捷键、复选、有效、可见等属性。

(5) 运用菜单项移动按钮调整菜单位置。

(6) 重复(2)至(5)步骤，直到完成菜单输入。

(7) 单击“确定”按钮。

下拉式菜单建立以后，需要为相应的菜单项编写事件过程代码，以便当程序运行时选择菜单实现具体的功能。

【例 10-4】 创建下拉菜单，控制文本框上显示的文字的字体、效果、字形以及颜色等。

在窗体上有一个名称为 Text1 的文本框，可以显示多行文字，一个名称为 CommonDialog1

的通用对话框控件，一个名称为 Command1 的命令按钮，其 Caption 属性为“单击输入文字”。当程序运行时，文本框无内容，菜单项都是灰色的无效；当单击命令按钮，则在文本框中显示 4 行文字，菜单项为有效。选择颜色菜单，打开“颜色”对话框，设置文本框的文字颜色和背景颜色。启动菜单编辑器，按照如表 10-3 所示设置菜单项，建立下拉式菜单，如图 10-19 所示，窗体界面如图 10-20 所示。

表 10-3　菜单项的属性设置

菜单标题(Caption)	菜单名称(Name)	索引值	说　明
字体	Zt		主菜单项 1
宋体	Zt1	0	子菜单项 11，快捷键 Ctrl+S
楷体	Zt1	1	子菜单项 12，快捷键 Ctrl+K
黑体	Zt1	2	子菜单项 13，快捷键 Ctrl+H
-	fgx		子菜单项 14，用作分隔条
退出	Quit		子菜单项 15，快捷键 Ctrl+Q
字形	Zx		主菜单项 2
粗体(&B)	Zx1	0	子菜单项 21，热键 B
斜体(&I)	Zx1	1	子菜单项 22，热键 I
效果	Xg		主菜单项 3
下划线(&U)	Xg1	0	子菜单项 31，热键 U
删除线(&S)	Xg1	1	子菜单项 32，热键 S
颜色	Ys		主菜单项 4
文字颜色	Ys1	0	子菜单项 41
背景颜色	Ys1	1	子菜单项 42

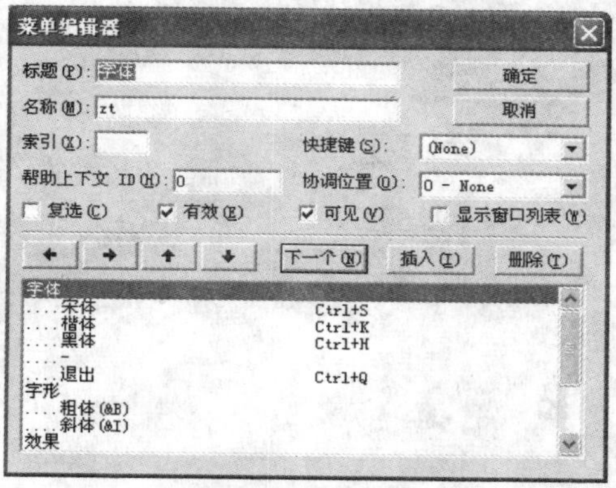

图 10-19　菜单编辑器

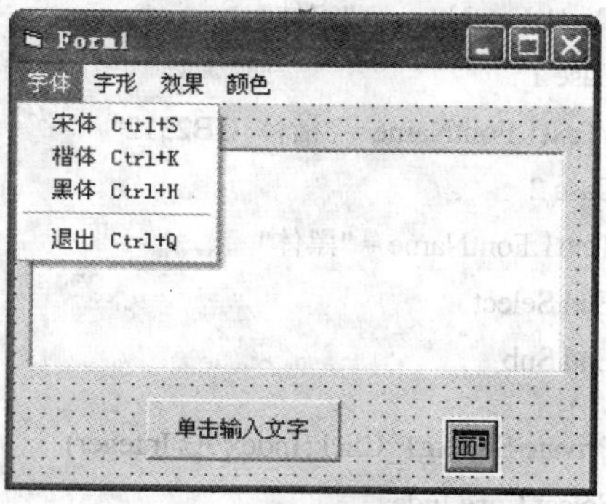

图 10-20　例 10-4 的界面设计

(1) 宋体、楷体、黑体等菜单项分别设置为菜单数组，它们使用相同的菜单名称(如 zt1)，采用不同的索引值来区分(菜单数组必须输入索引值)。

(2) 分隔条的设置。分隔条是一个特殊的菜单项，其标题以一个“-”号表示，同时必须为它设置菜单名称。运行时将在所显示的上、下两个菜单项间出现一条直线(分隔)，如本例中，程序运行时将在“黑体”和“退出”两个菜单项中间显示一条直线。

(3) 快捷键和热键。快捷键是指与该菜单项相对应的功能键或组合键，程序运行时，按下快捷键，其作用相当于鼠标单击对应的菜单项，执行 Click 事件程序代码。所以，为常用的菜单项设置对应的快捷键，提供了一种快速操作下拉菜单的方法。设置快捷键的方法很简单，只要在菜单编辑器中选中需要设置快捷键的菜单项，然后在快捷键列表框中选择即可，如本例中设置宋体的快捷键为 Ctrl+S。

热键是为某个菜单项指定的字母键。程序运行时，在显示出有关菜单项后，按该字母键，即选中对应的菜单项。设置热键的方法为：在菜单编辑器中，输入菜单标题和“&”，再输入指定的字母即可。如设置“粗体”的热键为 B。

在菜单编辑器中建立菜单后，需要为有关菜单项编写 Click 事件过程，除分隔条以外的所有菜单项都可识别 Click 事件。根据本例题目要求，编写事件过程如下：

```
Private Sub Command1_Click()
 Text1.FontSize = 16
      Text1.Text = "下拉式菜单示例" + Chr(13) + Chr(10) + Space(2)
      Text1.Text = Text1.Text + "下拉式菜单示例" + Chr(13) + Chr(10)
      Text1.Text = Text1.Text + Space(4) + "下拉式菜单示例"
      Text1.Text = Text1.Text + Chr(13) + Chr(10)
      Text1.Text = Text1.Text + Space(6)
      Text1.Text = Text1.Text + "下拉式菜单示例" + Chr(13) + Chr(10)
End Sub
```

这个命令按钮的单击事件结果是在文本框中产生 4 行文字。

```
Private Sub zt1_Click(Index As Integer)
Select Case Index
case 0
Text1.FontName = "宋体"
Case 1
 Text1.FontName = "楷体_GB2312"
Case 2
Text1.FontName = "黑体"
End Select
End Sub

Private Sub xg1_Click(Index As Integer)
Select Case Index
        Case 0                     ' 选中下划线
          Text1.FontUnderline = True
        Case 1                     ' 选中删除线
          Text1.FontStrikethru = True
   End Select
```

```
End Sub
    Private Sub zx1_Click(Index As Integer)
      Select Case Index
        Case 0                    ' 选中粗体
          Text1.FontBold = True
        Case 1                    ' 选中斜体
          Text1.FontItalic = True
      End Select
    End Sub
    Private Sub ys1_Click(Index As Integer)
      CommonDialog1.ShowColor                    '打开颜色对话框
      If Index = 0 Then
         Text1.ForeColor = CommonDialog1.Color    '设置文字颜色
      Else
         Text1.BackColor = CommonDialog1.Color    '设置背景颜色
      End If
End Sub
    Private Sub Quit_Click()
      End
End Sub
```

复选也称为菜单项标记，就是在菜单项前加上一个“√”。它有两个作用：一是可以明显地表示当前某个(或某些)命令状态是 On 或 Off；二是可以表示当前选择的是哪个菜单项。但是菜单项标记通常是动态地加上或取消的，因此应在程序代码中根据执行情况设置。

注意：

本例中用于设置文本字形和文本效果的 4 个子菜单项，在程序运行时一旦选中就一直有效，即不具备复选功能。如果需要将它们设置为能够复选，程序代码可作如下修改，修改后的程序的运行情况如图 10-21 所示。

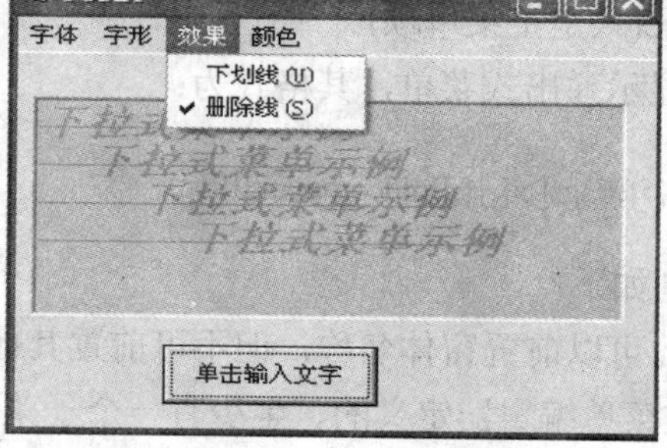

图 10-21　例 10-4 的运行结果

```
Private Sub xg1_Click(Index As Integer)
Select Case Index
    Case 0
        xg1(Index).Checked = Not xg1(Index).Checked
        Text1.FontUnderline = xg1(Index).Checked
    Case 1
        xg1(Index).Checked = Not xg1(Index).Checked
        Text1.FontStrikethru = xg1(Index).Checked
  End Select
End Sub
  Private Sub zx1_Click(Index As Integer)
    Select Case Index
      Case 0
        zx1(Index).Checked = Not zx1(Index).Checked
        Text1.FontBold = zx1(Index).Checked
      Case 1
        zx1(Index).Checked = Not zx1(Index).Checked
        Text1.FontItalic = zx1(Index).Checked
    End Select
  End Sub
```

10.2.4 弹出式菜单

弹出式菜单是用户在某个对象上右击鼠标所弹出的快捷菜单。

弹出式菜单是一种小型菜单，它可以在窗体的某个位置显示出来，对程序事件作出响应。与下拉式菜单不同，弹出式菜单不需要在窗口顶部下拉打开，而是通过单击鼠标右键在窗体的任意位置打开，使用方便，具有较大的灵活性。

通常，创建弹出式菜单有两步：首先使用菜单编辑器创建菜单，然后用 PopupMenu 方法弹出显示。第一步的操作与下拉式菜单基本相同，唯一的区别是必须把菜单名(即主菜单项)的“可见”属性设置为 False(只是主菜单项)。

PopupMenu 方法用来显示弹出式菜单，其格式为：

[对象.]PopupMenu <菜单名>[,flags[,x[,y[,Boldcommand]]]]

其中各选项的功能分别如下：

(1) 关键字 PopupMenu 可以前置窗体名称，但不可前置其他控件名称。

(2) <菜单名>是指通过菜单编辑器定义的、至少有一个子菜单项的主菜单名称(Name)，其 Visible 属性设置为 False。

(3) Flags 参数为位置常数，用来定义显示位置与行为如表 10-4 所示。

表 10-4　Flags 标志参数的取值与说明

分类	常数	值	说明
位置	vbPopupMenuLeftAlign	0	默认值，横坐标 x 位置作为弹出式菜单的左边界
	vbPopupMenuCenterAlign	4	横坐标 x 位置作为弹出式菜单的中心
	vbPopupMenuRightAlign	8	横坐标 x 位置作为弹出式菜单的右边界
性能	vbPopupMenuLeftButton	0	默认值，只接受鼠标左键触发弹出式菜单
	vbPopupMenuRightButton	2	接受鼠标左键和右键触发弹出式菜单

前面 3 个为位置常数，后 2 个是行为常数。这两组参数可以单独使用，也可以联合使用，每组取一个值，两值相加，如果使用符合常数，则两值用 Or 连接，如：

vbPopupMenuCenterAlign or vbPopupMenuRightButton　或 6 (即 4+2)

(4) Boldcommand 参数指定需要加粗显示的菜单项，注意只能有一个菜单项加粗显示。

【例 10-5】 弹出式菜单应用实例。

窗体上有一个名称为 Text1 的文本框，内容为空，打开菜单编辑器窗口，设置各菜单项的属性如表 10-5 所示，建立菜单如图 10-22 所示。注意，主菜单项的“可见”属性应设置为 False，其余子菜单项的“可见”属性设置为 True。

表 10-5　菜单项的属性设置

菜单标题(Caption)	菜单名称(Name)	内缩符号	可见性
字体格式	fFormat	无	False
下划线	punder	1	True
删除线	psc	1	True
粗体	pbold	1	True
斜体	pItalic	1	True
20	F20	1	True
黑体	fht	1	True
退出	Quit	1	True

(1) 界面设计(略)。

(2) 编写窗体的 MouseDown 事件过程如下，具体情况将在 10.4 节介绍。

```
Private Sub Form_MouseDown(Button As Integer, Shift As Integer, X As Single, Y As Single)
 If Button = 2 Then
 PopupMenu fFormat
 End If
End Sub
```

这个事件过程中的条件语句用来判断所按下的是否是鼠标右键，如果是，则用 PopupMenu 方法弹出菜单。PopupMenu 方法省略了对象参数，指的是当前窗体。

其他事件过程如下，程序执行结果如图 10-23 所示。

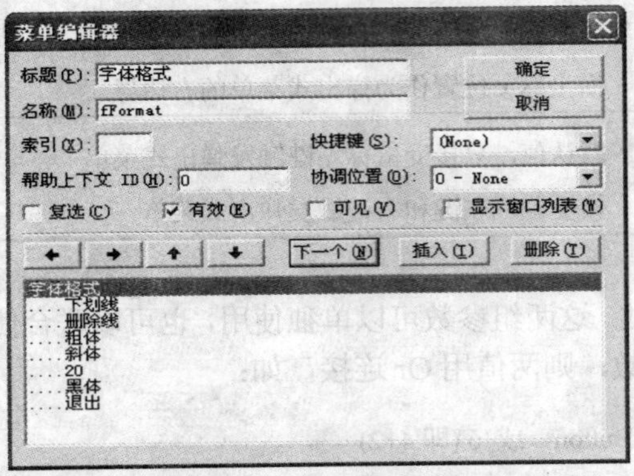

图 10-22　建立弹出式菜单

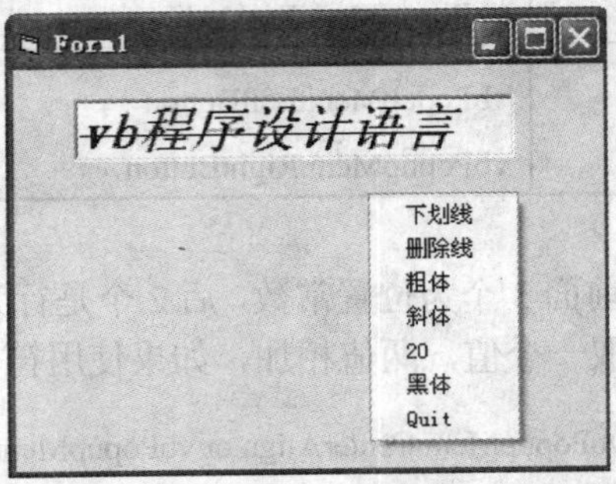

图 10-23　例 10-5 程序执行结果

```
Private Sub Form_Load()
  Text1.Text = "vb 程序设计语言"
  End Sub
  Private Sub f20_Click()
  Text1.FontSize = 20
End Sub

Private Sub fht_Click()
     Text1.FontName = "黑体"
     End Sub
     Private Sub psc_Click()
     Text1.FontStrikethru = True
End Sub
Private Sub punder_Click()
     Text1.FontUnderline = True
End Sub
Private Sub pBold_Click()
     Text1.FontBold = True
End Sub
Private Sub pItalic_Click()
     Text1.FontItalic = True
End Sub
Private Sub Quit_Click()
     End
End Sub
```

10.3　多 重 窗 体

迄今为止，创建的应用程序都是只有一个窗体的简单程序。在实际应用中，单一窗体往往不能满足需要，尤其是对于比较复杂的应用程序，如果只用一个窗体和用户进行交互，一方面难以进行合乎美观原则的设计，另一方面分类工作很难，设计出来的界面不符合友好原则。必须通过多个窗体来实现，这就是多重窗体。

10.3.1　建立多窗体应用程序

1. 添加窗体

在集成开发环境中，使用“工程”菜单中的“添加窗体”命令，就可以在一个工程中创建多个窗体；也可以在工程资源管理器中单击鼠标右键，在弹出的快捷菜单中选择“添加”命令来实现。

多个窗体之间没有绝对的从属关系。每个窗体的界面设计与单窗体的完全一样，只是在设计之前应先建立窗体。程序代码是针对每个窗体编写的，应注意窗体之间存在的先后顺序和相互调用的关系。

2. 与多窗体程序设计有关的语句和方法

在单窗体程序设计中，所有的操作都在一个窗体中完成，不需要在多个窗体中切换。而在多窗体程序中，需要打开、关闭、隐藏或显示指定的窗体，这可以通过相应的语句和方法来实现。

(1) Load 语句

语法结构如下：

```
Load [窗体名称]
```

功能是把一个窗体装入内存。

使用 Load 方法调用的窗体被存入内存，但并不显示这个窗体对象，同时会产生一个 Form_Load()事件。此语句只是需要在初始化时加载所有的窗体并在以后需要它们的时候显示。当 VB 加载窗体时，先把窗体的各属性设置为初始值，再执行 Load 事件。例如：

Load Form2　'将 Form2 窗体存入内存。

(2) Unload 语句

语法结构如下：

```
Unload [窗体名称]
```

功能是清除内存中指定的窗体，即卸载窗体。

使用 Unload 方法会清除内存中指定的窗体，与此同时，窗体中的变量和属性等都会处于无效的状态，当卸载一个窗体时它的子窗体也会被卸载。例如：

Form1.Show

Unload Form2　　'显示 Form1 窗体，从内存中移去 Form2 窗体。

(3) Show 方法

语法结构如下：

```
[窗体名称].Show
```

功能是显示一个窗体。

Show 方法用来显示被调用的窗体。Show 方法兼有装入和显示两种功能，也就是说，在执行 Show 方法时，如果窗体不在内存中，则 Show 方法会自动把窗体调入内存，然后再显示出来。相当于把一个窗体的 Visible 属性设置为 True。例如：

```
Load Form2
Form2.Show   '将 Form2 存于内存，然后显示 Form2 窗体。
```

(4) Hide 方法

语法结构如下：

```
[窗体名称].Hide
```

功能是使窗体隐藏，不在屏幕上显示。

Hide 方法会隐藏被调用的窗体，即不在屏幕上显示，但仍在内存中(与 Unload 方法不同)，相当于把一个窗体的 Visible 属性设置为 False。被调用的窗体中的属性等已经处于无效的状态。例如：

```
Form1.Hide
Form2.Show   '将 Form1 隐藏，然后显示 Form2 窗体。
```

【例 10-6】 多窗体应用程序。本例将设计一个有 3 个窗体的应用程序。

1. 界面设计：使用“工程”菜单中的“添加窗体”命令为当前工程添加两个新的窗体。它们的属性设置如表 10-6 所示。

表 10-6　窗体的属性设置

对象	名称(Name)	标题(Caption)
窗体 1	FMain	启动窗体
窗体 2	FSub1	窗体 1
窗体 3	FSub2	窗体 2

在主窗体上放置 3 个按钮，各按钮控件的属性设置如表 10-7 所示。

表 10-7　主窗体中的控件属性设置

对象	名称(Name)	标题(Caption)
命令按钮 1	ComOpen	打开窗体
命令按钮 2	ComClose1	关闭窗体 1
命令按钮 3	ComClose2	关闭窗体 2

(2) 代码设计如下：

```
Private Sub ComOpen_Click()
    FSub1.show
    FSub2.show
End Sub
Private Sub ComClose1_Click()
    Unload  FSub1
End Sub
Private Sub ComClose2_Click()
    Unload  FSub2
End Sub
```

运行该程序，则屏幕上出现启动窗体，单击“打开窗体”按钮，则窗体 1 与窗体 2 出现在屏幕上。单击“关闭窗体 1”按钮与“关闭窗体 2”按钮，则分别可关闭窗体 1 与窗体 2。

10.3.2　多窗体应用程序的执行与保存

上例程序运行后，首先显示的是启动窗体，即从该窗体开始执行程序。其他窗体的装载与显示由启动窗体控制。

1. 设置启动对象

VB 规定，对于多重窗体应用程序，必须指定程序运行时的启动窗口。其他窗体的装载与显示由启动窗体控制。在默认情况下，程序开始运行时，首先见到的窗体 Form1，这是系统的默认启动对象。如果想指定其他窗口为启动窗口，打开“工程”菜单，执行“工程属性”命令，出现如图 10-24 所示的“工程属性”对话框的“通用”选项卡。在“启动对象”列表框中列出了当前工程的所有窗体，从中选择要作为启动窗体的窗体后，单击“确定”按钮即可。

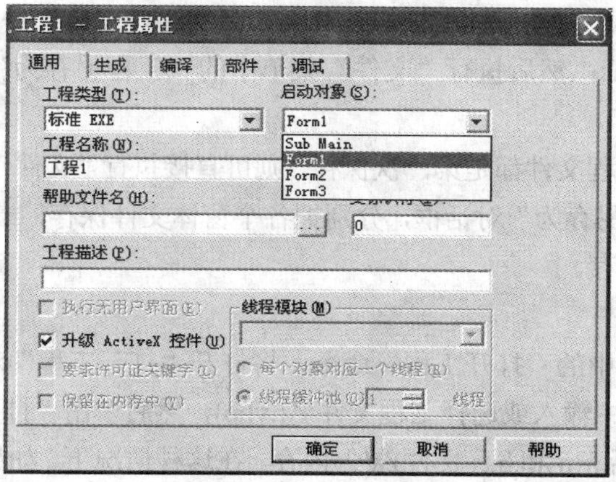

图 10-24　指定启动窗体

2. Sub Main 过程

在一个含有多个窗体或多个工程的应用程序中，有时候需要在显示多个窗体之前对一些条件进行初始化，这就要在启动程序时执行一个特定的过程。在 VB 中，这样的过程称为启动过程，并命名为 Sub Main 过程。

一般情况下，整个应用程序从设计时的第一个窗体开始执行，需要首先执行的代码放在 Form_Load 事件过程中，如果需要从其他窗体开始执行应用程序，则可指定启动窗体。但如果有 Sub Main 过程，则可以首先执行该过程。

Sub Main 过程在标准模块中建立。其方法是：在标准模块窗口在输入 Sub Main 后，按 Enter 键，将显示该过程的开头和结束语句，然后在两个语句之间输入程序代码。

Sub Main 过程位于标准模块中。一个工程可以有多个标准模块，但 Sub Main 过程只能有一个，它通常是作为启动过程编写的。

与 C 语言不同，VB 中的 Sub Main 过程不能被自动识别，必须把它指定为启动过程，方法与设置启动启动窗体类似。可通过菜单“工程”菜单中“工程属性”命令的“通用”选项卡指定启动过程。

如果把 Sub Main 指定为启动过程，则可在运行程序时先于窗体模块自动执行。

注意：

只有启动窗体才能在运行时自动显示出来，其他窗体必须通过 Show 方法显示。Sub Main 子过程必须放在标准模块中，绝对不能放在窗体模块内。

3. 多窗体程序的存取

单窗体程序的保存比较简单，通过“文件”菜单中的“保存工程”或“工程另存为”命令，可以把窗体文件以.frm 为扩展名保存，工程文件以.vbp 为扩展名保存。多窗体程序的保存要复杂一些，每个窗体都要作为一个文件保存，所有窗体作为一个工程文件保存。

(1) 保存多窗体程序

首先将工程中的每个窗体或标准模块，分别命名保存，窗体文件的扩展名为.frm，标准模块文件的扩展名为.bas；然后执行“文件”菜单中的“工程另存为”对话框，把整个工程以.vbp 为扩展名保存。

如果窗体文件和工程文件都是第一次保存，则可直接执行“文件”菜单中的“保存工程”命令，首先打开“文件另存为”对话框，分别把各个窗体文件保存，最后打开“工程另存为”对话框，将工程文件保存。

(2) 装入多窗体程序

选择“文件”菜单中的“打开工程”命令，将打开“打开工程”对话框，默认显示“现存”选项卡，在对话框中输入或选择工程文件名(.vbp)，然后单击“打开”按钮，即可把属于该工程的所有文件(包括.frm 和.bas 文件)装入内存。在这种情况下，如果对工程中的程序或窗体进行修改后需要保存，则只要选择“文件”菜单中的“保存工程”命令即可。

VB 中一个应用程序有多种保存文件，包括标准模块.bas 文件、窗体模块.frm 文件、工程文件.vbp、工程组文件.vbg 等。在保存时，这些文件分别命名保存，而在装入时，则只要装入.vbp

文件(单工程)或.vbg(多工程)即可，所保存的各类文件都在工程资源管理器窗口显示出来。

注意：

多窗体程序保存后是一个工程文件；对于多个窗体文件，打开文件时，必须打开应用程序的工程文件。

(3) 移除窗体

移除窗体是指将该窗体从工程中移除，解除该窗体和工程之间的关系，但并不是删除该窗体文件，该文件仍然存在于原来的位置。选择“工程”菜单中的“移除窗体”命令即可。

10.3.3　Visual Basic 工程结构

在传统的程序设计中，程序的“执行顺序”是比较明确的。但在 VB 中，程序的执行顺序不太容易确定，但是在 VB 中“模块”是相对独立的程序单元。在 VB 中主要有 3 种模块：窗体模块、标准模块和类模块。本书不介绍类模块。

1. 标准模块

标准模块(扩展名为.bas)也称全局模块，由全局变量声明、模块层声明及通用过程等几部分组成。其中全局声明放在标准模块的首部，全局变量声明总是在启动时执行。

模块层声明包括在标准模块中使用的变量和常量。

标准模块中，全局变量用关键字 Public 声明，模块层变量用关键字 Dim 或 Private 声明。其中，Sub Main 过程也包含在标准模块中。

2. 窗体模块

窗体模块包括 3 部分内容：声明部分、通用过程部分和事件过程部分。在声明中，用 Dim 语句声明窗体模块所需要的变量，窗体级变量的作用域是整个窗体模块，包括该模块内的每个过程。

程序运行首先执行声明部分，然后 VB 在事件过程部分查找启动窗体中的 Sub Form_Load 过程，如果存在这个过程，则自动执行它，即把窗体装入内存，这个过程执行之后，如果窗体模块中还有其他事件过程，则暂停程序的执行，并等待激活事件过程。

Sub Form_Load 过程如果为空，VB 将显示相应的窗体，如果该过程中含有可由 VB 系统触发的事件，则触发事件过程。执行 Sub Form_Load 过程后，则暂停程序的执行，并等待用户触发下一个事件过程，这时候，程序运行后，在屏幕上显示一个空窗体(注意这时应用程序仍然处于运行状态，而不是中断状态)。窗体模块中的通用过程可以被本模块或其他窗体模块中的事件过程调用。

10.4　键盘和鼠标事件

前面已经介绍了一些常用事件。在很多情况下，用户只需要通过鼠标和键盘的操作就可以操纵 Windows 应用程序，因为触发对象事件的最常见的方式是通过鼠标或键盘的操作。人们将通过鼠标触发的事件称为鼠标事件，将通过键盘触发的事件称为键盘事件。

10.4.1　键盘事件

有些用户习惯使用键盘进行操作。VB 中，重要的键盘事件共有以下 3 个。

- KeyPress 事件：用户按下并且释放一个会产生 ASCII 码的键时被触发。
- KeyDown 事件：用户按下键盘上任意一个键时被触发。
- KeyUp 事件：用户释放键盘上任意一个键时被触发。

1. KeyPress 事件

并不是按下键盘上的任意一个键都会引发 KeyPress 事件。KeyPress 事件只对会产生 ASCII 码的按键有反应，如数字、大小写的英文字母、Enter、Backspace、Esc、Tab 等控制键。而对于不会产生 ASCII 码的功能键 F1~F12 或方向键(←、→、↑、↓)，KeyPress 事件则不会发生。

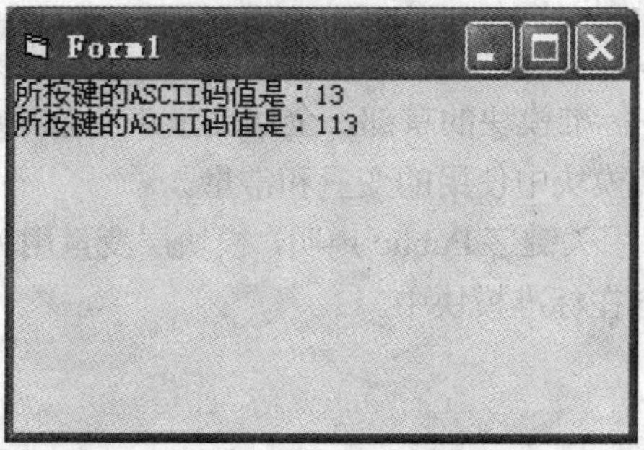

图 10-25　KeyPress 事件的结果

KeyPress 事件可用于窗体、文本框、命令按钮、复选框、列表框、组合框、图片框、滚动条及与文件有关的控件。严格地说，当按下某具有 ASCII 码的键时，所触发的是拥有焦点的那个控件的 KeyPress 事件。在某一时刻，焦点只能位于某个控件上，如果窗体上没有活动的或可见的控件，则焦点位于窗体上。

窗体的 KeyPress 事件过程的形式如下：

```
Private Sub Form_KeyPress(KeyAscii As Integer)
End Sub
```

控件的 KeyPress 事件过程的形式如下：

```
Private Sub object_KeyPress([Index As Integer ,] KeyAscii As Integer)
End Sub
```

KeyPress 事件有两种形式和一个参数。第一种形式 Index As Integer，只用于控件数组；第二种形式 KeyAscii As Integer，用于单个控件。参数 KeyAscii 是一个整数，用来返回用户所按键的 ASCII 码。利用该参数可以判断出用户按的是哪一个键。例如，如果按下 A 键，KeyAscii 是 65；如果按下 a 键，则 KeyAscii 是 97。

【例 10-7】显示所按下的键的 ASCII 码。打开"代码"窗口，将代码添加到 Form_KeyPress 事件过程中：

```
Private Sub Form_KeyPress(KeyAscii As Integer)
    Print "所按键的 ASCII 码值是：" & KeyAscii
End Sub
```

运行该程序，当用户按键盘上某键时，在窗体上显示用户所按键的 ASCII 码，如图 10-25 所示的是按下 Enter 键和 q 键的结果。详细的键盘按键的 ASCII 码请参见本书附录一。

2. KeyDown 与 KeyUp 事件过程

KeyDown 和 KeyUp 事件分别在按下和释放键盘上的某个键时发生，和 KeyPress 事件不同，KeyDown 与 KeyUp 事件返回的是键盘的直接状态。这两个事件过程的形式相同，如下所示：

```
Private Sub Form_KeyDown(KeyCode As Integer, Shift As Integer)
End Sub
Private Sub object_KeyDown([Index As Integer ,] KeyCode As Integer, Shift As Integer)
End Sub
Private Sub Form_KeyUp(KeyCode As Integer, Shift As Integer)
End Sub
Private Sub object _KeyUp([Index As Integer ,] KeyCode As Integer, Shift As Integer)
End Sub
```

KeyDown 和 KeyUp 事件有两种形式和一个参数。第一种形式 Index As Integer，只用于控件数组；第二种形式 KeyCode As Integer, Shift As Integer 用于单个控件。

(1) 参数 KeyCode

是用来返回按键的扫描代码，是按键的实际 ASCII 码。功能键、换档键以及编辑键等没有 ASCII 码，但所有的键都有一个键码。每一个键(不是字符)对应一个键码，字母键的键码就是其大写字母的 ASCII 码。即大小写字母使用同一个键码，它们的键码 KeyCode 值相同(使用大写字母的 ASCII 码)，对于有上档字符和下档字符的键，其键码 KeyCode 为下档字符的 ASCII 码，但大键盘上的数字键和数字键盘上相同的数字键的键码 KeyCode 是不一样的。如表 10-8 所示的是部分字符的 Keycode 和 KeyAscii 码，详细的 Keycode 键值请参见本书附录二。

表 10-8　KeyCode 与 KeyAscii 码

键(字符)	KeyCode	KeyCode	KeyAscii	KeyAscii
A	&H41	65	&H41	65
a	&H41	65	&H61	97
B	&H42	66	&H42	66
b	&H42	66	&H62	98
5	&H35	53	&H35	53
%	&H35	53	&H25	37
1(大键盘上)	&H31	49	&H31	49
1(数字键盘上)	&H61	97	&H31	49

(2) 参数 Shift

是一个整数值，包含了 Shift、Ctrl 和 Alt 键的状态信息，如表 10-9 所示。

表 10-9　Shift 参数的取值及其含义

值	二进制数	含义
0	000	没有按下转换键
1	001	只有 Shift 键被按下
2	010	只有 Ctrl 键被按下
3	011	同时按下 Ctrl+Shift 键
4	100	只有 Alt 键被按下
5	101	同时按下 Alt+Shift 键
6	110	同时按下 Alt+Ctrl 键
7	111	按下 Alt+ Ctrl +Shift 键

例如，Shift 为 2 表示用户仅仅按下了 Ctrl 键；Shift 为 5 表示用户同时按下 Alt+Shift 键。

注意：

默认情况下，控件的键盘事件优先于窗体的键盘事件。只有当窗体为当前活动窗体时，按键才能触发窗体的键盘事件。另外，如果窗体上有能获得焦点的控件，则按键触发的将是控件的键盘事件。如果希望按键后，总是能触发窗体的键盘事件，应该将窗体的 KeyPreview 属性设置为 True。这里的键盘事件包括 KeyPress，KeyDown 和 KeyUp。

利用这个特性，可以对输入的数据进行判断、修改和限定。例如：

```
Private Sub Text1_KeyPress(KeyAscii As Integer)
```

```
    If KeyAscii >= 65   And   KeyAscii <= 122 Then
    KeyAscii = 42
    End If
  End Sub
```

这个过程是对文本框中输入的字符进行判断，条件为其 ASCII 码大于等于 65(字母 A)，并且小于等于 122(小写字母 z)，则用星号(ASCII 码为 42)代替，如果输入 ABcd，则在文本框中显示“****”，利用这样类似的操作，可以编写口令程序。

```
Private Sub Form_KeyPress(KeyAscii As Integer)
  Print Chr(KeyAscii);
End Sub
```

这个过程是上例在运行后，当在键盘上按下某个键时，相应的字符将在窗体上输出，但是要注意前提是把窗体的 KeyPreview 属性设置为 True，否则窗体上不会显示任何信息。

用户按下一个键时可触发 KeyDown 事件和 KeyPress 事件，释放此键后触发 KeyUp 事件。若按下一个 KeyPress 无法检测的键，则只会触发 KeyDown 事件和 KeyUp 事件。KeyPress 事件，有时候无需关心按下还是弹起，只需了解哪个键被按下而已，这时就可以使用 KeyPress 事件。

注意：

这 3 个事件的触发顺序不一样，KeyDown 最先触发，KeyPress 其次，KeyUp 最后。事件内代码不一样，KeyDown、KeyUp 返回按键的键盘扫描码，KeyPress 事件内返回按键的 ASCII 码。

例如：

```
Private Sub Form_KeyDown(KeyCode As Integer, Shift As Integer)
  Me.Print "KeyDown";
End Sub

Private Sub Form_KeyPress(KeyAscii As Integer)
  Me.Print "KeyPress";
End Sub
```

当输入非 ASCII 字符时，运行结果为 KeyDown；当输入 ASCII 字符时，运行结果为 KeyDownKeyPress。

【例 10-8】 编写一个程序，在键盘上按某个键，会在文本框中显示按键的 ASCII 码值，当释放按键时则文本框内容清空。

```
Private Sub Form_KeyDown(KeyCode As Integer, Shift As Integer)
  Text1.Text = Str(KeyCode)
End Sub
```

```
Private Sub Form_KeyUp(KeyCode As Integer, Shift As Integer)
  Text1.Text = ""
End Sub
```

10.4.2　鼠标事件

鼠标是用户使用计算机时最常用的交互工具，多数应用程序是通过鼠标来操作的，如单击按钮、选择菜单等。在以前的例子中，曾多次使用过鼠标事件，即单击(Click)和双击(DblClick)事件，除此之外，鼠标的重要事件还有以下 3 个。

- MouseDown 事件：按下任意一个鼠标按键时被触发。
- MouseUp 事件：释放任意一个鼠标按键时被触发。
- MouseMove 事件：移动鼠标时被触发。

要注意，当鼠标位于某个控件上时，该控件识别鼠标事件。当鼠标位于窗体中没有控件的区域时，窗体将识别鼠标事件。

与上述 3 个鼠标事件相对应的鼠标事件过程如下(以窗体为例)：

```
Sub Form_MouseDown (Button As Integer, Shift As Integer, X As Single, Y As Single)
Sub Form_MouseUp (Button As Integer, Shift As Integer,     X As Single, Y As Single)
Sub Form_MouseMove (Button As Integer, Shift As Integer, X As Single, Y As Single)
```

上述事件过程适用于窗体和大多数控件，包括文本框、命令按钮、标签、单选按钮、复选框、框架、图像框、图片框、列表框、文件框、目录框等。

与 Click 与 DblClick 事件过程不同，在这两个事件过程中，含有 Button、Shift、X 和 Y4 个参数，其中参数 Button 用来判断用户按下的是鼠标的哪一个键，其取值如表 10-10 所示；参数 Shift 用来判断是否按下 Shift，Ctrl 或 Alt 键构成组合状态，与键盘事件中的 Shift 相同。参数 X 和 Y 用来返回鼠标指针所在的位置。

表 10-10　Button 参数的取值及含义

值	VB 常数	作用
1	vbLeftButton	按下或释放了鼠标左键
2	vbRightButton	按下或释放了鼠标右键
4	vbMiddleButton	按下或释放了鼠标中键

例如，当 Button=2 或 Button=vbRightButton 时，表示用户按下或释放了鼠标右键。

参数 X 和 Y 表示当前鼠标位置，这里的 x、y 不需要给出具体的数值，它随鼠标在窗体或控件上的移动而变化。当移动到某个位置时，如果按下鼠标按钮，则产生 MouseDown 事件，如果释放按钮则产生 MouseUp 事件。

【例 10-9】 识别用户所按的键。

在该程序中，当用户将鼠标移动到窗体上时，如果按下左键，则窗体上显示“您按下的是左键”，如图 10-26 所示，如果按下右键，则窗体上显示“您按下的是右键”，如图 10-27 所示。

图 10-26　按下鼠标左键的结果

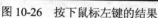

图 10-27　按下鼠标右键的结果

代码如下：

```
Private Sub Form_MouseDown(Button As Integer, shift As Integer, X As Single, Y As Single)
    Select Case Button
    Case 1
      Form1.Print "您按下的是左键"
    Case 2
      Form1.Print "您按下的是右键"
    End Select
End Sub
```

在该段代码中，使用了 Select Case 语句来判断参数 Button 的值，使用窗体的 Print 方法来在窗体上显示文本。Print 方法是窗体的一个很重要的方法，在很多实例中都使用到了该方法。

运行该程序，当在窗体中按下鼠标的键时，就会触发 Form_MouseDown 事件过程，并将所按键代表的数值赋给参数 Button。因此，Select Case 语句就可以通过参数 Button 的值来判断用户所按的键。

【例 10-10】 显示鼠标所在的位置。用 Label1 和 Label2 两个标签显示鼠标所在的位置。代码如下：

```
Private Sub Form_MouseMove(Button As Integer, Shift As Integer, X As Single, Y As Single)
  Label1.Caption = X
  Label2.Caption = Y
End Sub
```

程序运行后，随着鼠标在窗体上的移动，在两个标签中动态地显示鼠标的水平坐标和垂直坐标位置。由于在移动鼠标时，MouseMove 事件不断被触发，其中的代码也就不断地执行。因此，在移动鼠标时，标签中的内容会不断被更新。

每一种对象所能识别的事件是不同的。例如，窗体能响应 Click(单击)和 DblClick(双击)

事件，而命令按钮能响应 Click 却不能响应 DblClick 事件。每一种对象所能响应的事件在设计阶段可以从该对象的代码窗口右边过程框中的下拉列表中看出(参见第 1 章)。一个对象通常能响应多个事件，但没有必要编写每一个事件过程(或为每一个事件编写代码)。例如，按钮控件可以响应 Click(单击)、MouseMove(鼠标移动)等事件，但通常只编写 Click 事件过程。因此，在多数应用程序中，单击按钮，则程序会做出相应的操作，而在按钮上移动鼠标，则程序不会有任何反应。

注意：

双击鼠标会同时触发 Click 事件与 DblClick 事件，即在程序运行时，当用户双击窗体时，则 Click 与 Db1Click 事件过程都将被执行。

10.4.3　鼠标光标的形状

VB 中的大多数控件都可以通过属性设置来改变自己的鼠标光标形状。

1. MousePointer 属性

MousePointer 属性用来设置鼠标的光标形状。MousePointer 属性是一个整型数，其取值范围为 0~15，含义如表 10-11 所示。

表 10-11　MousePointer 属性值

常数	值	描述
vbDefault	0	(默认值)形状由对象决定
vbArrow	1	箭头
vbCrosshair	2	十字线
vbIbeam	3	I 型标
vbIconPointer	4	图标
vbSizePointer	5	尺寸线
vbSizeNESW	6	上-左下尺寸线
vbSizeNS	7	垂直尺寸线
vbSizeNWSE	8	左上-右下尺寸线
vbSizeWE	9	水平尺寸线
vbUpArrow	10	向上箭头
vbHourglass	11	沙漏
vbNoDrop	12	不允许放下
vbArrowHourglass	13	箭头和沙漏；(仅在 32 位 Visual Basic 5.0 中使用)
vbArrowQuestion	14	箭头和问号；(仅在 32 位 Visual Basic 5.0 中使用)
vbSizeAll	15	四向尺寸线；(仅在 32 位 Visual Basic 5.0 中使用)
vbCustom	99	通过 MouseIcon 属性所指定的自定义图标。

当某个对象的 MousePointer 属性被设置为表 10-11 中的某个值时，运行程序后，当鼠标移动到对象的上面，光标就在该对象内显示相应的形状。

MousePointer 属性可以通过代码设置，也可以通过属性窗口设置。

(1) 在代码中设置 MousePointer 属性

在代码中设置 MousePointer 属性的格式为：

对像.MousePointer=设置值

这里的对象可以是窗体、文本框、命令按钮、列表框、组合框、标签、图片框、滚动条、框架、图像框、形状控件等。例如，在窗体上画一个命令按钮，然后编写如下事件过程：

```
Private Sub Form_Click()
  Command1.MousePointer = 10
End Sub
```

运行程序后，单击窗体，然后移动鼠标，当鼠标移动到命令按钮控件内时，鼠标光标改变为一个向上箭头。

(2) 在属性窗口中设置 MousePointer 属性

单击属性窗口中的 MousePointer 属性，然后单击右端的向下的箭头，就会显示 MousePointer 属性的所有属性值，如图 10-28 所示，选择相应属性值即可设置成功。

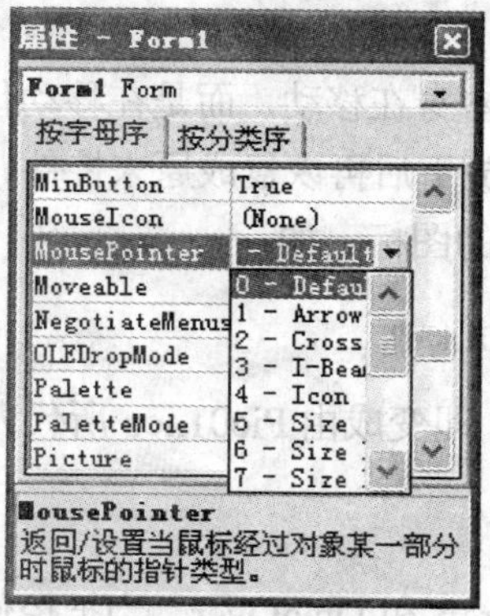

图 10-28　MousePointer 属性

2. MouseIcon 属性

MouseIcon 属性用来定义对象自己的鼠标光标。该属性含有一个图标或图片的文件名。MouseIcon 属性必须与 MousePointer 属性联合使用。当 MousePointer 属性设置为 99 时，MouseIcon 属性才能发挥作用。

设置自定义光标的方法有以下两种。

(1) 在代码中设置

要用代码自定义光标，可先把 MousePointer 属性设置为 99，再用 LoadPicture 函数将图标文件赋给 MouseIcon 属性。例如：

```
Form1. MousePointer=99
```

```
Form1. MouseIcon=LoadPicture("D:\01.ico")
```

(2) 在属性窗口中设置

在属性窗口中定义，可先将 MousePointer 属性设置为“99-Custom”，然后设置 MouseIcon 属性，加载选择好的图标文件即可。

10.4.4 拖放

在 Windows 环境中，拖放是鼠标最常用的操作。拖放就是用鼠标拖放一个对象并把它放在窗体或其他对象上的活动。在一个控件上按下鼠标键并移动的活动称为拖动，释放鼠标键时称为放下。在 VB 中能非常容易地实现这一操作。

1. 与拖放有关的属性

(1) DragMode 属性

该属性用来设置自动或手动拖放模式，默认值为 0(手动方式)。为了让控件自动执行拖放操作，必须把控件的属性设为 1。该属性既能在属性窗口中设置，也能在代码中设置，如 Picture1.DragMode=1。

当一个对象的 DragMode 属性值为 1 时，该控件不再接收 Click 事件和 MouseDown 事件以及 MouseUp 事件。

(2) DragIcon 属性

在拖动对象中，并不是对象本身在移动，而是在移动代表对象的图标。即一旦拖动某个控件，该控件就变成一个图标，放下后再恢复成原来控件。DragIcon 属性含有一个图标或图片的文件名，在拖动时作为控件的图标。如：

```
Picture1.DragIcon=Load("D:\Pic01.ico")
```

当拖动 Picture1 时，Picture1 即变成由 Pic01.ico 所代表的图标。

2. 与拖放有关的事件

和拖放有关的事件是 DragDrop 和 DragOver。当把控件拖动到目标位置后，释放鼠标，则产生 DragDrop 事件，事件过程格式如下：

```
Sub 对象名_DragOver(Source As Control, X As Single, Y As single)
......
End Sub
```

该事件过程含有 3 个参数，其中 Source 为一个对象变量，类型为 Control。该参数含有被拖动对象的属性，参数 X、Y 为释放鼠标按钮时光标的位置。

DragOver 事件用于图标移动。当拖动对象越过一个控件时，产生 DragOver 事件。其事件过程格式如下：

```
Sub 对象名_DragOver(Source As Control, X As Single, Y As Single, State
As Integer)
```

```
……
End Sub
```

该事件含有 4 个参数，Source 含义同前，X、Y 是鼠标拖动时光标的位置坐标，State 参数是一个整型值，可取以下 3 个值：

- 为 0 时，鼠标光标正进入目标对象区域。
- 为 1 时，鼠标光标正退出目标对象区域。
- 为 2 时，鼠标光标正位于目标对象的区域之内。

3. 和拖放有关的方法

和拖放有关的方法是 Move 和 Drag。Move 方法前面已经介绍过了，下面介绍 Drag 方法。Drag 方法的格式为：

控件.Drag 整数

整数的取值范围为 0、1、2，含义分别如下。

- 0：取消拖动操作。
- 1：开始拖动操作。
- 2：结束操作。

只有当对象的 DragMode 属性设置为手工(0)时，才需要使用 Drag 方法控制拖放操作。但是，也可以对 DragMode 属性设置为自动(1 或 vbAutomatic)的对象使用 Drag 方法。

4. 自动拖放

通过自动拖放的方式实现控件在窗体上的移动的方法最简单。下面通过一个例子来说明如何实现自动拖放操作。

【例 10-11】在窗体上创建一个文本框，编写程序，实现用鼠标拖动文本框放到指定位置的功能。

(1) 在窗体上创建一个文本框。

(2) 在属性窗口中将文本框的 DragMode 属性设置为 1(这样就可自动拖动)，并设置文本框的 DragIcon 属性。也可以通过下面的代码设置：

```
Private Sub Form_Load()
Text1.DragMode = 1
Text1.DragIcon = LoadPicture("D:\01.ico")
End Sub
```

(3) 编写窗体的 DragDrop 事件过程：

```
Private Sub Form_DragDrop(Source As Control, X As Single, Y As Single)
    Source.Move X, Y
End Sub
```

运行程序，可以将文本框拖到图片框中。在拖动过程中文本框变为 01.ico 的图标，效果如图 10-29 所示。

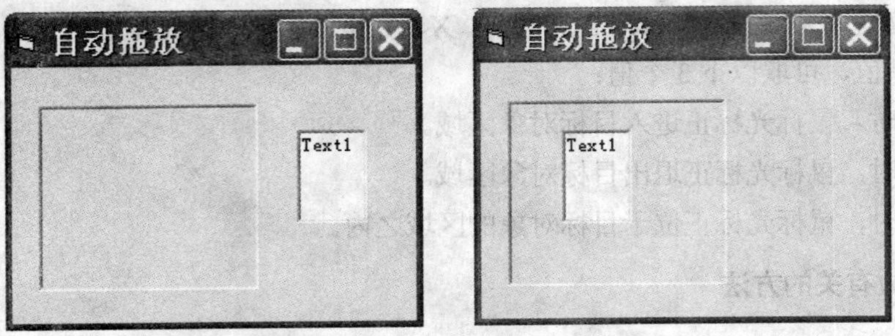

图 10-29　拖放前后的效果

5. 手动拖放

在程序设计中，有时需人为地控制拖放的全过程，或者需改变拖放时的视觉效果，或者欲拖放的控件并不支持自动拖放，此时便只能使用手动拖放方式了。尽管手动拖放方式的程序设计难度增加了，但程序更具灵活性和实用性。

与自动拖放不同，手动拖放不必将拖动对象的 DragMode 属性设置为 1，仍保持为默认值。Drag 方法可以用于手动拖放。下面通过一个例子来说明如何实现收到拖放操作。

在窗体上建立一个图片框，装入一个图标，首先设置图片框的 DragIcon 属性，代码如下：

```
Sub Form_Load()
  Picture1.DragIcon=Picture1.Picture
End Sub
```

接着用 MouseDown 事件过程打开拖拉开关，代码如下：

```
Sub Picture1_MouseDown(Button As Integer, Shift As Integer, X As Single, Y As Single)
  Picture1.Drag 1
End Sub
```

下面过程是当释放鼠标按钮时，关闭拖拉开关，停止拖拉并产生 DragDrop 事件，代码如下：

```
Sub Picture1_MouseUp(Button As Integer, Shift As Integer, X As Single, Y As Single)
  Picture1.Drag 2
End Sub
```

最后是 DragDrop 事件，代码如下：

```
Sub Form_DragDrop(Source As Integer, X As Single, Y As Single)
Source.Move X, Y
End Sub
```

运行程序，将鼠标移动到图片框上，按下鼠标，触发 Picture1_MouseDown 事件，打开拖拉开关，把图片框移动到某个位置后，松开鼠标按钮，会触发 Picture1_MouseUp 事件，关闭拖拉开关，并产生 DragDrop 事件，将图片框移动到光标所在的位置。

10.5 小　结

要打开通用对话框需要在程序中调用 Show 方法或对 Action 的赋值来实现；通用对话框属性的设置可以在“属性页”中完成，也可以在程序运行时(如在 Form_Load 中)设置；用户要利用改变后的属性实现编程意图，这是能否有效使用通用对话框的关键。

在 Windows 环境中，几乎所有的应用软件都提供菜单，并通过菜单来实现各种操作。VB 的“菜单编辑器”能非常方便、高效、直观地建立菜单并为有关菜单项编写事件过程，每个菜单项就是一个控件，菜单控件能够识别的唯一事件是 Click。

VB 中较复杂的程序界面，一般都由多窗体构成，在多窗体设计中，要注意每个窗体之间既相互联系，又独立存在。

键盘和鼠标是用户使用计算机时最常用的交互工具，介绍了 VB 中最重要的键盘事件和鼠标事件，鼠标光标的形状及鼠标的拖放。

10.6 习　题

一、选择题

1. 将 CommonDialog 通用对话框以“打开文件对话框”方式打开，须选(　)方法。

A) ShowOpen　　B) ShowColor　　C) ShowFont　　D) ShowSave

2. 将通用对话框类型设置为“另存为”对话框，应修改(　)属性。

A) Filter　　B) Font　　C) Action　　D) FileName

3. 以下叙述中错误的是(　)。

A) 在程序运行时，通用对话框控件是不可见的。

B) 在同一个程序中，用不同的方法如 ShowOpen 或 ShowSave 等打开的通用对话框具有不同的作用

C) 调用通用对话框控件的 ShowOpen 方法，可以直接打开在该通用对话框中指定的文件

D) 调用通用对话框控件的 ShowColor 方法，可以打开颜色对话框

4. 用户可以通过设置菜单项的(　)属性的值为 False 来使该菜单项失效。

A) Hide　　B) Visible　　C) Enabled　　D) Checked

5. 通用对话框的(　)属性来过滤文件类型。

A) Action　　B) FilterIndex　　C) Font　　D) Filter

6. 菜单编辑器中，同层次菜单项的(　)属性设置为相同，才可以设置索引值。

A) Caption　　B) Name　　C) Index　　D) ShortCut

7. 每创建一个菜单，其下面最多可以有(　)级子菜单。

A) 1　　B) 3　　C) 5　　D) 6

8. 在设计菜单时，为了创建分隔条，要在(　)中输入单连字符(-)。

A) 名称栏　　B) 标题栏　　C) 索引栏　　D) 显示区

9. 以下叙述中错误的是(　)。

A) 在同一窗体的菜单项中，不允许出现标题相同的菜单项

B) 在菜单的标题栏中，"&"所引导的字母指明了访问该菜单项的访问键

C) 程序运行过程中，可以重新设置菜单的 Visible 属性

D) 弹出式菜单也在菜单编辑器中定义

10. 设在菜单编辑器中定义了一个菜单项，名为 menu1。为了在运行时隐藏该菜单项，应使用的语句是(　)。

A) menu1.Enabled=True　　B) menu1.Enabled=False

C) menu1.Visible=True　　D) menu1.Visible=False

11. 在用通用对话框控件建立"打开"或"保存"文件对话框时，如果需要指定文件列表框所列出的文件类型是文本文件(即.txt 文件)，则 Filter 属性正确的描述格式是(　)。

A) "text (.txt)|*.txt "　　B) "文本文件(.txt) | (.txt) "

C) "text(.txt)||*.txt"　　D) "text(.txt)*.txt "

12. 以下叙述中错误的是(　)。

A) 一个工程中只能有一个 Sub Main 过程

B) 窗体的 Show 方法的作用是将指定的窗体装入内存并显示该窗体

C) 窗体的 Hide 方法和 Unload 方法的作用完全相同

D) 若工程文件中有多个窗体，可以根据需要指定一个窗体为启动窗体

13. 以下叙述中错误的是(　)。

A) 在 KeyUp 和 KeyDown 事件过程中，从键盘上输入 A 或 a 被视作相同的字母(即具有相同的 KeyCode)

B) 在 KeyUp 和 KeyDown 事件过程中，将键盘上的"1"和右侧小键盘上的"1"视作不同的数字(具有不同的 KeyCode)

C) KeyPress 事件中不能识别键盘上某个键的按下与释放

D) KeyPress 事件中可以识别键盘上任意键的按下与释放

14. 在窗体上画一个名称为 CommonDialog1 的通用对话框，一个名称为 Command1 的命令按钮。要求单击命令按钮时，打开一个保存文件的通用对话框。该窗口的标题为 Save，缺省文件名为 SaveFile，在"文件类型"栏中显示"*.txt"。则能够满足上述要求的程序是(　)。

```
A) Private Sub Command_C1ick()
       Commondialog1.FileName="Savefile"
       Commondialog1.filter＝"All Files|*.*|(*.txt)|*.txt|(*.doc)|*.doc"
```

```
    CommonDialog1.Filterindex=2
    CommonDialog1.Dialogtitle="Save"
    CommonDialog1.Action=2
  End Sub
B) Private Sub Command1_Click()
    CommonDialog1.FileName="SaveFile"
    CommonDiaLog1.Filter="A11 Files|*.*|(*.txt)|*.txt|*.doc|*.doc"
    C0mmonDialog1.FilterIndex=1
    CommonDialog1.DialogTitle="Save"
    CommonDialog1.Action=2
  End Sub
C) Private Sub Cmmand1_C1ick()
    COmmonDialog1.FileName="Save"
    CommonDialog1.FiLter="A11Files|*.*|(*.txt)|*.txt|(*.doc)|*.doc"
    CommonDialog1.Filterindex=2
    C0mmonDialog1.DialogTitle="SaveFile"
    CommonDialog1.Action=2
  End Sub
D) Private Sub Commandl_C1ick()
    CommonDialog1.FileName="SaveFile"
    CommonDialog1.Filter="All Files|*.*|(*.txt)|*.txt|(*.doc)|*.doc"
    CommonDialog1.FilterIndex=1
    CommonDialog1.DialogTitle="Save"
    CommonDialog1.Action=1
  End Sub
```

15. 如果一个工程含有多个窗体及标准模块，则以下叙述中错误的是(　)。

A) 如果工程中含有 Sub Main 过程，则程序一定首先执行该过程

B) 不能把标准模块设置为启动模块

C) 用 Hide 方法只是隐藏一个窗体，不能从内存中清除该窗体

D) 任何时刻最多只有一个窗体是活动窗体

16. 窗体的 MouseDown 事件过程如下：

Form_MouseDown (Button As Integer, Shift As Integer, X As Single, Y As Single)

该过程有 4 个参数，关于这些参数，下列描述正确的是(　)。

A) 通过 Button 参数判定当前按下的是哪一个鼠标键

B) Shift 参数只能用来确定是否按下 Shift 键

C) Shift 参数只能用来确定是否按下 Alt 和 Ctrl 键

D) 参数 x,y 用来设置鼠标当前位置的坐标

17. 以下叙述中错误的是(　)。

A) 下拉式菜单和弹出式菜单都用菜单编辑器建立

B) 在多窗体程序中，每个窗体都可以建立自己的菜单系统

C) 除分隔线外，所有菜单项都能接收 Click 事件

D) 如果把一个菜单项的 Enabled 属性设置为 False，则该菜单项不可见

18. 以下描述中正确的是(　)。

A) 标准模块中的任何过程都可以在整个工程范围内被调用

B) 在一个窗体模块中可以调用在其他窗体中被定义为 Public 的通用过程

C) 如果工程中包含 Sub Main 过程，则程序将首先执行该过程

D) 如果工程中不包含 Sub Main 过程，则程序一定首先执行第一个建立的窗体

19. 以下关于多重窗体程序的叙述中，错误的是(　)。

A) 用 Hide 方法不但可以隐藏窗体，而且能清除内存中的窗体

B) 在多重窗体程序中，各窗体的菜单是彼此独立的

C) 在多重窗体程序中，可以根据需要指定启动窗体

D) 对于多重窗体程序，需要单独保存每个窗体

20. 在窗体上画一个名称为 CommandDialog1 的通用对话框，一个名称为 Command1 的命令按钮，然后编写如下事件过程：

```
Private Sub Command1_Click()
    CommonDialog1.FileName =""
    CommonDialog1.Filter="All file|*.*|(*.Doc)|*.Doc|(*.Txt)|*.Txt"
    CommonDialog1.FilterIndex=2
    CommonDialog1.DialogTitle="VBTest"
    CommonDialog1.Action=1
  End Sub
```

对于这个程序，以下叙述中错误的是(　)。

A) 该对话框被设置为“打开”对话框

B) 在该对话框中指定的默认文件名为空

C) 该对话框的标题为 VBTest

D) 在该对话框中指定的默认文件类型为文本文件(*.Txt)

21. 下列控件不支持 MouseDown 事件的是(　)。

A) HsrcollBar　　B) Command Button

C) PictureBox　　D) TextBox

二、填空题

1. 菜单一般有________和________两种基本类型。

2. 将通用对话框的类型设置为字体对话框可以使用________方法。

3. 通用对话框控件可显示的常用对话框有________、________、________、________、________和________。

4. 如果工具箱中还没有 CommonDialog 控件，则应从________菜单中选定________，并将控件添加到工具箱中。

5. 将控件 CommonDialog1 设置为颜色对话框，可表示为________或________。

6. 在使用消息框时，要给 MsgBox 函数提供 3 个参数，它们是________、________、________。

7. 菜单项可以响应的事件过程为________。

8. 在设计菜单时，可在 Visual Basic 主窗口的菜单栏中选择________，单击后从它的下拉菜单中选择“菜单编辑器”命令。

9. 设计时，在 Visual Basic 主窗口上只要选取一个没有子菜单的菜单项，就会打开________，并产生一个与这一菜单项相关的________事件过程。

10. 把窗体的 KeyPreview 属性设置为 True，然后编写如下两个事件过程：

```
Private Sub Form_KeyDown(KeyCode As Integer, Shift As Integer)
  Print Chr(KeyCode)
End Sub
Private Sub Form_KeyPress(KeyAscii As Integer)
  Print Chr(KeyAscii)
End Sub
```

程序运行后，如果直接按键盘上的 A 键(即不按住 Shift 键)，则在窗体上输出的字符分别是________和________。

11. 在菜单编辑器中建立一个菜单，其主菜单项的名称为 mnuEdit，Visible 属性为 False，程序运行后，如果用鼠标右击窗体，则弹出与 mnuEdit 相应的菜单。以下是实现上述功能的程序，请填空。

```
Private Sub Form ________ (Button As Integer, Shift As Integer,
X As Single, Y As Single)
    If Button=2 Then
      ________ mnuEdit
    End If
End Sub
```

12. 在窗体上画一个文本框，名称为 Text1，内容清空，然后编写如下过程：

```
Private Sub Text1_KeyDown(KeyCode As Integer, Shift As Integer)
```

```
    Print Chr(KeyCode)
End Sub
Private Sub Text1_KeyUp(KeyCode As Integer, Shift As Integer)
    Print Chr(KeyCode+2)
End Sub
```

程序运行后，把焦点移到文本框中，此时如果按下 A 键，则文本框中显示为______。

三、编程题

1. 在窗体上画两个命令按钮(名称 Command1)，一个通用对话框(名称 CD1)、一个列表框控件(名称 List1)。编写 Command1 的 Click 事件过程：调用“打开文件对话框”(通过控件 CD1)选择文件，将所选的文件名追加到列表框控件 List1 中；编制 Command2 的 Click 事件过程：调用“另存为对话框”(通过控件 CommonDialog1)选择文件，将所选的文件名追加到列表框控件 List1 中。

2. 设计一个如图 10-30 所示的菜单，各菜单项的属性设置如表 10-12 所示。要求所有图形用一个形状控件(Shape1)来实现，填充颜色用“颜色”对话框(CommonDialog1)来实现。

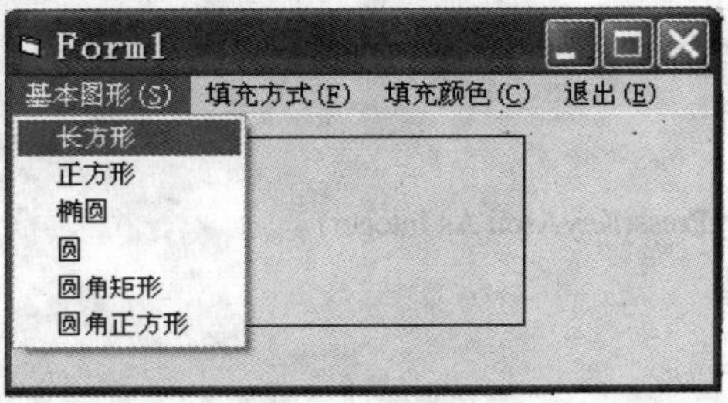

图 10-30　编程题 2 的界面设计

表 10-12　编程题 2 的各级菜单设置

菜单分类	菜单标题	菜单名称	菜单分类	菜单标题	菜单名称
主菜单 1	基本图形(&S)	Picture	一级子菜单	透明	Transp
一级子菜单	长方形	Rec	一级子菜单	水平线	ShP
一级子菜单	正方形	Sqr	一级子菜单	竖直线	ShZh
一级子菜单	椭圆	Oval	一级子菜单	斜线	XieX
一级子菜单	圆	Circle	一级子菜单	反斜线	FXieX
一级子菜单	圆角长方形	Rrec	一级子菜单	水平网格	ShPJ
一级子菜单	圆角正方形	RSqr	一级子菜单	斜网格	XJ
主菜单 2	填充方式(&F)	FillStyle	主菜单 3	填充颜色(&C)	FillColor
一级子菜单	实心	Solid	主菜单 4	退出(&E)	Exit

3. 在窗体上画一个文本框(Text1)，编写程序完成下列功能：

(1) 输入小写字母时，在 Text1 中显示对应的大写字母，输入大写字母时，在 Text1 中显示对应的小写。

(2) 文本框能够屏蔽非英文字母的字符的输入。

(3) 按回车键时，清空文本框，并用 Msgbox 提示重新输入。

4. 在窗体上画一个图片框(Picture1)，右击图片框时，在图片框中显示"鼠标在图片框上"，右键单击窗体时，在窗体上显示"鼠标在窗体上"。

5. 在窗体上画一个组合框、一个列表框、一个命令按钮，一个框架控件，在框架控件内创建一个单选按钮数组。在组合框中添加选项："窗体(Form1)"、"组合框(Combo1)"、"框架(Frame1)"、"单选按钮(Option1(0))"、"单选按钮(Option1(1))"、"单选按钮(Option1(2))"、"列表框(List1)"；在列表框中添加鼠标指针的所有参数，界面如图 10-31 所示。

编写适当程序，要求运行后，在组合框中选择要设置的对象，在列表框中选择要设置的鼠标指针(如果选择的是列表框中最后一项"99-Custom"，则需在右边自定义图片中选择一个图片作为自定义的鼠标图标)，单击"设置"按钮，并将鼠标移动到所选择的对象上，查看是否将所选的鼠标指针或图片应用于所选择的对象上。例如：运行程序后，在组合框中选择"列表框(List1)"，在列表框中选择"99-Custom"，在自定义图片中选择第二个图片，单击"设置"按钮，并将鼠标移到列表框上，其效果如图 10-32 所示，将所选的图片设置为列表框的鼠标光标。

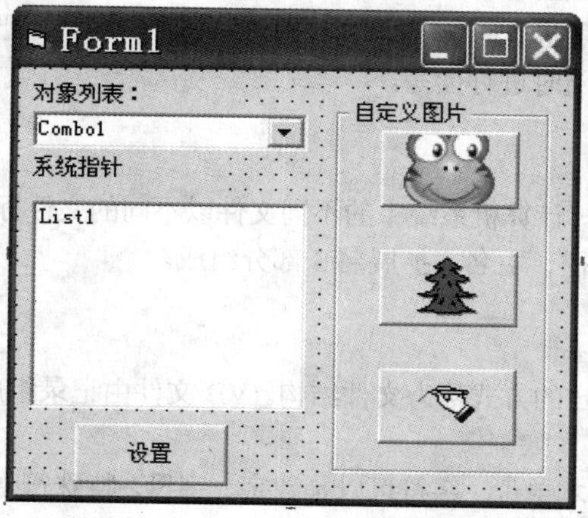

图 10-31　编程题 5 的界面设计

图 10-32　编程题 5 的运行效果

6. 建立一个有两个窗体和一个标准模块的工程，在第一个窗体上创建 3 个标签控件和 3 个文本框控件，一个命令按钮 Command1，标题为"提交"。在每个标签的标题里显示一道题，学生在对应的文本框中给出答案。单击提交按钮，打开 Form2 窗体，在其中显示全部试题和答案以及得分情况，关闭 Form2 窗口回到 Form1。在标准模块中定义 3 个数组分别保存题目、答案和得分情况，并编写一个判分的过程。

第11章 文 件

文件是指记录在磁盘等介质上的一组数据的集合。很多程序需要读写磁盘文件。VB 跟其他计算机程序设计语言一样，提供了对文件的读写访问能力。本章将介绍 VB 中的文件处理功能以及与文件系统的有关语句和函数、文件系统中使用的控件等。

11.1 文件概述

文件是由文件名标识的一组相关信息的集合。它是计算机中信息存储的基本单位。通常情况下，计算机处理的大量数据都是以文件的形式组织存放，操作系统也是以文件为单位对数据进行管理。文件在程序设计中是十分有用而且是不可缺少的。在 VB 中，应用程序常常需要调用来自外部的数据文件，同时也要向外存储器写入数据，在程序运行时，并不能把所有数据同时都放到内存中，这就需要有文件能随时进行读写。

1. 文件及文件标识符

文件是数据信息在磁盘上的一种存储结构。计算机系统中的不同文件以不同的文件标识符区分，文件标识符即文件全名，包括存储路径、主名、扩展名 3 部分组成。

2. 文件结构

数据必须以某种特定的方式存放，这种特定的方式称为文件结构。VB 文件由记录组成，记录由字段组成，字段由字符组成。

(1) 字符(Character)：它是构成文件的最基本单位。字符可以是数字、字母、特殊符号或单一字节。这里所说的“字符”一般为西文字符，一个西文字符用一个字节存放。若为汉字字符，则通常和“全角”字符一样用两个字节存放。注意，VB 支持双字节字符，当计算字符串长度时，一个西文字符和一个汉字都作为一个字符计算，但它们所占的内存空间是不一样的。例如，字符串“VB 程序设计”的长度为 6，而所占的字节数为 10。

(2) 字段(Field)：它也称为域。由若干个字符组成，用来表示一项数据。

(3) 记录(Record)：它由一组相关的字段组成。

(4) 文件(File)：文件由记录构成，一个文件含有一个以上的记录。

3. 文件种类

计算机系统中，文件种类繁多，处理的方法和用途也不同。文件的分类标准主要有下列 3 种：

(1) 按文件的内容分类，可分为程序文件(Program File)和数据文件(Data File)。程序文件存储的是程序，有源程序和可执行程序。在 VB 中，扩展名为.exe、.frm、.vbp、.vbg 等文件都是程序文件；数据文件存储的是程序运行所需的各种数据，如文本文件.txt、Word 文档.doc 等都是数据文件。

(2) 按存储信息的形式分类，可分为 ASCII 文件和二进制文件。ASCII 文件也称文本文件(Text File)，它以 ASCII 方式保存文件。这种文件可以用字处理软件建立和修改，可以用记事本打开(必须按纯文本文件保存)；二进制文件(Binary File)存放的是各种数据文件的二进制代码，不能用记事本打开。

(3) 按访问模式分类，可分为顺序文件(Sequential File)、随机文件(Random access File)和二进制文件。

① 顺序文件(Sequential File)：顺序文件是将要保存的数据，依序逐个字符转成 ASCII 字符，然后存入磁盘。以顺序存取的方式保存数据的文件叫做顺序文件。在这种文件中，只知道第一个记录的存放位置，其他记录的位置无从知道。当要查找某个数据时，只能从文件头开始，一个一个地顺序读取，直至找到要查找的记录为止。由于顺序文件是按行存储，用它处理文本文件比较方便。

顺序文件的优点是占空间少、操作简单。其缺点是必须按顺序访问，因此不能同时进行读、写两种操作；维护困难，为了修改文件中的某个记录，必须把整个文件读入内存，修改完后再重新写入磁盘，在数据量很大时或只想修改某一条记录时，显得非常不方便。顺序文件不能灵活地存取和增减数据，因而适用于有一定规律且不经常修改的数据。

VB 中，顺序文件其实就是文本文件，因为所有类型的数据写入顺序文件前都被转换为 ASCII 字符。

② 随机存取文件(Random Access File)：以随机存取方式存取的文件称为随机文件。在随机文件中，每个记录的长度是固定的，记录中的每个字段的长度也是固定的。此外，随机文件的每个记录都有一个记录号。在写入数据时，只要指定记录号，就可以把数据直接存入指定位置，新记录将自动覆盖原有记录。而在读取数据时，只要给出记录号，就能直接读取该记录。在随机文件中，可以同时进行读、写操作，因而能快速地查找和修改每个记录，不必为修改某个记录而对整个文件进行读、写操作。

随机文件的优点是数据的访问速度快，读、写、修改灵活方便，主要缺点是由于在每个记录前增加了记录号，从而使其占用的存储空间增大，数据组织较复杂。

③ 二进制文件(Binary File)：二进制文件是按访问模式分类的，与按信息存储形式分类的二进制文件在概念上是有区别的。从信息存储的形式来说，随机文件也应归到二进制文件，因为随机文件文件存储的也是各种数据的二进制代码。在二进制文件中，能够存取任意所需要的字节，可以把文件指针移到文件的任何地方，因此，这种存取方式最为灵活。除了没有数据类型或者记录长度的含义以外，它与随机访问很相似。二进制访问模式是以字节数来定位数据，在程序中可以按任何方式组织和访问数据，对文件中各字节数据直接进行存取。

11.2　文件的打开与关闭

在 VB 中，数据文件的操作按下述步骤进行：

(1) 打开(或建立)文件

使用 Open 语句打开文件，并为文件指定一个文件号。一个文件必须先打开或建立后才能使用。如果一个文件已经存在，则打开该文件；如果不存在，则建立该文件。

(2) 进行读、写操作

在打开的文件上执行所要求的输入输出操作。从文件读取部分或全部数据到内存变量中，对变量中的数据进行处理，然后将处理后的数据保存回文件中。在文件处理中，把内存中的数据保存回文件的操作叫做写数据，而把数据文件中的数据传输到内存中的操作叫做读数据。

(3) 关闭文件

使用 Close 语句关闭文件。如果没有关闭文件，会导致文件中部分或全部信息的丢失。

11.2.1 文件的打开或建立

对文件进行操作之前，必须先用 Open 语句打开或建立文件。Open 语句的一般格式如下：

Open <文件名> [For 方式][Access 存取类型] [Lock]As [#]文件号 [Len=记录长度]

功能：打开指定的文件或建立文件。

说明：

(1) 格式中的 Open、For、Access、As 以及 Len 为关键字。

“文件名”是必选参数，由字符串表达式组成。它指定文件名，该文件名可能还包含目录、文件夹及驱动器。如 C:\TEXT\123.Txt。

“打开方式”是必选参数。它指定文件的输入输出方式，对顺序文件有 Append、Input 和 Output 共 3 种方式。

- Input：指定顺序输入方式，从已经存在的文件中读取字符到内存，对文件进行读操作。
- Output：指定顺序输出方式，将数据传输到文件中，对文件进行写操作，如果文件存在，则文件中原有的数据将全部被覆盖，新的数据将从文件开头写入；若文件不存在，则创建一个新文件。
- Append：指定顺序输出方式，如果文件存在，将内存中的数据添加到文件末尾，文件中原来的内容不会丢失；若文件不存在，则创建一个新文件。

当用 Input 模式打开顺序文件时，该文件必须存在，否则会出现错误。当以 Output 或 Append 语句打开一个不存在的文件时，Open 语句会首先创建该文件，然后再打开它。如果省略此参数，则以 Random 访问方式打开文件(随机文件)。

注意：

如果以 Input 方式打开的文件不存在，则会出现错误；而以其他方式打开不存在的文件，Open 语句则会创建这个文件。

“文件号”是必选参数，为一个整型表达式。为打开的文件指定一个文件号(1~511 之间的整数)，是文件的唯一标识。#为可选项。当打开某文件，并为其指定文件号以后，该号就代表了被打开的文件，任何对该文件号进行操作的语句都将影响相应的文件内容，直到文件被关闭后，此文件号才可以再供其他文件使用。可用 FreeFile 函数得到下一个可用的文件号。

“长度字节数”是可选参数。它是小于或等于 32767(字节)的一个数。默认为 512 字节。对于顺序文件，该值就是缓冲字符数。它指定用于数据交换时数据缓冲区的大小。在 Windows 中，数据要存储到文件中时，不是直接存到磁盘上，而是先存到一个内存里的数据缓冲区中，直到装满后才存盘或当文件关闭时一起存盘。用户可在打开文件时设定此参数修改系统设置。较大的缓冲区可为数据开辟较大的内存空间，从而提高文件输入或输出的速度。该参数较小时，表示数据占用内存空间小，但是文件的交换速度较慢。

顺序文件打开的例子如下：

```
Open "text.txt" For Output As #1
```

打开文本文件 text.txt，打开的方式为 Output 方式，即向文件进行写操作，用户指定文件号为 1。如果文件 text.txt 已存在，该语句打开已存在的文本文件，新写入的数据将覆盖原来的数据。

```
Open "text.txt" For Append As #10
```

打开文本文件 text.txt，新写入的数据附加到文件的后面，原来的数据仍在文件中。如果给定的文件名不存在，则 Append 方式可以建立一个新文件，文件号为 10。

```
Open" text.txt " For Input As #2
```

打开已存在的文本文件 text.txt，打开的方式为 Input 方式，即对文件进行读操作，用户指定文件号为 2。

11.2.2 文件的关闭

在对一个文件的操作完成之后，要用 Close 语句将它关闭。

Close 语句的一般格式如下：

```
Close [#] 文件号表列
```

功能：关闭用 Open 语句打开的文件并释放文件号。

参数“文件号列表”代表一个或多个文件号。若省略文件号列表，则将关闭 Open 语句打开的所有活动文件。

当对文件进行完各种操作后，必须用 Close 语句关闭它，否则会造成文件中数据丢失的情况。这是因为将数据写入文件，实际上是写入文件的缓冲区中，关闭文件的操作才是将缓冲区中剩余的数据全部写入磁盘文件内。关闭一个数据文件有两方面的作用，第一，把文件缓冲区中的所有数据写到文件中；第二，释放与该文件相关联的文件号，以供其他 Open 语句使用。例如：

```
Close #2
```

关闭文件号为 2 的文件。

```
Close #10，#11，#15
```

关闭文件号为 10、11、15 的 3 个文件。

```
Close
```

Close 语句后面省略了文件号，表示关闭所有被打开的文件。

除了用 Close 语句关闭文件外，在程序结束时将自动关闭所有打开的数据文件。

11.3　文件操作语句和函数

1. FreeFile 函数

格式：FreeFile [(范围号)]

功能：得到一个在程序中没有使用的文件号，返回一个整数，代表下一个可供 Open 语句使用的文件号。

说明：可选的参数“范围号”指定一个范围，以便返回该范围之内的下一个可用文件号。当程序中打开的文件较多时，利用这个函数，可以把未使用的文件号赋给一个变量，用这个变量作为文件号，不必知道具体的文件号是多少。例如：

```
FileNum=FreeFile
Open FileName For Output As FileNum
```

2. Loc 函数

格式：Loc (文件号)

功能：返回由“文件号”指定的文件的当前读写位置。

说明：“文件号”是必选的，是在 Open 语句中使用的文件号。对于随机文件，Loc 函数返回一个记录号，它是对随机文件读或写的最后一个记录的记录号，即当前读写位置的上一个记录；对于顺序文件，Loc 函数返回的是从该文件被打开以来读或写的记录个数，一个记录是一个数据块。

示例：

```
Dim MyLocation, MyLine
Open "TESTFILE" For Binary As #1          ' 打开刚创建的文件。
    MyLine = MyLine & Input(1, #1)        ' 读入一个字符到变量中。
    MyLocation = LOC (1)                  ' 取得当前位置。
Print MyLine; Tab ; MyLocation
Close #1    ' 关闭文件。
```

在顺序文件和随机文件中，Loc 函数返回的都是数值，但它们的意义是不一样的。对于随机文件，只有知道了记录号，才能确定文件中的读写位置；而对于顺序文件，只要知道已经读或写的记录个数，就能确定该文件当前的读写位置。

3. Lof 函数

格式：Lof(文件号)

功能：返回给定文件的大小，以字节为单位。

说明："文件号"是必选的，是在 Open 语句中使用的文件号。

示例：使用 Lof 函数来得知已打开文件的大小。假设 TESTFILE 文件内含文本数据。

```
Dim FileLength
Open "TESTFILE" For Input As #1         ' 打开文件。
FileLength = Lof(1)                     ' 取得文件长度。
Close #1                                ' 关闭文件。
```

4. Eof 函数

格式：Eof(文件号)

功能：用来测试是否到达文件的结尾。未到文件的结尾，Eof 函数都返回 False。到文件末尾，则 Eof 函数返回 True。

说明："文件号"是必选的，是在 Open 语句中使用的文件号。利用 Eof 函数，可以避免在文件输入时出现"输入超出文件尾"错误。

例如，Eof 函数常用来在循环中测试是否已到文件尾：

```
Do While Not Eof(1)
'文件读写语句
Loop
```

5. Seek 函数和 Seek 语句

在随机文件和二进制文件中，除了通过记录号和字节位置来确定需要访问的数据之外，还可以通过 Seek 语句设置在打开文件中下一次进行读或写操作的位置。

格式：Seek(文件号)

功能：返回文件指针的当前位置。

对于随机文件，Seek 函数返回指针当前所指的记录号。对于顺序文件，Seek 函数返回指针所在的当前字节位置(从头算起的字节数)。

Seek 语句的语法格式如下：

```
Seek[#] 文件号，字节位置序号
```

功能：将指定文件的文件指针设置在指定的位置上，以便进行下一次读或写操作。对于顺序文件，"位置"表示字节位置；对于随机文件，"位置"是一个记录号。

其中，参数"字节位置序号"为必选项，指出下一个读写操作将要发生的位置，可用该语句设定好数据指针位置，然后再对文件进行读写操作。

为了可以同时使用随机文件和二进制文件的优点，程序设计实践中一般采用下面的方法：当字段长度固定或变化不大时，使用随机文件模式；对于长度变化很大的字段，使用二进制文件模式。

注意：

在 Binary、Input 和 Random 方式下可以用不同的文件号打开同一文件，而不必先将该文件关闭。在 Append 和 Output 方式下，如果用不同的文件号打开同一文件，则必须在打开文件之前先关闭该文件。

11.4　顺序文件操作

顺序方式访问是为普通的文本文件的使用而设计的。文件中每一个字符都被假设为代表一个文本字符或者文本格式序列，例如换行符(NL)。当用户要处理只包含文本的文件时，比如由记事本、Word 或写字板等文本处理软件所创建的文档，使用顺序型访问最合适。顺序型访问不太适合存储很多数字，因为每个数据都要按字符串存储，可能比较浪费存储空间，如一个 4 位整数将需要 4 个字节的存储空间，而它作为一个整数来存储时只需 2 个字节。

在使用顺序文件时应注意以下几点：

(1) 顺序文件在打开时必须指定对文件的操作方式(Input、Output、Append)，打开后只能对文件按指定的方式进行操作。每打开一次文件，只能进行单一的一种操作。

(2) 顺序文件以 Output 方式打开后，总是从文件的开头写，使用这种方式打开一个已经存在的文件，磁盘上的原有同名文件将被覆盖、其中的数据将会丢失。

(3) 顺序文件以 Append 方式打开后，总是从文件的末尾写，磁盘上的原有同名文件中的数据仍然存在。

(4) 顺序文件以 Input 方式打开后，总是从文件的开头读文件，即使需要的是最后一行内容也必须如此。

11.4.1　顺序文件的读操作

在 Open 语句以 Input 模式打开顺序文件时，表明打开文件后可以对它进行读操作。VB 能读入任何文本文件。VB 提供读取文件内容的方法有以下 3 种：

1. Input#语句

该语句从已经打开的顺序文件中读出数据并将数据赋给程序变量。语法格式为：

```
Input #文件号，变量列表
```

其中，“文件号”是任何有效的文件号。“变量列表”由一个变量或多个用逗号分界的变量组成，将文件中读出的值分配给这些变量。这些变量既可以是数值变量，也可以是字符串变量或数组元素，但不能是一个数组或对象变量。从数据文件中读出的数据赋给这些变量。文件中数据项目的顺序必须与变量列表中变量的顺序相同，而且与相同数据类型的变量匹配。如果变量为数值类型而数据不是数值类型，则指定变量的值为 0。

在用 Input# 语句把读出的数据赋给数值变量时，将忽略前导空格、回车或换行符，把遇到的第一个非空格、非回车和换行符作为数值的开始，遇到空格、回车或换行符则认为数值结束。对于字符串数据，同样忽略开头的空格、回车或换行符，并且输入数据中的双引号符号（"

") 将被忽略。如果需要把开头带有空格的字符串赋给变量，则必须把字符串放在双引号中。

注意，为了能够用 Input# 语句将文件的数据正确读入到变量中，在将数据写入文件时，要用 Write# 语句而不使用 Print# 语句。使用 write# 语句可以确保将各个单独的数据域正确地分隔。

【例 11-1】 下面使用 Input# 语句将文件内的数据读入两个变量中。本示例假设 Testfile 文件内含有数行以 Write# 语句写入的数据；也就是说，每一行数据中的字符串部分都是双引号括起来的，而且与数字用逗号隔开，例如，("Hello",234)。

```
Private Sub Form_Click()
Dim Mystring , MyNumber
Open " Testfile " For Input As #1
Do While Not EOF(1)                          ' 循环至文件尾
Input #1 , MyString , MyNumber              ' 将数据读入两个变量
Print MyString , MyNumber
Loop
End Sub
```

2. Line Input# 语句

该语句从已经打开的顺序文件中读取一行并把它赋给一个字符串变量。语法格式为：

Line Input # 文件号，字符串变量

"文件号"是任何有效的文件号。"字符串变量"是一个字符串简单变量名，也可以是一个字符串数组元素名，用来接收从顺序文件中读出的字符行。

在文本文件操作中，LineInput # 是十分有用的语句，它可以读取顺序文件中一行的全部字符，直到遇到回车符(chr(13))或回车换行符(Chr(13)+Chr(10))为止。回车换行符将被跳过，而不会被附加到字符串上，因此，如果要保留该回车换行符，必须用代码添加上。

LineInput # 语句常用来复制文本文件。

【例 11-2】 下面使用 LineInput # 语句从顺序文件中读入一行数据，并将该行数据赋予一个变量。本示例假设 Testfile 文件内含有数行文本数据。

```
Private Sub Form_Click()
Dim TextLine
Open " Testfile " For  Input As #1 ' 打开文件
Do While Not Eof(1)                    ' 循环至文件尾
Line Input #1 , TextLine             ' 读入一行数据并将其赋予变量
TextLine
Print TextLine                         ' 窗口中显示一行文本数据
Loop
Close #1                               ' 关闭文件
End Sub
```

其中，Eof 函数返回一个 Boolean 值 True，表明已经到达打开的文件的结尾。在到达文件的结尾之前，Eof 函数都返回 False。

【例 11-3】 把一个磁盘文件的内容读到内存并在文本框中显示出来，然后把该文本框中的内容存入另一个磁盘文件。

首先用字处理程序例如“记事本”建立一个名为 stext1.txt 的文件(在 D 盘的根目录下)，输入内容每行均以回车键结束。在窗体上建立一个文本框，在属性窗口中把该文本框的 MultiLine 属性设置为 True，然后编写如下事件过程：

```
Private Sub Form_Click()
Open"d:\stextl.txt"  For Input As #1          ' 打开文件
Do While Not Eof(1)                              ' 循环至文件尾
Line Input #1 , aspect                       ' 读入一行数据并将其赋予变量中
whole=whole+aspect+Chr(13)+Chr(10)            'aspect 加上回车换行符并连到
whole 中
Loop
Text1.Text=whole                                 ' 文本框窗口中显示文件内容
Close #1                                             ' 关闭文件
Open"d:\test\dtext2.txt" For Output As #1        ' 打开文件
Print #1,Text1.Text                                  ' 将文本框内容写入文件
Close #1                                             ' 关闭文件
End Sub
```

上述过程首先打开一个磁盘文件 stext1.txt，用 Line Input# 语句把该文件的内容一行一行地读到变量 aspect 中，每读一行，就把该行连到变量 whole，加上回车换行符。然后把变量 whole 的内容放到文本框中，并关闭该文件。此时文本框中分行显示文件 stext1.txt 的内容。之后，程序建立一个名为 dtext2.txt 的文件，并把文本框的内容写入。

3. Input() 函数

该函数返回返回从指定文件中读出的指定数目个字符的字符串。它包含以 Input 方式打开的文件中的字符。其语法格式为：

Input(字符个数数值表达式，[#]文件号)

其中，“字符个数数值表达式”参数是任何有效的数值表达式，指定要返回的字符个数。“文件号”是任何有效的文件号。例如：

```
x=Input(100, #1)
```

从文件号为 1 的文件中读取 100 个字符，并把它赋给变量 x。

与 Input# 语句不同，Input 函数返回它所读出的所有字符，包括逗号、回车符、空白列、换行符、引号和前导空格等。

【例 11-4】 下面使用 Input 函数读文件中的一个字符，并将它显示出来。本示例程序假

设当前目录下的 Testfile 文件内容含有数行文本数据。

```
Private Sub Form_Click()
Dim MyChar
Open "Testfile" for Input As #1              ' 打开文件
Do While Not Eof(1)                          ' 循环至文件尾
MyChar=Input(1, #1)                          ' 读入一个字符
Print MyChar                                 ' 文本数据显示到窗口
Loop
Close #1                                     ' 关闭文件
End Sub
```

11.4.2　顺序文件的写操作

写操作就是将内存变量中的数据写入打开的文件中。要在顺序文件中写入变量的内容，应以 Output 或 Append 方式打开磁盘文件。

当文件以 Output 模式打开时，写操作语句会从数据文件的最前面开始写入，如果文件已经存在，文件中原来的内容会被覆盖；若文件不存在，则会建立一个新文件，将数据从头开始写。

当文件以 Append 模式打开时，如果文件已存在，在写入数据时不会将原来的数据覆盖，而是从文件末尾开始，将新数据添加到文件中。

所以在将数据写入文件时，应根据数据是否要覆盖原文件内容来选择不同的文件打开模块。

VB 提供了两个向文件写入数据的语句。

1. Print # 语句

该语句将格式化显示的数据写入顺序文件中。语法格式为：

Print #　文件号, [输出表列]

其中："文件号"是任何有效的文件号。"输出表列"参数是可选项，是要写入文件的数值表达式或字符串表达式，可用逗号、空格或分号隔开。如果省略"输出表列"参数，而且，文件号之后只含有一个列表分隔符，则将一空白行打印到文件中。通常用 Line Input# 或 Input 读出 Print # 在文件中写入的数据。例如：

```
Open "Testfile.txt "For Output As #1
Print #1, "Visual"; "Basic"; "&"; "Computer"
Close #1
```

执行此程序后，写入到文件 Testfile.txt 的数据如图 11-1 所示。

图 11-1　运行结果

3 个字符串之间无空格相间。在 Print 语句中用分号作为输出项的分隔符，数据被写到文件后它们之间没有空格。如果要将分号改成逗号，例如将 Print 语句修改如下：

```
Print #1 , "Visual","Basic","&","Computer"
```

写入文件后，文件中的内容如图 11-2 所示。

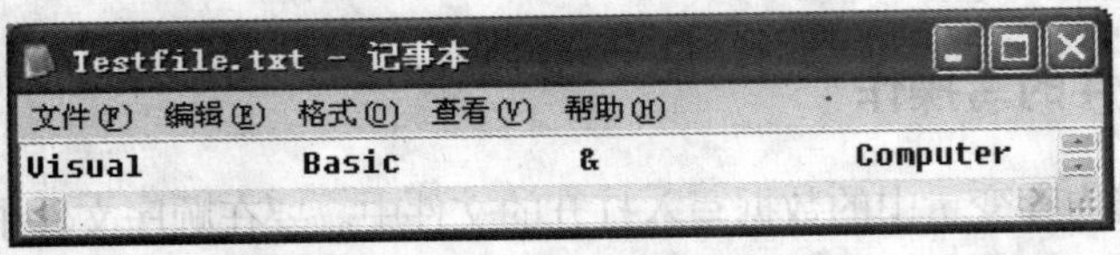

图 11-2　运行结果

每一个数据占据一个输出区，一个输出区的长度为 14 个字符长。

下面使用 Print# 语句将数据写入一个文件：

```
Open "Testfile.txt" For Output As #1        ' 打开输出文件
Print #1,"This is a test。"                 ' 将文本数据写入文件
Print #1,                                   ' 将空白行写入文件
Print #1,Spc(5);"5 leading spaces"          ' 在字符串之前写入五个空格
Print #1, "Zone 1"; Tab; "Zone 2"           ' 数据写入两个输出区
Close #1
```

写入文件后文件中的内容如图 11-3 所示。

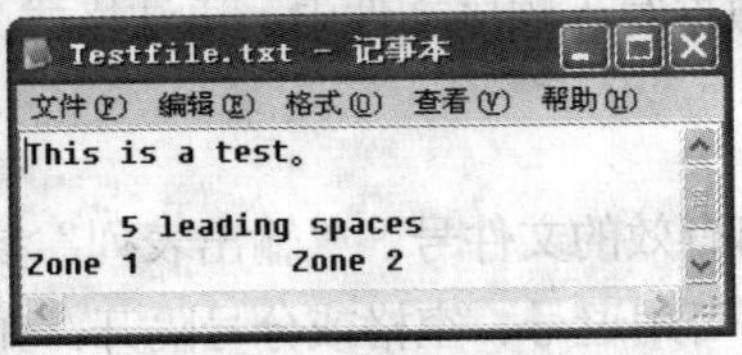

图 11-3　运行结果

2. Write # 语句

该语句将数据写入文件号指定的顺序文件。语法格式为：

Write # 文件号，[输出表列]

其中“输出表列”参数是可选项。“输出表列”是要写入文件中的数据，它们可以是数值表达式或字符串表达式，可以用逗号、空格或分号将这些表达式分开。如果省略输出表列，并在文件号之后加上一个逗号，则会将一个空白行输出到文件中。

例如，下面使用 Write # 语句将一行数据写入顺序文件：

```
Open "Testfile.txt" For Output As #1  ' 打开输出文件
s1="Visual"
s2="Basic"
Write #1 , "hello World" , 234        ' 写入以逗号隔开的数据
Write #1,s1
Write #1,                             '写入空白行
Write #1,s2
Close #1
```

执行此段程序后，写入文件 Testfile 的内容如图 11-4 所示。

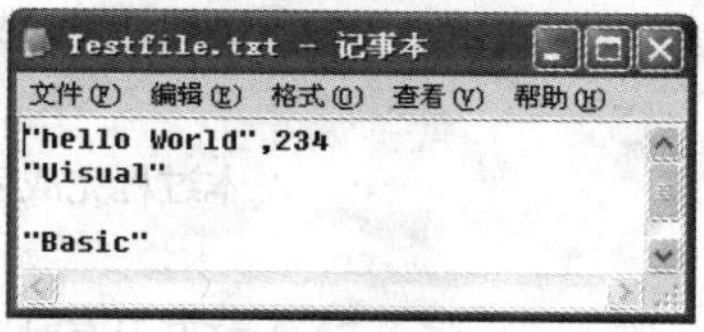

图 11-4　运行结果

一共写入了 4 行，每个字符串都被双引号括起来。

Write # 语句向文件写入数据时，能自动地在各数据项之间插入逗号，并给字符串加上双引号。Write# 语句在将“输出表列”中的最后一个字符写入文件后会插入回车换行符(Chr(13)+Chr(10))。

如果今后想用 Input# 语句读出文件的数据，就要用 write# 语句而不用 Print# 语句将数据写入文件。因为在使用 Write# 语句时，数据域分界就可确保每个数据域的完整性，因此可用 Input# 语句将数据读出来。

【例 11-5】 下面的示例程序演示了顺序文件的读写操作。该程序可以打开一个顺序文件，将其内容存入文本框中进行修改，并可以保存修改。同时也可以将文本框的内容在磁盘上新建立一个顺序文件。

在窗体中添加控件，包括 1 个文本框、3 个命令按钮和 1 个通用对话框控件。窗体及其控件属性如表 11-1 所示。

表 11-1　窗体及其控件属性设置说明表

控件名	属性名	属性值	说明
Form1	Caption	顺序文件操作示例	
Command1	Caption	读入	用来读取顺序文件
Command2	Caption	保存	将文本框内容写入文件
Command3	Caption	退出	退出程序
Text1	MultiLine	True	文本框可以换行
	ScorllBars	Both	加上水平和垂直滚动条
	Text	(设置为空)	

事件代码如下：

```
Private Sub Command1_Click()            ' 本过程完成文件的读出功能
Dim File1
Dim nextline As String
CommonDialog1.ShowOpen                  ' 打开对话框，输入要打开的文件名
File1=CommonDialog1.fileName            ' 将打开对话框提供的文件名赋予变量 file1
Open File1 For Input As #1              ' 按读方式打开文件
Do Until EOF(1)                         ' 将打开文本文件的内容赋予文本框
Line Input #1,nextline
Text1.Text=Text1.Text+nextline+Chr(13)+Chr(10)
Loop
Close 1                                 ' 关闭打开的文件
End Sub
Private Sub Command2_Click()             ' 本过程完成后将文本框的内容写入文件中
Dim Contents,File1
CommonDialog1.ShowSave                  ' 打开保存对话框，以提供建立文件的文件名
File1=CommonDialog1.FileName
Open File1 For Output As #1             ' 以写方式打开文件
Contents=Text1.Text
Text1.Text=""                           ' 清除文本框中的内容
Print #1,Contents                       ' 往文件中写入内容
Close 1
End Sub
PrivateSubCommand3_Click()
Unload Me  ' 退出程序
End Sub
```

程序运行时，单击“读入”按钮，在打开的 CommonDialog 控件打开对话框中选取或输入一个文件名，作为打开文件的文件名。程序打开该文件，将其内容赋予文本框。在文本框中对文件进行编辑修改，然后单击“保存”按钮，将修改后的内容保存回该文件。程序运行示意如图 11-5 所示。

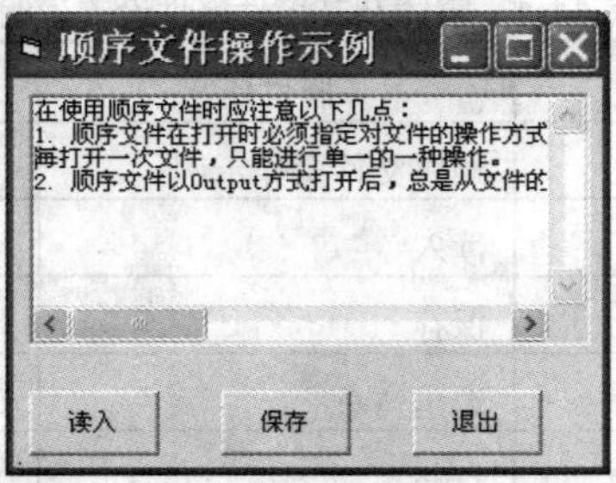

图 11-5　顺序文件操作示例

11.5 随机文件操作

随机文件就是通常所说的随机存取文件。随机文件中每一个记录都有一个记录号，在读写数据时，只要指出记录号，就可以直接对该记录进行读和写。因此随机文件又称“直接存取文件”。一个随机文件中的所有记录是等长的。只要给出记录号 n，就能通过“(n-1)×记录长度”计算出该记录与文件首记录的相对地址。因此，在用 Open 语句打开文件时必须指定记录的长度。记录中所包括的各数据项的长度是固定的，即各记录中相应的数据项的长度是一样的，都等于相应的变量的长度。

与顺序文件不同，随机文件中各记录的写入顺序、排列顺序和读出顺序三者一般是不一致的。也就是先写入的记录不一定排列在前面，排在前面的记录也不一定先被读取。因此称这种情况为逻辑顺序和物理顺序不一致(顺序文件的逻辑顺序和物理顺序是一致的)。

随机文件的存取无论从空间还是时间的角度都比顺序文件有较高的效率。

对随机文件的存取是以记录为单位进行的，每个记录包含一个或多个数据项。记录中的各个字段可以放在一个记录类型中。具有一个数据项的记录可以使用任一标准类型，比如整数或者定长字符串。具有多个数据项的记录应由用户定义记录类型。记录类型用 Type…End Type 语句定义。Type…End Type 语句通常在标准模块中使用，如果放在窗体模块中，则应加上关键字 Private。

Type / EndType 语法格式为：

```
[Private / Public]Type 自定义类型名
  元素名 As TypeName
  [元素名 As TypeName]
End Type
```

下面是声明一个学生的自定义类型的例子：

```
Type Student
Number As String*2          '学号，宽度为 2 字节的字符串
Name As String * 9          '姓名，宽度为 8 字节的字符串
Score As Integer            '成绩，宽度为 2 字节的整数
End Type
```

由于随机型文件中的所有记录都必须具有相同的长度，因此在用户定义类型时，字符串类型的字段要使用固定的长度。若类型中的元素有数组类型，也必须将它定义为定长数组。如果实际字符串包含的字符数比类型定义中的字符数少，则 VB 会用空白字符来填充记录中后面的空间。如果字符串的长度超过定义的长度，则将截去多余的字符。

在定义与记录对应的类型以后，应该接着声明程序需要的其他变量，以用来处理作为随机访问而打开的文件。例如：

```
Public student1, student2 As Student'定义记录变量
```

11.5.1　随机文件的打开和关闭

在对一个随机文件操作之前，应用 Open 语句打开文件。在对一个随机文件操作完成之后，也要用 Close 语句将它关闭。

(1) 用于打开随机文件的 Open 语句的一般格式如下：

Open 文件名[For Random] As[#] 文件号 [Len=记录长度]

其中："文件名"指欲打开的文件名。For Random 是可选项，如果未指定打开文件的方式，则表示以 Random 访问方式打开一个随机文件。对随机文件的打开操作时，读或写模式都相同，无需指明输入、输出或追加模式，因为随机文件按记录操作，无论读写都不影响文件中的其他内容。随机文件只要打开一次就可同时进行读或写操作。"记录长度"等于各字段长度之和，以字符(字节)为单位。如果省略"Len=记录长度"，则记录的默认长度为 128 个字节。如果"记录长度"设置值比写入文件记录的实际长度短，则会产生一个错误；如果"记录长度"比记录的实际长度长，则记录可以写入，但是会浪费磁盘空间。例如：

```
Open "a:\employee.dat" For Random As #1 Len=30
```

打开名为"employee.dat"的随机文件，文件号为 1，记录长度是 30。

(2) Close 语句与用于顺序文件的 Close 语句相同，用来关闭随机文件。

11.5.2　随机文件的写操作

VB 提供了 Put 语句进行随机文件的写操作，Put 语句的一般格式如下：

Put # 文件号，记录号，变量

例如：

```
Put #1,5,v1
```

表示将变量 v1 中的内容送到 1 号文件中的第 5 号记录去。

【例 11-6】建立一个随机文件，文件包含职工的信息。首先在窗体模块中用 Type/EndType 语句定义一个职工记录类型：

```
Private Type employee
empNo As Integer
name AS String*10
address AS string*20
End Type
```

在这个结构中包含 3 个成员：职工号(empNo)、职工姓名(name)和职工住址(address)。下面按照这种数据结构建立随机文件。

```
Private Sub CmdPut_Click ()
Dim emp As employee
Open "a:\employee.dat" For Random As #1 Len=Len (emp)
```

```
Title$="写记录到随机文件"
Str1$="请输入雇员号"
Str2$="请输入雇员名"
Str3$="请输入雇员地址"
For i=1 To 3
emp.empNo=InputBox(Str1$,Title$)
emp.name=InputBox$(Str2$,Title$)
emp.address=InputBox$(Str3$,Title$)
Put #1,I,emp
Next i
Close #1
End Sub
```

在程序中声明了一个 employee 类型的变量 emp，emp 变量包含 3 个成员。在 Open 语句中的函数 Len(emp)的值是变量 emp 的长度(总字节数)。

执行以上过程，记录信息从输入对话框的输入区中输入。每执行一次 InputBox 函数输入一项，如：将 1000 输入给 emp.empNo，将“王建国”输入给 emp.name，将“辽河西路 18 号”输入给 emp.address。然后用 Put 语句将上述三项作为一个记录输出到 1 号文件，作为第一个记录(因为此时 i 的值为 1)。继续执行程序，输入另外两个记录信息。程序执行完毕后，随机文件中有 3 条记录。

11.5.3　随机文件的读操作

通过以上操作，已建立了一个随机文件，内含若干个记录。VB 提供了 Get 语句用于随机文件的读操作。Get 语句一般格式如下：

Get # 文件号，记录号，变量

例如：

```
Get#2,3,v1
```

表示将#2 文件中的第 3 个记录读出并存放到变量 v1 中。

【例 11-7】 下面编写一个过程，将上面建立的随机文件 employee.dat 中的记录读出并显示在文本框内。

过程代码如下：

```
Private Sub CmdGet_Click ()
Dim emp As employee
Open "a:\employee.dat" For Random As #1 Len=Len(emp)
Get #1,1,emp
Text1.Text=Str(emp.empNo)+emp.name+emp.address
Get #1,2,emp
```

```
text2.Text=Str$(emp.empNo)+emp.name+emp.address
Get #1,3,emp
text3.Text=Str$(emp.empNo)+emp.name+emp.address
Close #1
End Sub
```

程序开始运行后，单击 CmdGet 命令按钮，则打开 a 盘根目录下的 employee.dat 文件，作为 1 号文件。第一个 Get 语句的作用是从 1 号文件中读出记录号为 1 的记录，把该记录中的数据放在 emp 变量中。emp 变量已定义为 employee 类型，每一个变量包含 empNo(职工号)、name(职工姓名)、address(地址)3 个成员。成员 emp.empNo 是一个整数，要把它转换成字符串，然后将此字符串与 emp.name 和 emp.address 串接成一个字符串，赋给文本框 Text1 的 Text 属性。也就是在文本框 1 中显示出第一个职工的数据。

与此类似，第二个 Get 语句读出第二个记录，然后在文本框 2 中显示第二个职工的数据。一共处理 3 个记录。

【例 11-8】 下面编写一个过程，用于向随机文件 employee.dat 添加记录。

在随机文件中增加记录，实际上是在文件的末尾附加记录。其方法是，先找到文件最后一个记录的记录号，然后把要增加的记录写到它的后面。

过程代码如下：

```
Private Sub CmdAdd _Click()
Dim emp As employee
Dim position As Long
Open "a:\employee.dat" For Random As #1 Len=Len(emp)
position =LOF(1)/Len(emp)          '求出文件中记录个数
emp.empNo= Val(Text1.Text)
emp.name=Text2.Text
emp.address= Text3.Text
Put #1,position +1,emp             '将记录写入文件中
Text1.Text=""
Text2.Text=""
Close #1
End Sub
```

程序的运行结果如图 11-6 所示。

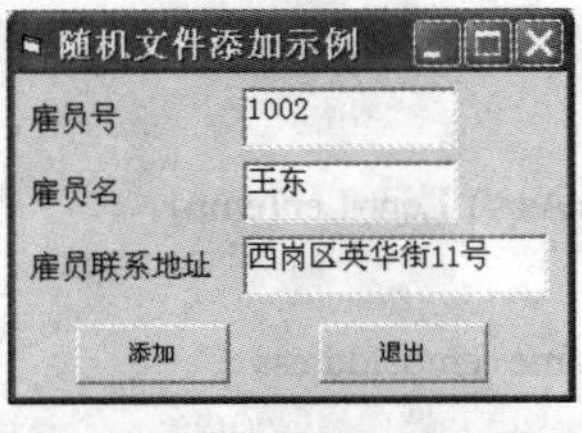

图 11-6　向随机文件添加记录的程序的运行结果

11.6 二进制文件的操作

二进制文件除了没有数据类型或者记录长度的含义以外，它与随机访问很相似。二进文件一次读写的不是一个数据项，而是以字节为单位对数据进行访问操作，它允许用户读写修改文件中任何字节信息。当要保持文件的尺寸尽量小时，应使用二进制访问模式。

注意，当把二进制数据写入文件中时，使用变量为 Byte 数据类型的数组，而不是 String 变量。

11.6.1 二进制文件的打开

二进制文件的打开使用 Open 语句，其语法格式为：

```
Open 文件名 For Binary As 文件号
```

例如，可用下面的语句打开一个二进制文件"a:\employee.dat"：

```
Open "a:\employee.dat " For Binary As 1
```

二进制文件在打开时不需要指明读写方式，只要打开一次便可用读写语句进行任意读写操作。

11.6.2 二进制文件的读写

二进制文件的读写与随机文件类似，都可用 Get 和 Put 语句。

Get 语句的语法格式如下：

```
Get[#] 文件号,[数据字节位置序号],每次读取字节数变量名
```

Put 语句的语法格式如下：

```
Put[#] 文件号,[数据字节位置序号],每次读取字节数变量名
```

其中，参数“数据字节位置序号”表示开始读数据字节位置序号，文件中第一字节位置序号为 1，第二字节位置序号为 2，依次类推。如果此参数省略，表示从当前位置的下一个字节开始读数据，当该参数省略时，参数前后的逗号不能省略。参数“每次读取字节数变量名”的类型决定从文件中读取多少个字节的数据，也就是说变量在程序中进行声明时为其分配了内存空间，一次读取数据的字节数与变量在内存中所占字节数相同。所以，程序中定义变量的长度可决定每次从文件读取数据的字节数。

例如，下面的语句可读取两个字节的数据信息：

```
Dim data As Integer
Get #1, ,data
```

二进制文件可以使用可变长度字段，所以不能随机地访问记录，而必须顺序地访问记录，以便了解每一个记录的长度，这是进行二进制读写操作的主要缺点。但是在这种文件模式下，可以直接查看文件中指定的字节，所以二进制模式也是唯一支持用户到文件任何位置读写任意长度数据的方法。

11.7 文件系统控件

在 Windows 应用程序中打开文件或保存文件时，通常需要打开一个对话框，用于选择文件所在的驱动器(盘)、文件夹(目录)、文件名。在 VB 中，提供了 3 个控件，即驱动器列表框(DriveListBox)、目录列表框(DirListBox)以及文件列表框(FileListBox)。利用这 3 个控件，可以编写文件管理程序。

11.7.1 驱动器列表框

在工具箱中驱动器列表框图标为。驱动器列表框控件默认的名称为 Drive1，Drive2 等。该控件用于显示驱动器列表。

1. 驱动器列表框常用属性

(1) Drive 属性(字符串类型)

用来设置当前驱动器或返回所选择的驱动器名。Drive 属性只能在程序运行时赋值，而不能通过属性窗口设置。为驱动器列表框的 Drive 属性赋值的语句格式为：

<驱动器列表框名>.Drive[=驱动器名]

格式中的“驱动器名”为指定的驱动器，也就是说使该驱动器成为当前驱动器；如果省略，则不改变当前驱动器。如果所指定的驱动器在系统中不存在，则产生错误。

程序运行时若选择驱动器，则 Drive 属性值改写为所选择的驱动器名。

如运行时单击驱动器列表框控件 drive1 中 D:盘图标，则 drive1.drive 的值为"d:"。

值得注意的是，盘驱动器列表框中显示的驱动器名都是由系统自动生成的，用户只能通过列表框选择使用，不可以对 Drive 控件使用 AddItem、RemoveItem 等方法添加或删除列表项。

(2) List 属性(字符串数组)

List 数组的每一个元素中的字符串为一个驱动器名，数组下标从 0 开始。

(3) ListCount 属性(正整数)

ListCount 属性值表示系统中盘驱动器的个数。

若系统有驱动器 a:、c:、d:、e:、f:(光驱)，则驱动器列表框控件 drive1 的 ListCount 属性值为 5，执行下列语句后在窗体上输出的结果为“a:　c:　d:　e:　f:”。

```
For i%=0 To Drive1.ListCount - 1
      Print Drive1.List(i%)
Next i%
```

2. 驱动器列表框常用事件

运行时，当单击驱动器列表框中某一驱动器图标时，该驱动器的名就赋值给控件的 Drive 属性，同时引发 Change 事件。

11.7.2　目录列表框

在工具箱中目录列表框的图标为 。目录列表框默认的控件名称为 Dir1，Dir2 等。目录列表框用于显示当前驱动器中文件夹(目录)列表。如图 11-7 所示，蓝条显示的是当前目录。

1. 目录列表框常用属性

(1) Path 属性(字符串类型)

Path 属性值为当前目录或所选择的目录名。

如果选中盘 x 的根目录，则 Path 属性为“x:\”；如果选中盘 x 的某一个子目录 y(文件夹)，则 Path 属性为“x:\y”。

请注意，Path 属性值的最后一个字符是否为“\”，取决于是否选中根目录。

同 Drive 属性一样，Path 属性只能用程序代码设置，而不能在设计时通过属性窗口设置。

为目录列表框的 Path 属性赋值的语句格式为：

<目录路径列表框名>.Path[=目录路径名]

运行时单击目录列表框中某一文件夹(目录)图标时，该目录被蓝条显示，表示被选中。

选中目录则改变目录列表框的 ListIndex 属性，但是没有改变其 Path 属性，若要改变 Path 属性值为所选中的目录路径，应当执行以下语句：

<目录路径列表框名>.Path = <目录路径列表框名>.List(<目录路径列表框名>.ListIndex)

(2) List 属性(字符串数组)

List(0)、List(1)、...、List(ListCount-1)中的字符串为目录路径列表框中所选目录下所有的目录名，该数组由系统自动生成。

(3) ListCount 属性(正整数)

ListCount 属性值为 List 数组中的元素个数，即所选目录之下 1 级目录的数量。

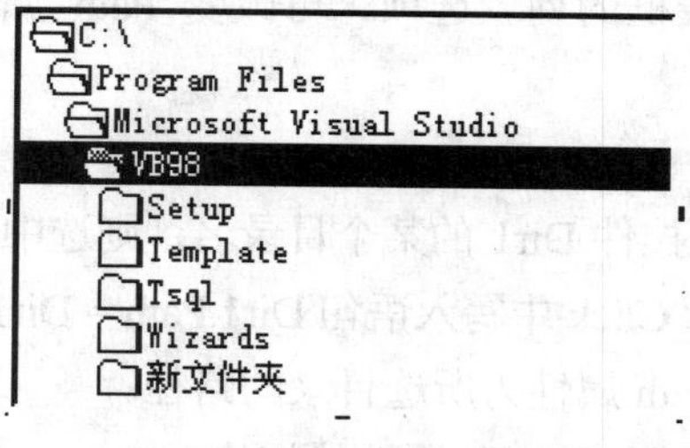

图 11-7　文件夹(目录)列表

如在图 11-7 中，若 VB98 目录下的子目录已全部显示，则 Dir1.ListCount 属性值为 5。若执行以下语句：

```
For i%=0 To Dir1.ListCount - 1
    Print Dir1.List(i%)
Next i%
```

窗体上的输出结果为：

c:\Program File\Microsoft Visual Studio\VB98\Setup
c:\Program File\Microsoft Visual Studio\VB98\Template
c:\Program File\Microsoft Visual Studio\VB98\Tsql
c:\Program File\Microsoft Visual Studio\VB98\Wizards
c:\Program File\Microsoft Visual Studio\VB98\新文件夹

(4) ListIndex 属性(整数)

该属性取值范围为 -n~ListCount-1，当前目录所对应的 ListIndex 属性值为-1，当前目录的上一级目录所对应的 ListIndex 属性值为-2，其中的 n 反映了当前目录在目录层次中的深度。

Path 属性值也可以通过在事件过程的程序代码中重新定义 Dir 控件的 ListIndex 属性来选择设置：

Dir1.ListIndex=2　选当前目录下 1 级目录中的第三个目录为当前目录(文件夹)
Dir1.ListIndex=0　选当前目录下 1 级目录中的第一个目录为当前目录
Dir1.ListIndex=-2　选当前目录上 1 级目录为当前目录
Dir1.ListIndex=-3　选当前目录上 2 级目录为当前目录

若要改变的当前目录不存在，则显示出错信息。

如在图 11-5 中，假定当前所选文件夹是 VB98：

执行语句“Dir1.ListIndex=2”后文件夹 Tsql 被蓝条显示；

执行语句“Dir1.ListIndex=0”后文件夹 Setup 被蓝条显示；

执行语句“Dir1.ListIndex=-3”后文件夹 Program Files 被蓝条显示，等等。

2. 目录列表框常用事件

(1) Change 事件

每次重新设置或选择改变目录路径列表框的 Path 属性时，都将引发 Change 事件。

运行时双击目录路径列表框的列表选项，可改变 Path 属性值为当前目录名，并执行 Change 事件。

(2) Click 事件

单击选中目录路径列表框控件 Dir1 的某个目录名，则选中该目录，但 Dir1.Path 属性没有改变，可以在事件过程 Dir1_Click 中写入语句 Dir1.Path = Dir1.List(Dir1.ListIndex)，则可以在选择目录的同时改变 Dir1.Path 属性为所选目录的路径。

在窗体的 Load 事件中可以设置 Path 属性的初值。

在实际应用中，目录路径列表框 Dir1 与盘驱动器列表框 Drive1 有着紧密的关系。

一般情况下，改变盘驱动器列表框中的驱动器名后，目录路径列表框中的目录也要随之改变为该驱动器上的目录。

要实现这样的同步变化，可以在盘驱动器列表框的 Change 事件中设置如下命令：

```
Dir1.Path = Drive1.Drive
```

将用户在盘驱动器列表框中选择的 Drive 属性，改写目录列表框中的 Path 属性，使目录列表框中显示所选驱动器下的目录。

11.7.3　文件列表框

在工具箱中文件列表框图标为 。文件列表框控件默认的控件名称为 File1，File2 等。文件列表框控件用于显示当前目录中的文件列表。

1. 文件列表框常用属性

(1) Path 属性(字符串类型)

同目录路径列表框的 Path 属性一样，用于设置当前文件列表框内所显示文件的存储路径。仅在运行时读写，不能在属性窗口中设置。

文件列表框总是显示 Path 所指示的文件夹中的文件。

若在 Form_Load 事件中写入语句 File1.Path="C:\Windows"，则窗体装入后 File1 显示文件夹 C:\Windows 中的文件列表。

(2) Filename 属性(字符串类型)

用于设置或返回所选文件的文件名，不能在属性窗口中设置。运行时若在文件列表框中选择文件，将改写 Filename 属性的值。

所选文件的全名 f 为：

```
If Right(File1.Path, 1) = "\" Then
   f = Form1.File1.Path + Form1.File1.FileName
Else
   f = Form1.File1.Path + "\" + Form1.File1.FileName
End If
```

在第 9 章中介绍的通用对话框控件也有同名的 FileName 属性，请读者注意两者的区别。

同样，在实际应用中，文件列表框也要随着目录路径列表框的改变而变化。

在程序中创建 3 个控件 Drive1、Dir1、File1，并编写下列事件过程，则程序运行时对这些列表框所作选择可以起到调用通用(文件)对话框的作用。

```
Private Sub Drive1_Change()
  Dir1.Path = Drive1.Drive
End Sub
Private Sub Dir1_Change()
  File1.Path = Dir1.Path
End Sub
```

(3) Pattern 属性(字符串类型)

用于设置文件列表框中文件的显示模式，默认值为“*.*”。此属性可以在属性窗口中设置，也可以在程序中通过赋值设置。字符串中为若干个用分号间隔的文件名，在文件名中可以含有通配符。例如：在 Form_Load 事件中写入语句 File1.Pattern="*.exe"，使 File1 列表框中只显示所有扩展名为 EXE 的文件；写入语句 File1.Pattern="*.dat; a*.*"，使 File1 列表框中只显示所有扩展名为 DAT 以及文件名首字符为 a 的文件，等等。

2. 文件列表框控件常用事件

与盘驱动器列表框和目录路径列表框不同的是，文件列表框能支持 PathChange 和 PatternChange 事件，但不能响应 Change 事件。

(1) PathChange 事件

当改变了文件列表框的文件显示路径时，引发 PathChange 事件。

(2) PatternChange 事件

当改变了文件列表框的文件显示模式，即 Pattern 属性值的改变将引发 PatternChange 事件。

【例 11-9】 窗体上有一个名称为 Drive1 的驱动器列表框、名称为 Dir1 的目录路径列表框、名称为 File1 的文件列表框、名称为 Image1 的图像框，运行时选择 File1 中所列的图片文件，则相应图片显示在图像框 Image1 中(注意，Image1 的 Stretch 属性设置为 True)。

(1) 界面设计如图 11-8 所示。

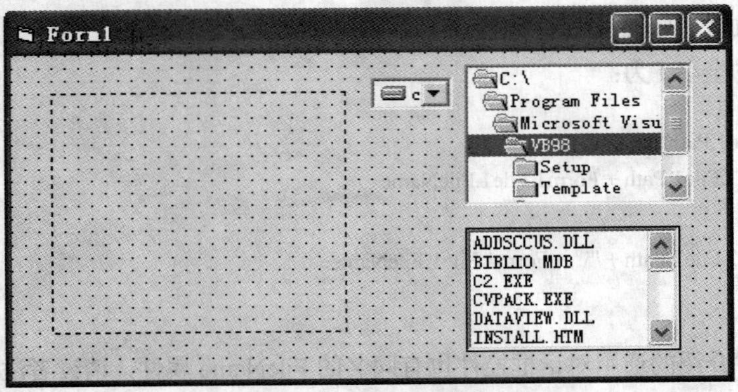

图 11-8　窗体界面设计

(2) 编写代码如下：

```
Private Sub Form_Load()
  Drive1.Drive = "c:\"                  '设置 Drive1 的初始盘符
  File1.Pattern = "*.bmp;*.gif"         '设置 File1 的文件显示模式
End Sub
Private Sub Drive1_Change()
  Dir1.Path = Drive1.Drive              '使 Dir1 与 Drive1 同步改变
End Sub
Private Sub Dir1_Change()
  File1.Path = Dir1.Path                ' File1 与 Dir1 同步改变
End Sub
Private Sub File1_Click()               '单击文件列表选项，加载图片
  If Right(File1.Path, 1) = "\" Then
```

```
        f$ = Form1.File1.Path + Form1.File1.FileName
    Else
        f$ = Form1.File1.Path + "\" + Form1.File1.FileName
    End If
    Image1.Picture = LoadPicture(f$)
End Sub
```

程序运行结果如图 11-9 所示。

图 11-9 程序执行结果

11.8 小 结

本章介绍了文件的基本概念及其操作使用方法。

打开文件或保存文件是 Windows 应用程序的基本操作，VB 中通过使用驱动器列表框、目录列表框以及文件列表框 3 种控件组合起来的对话框实现，设计这种对话框的关键是 3 个同步关系需要通过编程来实现，读者可将其同第 10 章介绍的通用对话框进行比较，分析两者在功能上的相似性及操作使用上的不同处。

11.9 习 题

一、选择题

1. 设定文件列表框中所显示的文件类型，应修改该控件的(　)属性。

A) Pattern　　B) Path　　C) FileName　　D) Name

2. (　)函数用来获取已打开文件的长度。

A) Len　　B) FileLen　　C) LOF　　D) LOE

3. 下列(　)方法或函数可以调用外部的可执行文件。

A) Show　　B) Shell　　C) Input　　D) Open

4. 目录列表框的 Path 属性的作用是(　)。

A) 显示当前驱动器或指定驱动器上的目录结构

B) 显示当前驱动器或指定驱动器上的某目录下的文件名

C) 显示根目录下的文件名

D) 显示该路径下的文件

5. 在窗体上画一个名称为 Drive1 的驱动器列表框，一个名称为 Dir1 的目录列表框。当改变当前驱动器时，目录列表框应该与之同步改变。设置两个控件同步的命令放在一个事件过程中，这个事件过程是(　)。

A) Drive1_Change　　B) Drive1_Click

C) Dir1_Click　　D) Dir1_Change

6. 以下关于文件的叙述中，错误的是(　)。

A) 顺序文件中的记录一个接一个地顺序存放

B) 随机文件中记录的长度是随机的

C) 执行打开文件的命令后，自动生成一个文件指针

D) LOF 函数返回给文件分配的字节数

7. 以下能判断是否到达文件尾的函数是(　)。

A) BOF　　B) LOC　　C) LOF　　D) EOF

8. 在窗体上画一个名称为 File1 的文件列表框，并编写如下程序：

```
Private Sub File1_DblClick()
    x=Shell(File1.FileName,1)
End Sub
```

以下关于该程序的叙述中，错误的是(　)。

A) x 没有实际作用，因此可以将该语句写为 Call Shell(File1,FileName,1)

B) 双击文件列表框中的文件，将触发该事件过程

C) 要执行的文件的名字通过 File1.FileName 指定

D) File1 中显示的是当前驱动器)当前目录下的文件

9. 以下叙述中正确的是(　)。

A) 一个记录中所包含的各个元素的数据类型必须相同

B) 随机文件中每个记录的长度是固定的

C) Open 命令的作用是打开一个已经存在的文件

D) 使用 Input #语句可以从随机文件中读取数据

10. 执行语句 Open "Tel.dat" For Random As #1 Len = 50 后，对文件 Tel.dat 中的数据能够执行的操作是(　)。

A) 只能写，不能读　　B) 只能读，不能写

C) 既可以读，也可以写　　D) 不能读，不能写

11. 假定在窗体 Form)的代码窗口中定义如下记录类型：

```
Private Type animal
```

```
    AnimalName As String*20
    AColor As String*10
End Type
```

在窗体上画一个名称为 Command1 的命令按钮，然后编写如下事件过程:

```
Private Sub Command1_Click()
    Dim rec As animal
    Open "c:\vbTest.dat" For Random As #1 Len = Len(rec)
    rec.animalName = "Cat"
    rec.aColor = "White"
    Put #1, , rec
    Close #1
End Sub
```

以下叙述中正确的是(　)。

A) 记录类型 animal 不能在 Form1 中定义，必须在标准模块中定义

B) 如果文件 c:\vbTest.dat 不存在，则 Open 命令执行失败

C) 由于 Put 命令中没有指明记录号，因此每次都把记录写到文件的末尾

D) 语句 "Put #1, , rec" 将 animal 类型的两个数据元素写到文件中

12. 下列可以打开随机文件的语句是(　)。

A) Open "filel.dat" For Input As＃1　B) Open "filel.dat" For Append As＃1

C) Open"file1.dat" For Output As＃1 D) Open "file1.dat" For Random As＃1 Len=20

13. 在窗体上画一个名称为 Command1 的命令按钮和一个名称为 Text1 的文本框，然后在文本框中输入以下字符串：

Microsoft Visual Basic Programming

接着编写如下事件过程:

```
Private Sub Command1_Click()
  Open "d: empoutf.txt" For Output As #1
  For i = 1 To Len(Text1.Text)
    c = Mid(Text1.Text, i, 1)
If c >= "A" And c <= "Z" Then
      Print #1, LCase(c)
    End If
  Next i
  Close
End Sub
```

运行程序后，单击命令按狃，文件 outf.txt 中的内容是(　)。

A) MVBP　　　　　　　　　　B) mvbp

C) M　　　　D) m
V　　　　v
B　　　　b
P　　　　p

二、填空题

1. 检测已打开的文件总的字节数，可以用________函数。

2. 文件的当前读写位置是否到达文件末尾，应用________函数。

3. Visual Basic 中的文件种类按数据的存取方式和结构分类，可分为________、________和________。

4. 顺序文件的打开方式有________、________和________模式。

5. 随机文件的读写操作语句为________和________。

6. 设窗体上有一个名称为 CD1 的通用对话框，一个名称为 Text1 的文本框和一个名称为 Command1 的命令按钮。程序执行时，单击 Command1 按钮，则显示打开文件对话框，操作者从中选择一个文本文件，单击对话框上的“打开”按钮后，则可打开该文本文件，并读入一行文本，显示在 Text1 中。下面是实现此功能的事件过程，请填空。

```
Private Sub Command1_Click()
    CD1.Filter ="文本文件 1*.txt(Word 文档)*.doc"
    CD1.Filterinder = 1
    CD1.ShowOpen
    If CD1.FileName<>""Then
    Open ________ For Input As #1
    Line Input #1,ch$
    Close #1
    Text1.Text = ________
    End If
  End Sub
```

三、编程题

1. 建立工程，编写程序，产生 20 个 0~1000 的随机整数，放入一个数组中，然后输出这 20 个整数中大于 500 的所有整数之和，并将这 20 个数保存到文件 out.txt 中，界面如图 11-10 所示。

图 11-10　编程题 1 的程序界面图

2. 磁盘上已存在一个文件，文件里有一段文本。请从文件中读出这段内容，显示在文本框中，并统计字母 h 出现的次数(不区分大小写)。运行效果如图 11-11 和图 11-12 所示。

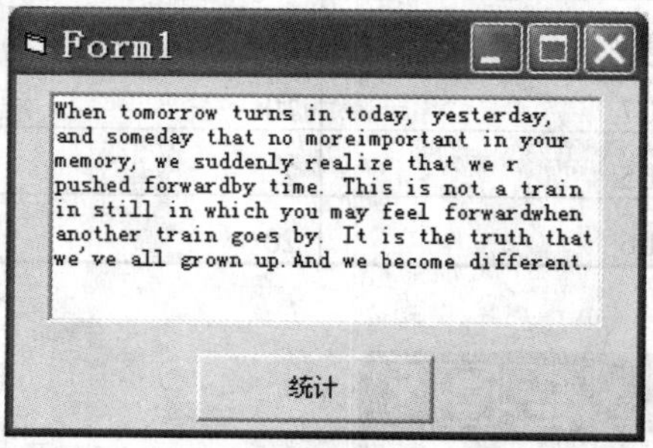

图 11-11　编程题 2 程序运行效果(1)

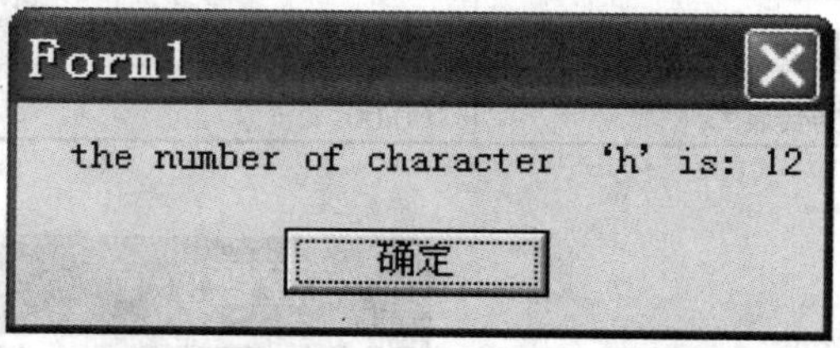

图 11-12　编程题 2 程序运行效果(2)

3. 文件 In3.txt 中的内容如下：

“了解文件的结构与分类；熟练张握基本文件操作语句和函数；张握顺序文件、随机文件的打开、读、写和关闭操作；张握随机文件中记录的添加与删除方法，掌握使用控件显示和修改随机文件的方法、张握文件系统控件的使用；掌握资源文件的建立和使用。”

设计程序界面如图 11-13 所示。要求编写程序，完成如下功能：

(1) 单击“读入”按钮，从文件中读入内容到 Text1 中；

(2) 单击“修改”按钮，将文本框中错误的“张握”修改成“掌握”；

(3) 将修改后的内容保存回文件。

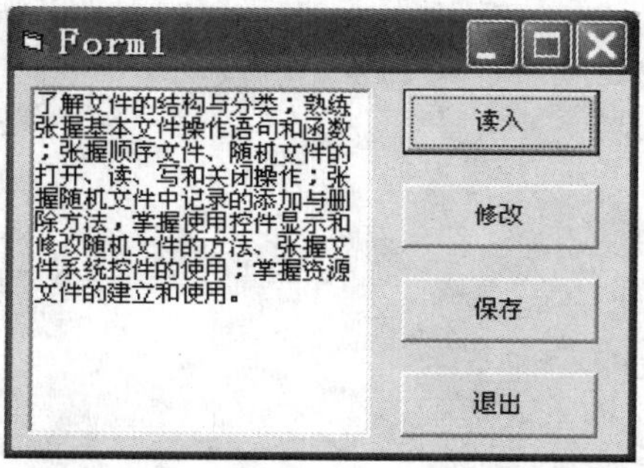

图 11-13　编程题 3 的程序界面

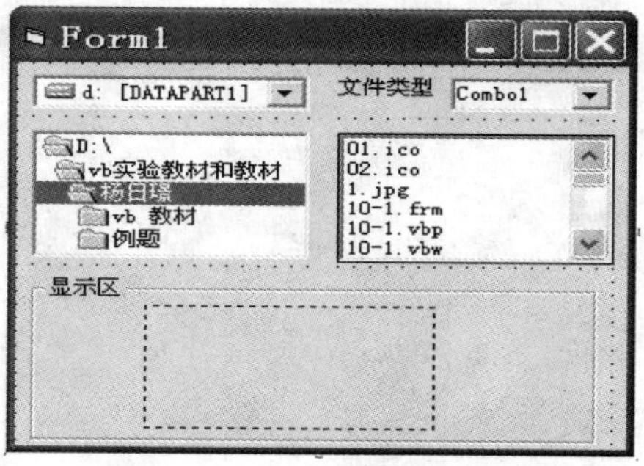

图 11-14　编程题 4 的程序界面

4. 建立如图 11-14 所示的界面，编写程序，完成下面的功能：

(1) 在组合框中添加三项：“*.jpg”、“*.bmp”、“*.ico”，程序运行后默认第一项；

(2) 让驱动器列表框、目录列表框和文件列表框 3 个控件可以同步变化；

(3) 文件列表框中显示为组合框中选择的文件类型的文件；

(4) 单击文件列表框中的列表项时，在图像框中显示图片。

5. 随机文件 in5.txt 中有如表 11-2 所示结构的数据：

编写程序，要求完成下面的功能：(1)从文件中读出数据显示在列表框 List1 中，一条记录一行。(2)在 Text1、Text2、Text3、Text4 中输入数据，单击“添加”按钮，将数据添加到记录中。(3)单击“保存”按钮，将更新数据保存到文件 in5.txt 中。程序界面如图 11-15 所示。

表 11-2　文件 in5.txt 的数据结构

商品名称	价格	生产日期	数量
手机 HTC G12	3500.00	2010.9	5
Ipad 平板电脑	3000.00	2011.7	10
Dell 笔记本	3999.00	2011.5	2
数据传输线	100.00	2011.6	20

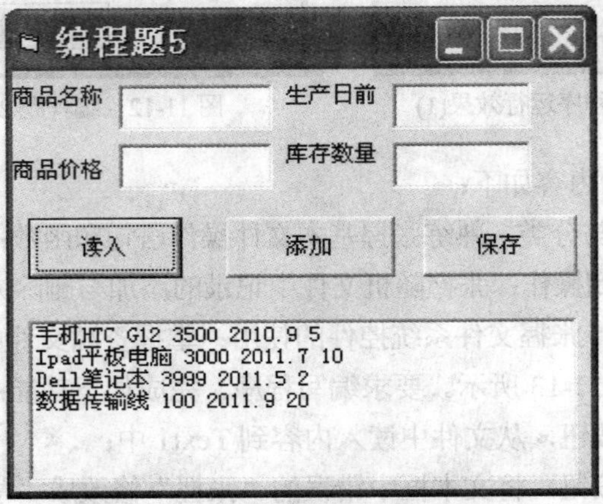

图 11-15　编程题 5 的程序界面

第12章　数据结构与算法

用计算机解决实际问题，需要编写程序。一个程序应包括两个方面：一是对数据的描述，即在程序中要指定数据的类型和数据的组织形式，就是数据结构(Data Structure)；二是对操作的描述，即操作步骤，也就是算法(Algorithm)。这就是著名计算机科学家沃思(Nikiklaus Wirth)提出的一个公式：程序=数据结构+算法。

12.1　算　法

12.1.1　算法的基本概念

用计算机解决实际问题，首先要给出解决问题的算法，然后根据算法编写程序。下面给出算法的定义。

1. 算法的定义

算法(Algorithm)是指解题方案的准确而完整的描述。对于一个实际问题来说，如果通过编写一个计算机程序，并在有限的存储空间内运行有限的时间而得到正确的结果，则称这个问题是算法可解的。下面举例说明算法的概念。

【例 12-1】 求 1×2×3×4×5。

最原始的方法如下。

第 1 步：先求 1×2，得到结果 2。

第 2 步：将 2 乘以 3，得到结果 6。

第 3 步：将 6 再乘以 4，得 24。

第 4 步：将 24 再乘以 5，得 120。

这样的算法虽然正确，但是太繁琐。如果要求 100!，即 1×2×3×…×100，则要写 99 个步骤，这种描述方法是不可取的。应当寻找一种通用的表示方法。

可以设两个变量 t 和 i，用 t 表示被乘数，用 i 表示乘数，每一步的乘积结果仍放在被乘数变量 t 中。用 S1 表示第 1 步，用 S2 表示第 2 步，依次类推，则改进的算法如下：

S1：使 t=1；

S2：使 i=2；

S3：使 t×I，乘积仍然放在变量 t 中，可表示为 t×i→t；

S4：使 i 的值加 1，即 i+1→I；

S5：如果 i≤5，返回重新执行 S3 以及其后的 S4 和 S5；否则，算法结束。

如果计算 100！只需将步骤 S5 中的 i≤5 改成 i≤100 即可。

如果题目改为求 1×3×5×7×9×11，算法也只需做很少的改动：

S1：1→t;

S2：3→i;

S3：t×i→t;

S4：i+2→t;

S5:若 i≤11，返回 S3，否则，结束。

【例 12-2】 求 $1-\frac{1}{2}+\frac{1}{3}-\frac{1}{4}+...+\frac{1}{99}-\frac{1}{100}$。

算法可表示如下：

S1：1→sigh；

S2：1→sum；

S3：2→deno；

S4：(-1)×sigh→sigh；

S5：sigh×(1/deno)→term；

S6：sum+term→sum；

S7：deno +1→deno；

S8：若 deno≤100，返回 S4；否则，结束。

在本例中用有含义的单词作变量名，以使算法易于理解。sum 表示累加和，deno 是分母(denominator)的缩写，sign 代表数值的符号，term 代表某一项。在步骤 S1 中使 sign 的值为 1，表示正号。在步骤 S2 中使 sum 的值为 1，相当于将级数的第 1 项放入了 sum 中。在步骤 S3 中使 deno 的值为 2，表示级数第 2 项的分母。在步骤 S4 中使 sign 的值改变符号。在步骤 S5 中使 term 的值为级数的第 2 项。在步骤 S6 中将刚算出的级数的第 2 项的值累加到 sum 中。在步骤 S7 中使 deno 的值加 1。执行步骤 S8，由于此时 deno≤100，所以返回步骤 S4，进行下一次循环，将级数的第 3 项的值累加到 sum 中。按此规律反复执行步骤 S4 到步骤 S8，直到 deno 大于 100 为止。一共执行了 99 次循环操作。sum 最后的值就是级数的值。

2. 算法的基本特征

一般来说，一个算法应该具有以下几个基本特征。

(1) 有穷性(Finiteness)

一个算法应包含有限的操作步骤而不能是无限的。数学中的无穷级数，在实际计算时只能取有限项之和。因此，一个数的无穷级数表示只是一个计算公式，而根据计算精度的要求所确定的计算过程才是有穷的算法。算法的有穷性还应该包括合理的执行时间的含义。因为，如果一个算法需要执行一百年，显然失去了实用价值。

(2) 确定性(Definiteness)

算法中的每一个步骤都应该是确定的，而不应当是含糊的、模棱两可的。例如，有一个健身操的动作，其中有一个动作是“手举过头顶”，这个步骤就是不确定的，含糊的。它有不同的解释：是双手都举过头顶？还是左手？或是右手？举过头顶多少厘米？不同的人可能有不同的解释。算法中的每一个步骤应当不被解释成不同的含义，而应是十分明确无误的。

(3) 可行性(Effectiveness)

一个算法应该可以有效地执行，即算法描述的每一步都可通过已实现的基本运算执行有限次来完成。例如，算法中不能出现分母为零的情况。

(4) 输入(Input)

所谓输入是指在执行算法时需要从外界取得必要的信息，即一个算法有零个或多个输入。例如，判断一个整数 n 是否是素数就需要输入 n 的值。又如，求两个整数 m 和 n 的最大公约数，则需要输入 m 和 n 的值。一个算法也可以没有输入。

(5) 输出(Output)

算法的目的是为了求解，“解”就是输出。一个算法可以有一个或多个输出。例如，判断一个整数是否是素数的算法，最终要输出“是素数”或“不是素数”的信息。又如，求两个整数的最大公约数的算法，最后要输出最大公约数是几的信息。没有输出的算法是没有意义的。

3. 算法的基本要素

一个算法有两个基本要素：一个是对数据对象的运算和操作，另一个是算法的控制结构。下面分别介绍这两个基本要素。

(1) 算法中对数据对象的运算和操作

在一般的情况下，计算机可以执行的基本操作是以指令的形式描述的。一个计算机系统能执行的所有指令的集合，称为该计算机系统的指令系统。根据算法所编写的计算机程序，实际上就是按照解决问题的要求从计算机指令系统中选择合适的指令所组成的指令序列。在计算机系统中，基本的运算和操作有以下 4 类。

① 算术运算：主要包括加、减、乘、除等运算。

② 逻辑运算：主要包括“逻辑与”、“逻辑或”、“逻辑非”等运算。

③ 关系运算：主要包括“大于”、“大于或等于”、“小于”、“小于或等于”、“等于”、“不等于”等运算。

④ 数据传输：主要包括赋值、输入、输出等操作。

在设计一个算法时，应从上面 4 种基本运算和操作考虑，按照解决问题的要求，从这些基本运算和操作中选择合适的运算和操作组成解题的操作序列。

(2) 算法的控制结构

算法中各种操作之间的执行顺序称为算法的控制结构。一个算法不仅取决于它所选用的操作，而且还与各操作之间的执行顺序有关。算法的控制结构给出了算法的基本框架。描述算法的工具通常有传统流程图、N-S 结构化流程图、算法描述语言等。一个算法一般都可以用顺序结构、选择结构和循环结构这 3 种基本控制结构组合而成。

4. 算法设计基本方法

下面介绍常用的几种算法设计方法。在实际应用中，各种方法之间还有着一定的联系。

(1) 列举法

列举法就是根据所要解决的问题，把所有可能的情况都一一列举出来，并用问题中给定的条件来检验哪些是需要的，哪些是不需要的。

例如：设 x，y 为非负整数，求满足方程 2x+3y=10 的解 x 和 y，就可以用列举法求解。

(2) 归纳法

归纳法的基本思想是通过列举少量的特殊情况，经过分析最后找出一般的关系。从本质上讲，归纳就是通过观察一些简单而特殊的情况，最后总结出一般性的结论。

(3) 递推法

递推是指从已知的初始条件出发，逐步推出所要求的结果。递推算法在数值计算中是很常见的。

例如求$x^2=a$(其中$a>0$)的一个根，可用如下的递推公式求解：

$$x_{n+1}=\frac{1}{2}(x_n+\frac{a}{x_n})\ ,\quad x_0>0$$

任给 x_0 一个大于 0 的数，如取 x_1=1，代入上式可求出 x_1，再将 x_1 代入上式可求出 x_2，依次类推。可以证明，上式中的$x_n \to \sqrt{a}$ (当$n\to\infty$时)。根据计算精度ε的要求，如假设$\varepsilon=10^{-5}$，当$|x_n-\sqrt{a}|<\varepsilon$时，则取 x_n 为$\sqrt{a}$的近似值。

(4) 递归法

在解决某些复杂问题时，为了降低问题的复杂程度(如问题的规模等)，可以将问题逐层分解，最后归结为一些最简单的问题。这种将问题逐层分解的过程，实际上并没有对问题进行求解，而只是当解决了最后那些最简单的问题后，再沿着原来分解的逆过程逐步进行综合，这就是递归的基本思想。

【例 12-3】 有 5 个人坐在一起，问第 5 个人多少岁?他说比第 4 个人大 2 岁。问第 4 个人的岁数，他说比第 3 个人大 2 岁。问第 3 个人，又说比第 2 个人大 2 岁。问第 2 个人，说比第 1 个人大 2 岁。最后问第 1 个人，他说是 10 岁。请问第 5 个人多大。

这个问题可以用递归方法解决。递归过程如下：

age(5)＝age(4)+2

age(4)=age(3)+2

age(3)＝age(2)+2

age(2)＝age(1)+2

age(l)＝10

然后再按相反的顺序进行计算，就可得到问题的结果。这个问题可用公式表示如下：

$$age(n)=\begin{cases}10 & n=1\\ age(n\text{-}1)+2 & n>1\end{cases}$$

同样，可以用递归的方法定义一个非负整数 n 的阶乘：

$$n! = \begin{cases} 1 & n = 0,1 \\ n \times (n-1)! & n > 1 \end{cases}$$

递归又分为直接递归与间接递归两种。如果一个算法 P 显式地(即直接地)调用自己，则称为直接递归，如上面的例子。如果算法 P 调用另一个算法 Q，而算法 Q 又调用算法 P，则称为间接递归调用。递归是很重要的算法设计方法之一。

(5) 减半递推法

有些问题的复杂程度与问题本身的规模大小有关。“减半”是指将问题的规模减半，而问题的性质不变；“递推”是指重复“减半”的过程。减半递推法又称为二分法。下面举一个例子来说明减半递推法的基本思想。

【例 12-4】 设方程 f(x)=0 在区间[a,b]上有实根，且 f(a)与 f(b)符号相反，即 f(a)f(b)<0。利用二分法求该方程在区间[a,b]上的一个实根。

用二分法求方程实根的减半递推过程如下：

首先计算区间的中点 c=(a+b)/2，然后计算函数在中点 c 的值 f(c)，并判断 f(c)是否为 0。若 f(c)=0，则说明 c 就是所求的根，求解过程结束；如果 f(c)≠0，则根据以下原则将原区间减半：

- 若 f (a)f (c)<0，则取原区间的前半部分；
- 若 f (b)f (c)<0，则取原区间的后半部分。

最后根据计算精度 ε 的要求，判断减半后的区间长度是否已经很小：

- 若 $|a-b|<\varepsilon$，则过程结束，取(a+b)/2 为根的近似值；
- 若 $|a-b|\geqslant\varepsilon$，则重复上述的减半过程。

12.1.2　算法的复杂度

设计算法首先考虑正确性，还要考虑执行算法所耗费的时间和存储空间。算法的复杂度是衡量算法优劣的度量，可分为时间复杂度和空间复杂度。

1. 算法的时间复杂度

算法的时间复杂度是指执行算法所需要的计算工作量。如何度量一个算法的时间复杂度呢？而且这种度量能够比较客观地反映出一个算法的效率。这就需要在度量一个算法的工作量时，不仅应该与所使用的计算机、程序设计语言无关，而且还应该与算法实现过程中的许多细节无关。因此，算法的工作量可以用算法在执行过程中所需要的基本运算的执行次数来度量。例如，在考虑两个矩阵相乘时，可以将两个实数之间的乘法运算作为基本运算，而对于所用的加法(或减法)运算忽略不计，这是因为加法和减法需要的运算时间比乘法和除法少得多。又比如，当需要在一个表中进行查找数据时，可以将两个数据之间的比较作为基本运算。算法所执行的基本运算次数还与问题的规模有关。例如，两个 10 阶矩阵相乘与两个 5 阶矩阵相乘，所需要的基本运算(即两个实数的乘法)次数是不同的，前者需要更多的运算次数。因此，在分析算法的工作量时，还必须对问题的规模进行度量。

算法的时间复杂度可表示为：

$$T(n) = O(f(n))$$

其中 O 表示数量级，n 是问题的规模，$f(n)$ 是算法的工作量。上式表明算法的基本运算次数 $T(n)$ 是问题规模 n 的函数，并且 $T(n)$ 增长率与 $f(n)$ 增长率相同，$T(n)$ 是 $f(n)$ 的同阶无穷大。

例如，两个 n 阶矩阵相乘所需要的基本运算(即两个实数的乘法)次数为 n^3，即时间复杂度为 $T(n)=O(n^3)$。

在某些情况下，算法执行的基本运算次数还与输入数据有关，此时可以从平均性态、最坏情况来进行分析。平均性态(Average Behavior)是指在各种特定输入下的基本运算的加权平均值。最坏情况(Worst-Case)是指在规模为 n 时所执行的基本运算的最大次数。

【例 12-5】 用顺序搜索法，在长度为 n 的一维数组中查找值为 x 的元素。即从数组的第一个元素开始，依次与被查值 x 进行比较。基本运算为 x 与数组元素的比较。

先考虑平均性态分析。如果 x 是数组中的第 1 个元素，则比较 1 次即可；如果 x 是数组的第 2 个元素，则需比较 2 次；依次类推，最后如果 x 是数组的第 n 个元素或不在数组中，则需比较 n 次。算法的平均性态复杂度为：

$$\frac{1+2+\Lambda\ n}{n}=\frac{n+1}{2}，\ 即\ T(n)=O(\frac{n+1}{2})$$

从上面的分析中可立即得到算法的最坏情况复杂度为 n，即 $T(n)=O(n)$。

2. 算法的空间复杂度

算法的空间复杂度是指执行算法所需要的内存空间。类似算法的时间复杂度，空间复杂度作为算法所需存储空间的度量。一个算法所占用的存储空间包括算法程序所占用的空间、输入的初始数据所占用的存储空间以及算法执行过程中所需要的额外空间。其中额外空间包括算法程序执行过程中的工作单元以及某种数据结构所需要的附加存储空间 (例如，在链式结构中，除了要存储数据本身外，还需要存储链接信息)。

在许多实际问题中，为了减少算法所占的存储空间，通常采用压缩存储技术，以便尽量减少不必要的额外空间。当然，采用了压缩存储技术，虽然减少了算法的存储空间(空间复杂度减小了)，但是增加了算法执行的操作次数(需要对数据压缩和解压缩，即算法的时间复杂度增加了)。设计一个算法时，既要考虑到执行该算法的执行速度快(时间复杂度小)，又要考虑到该算法所需的存储空间小(空间复杂度小)，这常常是一个矛盾。通常根据实际需要有所侧重。

12.2　数据结构的基本概念

在利用计算机进行数据处理时，需要处理的数据元素一般很多，并且需要把这些数据元素都存放在计算机中，因此，大量的数据元素如何在计算机中存放，以便提高数据处理的效率，节省存储空间，这是数据处理的关键问题。显然，将大量的数据随意地存放在计算机中，这对数据处理是不利的。数据结构主要研究下面 3 个问题：

(1) 数据集合中各数据元素之间所固有的逻辑关系，即数据的逻辑结构(Logical Structure)；

(2) 在对数据进行处理时，各数据元素在计算机中的存储关系，即数据的存储结构(Storage Structure)；

(3) 对各种数据结构进行的运算。

讨论上述问题的主要目的是为了提高数据处理的效率，这包括提高数据处理的速度和节省数据处理所占用的存储空间。

下面主要讨论实际中常用的一些基本数据结构，它们是软件设计的基础。

12.2.1　什么是数据结构

数据(Data)是计算机可以保存和处理的信息。数据元素(Data Element)是数据的基本单位，即数据集合中的个体。有时也把数据元素称作结点、记录等。实际问题中的各数据元素之间总是相互关联的。数据处理是指对数据集合中的各元素以各种方式进行运算，包括插入、删除、查找、更改等运算，也包括对数据元素进行分析。在数据处理领域中，人们最感兴趣的是知道数据集合中各数据元素之间存在什么关系，应如何组织它们，即如何表示所需要处理的数据元素。

数据结构(Data Structure)是指相互有关联的数据元素的集合。例如，向量和矩阵就是数据结构，在这两个数据结构中，数据元素之间有着位置上的关系。再比如说，图书馆中的图书卡片目录，则是一个较为复杂的数据结构，对于写在各卡片上的各种书之间，可能在主题、作者等问题上相互关联。

数据元素的含义非常广泛，现实世界中存在的一切个体都可以是数据元素。例如，描述一年四季的季节名“春、夏、秋、冬”，可以作为季节的数据元素；表示数值的各个数据，如“ 26、56、65、73、26、…”，可以作为数值的数据元素；再比如，表示家庭成员的名字“父亲、儿子、女儿”，可以作为家庭成员的数据元素。

在数据处理中，通常把数据元素之间所固有的某种关系(即联系)用前后件关系(或直接前驱与直接后继关系)来描述。例如，在考虑一年中的 4 个季节的顺序关系时，则“春”是“夏”前件，而“夏”是“春”的后件。同样，“夏”是“秋”的前件，“秋”是“夏”的后件；“秋”是“冬”的前件，“冬”是“秋”的后件。一般来说，数据元素之间的任何关系都可以用前后件关系来描述。

1. 数据的逻辑结构

数据的逻辑结构是指数据之间的逻辑关系，与它们在计算机中的存储位置无关。数据的逻辑结构有两个基本要素：

① 表示数据元素的信息，通常记为 D；

② 表示各数据元素之间的前后件关系，通常记为 R。

因此，一个数据结构可以表示成 B=(D，R)，其中 B 表示数据结构。为了表示出 D 中各数据元素之间的前后件关系，一般用二元组来表示。例如，假设 a 与 b 是 D 中的两个数据元素，则二元组(a,b)表示 a 是 b 的前件，b 是 a 的后件。

【例 12-6】 一年四季的数据结构可以表示成如下形式：

B=(D，R)

D={春，夏，秋，冬}

R={(春，夏)，(夏，秋)，(秋，冬)}

【例 12-7】 家庭成员数据结构可以表示成如下形式：

B=(D，R)

D={父亲，儿子，女儿}

R={(父亲，儿子)，(父亲，女儿)}

2. 数据的存储结构

前面讨论了数据的逻辑结构，它是从逻辑上来描述数据元素间的关系的，是独立于计算机的。然而研究数据结构的目的是为了在计算机中实现对它的处理，因此还要研究数据元素和数据元素之间的关系如何在计算机中表示，也就是数据的存储结构。数据的存储结构应包括数据元素自身值的存储表示和数据元素之间关系的存储表示两个发面。在实际进行数据处理时，被处理的各数据元素在计算机存储空间中的位置关系与它们的逻辑关系不一定是相同的。例如在家庭成员的数据结构中，“儿子”和“女儿”都是“父亲”的后件，但在计算机存储空间中，不可能将“儿子”和“女儿”这两个数据元素的信息都紧邻存放在“父亲”这个数据元素信息的后面。

数据的逻辑结构在计算机存储空间中的存放形式称为数据的存储结构(也称数据的物理结构)。由于数据元素在计算机存储空间中的位置关系可能与逻辑关系不同，因此，为了表示存放在计算机存储空间中的各数据元素之间的逻辑关系(即前后件关系)，在数据的存储结构中，不仅要存放各数据元素的信息，还需要存放各数据元素之间的前后件关系的信息。实际上，一种数据的逻辑结构可以表示成多种存储结构。常用的存储结构有顺序、链接、索引等存储结构。对于一种数据的逻辑结构，如果采用不同的存储结构，则数据处理的效率是不同的。

12.2.2 数据结构的图形表示

数据结构除了可以用前面所述的二元关系表示外，还可以用图形来表示。在数据结构的图形表示中，对于数据集合 D 中的每一个数据元素用中间标有元素值的方框表示，称之为数据结点，简称结点。为了表示各数据元素之间的前后件关系，对于关系 R 中的每一个二元组，用一条有向线段从前件结点指向后件结点。例如，一年四季的数据结构可以用如图 12-1所示的图形来表示。对于家庭成员间辈分关系的数据结构可以用如图 12-2所示的图形表示。

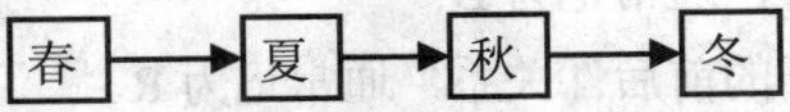

图 12-1　一年四季数据结构的图形表示

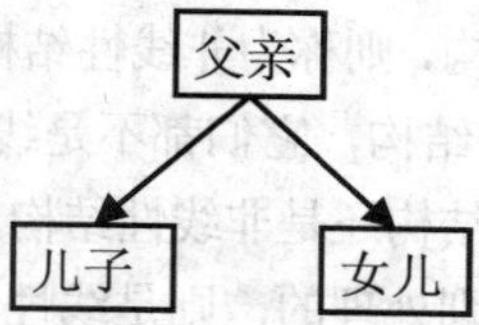

图 12-2　家庭成员数据结构的图形表示

用图形方式表示一个数据结构不仅方便，并且也很直观。有时在不会引起误会的情况下，在前件结点到后件结点连线上的箭头可以省去。

【例 12-8】 用图形表示数据结构 B=(D，R)，其中：

D={d_1，d_2，d_3，d_4，d_5，d_6}

R={(d_1，d_2)，(d_1，d_3)，(d_2，d_4)，(d_2，d_5)，(d_3，d_6)}

这个数据结构的图形表示如图 12-3 所示。

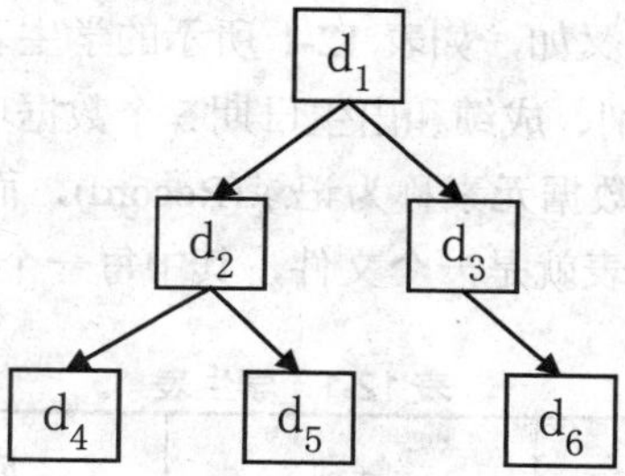

图 12-3　数据结构的图形表示

在数据结构中，没有前件的结点称为根结点；没有后件的结点称为终端结点(也称为叶子结点)。例如，在图 12-1所示的数据结构中，结点“春”为根结点，结点“冬”为终端结点；在图 12-2所示的数据结构中，结点“父亲”为根结点，结点“儿子”与“女儿”都是终端结点；在图 12-3 所示的数据结构中，根结点为 d_1，有 3 个终端结点 d_4、d_5、d_6。在数据结构中除了根结点与终端结点外的其他结点一般称为内部结点。

12.2.3　线性结构与非线性结构

一个数据结构可以是空的，即一个数据元素都没有，称为空的数据结构。在一个空的数据结构中插入一个新的数据元素后就变为非空；在只有一个数据元素的数据结构中，将该元素删除后就变为空的数据结构。根据数据结构中各数据元素之间前后件关系的复杂程度，一般将数据结构分为两大类：线性结构与非线性结构。如果一个非空的数据结构满足下面两个条件：

(1) 有且只有一个根结点；

(2) 每个结点最多有一个前件，也最多有一个后件。

则称该数据结构为线性结构。线性结构又称线性表。

由此可见，在线性结构中，各数据元素之间的前后件关系是很简单的。如例 12-6 中的一年四季这个数据结构属于线性结构。需要说明的是，在一个线性结构中插入或删除任何一个结点后还应是线性结构。

如果一个数据结构不是线性结构，则称为非线性结构。如例 12-7 中家庭成员间辈分关系的数据结构，以及例 12-8 中的数据结构，它们都不是线性结构，而是非线性结构。

一个空的数据结构究竟是线性结构还是非线性结构，要根据具体情况来确定。如果对该数据结构的运算是按线性结构的规则处理的，则是线性结构；否则是非线性结构。

12.3　线性表及其顺序存储结构

12.3.1　线性表的基本概念

线性表(Linear List)是最简单、最常用的一种数据结构，它由一组数据元素组成。例如，一年的月份号(1，2，3，…，12)是一个长度为 12 的线性表。再如，英文小写字母表(a，b，c，…，z)是一个长度为 26 的线性表。又如，如表 12-1 所示的学生表也是一个线性表，表中每一个数据元素是由学号、姓名、性别、成绩和出生日期 5 个数据项组成。像学生表这样的复杂线性表中，由若干数据项组成的数据元素称为记录(Record)，而由多个记录构成的线性表又称为文件(File)。因此，上述学生表就是一个文件，其中每一个学生的情况就是一个记录。

表 12-1　学生表

学号	姓名	性别	成绩	出生日期
0303	张大为	男	90	07-05-84
0304	刘晓丽	女	80	07-05-83
0305	宋明明	男	68	09-12-85
0306	李小名	男	78	07-22-86
0308	李业丽	女	67	05-04-87

综上所述，线性表是由 n ($n \geqslant 0$) 个数据元素 a_1，a_2，…，a_n 组成的一个有限序列，表中的每个数据元素，除第一个外，有且只有一个前件，除最后一个外，有且只有一个后件。即线性表可以表示为(a_1，a_2，…，a_i，…，a_n)，其中 a_i($i=1$，2，…，n)是属于数据对象的元素，通常也称其为线性表中的一个结点。当 $n=0$ 时，称为空表。

12.3.2　线性表的顺序存储结构

在计算机中存放线性表，最简单的方法是采用顺序存储结构。用顺序存储结构来存储的线性表也称为顺序表。其特点如下：

(1) 顺序表中所有元素所占的存储空间是连续的；

(2) 顺序表中各数据元素在存储空间中是按逻辑顺序依次存放的。

可以看出，在顺序表中，其前后件两个元素在存储空间中是紧邻的，且前件元素一定存储在后件元素的前面。

如图 12-4 所示说明了顺序表在计算机内的存储情况。其中 a_1，a_2，…，a_n 表示顺序表中的数据元素。

	a_1	a_2	…	a_{i-1}	a_i	…	a_n	

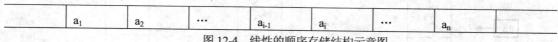

图 12-4　线性的顺序存储结构示意图

假设长度为 n 的顺序表(a_1，a_2，…，a_i，…，a_n)中每个数据元素所占的存储空间相同(假设都为 k 个字节)，则要在该顺序表中查找某一个元素是很方便的。假设第 i 个数据元素 a_i 的存储地址用 ADR(a_i)表示，则有

$$ADR(a_i)=ADR(a_1)+(i-1)k$$

因此，只要记住顺序表的第一个数据元素的存储地址(指第一个字节的地址，即首地址)，其他数据元素的地址可由上式算出。

在计算机程序设计语言中，一般是定义一个一维数组来表示线性表的顺序存储(即顺序表)空间。因为程序设计语言中的一维数组与计算机中实际的存储空间结构是类似的，这就便于对顺序表进行各种处理。实际上，在定义一个一维数组的大小时，总要比顺序表的长度大些，以便对顺序表能进行各种运算，如插入运算。

对于顺序表，可以进行各种处理。主要的运算有以下几种：

(1) 在顺序表的指定位置处插入一个新的元素(即顺序表的插入)；

(2) 在顺序表中删除指定的元素(即顺序表的删除)；

(3) 在顺序表中查找满足给定条件的元素(即顺序表的查找)；

(4) 按要求重排顺序表中各元素的顺序(即顺序表的排序)；

(5) 按要求将一个顺序表分解成多个顺序表(即顺序表的分解)；

(6) 按要求将多个顺序表合并成一个顺序表(即顺序表的合并)；

(7) 复制一个顺序表(即顺序表的复制)；

(8) 逆转一个顺序表(即顺序表的逆转)。

下面主要讨论顺序表的插入与删除运算。

12.3.3　顺序表的插入运算

顺序表的插入运算是指线性表在顺序存储结构下的插入运算。它是在长度为 n 的线性表(a_1，a_2，…，a_{i-1}，a_i，…，a_n)的第 i($1 \leqslant i \leqslant n$)个元素之前插入一个新元素 b，使线性表变成了长度为 n+l 的线性表(a_1，a_2，…，a_{i-1}，b，a_i，…，a_n)，并且数据元素 a_{i-1} 和 a_i 之间的逻辑关系也发生了变化。

下面通过一个例子来说明如何在顺序表中插入一个新元素。

【例 12-9】 图 12-5(a)是一个长度为 5 的线性表顺序存储在长度为 8 的存储空间中。现在要求在第 3 个元素(即 56)之前插入一个新元素 33。首先从最后一个元素开始直到第 3 个元素都依次往后移动一个位置，然后将新元素 33 插入到第 3 个位置。插入一个新元素后，顺序表的长度变成了 6，如图 12-5(b)所示。

如果再往顺序表的第 6 个元素之前插入一个新元素 51，则将第 6 个元素往后移动一个位置，然后将新元素插入到第 6 个位置。插入后，顺序表的长度变成了 7，如图 12-5(c)所示。

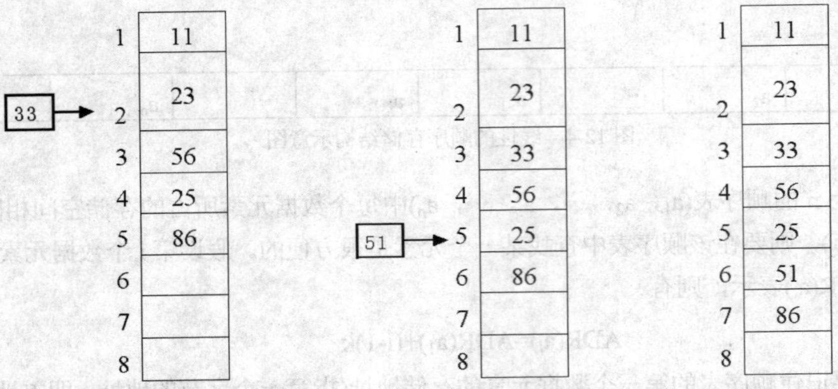

(a) 长度为 5 的顺序表　　(b) 插入 33 后的顺序表　　(c) 插入 51 后的顺序表

图 12-5　顺序表的插入运算

如果长度为 n 的线性表采用顺序存储结构，要在第 n 个元素之后(即在 n+1 个位置)插入新元素，则只要在顺序表的末尾增加一个元素即可，不需要移动表中的元素；如果要在顺序表的第 1 个元素之前插入一个新元素，则需要移动表中所有的元素。在平均情况下， 如果要在顺序表中插入一个新元素，需要移动表中一半的元素。因此，线性表在顺序存储的情况下，要插入一个新元素，其效率是很低的，特别是在线性表很大的情况下更为突出。

12.3.4　顺序表的删除运算

顺序表的删除运算是指线性表在顺序存储结构下的删除运算。它是在线性表中删除第 i(1≤i≤n)个位置上的数据元素，使长度为 n 的线性表(a_1，a_2，…，a_{i-1}，a_i，a_{i+1}…，a_n)变成长度为 n-1 的线性表(a_1，a_2，…，a_{i-1}，a_{i+1}，…，a_n)，并且数据元素 a_{i-1} 和 a_{i+1} 之间的逻辑关系发生了变化。

下面先举一个例子来说明如何在顺序表中删除一个元素。

【例 12-10】 如图 12-6(a)所示是一个长度为 7 的线性表顺序存储在长度为 8 的存储空间中。现在要求删除表中的第 2 个元素(即删除元素 23)。删除过程如下：将第 2 个元素开始直到最后一个元素，依次往前移动一个位置。如图 12-6(b)所示，这时线性表的长度变成 6。

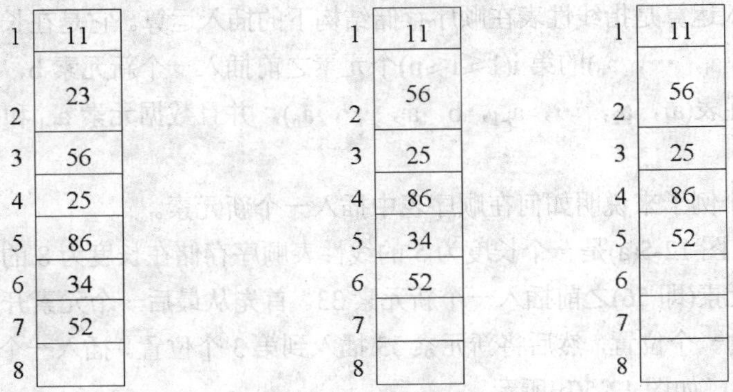

(a) 长度为 7 的顺序表　　(b) 删除 23 后的顺序表　　(c) 删除 34 后的顺序表

图 12-6　顺序表的删除运算

如果还要删除线性表中的第 5 个元素，则采用类似的方法：将第 6 个元素往前移动一个位置。这时，线性表的长度变成 5，如图 12-6(c)所示。

如果长度为 n 的线性表采用顺序存储结构，要删除第 i(1≤i≤n)个元素时，需要从第 i+1 个元素开始，直到第 n 个元素之间共 n-i 个元素依次向前移动一个位置。删除结束后，线性表的长度就减小了 1。在平均情况下，要在线性表中删除一个元素，需要移动表中一半的元素。因此，在线性表顺序存储的情况下，要删除一个元素，其效率也是很低的，特别是在线性表很大的情况下更为突出。

12.4　栈和队列

12.4.1　栈及其基本运算

1. 栈的基本概念

栈(Stack)是一种特殊的线性表，它是限定仅在一端进行插入和删除运算的线性表。其中，允许插入与删除的一端称为栈顶(top)，而不允许插入与删除的另一端称为栈底(bottom)。栈顶元素总是最后被插入的那个元素，从而也是最先能被删除的元素；栈底元素总是最先被插入的元素，从而也是最后才能被删除的元素。

栈是按照“先进后出”(Fist In Last Out，FILO)或“后进先出”(Last In Fist Out，LIFO)的原则操作数据的，因此，栈也被称为“先进后出”表或“后进先出”表。由此可以看出，栈具有记忆作用。

如图 12-7 所示，通常用指针 top 来指向栈顶的位置，用指针 bottom 指向栈底。往栈中插入一个元素称为入栈运算，从栈中删除一个元素(即删除栈顶元素)称为退栈运算。

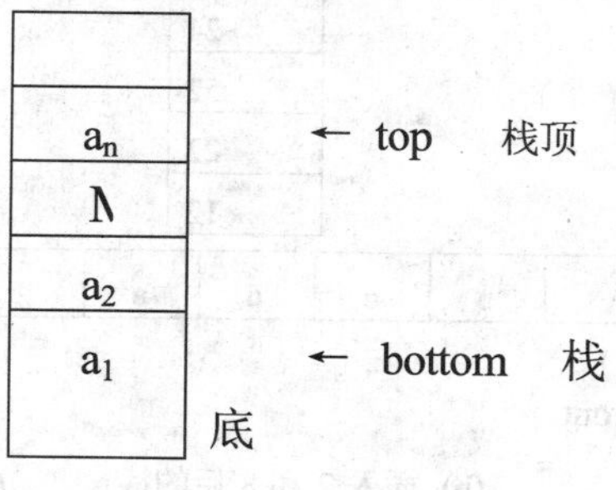

图 12-7　栈的示意图

在图 12-7 中，a_1 为栈底元素，a_n 为栈顶元素。栈中的元素按照 a_1，a_2，…，a_n 的顺序进栈，退栈的顺序则相反。

2. 栈的顺序存储及基本运算

栈的顺序存储结构是利用一组地址连续的存储单元依次存放自栈底到栈顶的数据元素，

并设有指针指向栈顶元素的位置，如图 12-7 所示。用顺序存储结构来存储的栈简称为顺序栈。

栈的基本运算有 3 种：入栈、出栈与读栈。下面分别介绍在顺序存储结构下栈的这 3 种运算。

(1) 入栈运算

入栈运算是指在栈顶位置插入一个新元素。运算过程：

① 修改指针，将栈顶指针加 1(top 加 1)；

② 插入，在当前栈顶指针所指位置将新元素插入。

当栈顶指针已经指向存储空间的最后一个位置时，说明栈空间已满，不可能再进行入栈操作。

(2) 出栈运算

出栈运算是指取出栈顶元素并赋给某个变量。运算过程：

① 出栈，将栈顶指针所指向的栈顶元素读取后赋给一个变量；

② 修改指针，将栈顶指针减 1(top 减 1)；

当栈顶指针为 0 时(即 top=0)，说明栈空，不可能进行出栈运算。

(3) 读栈运算

读栈顶元素是指将栈顶元素赋给一个指定的变量。运算过程为：将栈顶指针所指向的栈顶元素读取并赋给一个变量，栈顶指针保持不变。当栈顶指针为 0 时(即 top=0)，说明栈空，读不到栈顶元素。

【例 12-11】 在图 12-8 中，设 top 为指向栈顶元素的指针。图 12-8(a)是长度为 8 的栈的顺序存储空间，栈中已有 4 个元素；图 12-8(b)与图 12-8(c)分别为入栈与出栈后的状态。

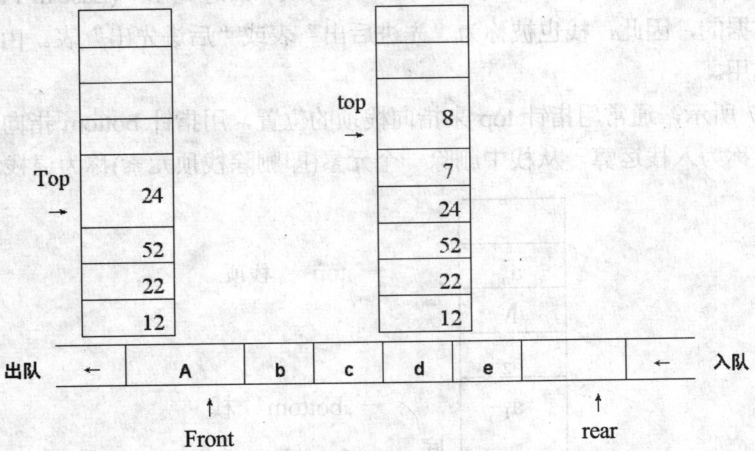

(a) 有 4 个元素的栈　　(b) 插入 7 和 8 后的栈　　(c) 退出 1 个元素后的栈

图 12-8　顺序栈的运算

12.4.2　队列及其基本运算

1. 队列的基本概念

队列(Queue)也是一种特殊的线性表，它是限定仅在表的一端进行插入，而在表的另一端进行删除的线性表。在队列中，允许插入的一端称为队尾，允许删除的一端称为队头。

队列是按照“先进先出”(Fist In Fist Out，FIFO)或“后进后出”(Last In Last Out，LILO)的原则操作数据的，因此，队列也被称为“先进先出”表或“后进后出”表。在队列中，通常用指针 front 指向队头，用 rear 指向队尾，如图 12-9 所示。

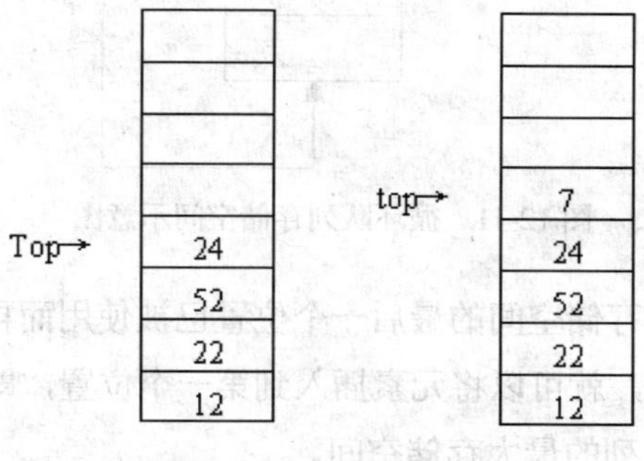

图 12-9　队列示意图

队列的基本运算有两种：往队列的队尾插入一个元素称为入队运算，从队列的队头删除一个元素称为出队运算。

如图 12-10 所示的是在队列中进行插入与删除的示意图。由图 12-10 可以看出，在队列的末尾插入一个元素(入队运算)只涉及队尾指针 rear 的变化，而要删除队列中的队头元素(出队运算)只涉及队头指针 front 的变化。与栈类似，在程序设计语言中，用一维数组作为队列的顺序存储空间。用顺序存储结构存储的队列称为顺序队列。

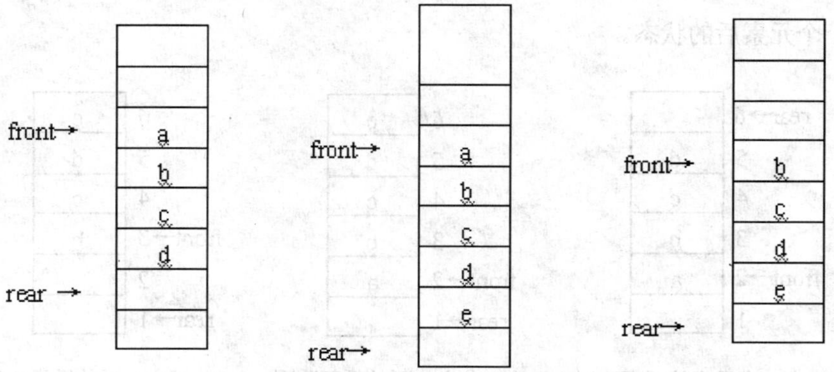

(a) 一个队列　　(b) 插入一个元素后的队列　　(c) 删除一个元素后的队列

图 12-10　顺序队列运算示意图

2. 循环队列及其运算

为了从分利用存储空间，在实际应用中，队列的顺序存储结构一般采用循环队列的形式，将顺序存储的队列的最后一个位置指向第一个位置，从而使顺序队列形成逻辑上的环状空间，称为循环队列(Circular Queue)，如图 12-11所示。

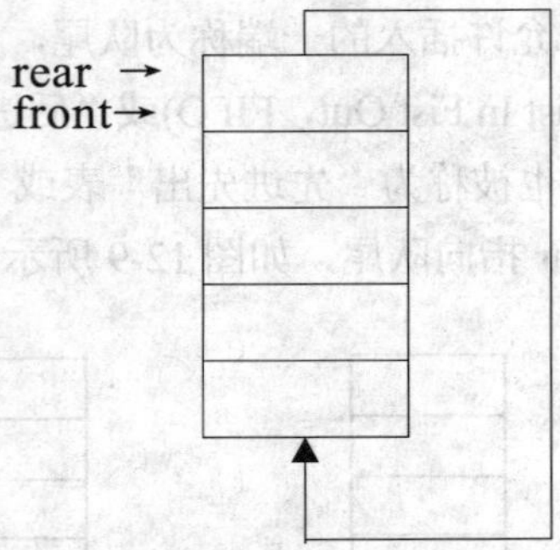

图 12-11　循环队列存储空间示意图

在循环队列结构中，当存储空间的最后一个位置已被使用而再要进行入队运算时，只要存储空间的第一个位置空闲，就可以将元素插入到第一个位置，即将第一个位置作为新的队尾。可以设置 n 表示循环队列的最大存储空间。

在循环队列中，从队头指针 front 指向的位置直到队尾指针 rear 指向的前一个位置之间所有的元素均为队列中的元素。循环队列的初始状态为空，即 rear=front=n，如图 12-11 所示。

循环队列主要有两种基本运算：入队运算与出队运算。每进行一次出队运算，队头指针就加 1。当队头指针 front=n+1 时，则设置 front=1。每进行一次入队运算，队尾指针就加 1。当队尾指针 rear=n+1 时，则设置 rear=1。

图 12-12(a)是一个长度为 6 的循环队列存储空间，其中已有 4 个元素。图 12-12(b)是在图 12-12(a)的循环队列中又加入了 1 个元素后的状态。图 12-12(c)是在图 12-12(b)的循环队列中退出了 1 个元素后的状态。

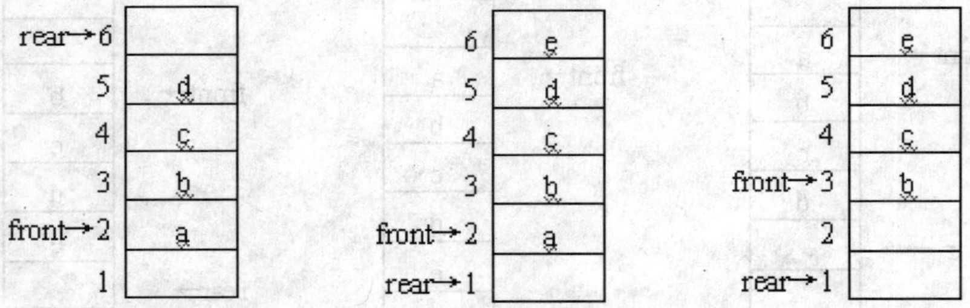

(a) 有 4 个元素的循环队列　(b) 加入 e 后的循环队列　(c) 退出 a 后的循环队列

图 12-12　循环队列运算示意图

根据图 12-12中循环队列变化的过程可以看出，当循环队列满时有 front=rear，而当循环队列空时也有 front=rear。为了能区分队列是满还是空，需要设置一个标志 sign，用 sign=0 时表示队列是空的，用 sign=1 时表示队列是非空的。从而可给出队列空与队列满的条件：

- 队列空的条件为 sign=0；
- 队列满的条件为 sign=l，且 front=rear。

下面具体介绍循环队列入队与出队的运算。

假设循环队列的初始状态为空，即 sign=0，且 front=rear=n。

(1) 入队运算

入队运算是指在循环队列的队尾位置插入一个新元素。运算过程：

① 插入元素，将新元素插入到队尾指针指向的位置；

② 修改队尾，将队尾指针加 1(即 rear=rear+1)，此时若 rear=n+1 则设置 rear=1。

当 sign=1 并且 rear=front，说明循环队列已满，不能进行入队运算，否则会产生“上溢”错误。

(2) 出队运算

出队运算是指在循环队列的队头位置退出一个元素并赋给指定的变量。运算过程如下：

① 退出元素，即将队头指针指向的元素赋给指定的变量；

② 修改对头，将队头指针加 1(即 front=front+1)，此时若 front=n+1 则设置 front=1。

当 sign=0 时，不能进行退队运算，否则会产生“下溢”错误。

12.5　线 性 链 表

12.5.1　线性链表的基本概念

前面讨论了线性表的顺序存储结构及其运算。线性表的顺序存储结构具有简单、运算方便等优点，特别是对于小线性表或长度固定的线性表，采用顺序存储结构的优越性更为突出。线性表的顺序存储结构在有些情况下就显得不很方便，运算效率也不高。例如，要在顺序存储的线性表中插入一个新元素或删除一个元素，为保证插入或删除后的线性表仍然是顺序存储，就要移动大量的数据元素。又如，在顺序存储结构下，线性表的存储空间不便于扩充。如果线性表的存储空间已满，但还要插入新的元素时，就会发生“上溢”错误。再如，在实际应用中，经常用到若干个线性表(包括栈与队列)，如果将存储空间平均分配给各线性表，则有可能造成有的线性表的空间不够用，而有的线性表的空间根本用不着或用不满，这就使得有的线性表空间处于空闲状态，而另外一些线性表却产生“上溢”，使操作无法进行。

由于线性表的顺序存储结构存在以上缺点，因此，对于数据元素需要频繁变动的大线性表应采用下面要介绍的链式存储结构。

1. 线性链表

线性表的链式存储结构称为线性链表。

为了表示线性表的链式存储结构，计算机存储空间被划分为一个一个小块，每一小块占若干字节，通常称这些小块为存储结点。为了存储线性表中的元素，一方面要存储数据元素的值，另一方面还要存储各数据元素之间的前后件关系。这就需要将存储空间中的每一个存储结点分为两部分：一部分用于存储数据元素的值，称为数据域；另一部分用于存放下一个数据元素的存储结点的地址，称为指针域。

在线性链表中，一般用一个专门的指针 HEAD 指向线性链表中第一个数据元素的结点，即用 HEAD 存放线性表中第一个数据元素的存储结点的地址。在线性表中，最后一个元素没有后件，所以，线性链表中最后一个结点的指针域为空(用 NULL 或 0 表示)，表示链表终止。

下面举一个例子来说明线性链表的存储结构。

假设有 4 个学生的某门功课的成绩分别是 a_1，a_2，a_3，a_4，这 4 个数据在内存中的存储单元地址分别是 1248、1488、1366 和 1522，其链表结构如图 12-13(a)所示。实际上，常用图 12-13(b)来表示它们的逻辑关系。

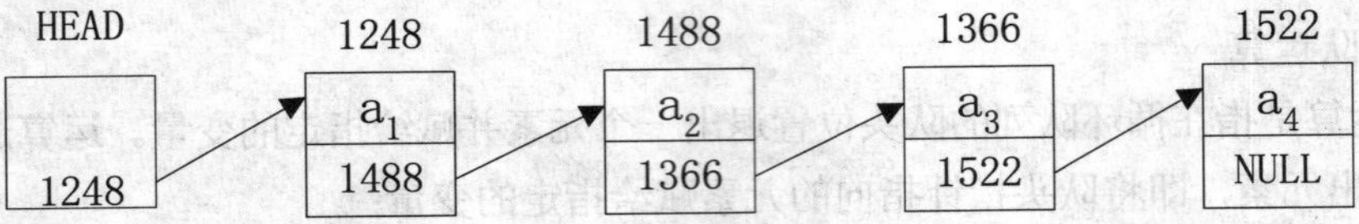

(a) 线性链表的物理状态

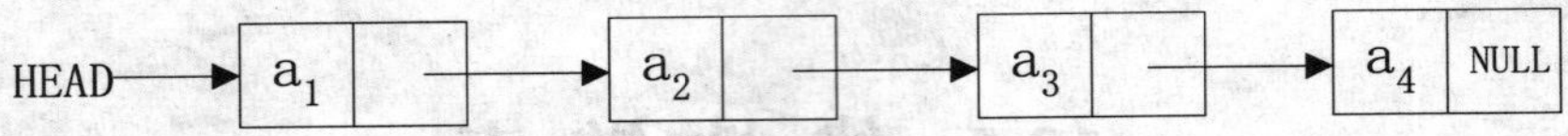

(b) 线性链表的逻辑状态

图 12-13　线性链表示意图

在线性表的链式存储结构中，各数据结点的存储地址一般是不连续的，而且各结点在存储空间中的位置关系与逻辑关系一般也是不一致的。在线性链表中，各数据元素之间的前后件关系是由各结点的指针域来指示的。对于线性链表，可以从头指针，沿着各结点的指针扫描到链表中的所有结点。

前面讨论的线性链表又称为线性单链表。在线性单链表中，每个结点只有一个指针域，由这个指针只能找到后件结点，但不能找到前件结点。因此，在线性单链表中，只能沿着指针向一个方向进行扫描，这对于有些问题是不方便的。为了解决线性单链表的这个缺点，在一些应用中，对线性链表中的每个结点设置两个指针域，一个指向其前件结点，称为前件指针或左指针；另一指向其后件结点，称为后件指针或右指针。这样的线性链表称为双向链表，其逻辑状态如图 12-14所示。

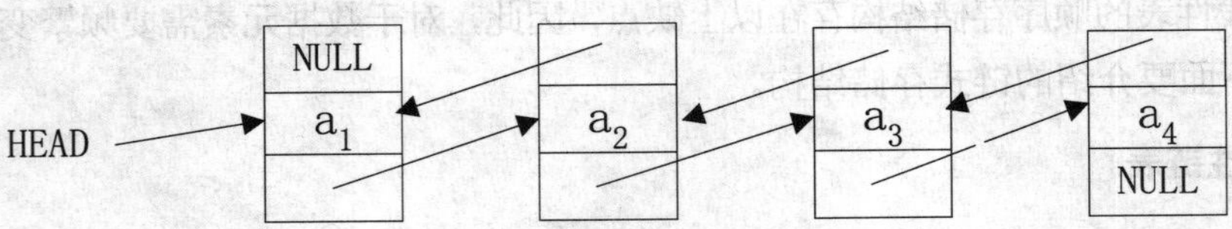

图 12-14　双向链表示意图

2. 带链的栈

与一般的线性表类似，在程序设计时，栈也可以使用链式存储结构。用链式存储结构来存储的栈，称为带链的栈，简称为链栈。如图 12-15 所示的是栈在链式存储时的逻辑状态示意图。

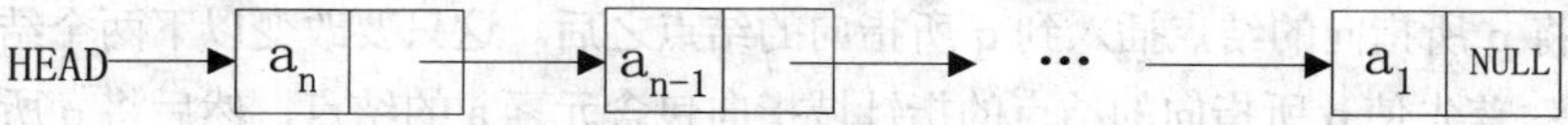

图 12-15　带链的栈

3. 带链的队列

与一般的线性表类似，在程序设计时，队列也可以使用链式存储结构。用链式存储结构来存储的队列，称为带链的队列，简称为链队列。如图 12-16 所示的是队列在链式存储时的逻辑状态示意图。

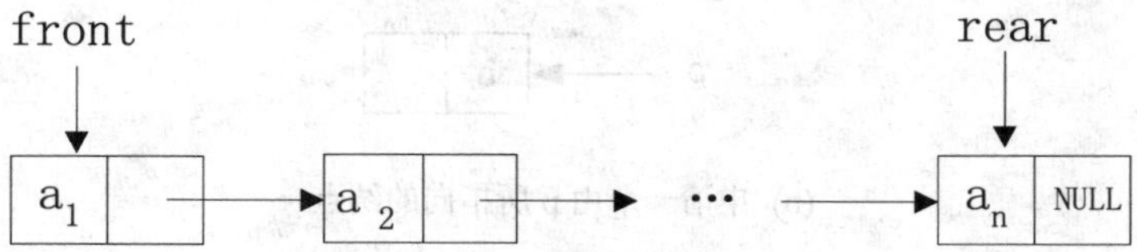

图 12-16　带链的队列

12.5.2　线性链表的基本运算

线性链表的基本运算有：

(1) 在线性链表中插入一个包含新元素的结点。

(2) 在线性链表中删除包含指定元素的结点。

(3) 将两个线性链表合并成一个线性链表。

(4) 将一个线性链表按要求进行分解。

(5) 逆转线性链表。

(6) 复制线性链表。

(7) 线性链表的排序。

(8) 线性链表的查找。

下面主要介绍线性链表的插入与删除两种运算。

1. 线性链表的插入运算

线性链表的插入运算是指在链式存储结构下的线性表中插入一个包含新元素的结点。为了要在线性链表中插入一个包含新元素的结点，首先要给该元素分配一个新结点，以便用于存储该元素的值。一般的程序设计语言都提供了申请新结点的方法。然后将存放新元素值的结点链接到线性链表中指定的位置。下面举例说明。

假设线性链表如图 12-17(a)所示。现在要在线性链表中包含元素 a 的结点之前插入一个包含新元素 b 的结点。其插入过程如下：

(1) 申请一个新结点，并设指针变量 p 指向该结点(即把该结点的存储地址存放在变量 p 中)，并使该结点的数据域为插入的元素值 b，如图 12-17(b)所示。

(2) 在线性链表中查找包含元素 a 的结点的前一个结点，并设指针变量 q 指向该结点，如图 12-17(c)所示。

(3) 将 p 所指向的结点插入到 q 所指向的结点之后。这只要改变以下两个结点的指针域内容既可：首先使 p 所指向的结点的指针域指向包含元素 a 的结点，然后将 q 所指向的结点的指针域指向 p 所指向的结点，如图 12-17(d)所示。

此时插入运算就完成了。

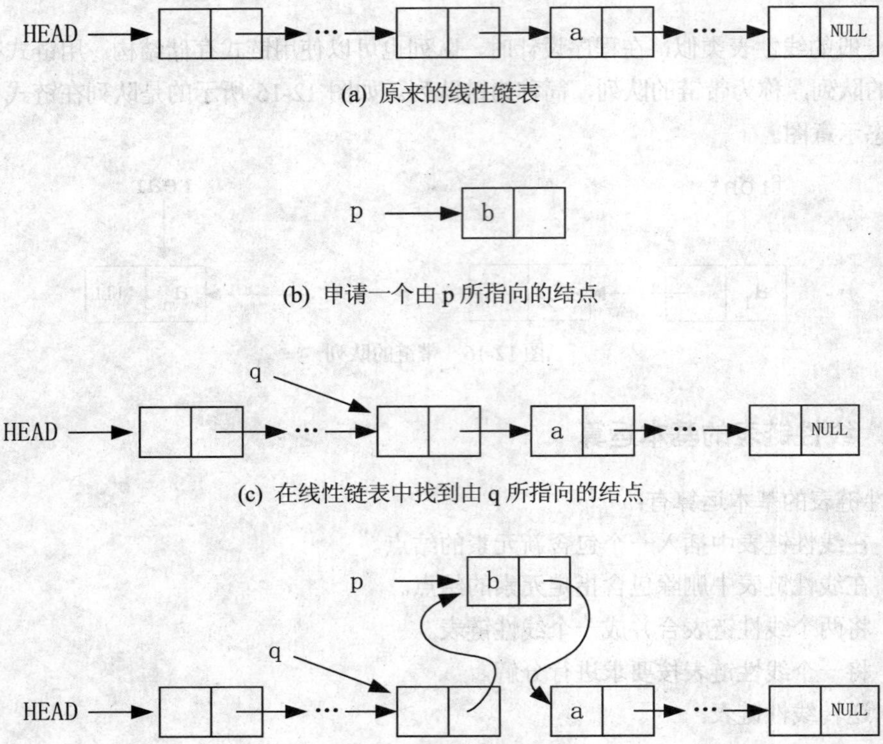

(a) 原来的线性链表

(b) 申请一个由 p 所指向的结点

(c) 在线性链表中找到由 q 所指向的结点

(d) 将新结点插入到指定结点之前

图 12-17　线性链表的插入

由线性链表的插入过程可以看出，在插入过程中不需要移动数据元素，只需要改变有关结点的指针即可，从而提高了插入运算的效率。

2. 线性链表的删除

为了在线性链表中删除包含指定元素的结点，首先要在线性链表中找到这个结点，然后将该结点删除。设线性链表如图 12-18(a)所示。现在要在线性链表中删除包含元素 a 的结点，则删除过程如下：

(1) 在线性链表中找到包含元素 a 的结点，设指针变量 p 指向该结点，并设指针变量 q 指向前一个结点，如图 12-18(b)所示。

(2) 将 p 所指向的结点从线性链表中删除，即让 q 所指向的结点的指针域指向 p 所指向的结点之后的结点，如图 12-18(b)所示。

(3) 将 p 所指向的包含元素 a 的结点释放(一般的程序设计语言都提供了释放结点的方法)。

此时，线性链表的删除运算完成。

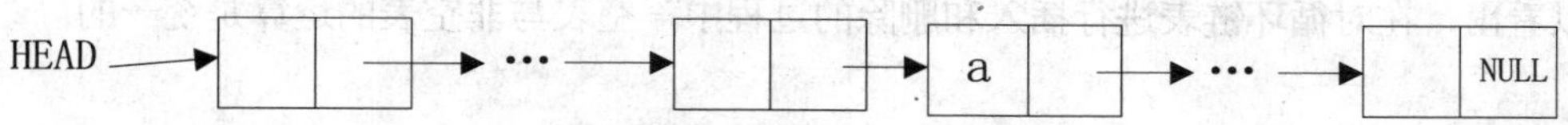

(a) 原来的线性链表

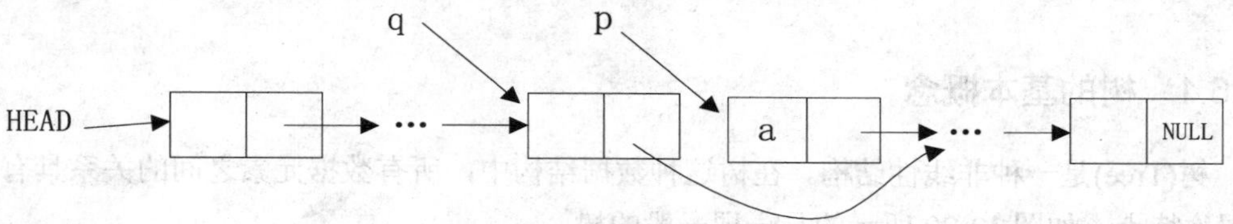

(b) 从线性链表中删除包含 a 的结点

图 12-18　线性链表的删除

由上面的删除过程可以看出，在线性链表中删除包含指定元素的结点后，不需要移动表中的其它结点，只需改变被删除结点的前一个结点的指针域即可。被删除的结点释放后，变成自由空间。

12.5.3　循环链表

循环链表(Circular Linked List)的结构具有下面两个特点：

(1) 在循环链表中增加了一个表头结点。表头结点的数据域为任意或者根据需要来设置，指针域指向线性表的第一个元素的结点。循环链表的头指针指向表头结点。

(2) 循环链表中最后一个结点的指针域不是空的，而是指向表头结点。即在循环链表中，所有结点的指针构成了一个环状链，如图 12-19所示。其中图 12-19(a)是一个非空的循环链表，图 12-19(b)是一个空的循环链表。

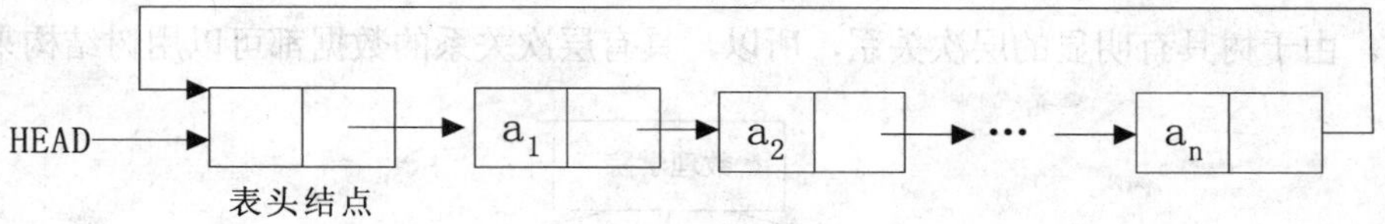

(a) 非空循环链表

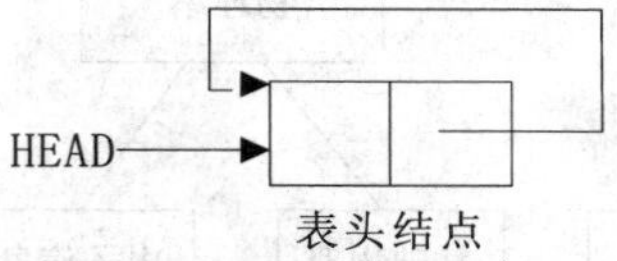

(b) 空循环链表

图 12-19　循环链表的逻辑状态

在循环链表中，从任何一个结点的位置出发，都可以访问到表中其他所有的结点。另外，由于在循环链表中设置了一个表头结点，循环链表中至少有一个结点存在，从而使空表与非空表的运算统一。循环链表的插入和删除的方法与线性单链表基本相同。由循环链表的特点可以看出，在对循环链表进行插入和删除的过程中，空表与非空表的运算是统一的。

12.6　树与二叉树

12.6.1　树的基本概念

树(Tree)是一种非线性结构。在树这种数据结构中，所有数据元素之间的关系具有明显的层次特点。如图 12-20 所示的是一棵一般的树。

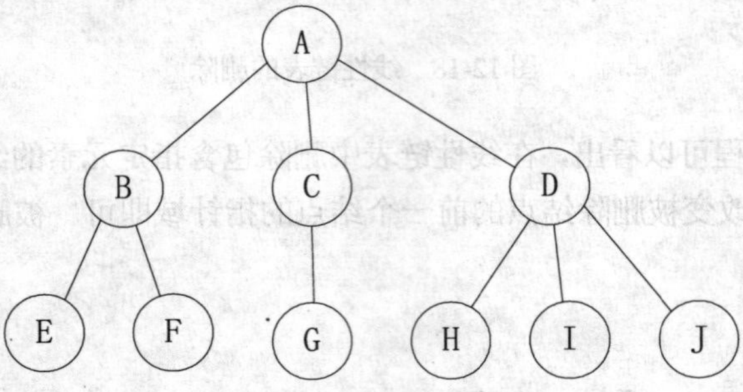

图 12-20　树的结构图

由图 12-20 可以看出，在用图形表示树结构时，很像自然界中的树，只不过是一棵倒立的树，因此，这种数据结构就用“树”来命名。在树的图形表示中规定，在用直线连起来的两端结点中，上端结点是前件，下端结点是后件。这样，在树这种结构中，表示前后件关系的箭头就可以省略。

实际上，能用树结构表示的例子很多。例如，如图 12-21 所示中的树表示了学校行政关系结构。由于树具有明显的层次关系，所以，具有层次关系的数据都可以用树结构来描述。

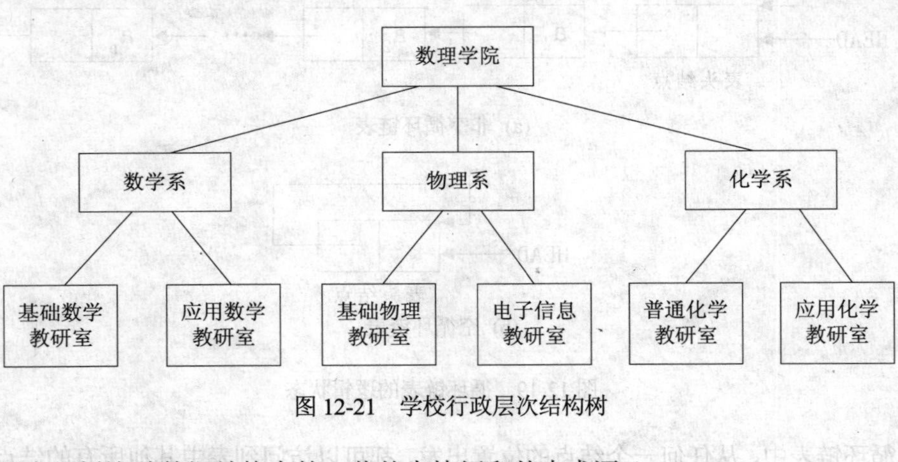

图 12-21　学校行政层次结构树

下面介绍树这种数据结构中的一些基本特征和基本术语。

在树的结构中，没有前件的结点只有一个，称为根结点(简称根)，如在图 12-20中，结点

A 是树的根结点。除根结点外，每个结点只有一个前件，称为该结点的父结点。

在树的结构中，每个结点可以有多个后件，它们都称为该结点的子结点。没有后件的结点称为叶子结点。例如，在图 12-20中，结点 E、F、G、H、I、J 均为叶子结点。

在树的结构中，一个结点所拥有的后件的个数称为该结点的度。例如，在图 12-20中，根结点 A 的度为 3；结点 B 的度为 2；结点 C 的度为 1；叶子结点的度为 0。

在树的结构中，所有结点中的最大的度称为树的度。例如，图 12-20所示的树的度为 3。

由于树结构具有明显的层次关系，即树是一种层次结构，所以在树结构中，按如下原则分层：

根结点在第 1 层。同一层上所有结点的所有子结点都在下一层。例如，在图 12-20中，根结点 A 在第 1 层；结点 B、C、D 在第 2 层；结点 E、F、G、H、I、J 在第 3 层。

树的最大层数称为树的深度。例如，图 12-20所示的树的深度为 3。

在树结构中，以某结点的一个子结点为根构成的树称为该结点的一棵子树。例如，在图 12-20中，根结点 A 有 3 棵子树，它们分别以 B、C、D 为根结点；结点 B 有 2 棵子树，它们分别以 E、F 为根结点。在树结构中，叶子结点没有子树。

12.6.2　二叉树及其基本运算

由于对二叉树的操作算法简单，而且任何树都可以转换为二叉树进行处理，所以二叉树在树结构的实际应用中起着重要的作用。

1. 二叉树的基本概念

二叉树(Binary Tree)是一种非常有用的非线性数据结构。二叉树与前面介绍的树结构不同，但它与树结构很相似，并且，有关树结构的所有术语都可以用到二叉树上。

二叉树的特点如下：

① 非空二叉树只有一个根结点；

② 每个结点最多有两棵子树，且分别称为该结点的左子树与右子树。

如图 12-22 所示的是一棵二叉树，根结点为 A，其左子树包含结点 B、D、G、H，右子树包含结点 C、E、F、I、J。根 A 的左子树又是一棵二叉树，其根结点为 B，有非空的左子树(由结点 D、G、H 组成)和空的右子树。根 A 的右子树也是一棵二叉树，其根结点 C，有非空的左子树(由结点 E、I、J 组成)和右子树(由结点 F 组成)。

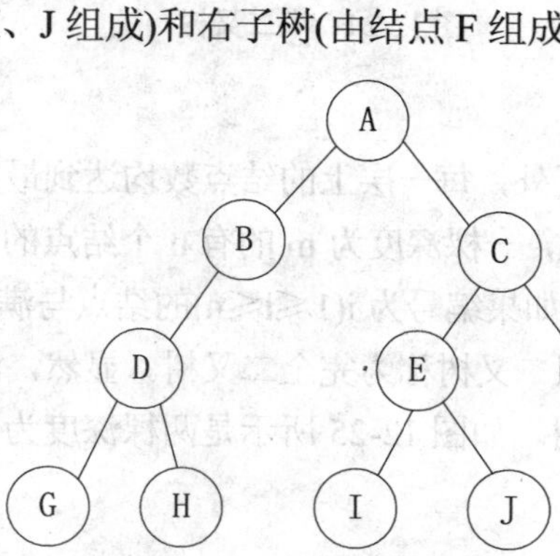

图 12-22　二叉树

在二叉树中，每个结点的度最大为 2，即所有子树(左子树或右子树)也均为二叉树，而树结构中的每一个结点的度可以是任意的。另外，二叉树中的每一个结点的子树要区分为左子树与右子树。例如，如图 12-23 中所示的是 4 棵不同的二叉树，但如果作为树，它们就相同了。

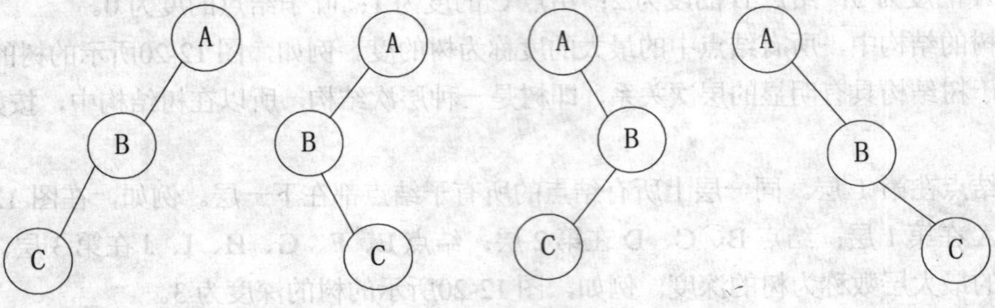

图 12-23　4 颗不同的二叉树

2. 满二叉树与完全二叉树

满二叉树与完全二叉树是两种特殊的二叉树。

(1) 满二叉树

在一棵二叉树中，如果所有分支结点都存在左子树和右子树，并且所有叶子结点都在同一层上，这样的二叉树称为满二叉树。如图 12-24(a)、图 12-24(b)所示的分别是深度为 2、3 的满二叉树。

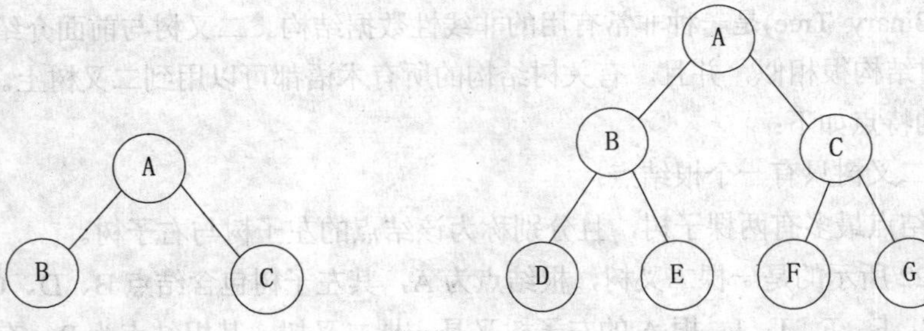

(a) 深度为 2 的满二叉树　　(b) 深度为 3 的满二叉树

图 12-24　满二叉树

(2) 完全二叉树

完全二叉树是指除最后一层外，每一层上的结点数均达到最大值，而在最后一层上只缺少右边的若干结点。更确切地说，一棵深度为 m 的有 n 个结点的二叉树，对树中的结点按从上到下、从左到右的顺序编号，如果编号为 i(1≤i≤n)的结点与满二叉树中的编号为 i 的结点在二叉树中的位置相同，则这棵二叉树称为完全二叉树。显然，满二叉树也是完全二叉树，而完全二叉树不一定是满二叉树。如图 12-25 所示是两棵深度为 3 的完全二叉树。

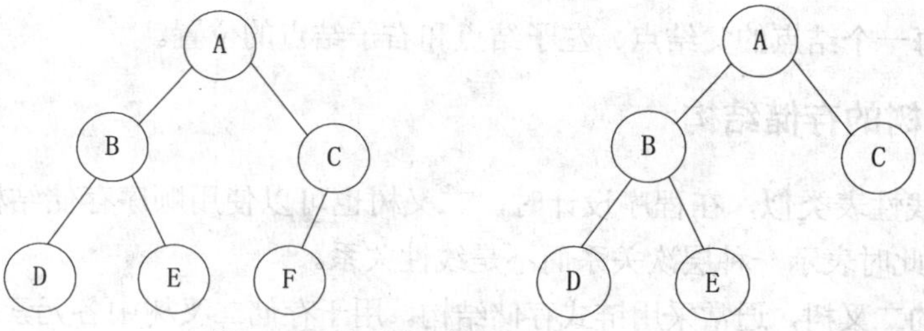

图 12-25　两棵深度为 3 的完全二叉树

3. 二叉树的基本性质

二叉树具有下列重要性质：

性质 1　在二叉树中，第 i 层的结点数最多为 2^{i-1} 个$(i\geqslant 1)$。

根据二叉树的特点，这个性质是显然的。

性质 2　在深度为 k 的二叉树中，结点总数最多为 2^k-1 个$(k\geqslant 1)$。

深度为 k 的二叉树是指二叉树共有 k 层。由性质 1 可知，深度为 k 的二叉树的最大结点数为：

$$2^0+2^1+2^2+\cdots+2^{k-1}=2^k-1$$

性质 3　对任意一棵二叉树，度为 0 的结点(即叶子结点)总是比度为 2 的结点多一个。

这个性质说明如下：

假设二叉树中有 n_0 个叶子结点，n_1 个度为 1 的结点，n_2 个度为 2 的结点，则该二叉树中总的结点数为

$$n=n_0+n_1+n_2 \tag{1}$$

又假设该二叉树中总的分支数目为 m，因为除根结点外，其余结点都有一个分支进入，所以 $m=n-1$。但这些分支是由度为 1 或度为 2 的结点发出的，所以又有 $m=n_1+2n_2$，于是得

$$n=n_1+2n_2+1 \tag{2}$$

由式(1)和(2)可得 $n_0=n_2+1$，即在二叉树中，度为 0 的结点(即叶子结点)总是比度为 2 的结点多一个。

例如，在图 12-22所示的二叉树中，有 5 个叶子结点，有 4 个度为 2 的结点，度为 0 的结点比度为 2 的结点多一个。

性质 4

(1) 具有 n 个结点的二叉树，其深度至少为$[\log_2 n]+1$，其中$[\log_2 n]$表示取 $\log_2 n$ 的整数部分。

(2) 具有 n 个结点的完全二叉树的深度为$[\log_2 n]+1$。

这个性质可以由性质 2 直接得到。

性质 5　如果对一棵有 n 个结点的完全二叉树的结点从 1 到 n 按层序(每一层从左到右)编号，则对任一结点 $i(1\leqslant i\leqslant n)$，有

(1) 如果 $i=1$，则结点 i 是二叉树的根，它没有父结点；如果 $i>1$，则其父结点编号为$[i/2]$。

(2) 如果 $2i>n$，则结点 i 无左子结点(结点 i 为叶子结点)；否则，其左子结点是结点 2i。

(3) 如果 $2i+1>n$，则结点 i 无右子结点；否则，其右子结点是结点 2i+1。

根据完全二叉树的这个性质，如果按从上到下、从左到右顺序存储完全二叉树的各结点，

则很容易确定每一个结点的父结点、左子结点和右子结点的位置。

12.6.3　二叉树的存储结构

与一般的线性表类似，在程序设计时，二叉树也可以使用顺序存储结构和链式存储结构，不同的是此时表示一种层次关系而不是线性关系。

对于一般的二叉树，通常采用链式存储结构。用于存储二叉树中各元素的存储结点由两部分组成：数据域与指针域。在二叉树中，由于每个元素可有两个后件(即两个子结点)，因此，二叉树的存储结点的指针域有两个：一个用于存放该结点的左子结点的存储地址，称为左指针域；另一个用于存放该结点的右子结点的存储地址，称为右指针域。如图 12-26 所示的是二叉树存储结点的示意图。其中，L(i)是结点 i 的左指针域，即 L(i)为结点 i 的左子结点的存储地址；R(i)是结点 i 的右指针域，即 R(i)为结点 i 的右子结点的存储地址；V(i)是数据域。

i	L(i)	V(i)	R(i)

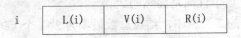

图 12-26　二叉树存储结点的结构

由于在二叉树的存储结构中每个存储结点有两个指针域，因此，二叉树的链式存储结构也称为二叉链表。如图 12-27 所示的是二叉链表的存储示意图。

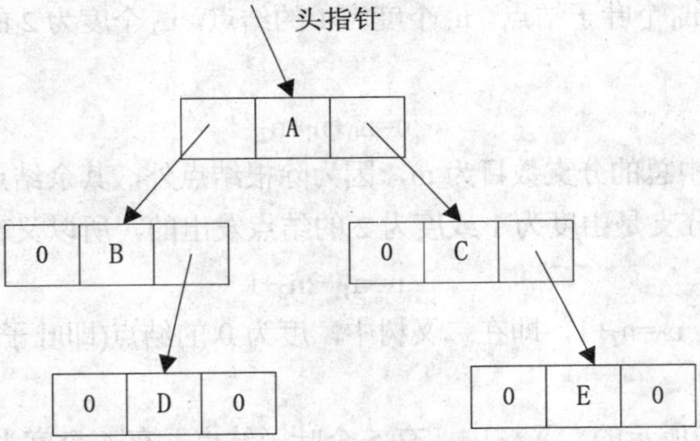

图 12-27　二叉链表存储示意图

对于满二叉树与完全二叉树来说，根据二叉树的性质 5，可按层序进行顺序存储，这样，不仅节省存储空间，又方便确定每个结点的父结点与左右子结点的位置，但顺序存储结构对于一般的二叉树不适用。

12.6.4　二叉树的遍历

在树的应用中，常常要求查找具有某种特征的结点，或者对树中全部结点逐一进行某种处理，因此引入了遍历二叉树。

二叉树的遍历是指按一定的次序访问二叉树中的每一个结点，使每个结点被访问一次且只被访问一次。由于二叉树是一种非线性结构，因此，对二叉树的遍历要比遍历线性表复杂得多。根据二叉树的定义可知，一棵二叉树可看作由 3 部分组成，即根结点、左子树和右子树。在这 3 部分中，究竟先访问哪一部分？也就是说，遍历二叉树的方法实际上是要确定访问各结点的顺序，以便访问到二叉树中的所有结点，且各结点只被访问一次。

在遍历二叉树的过程中，通常规定先遍历左子树，然后再遍历右子树。在先左后右的原则下，根据访问根结点的次序，二叉树的遍历可以分为 3 种：前序遍历、中序遍历、后序遍历。下面分别介绍这三种遍历的方法，并用 D、L、R 分别表示“访问根结点”、“遍历根结点的左子树”和“遍历根结点的右子树”。

1. 前序遍历(DLR)

前序遍历是指首先访问根结点，然后遍历左子树，最后遍历右子树；并且，在遍历左、右子树时，仍然先访问根结点，然后遍历左子树，最后遍历右子树。可以看出，前序遍历二叉树的过程是一个递归的过程。下面给出二叉树前序遍历的过程：

若二叉树为空，则遍历结束。

否则：(1) 访问根结点；

(2) 前序遍历左子树；

(3) 前序遍历右子树。

例如，对如图 12-28 所示的二叉树进行前序遍历，则遍历的结果为 ABDGCEHIF。

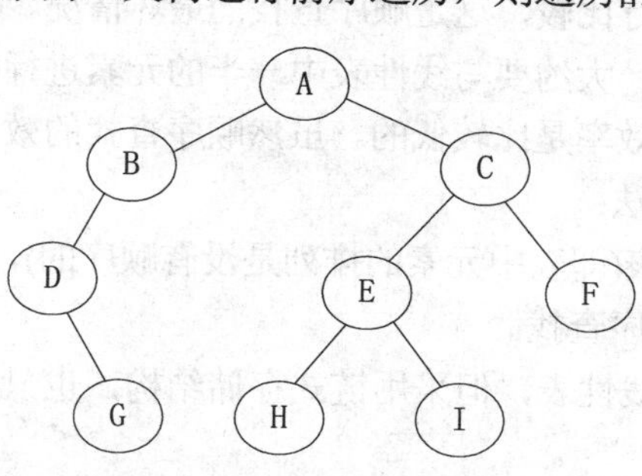

图 12-28　一棵二叉树

2. 中序遍历(LDR)

与前序遍历类似，二叉树中序遍历的过程为：

若二叉树为空，则遍历结束。

否则：(1)中序遍历左子树；

(2)访问根结点；

(3)中序遍历右子树。

例如，对图 12-28中的二叉树进行中序遍历，则遍历结果为 DGBAHEICF。

3. 后序遍历(LRD)

与前序遍历类似，二叉树后序遍历的过程为：

若二叉树为空，则遍历结束。

否则：(1)后序遍历左子树；

(2)后序遍历右子树；

(3)访问根结点。

例如，对图 12-28中的二叉树进行后序遍历，则遍历结果为 GDBHIEFCA。

12.7 查找技术

查找又称为检索，是数据处理领域中的一个重要内容。所谓查找是指在一个给定的数据结构中查找某个指定的元素。根据不同的数据结构，应采用不同的查找方法。这里主要介绍顺序查找和二分查找这两种主要方法。

12.7.1 顺序查找

顺序查找又称为顺序搜索，基本方法是：从线性表的第一个元素开始，依次与被查找元素进行比较，若相等则查找成功；若所有的元素都与被查元素进行了比较，都不相等，则查找失败。

在顺序查找过程中，如果线性表中的第一个元素就是要查找的元素，则只需要做一次比较就查找成功；但如果被查找的元素是线性表中的最后一个元素，或者不在线性表中，则需要与线性表中所有的元素进行比较，这是顺序查找的最坏情况。在平均情况下，用顺序查找法在线性表中查找一个元素，大约要与线性表中一半的元素进行比较。可见，对于比较大的线性表来说，顺序查找法的效率是比较低的。虽然顺序查找的效率不高，但是对于下列两种情况，也只能采用顺序查找法：

(1) 如果线性表是无序表(即表中元素的排列是没有顺序的)，则不管是顺序存储结构还是链式存储结构，都只能用顺序查找。

(2) 如果线性表是有序线性表，但采用链式存储结构，也只能用顺序查找。

12.7.2 二分法查找

二分法查找只适用于顺序存储的有序表，即要求线性表中的元素按元素值的大小排列。假设有序线性表是按元素值递增排列的，并设表的长度为 n，被查元素为 x，则二分法查找过程如下。

将 x 与线性表的中间元素进行比较：

(1) 若中间元素的值等于 x，则查找成功，查找结束。

(2) 若 x 小于中间元素的值，则在线性表的前半部分以相同的方法查找。

(3) 若 x 大于中间元素的值，则在线性表的后半部分以相同的方法查找。

(4) 重复以上过程，直到查找成功；或直到子表长度为 0，此时查找失败。

可以看出，当有序的线性表为顺序存储时才能采用二分查找。可以证明，对于长度为 n 的有序线性表，在最坏情况下，二分查找只需要比较 $\log_2 n$ 次，顺序查找需要比较 n 次。可见，二分查找的效率要比顺序查找高得多。

12.8 排序技术

排序是指将一个无序的序列整理成有序的序列。排序的方法有很多，下面主要介绍三类常用的排序方法：交换类排序法、插入类排序法和选择类排序法。

12.8.1　交换类排序法

交换类排序法是指借助数据元素之间的互相交换进行排序的一种方法。冒泡排序法与快速排序法都属于交换类的排序方法。

1. 冒泡排序法

冒泡排序法是一种最简单的交换类排序方法，它是通过相邻数据元素的交换逐步将线性表变成有序的。冒泡排序法的操作过程如下：

首先，从表头开始往后扫描线性表，在扫描过程中依次比较相邻两元素的大小，若前面的元素大于后面的元素，则将它们互换，称之为消去了一个逆序。显然，在扫描过程中，不断地将两相邻元素中的大者往后移动，最后就将线性表中的最大者换到了表的最后，如图 12-29(a)所示，图中有下划线的元素表示要比较的元素。可以看出，若线性表有 n 个元素，则第 1 趟排序要比较 n-1 次。

经过第 1 趟排序后，最后一个元素就是最大者。对除了最后一个元素剩下的 n-1 个元素构成的线性表进行第二趟排序，以此类推，直到剩下的元素为空或者在扫描过程中没有交换任何元素，此时，线性表变为有序，如图 12-29(b)所示。图中由方括号括起来的部分表示已排成有序的部分。可以看出，若线性表有 n 个元素，则最多要进行 n-1 趟排序。在图 12-29 所示的例子中，在进行了第 4 趟排序后，线性表已排成有序。

原序列	$\underline{6}$	$\underline{2}$	8	1	3	1	7
第 1 次比较	2	$\underline{6}$	$\underline{8}$	1	3	1	7
第 2 次比较	2	6	$\underline{8}$	$\underline{1}$	3	1	7
第 3 次比较	2	6	1	$\underline{8}$	$\underline{3}$	1	7
第 4 次比较	2	6	1	3	$\underline{8}$	$\underline{1}$	7
第 5 次比较	2	6	1	3	1	$\underline{8}$	$\underline{7}$
第 6 次比较	2	6	1	3	1	7	8

(a) 第 1 趟排序

原序列	6	2	8	1	3	1	7
第 1 趟排序	2	6	1	3	1	7	[8]
第 2 趟排序	2	1	3	1	6	[7	8]
第 3 趟排序	1	2	1	3	[6	7	8]
第 4 趟排序	1	1	2	[3	6	7	8]
第 5 趟排序	1	1	[2	3	6	7	8]
第 6 趟排序	1	[1	2	3	6	7	8]
排序结果	1	1	2	3	6	7	8

(b) 各趟排序

图 12-29　冒泡排序示意图

从冒泡排序法的操作过程可以看出，对长度为 n 的线性表，在最坏的情况下需要进行(n-1)+(n-2)+…+2+1=n(n-1)/2 次比较。

2. 快速排序法

快速排序法是对冒泡排序法的改进，又叫作分区交换排序法。我们知道，在冒泡排序法中，由于在扫描过程中只对相邻两个元素进行比较，因此，在互换两个相邻元素时只能消除一个逆序。如果通过两个(不是相邻的)元素的交换，能够消除线性表中的多个逆序，这样就会大大提高排序的速度。下面介绍的快速排序法可以实现通过一次交换而消除多个逆序。快速排序法的基本思想如下：

从线性表中任意选取一个元素(通常选第一个元素)，设为 T，将线性表中小于 T 的元素移到 T 的前面，而大于 T 的元素移到 T 的后面，结果就将线性表分成了两部分(称为两个子表)，T 处于分界线的位置，这个过程称为线性表的分割。操作步骤如下：

(1) 设两个指针 i 和 j 分别指向线性表的第一个元素和最后一个元素，即 P(i)表示第一个元素，P(j)表示最后一个元素，并将第一个元素保存在 T 中。

(2) 用 T 与 j 指向的元素比较，若 T≤P(j)，则让 j 指向前一个元素，再比较；否则将 P(j)和 P(i)互换位置。

(3) 用 T 与 i 指向的元素比较，若 T≥P(i)，则让 i 指向后一个元素，再比较；否则将 P(j)和 P(i)互换位置。

(4) 反复进行(2)和(3)两步操作，直到 i 和 j 指向同一个元素，即 i=j 时，分割结束。i 所指向的元素就是 T 应该放置的位置。

如果对分割后的各子表再按上述原则进行分割，并且，这种分割过程可以一直做下去，直到所有子表的长度为 1 为止，此时的线性表就变成了有序表。

下面举例说明快速排序法。设线性表为(33，18，22，88，38，14，55，13，47)，若选第一个元素 33 为 T，则第一次排序过程如图 12-30(a)所示。对线性表进行完一次快速排序后，用同样的方法对分割后的子表进行快速排序，直到各个子表的长度为 1 为止。排序过程如图 12-30(b)所示。

原序列	**33**	18	22	88	38	14	55	43	25
	i								j
第 1 次交换后	25	18	22	88	38	14	55	43	**33**
				i					j
第 2 次交换后	25	18	22	**33**	38	14	55	43	88
				i		j			
第 3 次交换后	25	18	22	14	38	**33**	55	43	88
					i	j			
第 4 次交换后	25	18	22	14	**33**	38	55	43	88
					i j				
完成一趟排序	[25	18	22	14]	**33**	[38	55	43	88]

(a) 一次快速排序

图 12-30　快速排序示意图

原序列	33	18	22	88	38	14	55	43	25
一次快速排序后	[25	18	22	14]	33	[38	55	43	88]
子表分别排序	[14	18	22]	25	38	[55	43	88]	
	14	[18	22]			[43]	55	[88]	
		18	[22]						
最后排序结果	14	18	22	25	33	38	43	55	88

(b) 快速排序全过程

图 12-31 (续)

在快速排序过程中，随着对各子表不断地进行分割，划分出的子表会越来越多，但一次又只能对一个子表进行再分割处理，需要将暂时不分割的子表记忆起来，这就要用一个栈来实现。在最坏情况下，快速排序法在长度为 n 的线性表中需要进行 n(n-1)/2 次比较。在实际应用中，快速排序法比冒泡排序法效率高；但不稳定，适用于数据大小分布较均匀的序列。

12.8.2 插入类排序法

冒泡排序法与快速排序法本质上都是通过数据元素的交换来逐步消除线性表中的逆序。下面讨论另一类排序的方法，即插入类排序法。

1. 简单插入排序法

简单插入排序法(又称直接插入排序法)是指将元素依次插入到已经有序的线性表中。

简单插入排序过程为：假设线性表中前 i-1 个元素已经有序，首先将第 i 个元素放到一个变量 T 中，然后从第 i-1 个元素开始，往前逐个与 T 进行比较，将大于 T 的元素均依次向后移动一个位置，直到发现一个元素不大于 T 为止，此时就将 T 插入到刚移出的空位置上，有序子表的长度就变为 i 了。

在实际应用中，先将线性表中第 1 个元素看成是一个有序表，然后从第 2 个元素开始逐个进行插入。如图 12-31 所示的是插入排序的示意图。图中方括号[ ]中为已排序的元素。

原序列	[33]	18	21	89	40	16
第 1 趟排序	[18	33]	21	89	40	16
第 2 趟排序	[18	21	33]	89	40	16
第 3 趟排序	[18	21	33	89]	40	16
第 4 趟排序	[18	21	33	40	89]	16
第 5 趟排序	[16	18	21	33	40	89]

图 12-32 简单插入排序示意图

在简单插入排序法中，每一次比较后最多移掉一个逆序，因此，这种排序方法的效率与冒泡排序法相同。在最坏情况下，简单插入排序法需要比较的次数为 n(n-1)/2。

2. 希尔排序法

希尔排序法(Shell Sort)又称缩小增量排序法，它对简单插入排序做了较大的改进。希尔排序法的基本思想是：将整个无序序列分割成若干小的子序列分别进行简单插入排序。

子序列的分割方法如下：

使相隔某个增量 h 的元素构成一个子序列。在排序过程中，逐次减小这个增量，最后当 h 减到 1 时，进行一次简单插入排序，排序就完成。

增量序列一般取 $h_k=n/2^k$ (k=l，2，…，$[\log_2 n]$)，其中 n 为待排序序列的长度，$[\log_2 n]$为不超过 $\log_2 n$ 的最大整数。

如图 12-32 所示的是希尔排序法的示意图。

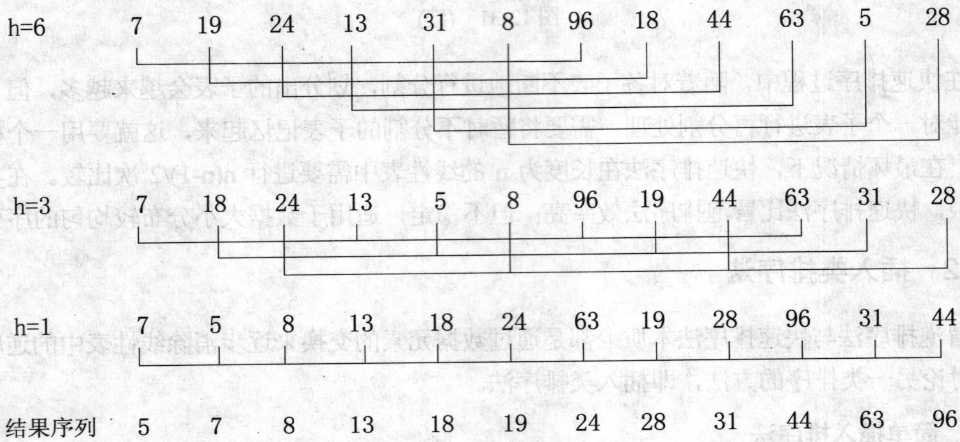

图 12-32　希尔排序法的示意图

从希尔排序过程中可以看出，虽然对于每一个子表所用的排序法仍是简单插入排序，但在子表中每进行一次比较就有可能移去整个线性表中的多个逆序，从而改进了整个排序过程的效果。希尔排序的效率与所选取的增量序列有关。如果选取上述增量序列，则在最坏的情况下，希尔排序法所需要的比较次数为 $O(n^{1.5})$。

12.8.3　选择类排序法

这里主要介绍简单选择排序法和堆排序法这两种主要方法。

1. 简单选择排序法

简单选择排序法也叫直接选择排序法，其排序过程如下：

扫描整个线性表，从中选出最小的元素，将它与表中第一个元素交换；然后对剩下的子表采用同样的方法，直到子表只有一个元素为止。对于长度为 n 的序列，简单选择排序需要扫描 n-1 遍，每一遍扫描均从剩下的子表中选出最小的元素，然后将该最小的元素与子表中的第一个元素交换。如图 12-33 所示的是这种排序法的示意图，图中方括号[ ]中为已排序的元素，有下划线的元素是表示要交换位置的元素。

原序列	33	18	21	89	19	16
第 1 遍选择	[16]	18	21	89	19	33
第 2 遍选择	[16	18]	21	89	19	33
第 3 遍选择	[16	18	19]	89	21	33
第 4 遍选择	[16	18	19	21]	89	33
第 5 遍选择	[16	18	19	21	33]	89

图 12-33　简单选择排序法示意图

简单选择排序法在最坏情况下需要比较 n(n-1)/2 次。

2. 堆排序法

堆排序法是在简单排序法的基础上借助于完全二叉树结构而形成的一种排序方法，属于选择类的排序方法。

首先介绍堆的定义：具有 n 个元素的序列(h_1，h_2，…，h_n)，当且仅当满足

$$\begin{cases} h_i \geq h_{2i} \\ h_i \geq h_{2i+1} \end{cases} \quad 或 \quad \begin{cases} h_i \leq h_{2i} \\ h_i \leq h_{2i+1} \end{cases}$$

(i=1，2，…，n/2) 时称之为堆。为了方便，称满足前者条件的堆为大根堆，而称满足后面条件的堆为小根堆。下面只讨论大根堆。由堆的定义可以看出，堆顶元素(即第一个元素)必为最大项。

例如，序列(98，82，54，35，46，29，21)是一个堆，它所对应的完全二叉树如图 12-34 所示。

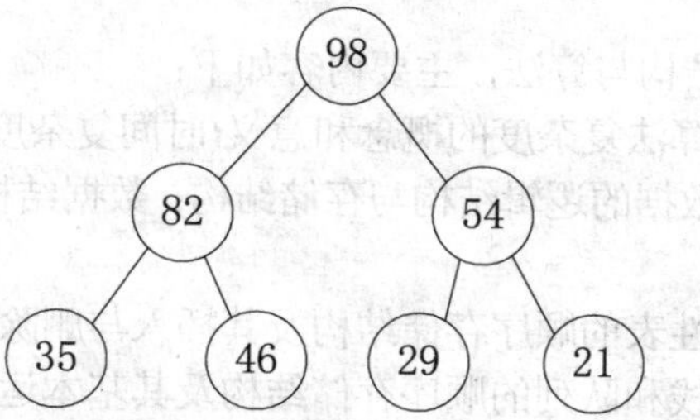

图 12-34　堆顶元素为最大的堆

关于调整建堆方法，举例说明如下：假设图 12-35(a)是一棵完全二叉树。在这棵二叉树中，根结点 46 的左、右子树都是堆。现在为了将整个子树调整为堆，首先将根结点 46 与其左、右子树的根结点值进行比较，根据堆的定义，应将元素 46 与 89 交换，如图 12-35(b)所示。经过这一次交换后，破坏了原来左子树的堆结构，需要对左子树再进行调整，将元素 75 与 46 进行交换，调整后的结果如图 12-35(c)所示。

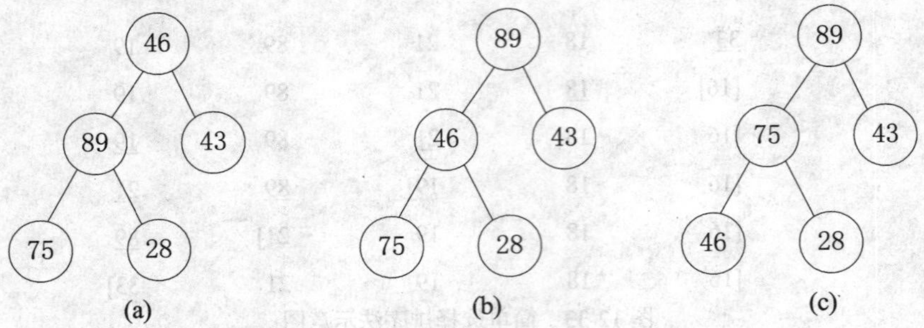

图 12-35　调整建堆示意图

在调整建堆的过程中，总是将根结点值与左、右子树的根结点值进行比较，若不满足堆的定义，则将左、右子树根结点值中的大者与根结点值交换。这个调整过程一直做到所有子树都是堆为止。

下面给出堆排序的方法：

(1) 首先将一个具有 n 个元素的无序序列建成堆。

(2) 然后将堆顶元素与堆中最后一个元素交换。不考虑已换到最后的那个元素，只考虑前面元 n-1 个素构成的子序列，但该子序列已不是堆，而左、右子树仍是堆，可以将该子序列调整为堆。反复进行第(2)步，直到剩下的子序列为空为止。

在实际应用中，堆排序法对于小的线性表不是很有效的，但对于大的线性表是很有效的。堆排序在最坏的情况下需要比较的次数为 $O(n\log_2 n)$。

12.9　小　　结

本章概要介绍了数据结构与算法，主要内容如下：

1. 算法的基本概念；算法复杂度的概念和意义(时间复杂度与空间复杂度)。
2. 数据结构的定义；数据的逻辑结构与存储结构；数据结构的图形表示；线性结构与非线性结构。
3. 线性表的定义；线性表的顺序存储结构及其插入与删除运算。
4. 栈和队列的定义；栈和队列的顺序存储结构及其基本运算。
5. 线性单链表、双向链表与循环链表的结构及其基本运算。
6. 树的基本概念；二叉树的定义及其存储结构；二叉树的前序、中序和后序遍历。
7. 顺序查找与二分法查找算法；基本排序算法(交换类排序，选择类排序，插入类排序)。

12.10　习　　题

一、选择题

1. 算法具有 5 个特性，以下选项中不属于算法特性的是(　　)。

　　A) 有穷性　　B) 简洁性　　C) 可行性　　D)确定性

2. 算法的时间复杂度是指(　　)。
   A) 执行算法程序所需要的时间
   B) 算法程序的长度
   C) 算法执行过程中所需要的基本运算次数
   D) 算法程序中的指令条数

3. 算法的空间复杂度是指(　　)。
   A) 算法程序的长度
   B) 算法程序中的指令条数
   C) 算法程序所占的存储空间
   D) 算法执行过程中所需要的存储空间

4. 数据的存储结构是指(　　)。
   A) 数据所占的存储空间量　　B) 数据的逻辑结构在计算机中的表示
   C) 数据在计算机中的顺序存储方式　　D) 存储在外存中的数据

5. 下列对于线性表的描述中正确的是(　　)。
   A) 存储空间不一定是连续，且各元素的存储顺序是任意的
   B) 存储空间不一定是连续，且前件元素一定存储在后件元素的前面
   C) 存储空间必须连续，且各前件元素一定存储在后件元素的前面
   D) 存储空间必须连续，且各元素的存储顺序是任意的

6. 下列关于栈的叙述中正确的是(　　)。
   A) 在栈中只能插入数据　　B)在栈中只能删除数据
   C) 栈是先进先出的线性表　　D)栈是先进后出的线性表

7. 下列关于栈的描述中错误的是(　　)。
   A) 栈是先进后出的先性表
   B) B) 栈只能顺序存储
   C) 栈具有记忆作用
   D) 对栈的插入和删除操作中，不需要改变栈底指针

8. 下列关于队列的叙述中正确的是(　　)。
   A) 在队列中只能插入数据　　B) 在队列中只能删除数据
   C) 队列是先进先出的线性表　　D) 队列是先进后出的线性表

9. 下列叙述中正确的是(　　)。
   A) 线性表是线性结构　　B) 栈与队列是非线性结构
   C) 线性链表是非线性结构　　D) 二叉树是线性结构

10. 下列数据结构具有记忆功能的是(　　)。
   A) 队列　　B) 循环队列　　C) 栈　　D) 顺序表

11. 递归算法一般需要利用(　　)实现。
   A) 栈　　B) 队列　　C) 循环链表　　D) 双向链表

12. 下列叙述中正确的是(　　)。

A) 线性链表中的各元素在存储空间中的位置必须是连续的

B) 线性链表中的表头元素一定存储在其他算数的前面

C) 线性链表中的各元素在存储空间中的位置不一定是连续的，但表头元素一定存储在其他元素的前面

D) 线性链表中的各元素在存储空间中的位置不一定是连续的，且各元素的存储顺序也是任意的

13. 设有下列二叉树：

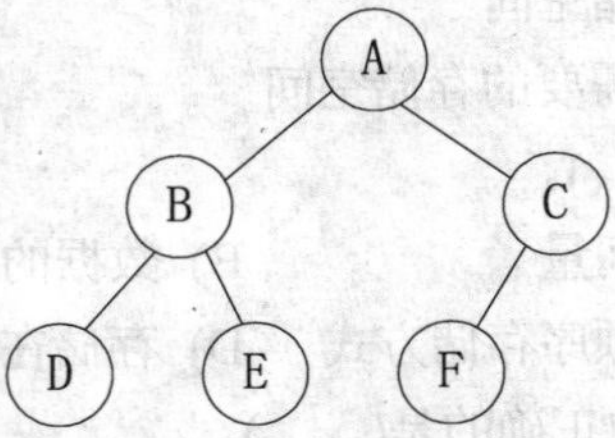

对此二叉树中序遍历的结果为(　　)。

A) ABCDEF　B) DBEAFC　C) ABDECF　D) DEBFCA

14. 在深度为 5 的满二叉树中，叶子结点的个数为(　　)。

A) 32　B) 31　C) 16　D) 15

15. 设一棵二叉树中有 3 个叶子结点，有 8 个度为 1 的结点，则该二叉树中总的结点数为(　　)。

A) 12　B) 13　C) 14　D) 15

16. 对长度为 n 的线性表进行顺序查找，在最坏情况下所需要的比较次数为(　　)。

A) n+l　B) n　C) (n+1)/2　D) n/2

17. 在长度为 n 的有序线性表中进行二分法查找，需要的比较次数为(　　)。

A) $\log_2 n$　B) $n\log_2 n$　C) n/2　D) (n+1)/2

18. 对于长度为 N 的线性表，在最坏的情况下，下列各排序法所对应的比较次数中正确的是(　　)。

A) 冒泡排序为 N/2　B) 冒泡排序为 N

C) 快速排序为 N　D) 快速排序为 N(N-1)/2

19. 在最坏的情况下，下列排序方法中时间复杂度最小的是(　　)。

A) 冒泡排序　B) 快速排序　C) 插入排序　D) 堆排序

三、填空题

1. 问题处理方案的正确而完整的描述称为________。

2. 数据结构是指相互有关联的__________的集合。

3. 在计算机中存放线性表，一种最简单的方法是_________。

4. 栈的基本运算有 3 种：入栈、退栈和__________。

5. 在一个容量为15的循环队列中，若头指针front=6，尾指针rear=9，则该循环队列中共有__________个元素。

6. 设一棵二叉树中度为2的结点有18个，则该二叉树中有______个叶子结点。

7. 设一棵完全二叉树共有22个结点，则在该二叉树中有________个叶子结点。

8. 在长度为n的有序线性表中进行二分查找，需要的比较次数为__________。

9. 在最坏情况下，冒泡排序的时间复杂度为__________。

第13章　软件工程基础

软件工程(Software Engineering，SE)是应用计算机科学、数学及管理科学等原理，开发软件的工程。软件工程借鉴传统工程的原则、方法，以提高质量、降低成本。

13.1　软件工程的基本概念

13.1.1　软件及其特点

计算机系统由硬件和软件两部分组成。计算机软件是包括程序、数据及其相关文档资料的完整集合。其中，程序是软件开发人员根据用户需求开发的、用程序设计语言描述的、适合计算机执行的指令(语句)序列。数据是使程序能够正常操纵信息的数据结构。文档是与程序开发、维护和使用的图文资料。由此可见，软件由两部分组成：一是机器可执行的程序和数据；二是机器不可执行的，与软件开发、运行、维护和使用有关的文档。

软件与硬件不同，它有以下特点：

(1) 软件是一种逻辑实体，而不是物理实体，具有抽象性。这使得软件与其他工程对象有着明显的差异。可以将软件记录在纸上或其他存储介质上，但却无法看到软件本身的形态，必须通过观察、分析、思考、判断，才能了解它的功能、性能等。

(2) 软件的生产没有明显的制作过程。在软件研制开发成功之后，可以大量拷贝同一内容的副本。所以对软件的质量控制，必须着重在软件开发方面下功夫。

(3) 软件在运行、使用期间不存在磨损、老化问题，但为了适应硬件、环境以及需求的变化要进行修改，而这些修改又会不可避免的引入错误，导致软件失效率升高，从而使得软件退化。

(4) 软件的开发、运行对计算机系统具有依赖性，受计算机系统的限制，这导致了软件移植的问题。

(5) 软件复杂性高，成本昂贵。软件是人类有史以来生产的复杂度最高的工业产品。软件涉及人类社会的各行各业、方方面面，软件开发常常涉及其他领域的专门知识。软件开发需要投入大量、高强度的脑力劳动，这其中蕴含着成本高，风险大的问题。

(6) 软件开发涉及诸多的社会因素。许多软件的开发和运行涉及软件用户的机构设置，体制问题以及管理方式等，甚至涉及到人们的观念和心理因素，软件知识产权及法律等诸多的问题。

软件根据应用目标的不同，是多种多样的。软件按功能可以分为：应用软件、系统软件、支撑软件(或工具软件)。

应用软件是为解决特定领域的应用而开发的软件。例如，事务处理软件，工程与科学计算软件，实时处理软件，嵌入式软件以及人工智能软件等各种应用性质不同的软件。

系统软件是计算机管理自身资源，提高计算机使用效率并为计算机用户提供各种服务的软件。例如，操作系统，编译程序，汇编程序，网络软件，数据库管理系统等。

支撑软件是介于系统软件和应用软件之间、协助用户开发软件的工具性软件。例如，需求分析工具软件，设计工具软件，编码工具软件，测试工具软件，维护工具软件等。

13.1.2　软件危机与软件工程

1. 软件危机

“软件危机”这个词在 20 世纪 60 年代末以后频繁出现。所谓软件危机是泛指在计算机软件的开发和维护过程中所遇到的一系列严重问题。

随着计算机技术的发展和计算机应用范围的扩大，计算机硬件的性价比和质量稳步提高，软件规模越来越大，复杂程度不断增加，软件成本逐年上升，质量没有可靠的保证，软件已成为计算机科学发展的“瓶颈”。

具体地说，在软件开发和维护过程中，软件危机主要表现在：

(1) 软件需求的增长得不到满足。用户对系统不满意的情况经常发生。

(2) 软件开发成本和进度无法控制。

(3) 软件质量难以保证。

(4) 软件不可维护或维护程度非常低。

(5) 软件的成本不断提高。

(6) 软件开发生产率的提高赶不上硬件的发展和应用需求的增长。

在软件开发和维护过程中，之所以存在这些严重的问题，一方面与软件本身的特点有关。例如，在软件运行前，软件开发过程的进展难以衡量，质量难以评价，因此管理和控制软件开发过程相当困难；

在软件运行过程中，软件维护意味着改正或修改原来的设计。另外，软件的显著特点是规模庞大，在开发大型软件时，要保证高质量，极端复杂困难，不仅涉及技术问题(如分析方法、设计方法、版本控制)，更重要的是必须有严格而科学的管理。

2. 软件工程

为了消除软件危机，通过认真研究解决软件危机的方法，认识到软件工程是使计算机软件走向工程科学的途径，逐步形成了软件工程的概念，开辟了工程学的新领域——软件工程学。软件工程就是试图用工程、科学和数学的原理与方法研制、维护计算机软件的有关技术及管理方法。

关于软件工程的定义，国标(GB)中指出，软件工程是应用于计算机软件的定义、开发和维护的一整套方法、工具、文档、实践标准和工序。

1968 年在北大西洋公约组织会议(NATO 会议)上，讨论摆脱软件危机的办法，软件工程(Software Engineering)作为一个概念首次被提出，这在软件技术发展史上是一件大事。在会议上，德国人 Fritz Bauer 认为：“软件工程是建立并使用完善的工程化原则，以较经济的手段获得能在实际机器上有效运行的可靠软件的一系列方法”。

1993 年，IEEE(Institute Of Electrical & Electronic Engineers，电气和电子工程师学会)给出了一个更加综合的定义：“将系统化的、规范的、可度量的方法应用于软件的开发、运行和维护的过程，即将工程化应用于软件中”。

这些主要思想都是强调在软件开发过程中需要应用工程化原则。

软件工程包括 3 个要素，即方法、工具和过程。方法是完成软件工程项目的技术手段；工具支持软件的开发、管理、文档生成；过程支持软件开发的各个环节的控制、管理。

软件工程的核心思想是把软件产品作为是一个工程产品来处理。把需求计划、可行性研究、工程审核、质量监督等工程化的概念引入到软件生产当中，以期达到工程项目的三个基本要素：进度、经费和质量的目标。同时软件工程也注重研究不同于其他工业产品生产的一些特性，并针对软件的特点提出了许多有别于一般工业技术的一些技术方法。

从经济学意义上说，软件庞大的维护费用远比软件开发费用高，因此开发软件不能只考虑开发期间的费用，而应考虑软件生命周期内的全部费用。

13.1.3　软件工程过程与软件生命周期

1. 软件工程过程(Software Engineering Process)

软件工程过程包括以下两方面的内涵。

(1) 软件工程过程是为获得软件产品，在软件工具的支持下由软件人员完成的一系列软件工程活动。从这个方面来说，软件工程过程通常包含以下 4 种基本活动。

① 软件规格说明：规定软件的功能及其运行的限制；

② 软件开发：产生满足规格说明的软件；

③ 软件确认：确认软件能够完成客户提出的要求；

④ 软件演进：为满足客户的变更要求，软件必须在使用的过程中演进。

(2) 从软件开发的观点看，软件工程过程就是使用适当的资源(包括人员、软硬件工具、时间等)为开发软件进行的一组开发活动，在过程结束时将输入(用户要求)转化为输出(软件产品)。

所以，软件工程的过程是将软件工程的方法和工具综合起来，以达到合理、及时地进行计算机软件开发的目的。

2. 软件的生命周期(Software Life Cycle)

通常，将软件产品提出、实现、使用维护到停止使用退役的过程称为软件的生命周期。

可以将软件生命周期分为如图 13-1 所示的软件定义、软件开发及软件运行维护 3 个阶段。

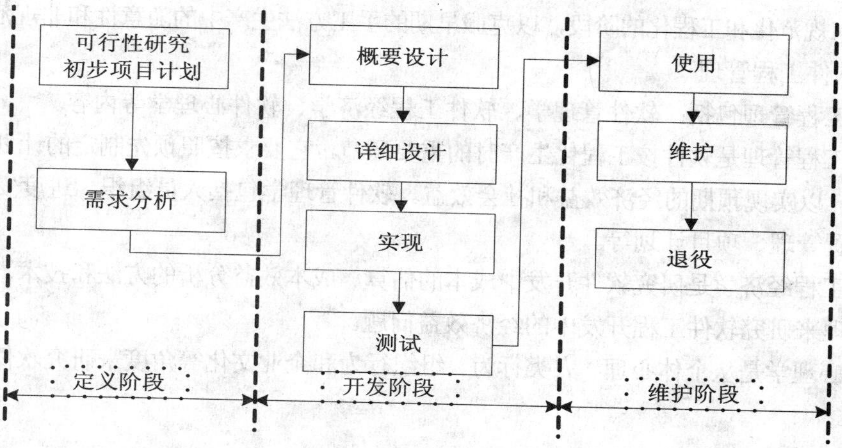

图 13-1　软件生命周期

图 13-1 所示的软件生命周期的主要活动阶段如下：

(1) 可行性研究与计划制定。确定待开发软件系统的开发目标和总的要求，给出它的功能、性能、可靠性以及接口等方面的可能方案，制定完成开发任务的实施计划。

(2) 需求分析。对待开发软件提出的需求进行分析并给出详细定义。编写软件规格说明书及初步的用户手册，提交评审。

(3) 软件设计。系统设计人员和程序设计人员应该在反复理解软件需求的基础上，给出软件的结构、模块的划分、功能的分配以及处理流程。如果系统比较复杂，则可将设计阶段分为概要设计和详细设计两个阶段。

(4) 软件实现。把软件设计转换成计算机可以接受的程序代码。

(5) 软件测试。在设计测试用例的基础上，检验软件的各个组成部分。

(6) 运行和维护。将已交付的软件投入运行，并在运行使用中不断地维护，根据新提出的需求进行必要而且可能的扩充和删改。

13.1.4　软件工程的目标与原则

1. 软件工程的目标

软件工程的目标是，在给定成本与进度的前提下，开发出满足用户需求且其有效性、可靠性、可理解性、可维护性、可重用性、可适应性、可移植性、可追踪性和可互操作性较好的产品。

软件工程需要达到的基本目标应是：付出较低的开发成本；达到要求的软件功能；取得较好的软件性能；开发的软件易于移植；需要较低的维护费用；能按时完成开发，及时交付使用。

为了达到软件工程的目标，软件工程研究的内容主要包括：软件开发技术和软件工程管理。

(1) 软件开发技术

软件开发技术包括：软件开发方法学、软件开发过程、软件开发工具和软件工程环境，其主体内容是软件开发方法学。软件开发方法学是根据不同的软件类型，按不同的观点和原则，对软件开发中应遵循的策略、原则、步骤和必须产生的文档资料都做出规定，从而使软件的开发能够进入规范化和工程化的阶段，以克服早期的手工方法生产中的随意性和非规范性做法。

(2) 软件工程管理

软件工程管理包括：软件管理学、软件工程经济学、软件心理学等内容。

软件工程管理是软件按工程化生产时的重要环节，它要求按照预先制定的计划、进度和预算执行，以实现预期的经济效益和社会效益。软件管理学包括人员组织、进度安排、质量保证、配置管理、项目计划等。

软件工程经济学是研究软件开发中成本的估算、成本效益分析的方法和技术，用经济学的基本原理来研究软件工程开发中的经济效益问题。

软件心理学是从个体心理、人类行为、组织行为和企业文化等角度来研究软件管理和软件工程的。

2. 软件工程的原则

为了达到上述的软件工程目标，在软件开发过程中，必须遵循软件工程的基本原则。这些基本原则包括抽象、信息隐蔽、模块化、局部化、确定性、一致性、完备性和可验证性。

(1) 抽象。抽取事物最基本的特性和行为，忽略非本质细节。在实施过程中，采用分层次抽象，自顶向下，逐层细化的方法来化解软件开发过程的复杂性。

(2) 信息隐蔽。用封装技术，将程序模块的实现细节隐藏起来，并提供尽可能简单的模块接口，以便于和其他模块连接在一起。

(3) 模块化。模块是程序中相对独立的成分，一个模块是一个独立的编程单位。模块应具有良好的接口定义。模块的大小要适当。

(4) 局部化。要求在一个物理模块内集中逻辑上相互关联的计算资源，保证模块间具有松散的耦合关系，模块内部有较强的内聚性，这有助于控制系统的复杂性。

(5) 确定性。软件开发过程中所有概念的表达应是确定的、无歧义的和规范的。这有助于人与人之间的交流，不会产生误解和遗漏，从而保证整个开发工作的协调一致。

(6) 一致性。在程序、数据和文档的整个软件系统的各模块中，应使用已知的概念、符号和术语；程序内部和外部接口应保持一致，系统规格说明与系统行为应保持一致。

(7) 完备性。软件系统不丢失任何重要成分，完全实现系统所需的功能。

(8) 可验证性。开发大型软件系统需要对系统自顶向下，逐层分解。系统分解应遵循容易检查、测评、评审的原则，以确保系统的正确性。

13.1.5 软件开发工具与软件开发环境

现代软件工程方法之所以得以实施，依赖于相应的软件开发工具和环境的支持，使软件在开发效率、工程质量等多方面得到改善。软件工程鼓励研制和采用各种先进的软件开发方法、工具和环境，而工具和环境的使用又进一步提高了软件的开发效率、维护效率和软件质量。

1. 软件开发工具

软件开发工具(Software Development of Tool)是指可以用来帮助开发、测试、分析、维护其他计算机程序及其文档资料的一类程序。

软件开发工具的完善和发展将促进软件开发方法的进步和完善，促成软件开发的高速度和高质量。软件开发工具的发展是从单项工具的开发逐步向集成工具发展的，软件开发工具为软件工程方法提供了自动的或半自动的软件支撑环境。同时，软件开发方法的有效应用也必须得到软件开发工具的支持，否则方法将难以有效的实施。

2. 软件开发环境

软件开发环境或软件工程环境(Software Engineering Environment，SEE)是全面支持软件开发全过程的软件工具集合。它们按照一定的方法或模式组合起来，支持软件生命周期内的各个阶段中各项任务的完成。

计算机辅助软件工程(Computer Aided Software Engineering，CASE)是当前软件开发环境中富有特色的研究工作和发展方向。CASE 将各种软件工具、开发机器和一个存放开发过程信息的中心数据库组合起来，形成软件工程环境。CASE 的成功产品将最大限度地降低软件开发的技术难度，并使软件开发的质量得到保证。

13.2　软件需求分析

13.2.1　需求分析与需求分析方法

1. 需求分析

软件需求是指用户对目标软件系统在功能、行为、性能、设计约束等方面的期望和要求。

需求分析的目的是形成软件需求规格说明书，但还不是确定系统如何工作，仅对目标系统提出明确具体的要求。需求分析必须达到开发人员和用户完全一致的要求。

需求分析阶段的工作，可以概括为以下 4 个方面。

(1) 需求获取：需求获取的目的是确定对目标系统的各方面需求。

(2) 需求分析：对获取的需求进行分析和综合，最终给出系统的解决方案和目标系统的逻辑模型。

(3) 编写需求规格说明书：需求规格说明书作为需求分析的阶段成果，可为用户、分析人员和设计人员之间的交流提供方便，可直接支持目标软件系统的确认，还可以作为控制软件开发进程的依据。

(4) 需求评审：在需求分析的最后一步，对需求分析阶段的工作进行复审，验证需求文档的一致性、可行性、完整性和有效性。

2. 需求分析方法

常见的需求分析方法有以下两种：

(1) 结构化分析方法。主要包括面向数据流的结构化分析方法(Structured Analysis，SA)、面向数据结构的 Jackson 系统开发方法(Jackson System Development Method，JSD)、面向数据结构的结构化数据系统开发方法(Data Structured System Development Method，DSSD)。

(2) 面向对象的分析方法(Object-Oriented Method，OOA)。

从需求分析建立的模型的特性来分，需求分析方法又分为静态分析方法和动态分析方法。

13.2.2　结构化分析方法

结构化分析方法是结构化程序设计理论在软件需求分析阶段的运用。它起源于 20 世纪 70 年代的基于功能分解的分析方法，可帮助开发者弄清用户对软件的需求。

结构化分析方法的实质是着眼于数据流，自顶向下，逐层分解，建立系统的处理流程，以数据流图和数据字典为主要工具，建立系统的逻辑模型。

结构化分析的步骤如下：

(1) 通过对用户的调查，以软件的需求为线索，获得当前系统的具体模型。

(2) 去掉具体模型中非本质因素，抽象出当前系统的逻辑模型。

(3) 根据计算机的特点分析当前系统与目标系统的差别，建立目标系统的逻辑模型。

(4) 完善目标系统并补充细节，写出目标系统的软件需求规格说明。

(5) 评审直到确认完全符合用户对软件的需求。

结构化分析的常用工具有数据流图、数据字典、判定表和判定树等。

1. 数据流图(Data Flow Diagram，DFD)

数据流图是描述数据处理过程的工具，是从数据传递和加工的角度，以图形的方式描绘数据在系统中流动和处理的过程。

这里以人们熟悉的事务处理——去银行取款为例说明数据流图如何描述处理过程。如图 13-2 表示储户携带存折去银行办理取款手续。储户把存折和取款单交给银行工作人员，工作人员核对账目。检验存折有效性，取款单填写问题，在合格后工作人员将取款信息登记在存折和账户上，并通知取款，付款给储户。从而完成一系列的数据处理活动。

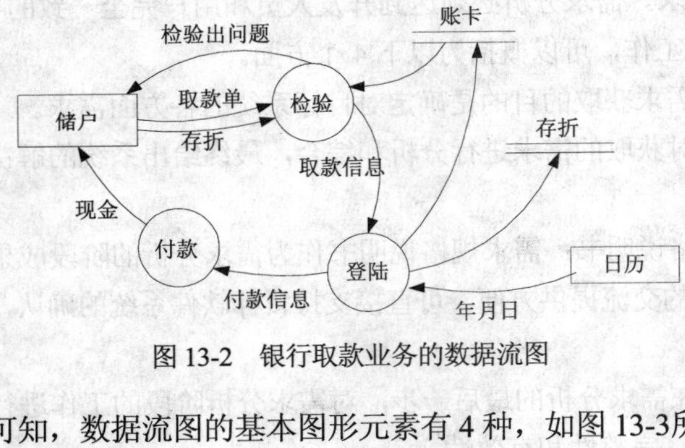

图 13-2　银行取款业务的数据流图

从数据流图中可知，数据流图的基本图形元素有 4 种，如图 13-3所示。

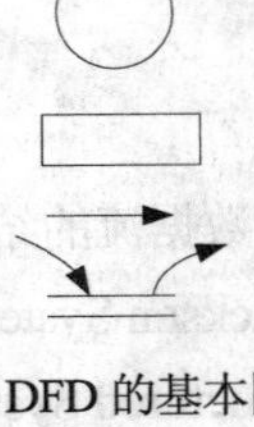

图 13-3　DFD 的基本图形符号

① 圆形：加工。输入数据经加工变换产生输出。

② 矩形：表示数据的源点或终点。是系统和环境的接口，属系统之外的实体。

③ 箭头：数据流。沿箭头方向传送数据的通道。

④ 双杠：表示存储文件(数据源)。即处理过程中存放各种数据文件。

数据流是沿箭头方向传送的数据，在加工之间传输的数据流一般是有名的，连接数据存储文件和加工的数据流有些没有命名，这些数据流虽然没有命名，但因所连接的是有名加工和有名文件，所以含义是清楚的。同一数据流图上不能有两个数据流名字相同。

2. 数据字典(Data Dictionary，DD)

数据字典是结构化分析方法的另一个工具。它与数据流图配合，能清楚地表达数据处理的要求。数据流图给出系统的组成及其内部各元素相互之间的关系，但未说明数据元素的具体含义。仅靠数据流图人们很难理解它所描述的对象。数据字典是对所有与系统相关的数据元素的一个有组织的列表，以及精确的、严格的定义，使得用户和系统分析员对于输入、输出、存储成分和中间计算结果有共同的理解。

在数据字典的编制过程中，常使用定义式方式描述数据结构。如表 13-1 所示的是常用的定义式符号。

表 13-1　数据字典定义式方式中出现的符号

符号	含义	解释
=	定义为	
+	与	例如 x=a+b，表示 x 由 a 和 b 组成
[⋯|⋯]	或	例如，x=[a,b]，x=[a|b]，表示 x 由 a 或由 b 组成
[⋯，⋯]		
{⋯}	与，和	例如，x={a}，表示 x 由 0 个或多个 a 组成
n{⋯}m	重复	例如，x=4{a}9，表示 a 可以在 x 中至少出现 4 次最多出现 9 次
(⋯)	可选	例如，x=(a)表示 a 可以在 x 中出现，也可以不出现
“⋯”	基本可选元素	例如，x=“a”，表示 x 为取值为 a 的数据元素
..	连接符	例如，x=3..9，表示 x 可以取 3 到 9 之间的任一值

例如，银行取款业务的数据流图中，存储文件“存折”的数据字典定义如下：

存折=户名+所号+账户+开户日+性质+(印密)+1{存取行}50

户名=2{字母}24

所号=“001”．．“999”　　注：储蓄所编码，规定为 3 位数字

账号=“00000001”..“99999999”　注：账号规定由 8 位数字组成

开户日=年+月+日

性质=“1”．．“6”　　注：“1”表示普通用户，“5”表示工资用户等

印密=“0”　　注：密印在存折上不显示

存取行=日期+(摘要)+支出+存入+余额+操作+复核

日期=年+月+日

年="00"．．"99"

月="01"．．"12"

日="01"．．"31"

摘要=1{字母}4

支出=金额

金额="0000000.01"．．"99999913.99"

操作="00001"．．"99999"

3. 判定表

当数据流图中的加工要依赖于多个逻辑条件的取值，即完成该加工的一组动作是由于某一组条件取值的组合而引发的，使用判定表描述比较合适。

例如，检查定购单的加工逻辑是：如果金额超过 600 元又未过期则发出批准单和提货单；若金额超过 600 元但过期了则不发批准单；如果金额不超过 600 元，则无论过期与否都发批准单和提货单；在过期的情况下，还需发出通知单。上述文字是不易懂的，用判定表的方式表达则如为表 13-2所示。

表 13-2　检查订购单的判定表

		条件			
分　类		1	2	3	4
金　额		>600	>600	≤600	≤600
动　作	账目状况	未过期	已过期	未过期	已过期
	押下批准单		√		
	发出批准单	√		√	√
	发出提货单	√		√	√
	发出通知单				√

4. 判定树

判定树也是用来表达加工逻辑的一种工具。有时候，它比判定表更加直观，用它来描述加工很容易为用户所接受。使用判定树进行描述时，应先从问题定义的文字描述中分清哪些是判定的条件，哪些是判定的结论，根据描述材料中的连接词找出判定条件之间的从属关系、并列关系、选择关系，根据它们构造判定树。

例如，某工厂制定出对职工超产的奖励政策是：对产品甲和乙，凡是实际生产数量超过计划指标的，均可发给奖金。原则是：超产越多，奖金就越多，上不封顶。

对产品甲，个人生产数量超过计划指标 1~20 件，按超产部分每件发给奖金 0.10 元计算；如果个人生产数量超过计划指标 21~50 件，其中前 20 件按 0.10 元计奖金，其余部分按每件 0.12 元计算奖金；如果超过 50 件，从第 51 件起按每件 0.15 元发奖金。对产品乙，个人生产数量超过计划 1~100 件，按每超一件发奖金 0.20 元计算；如果超产 101~200 件，前 100

件按每件 0.20 元；101~200 件的每件 0.30 元计算；超产 200 件以上的部分每件发奖金 0.40 元。若用结构化语言是相当长的一段，但用判定树可以清晰地表达出来。

- 奖金政策
  - 产品甲
    - $1 \le N \le 20$——$0.10 \times N$
    - $20 < N \le 50$——2元 + $0.12 \times (N\text{-}20)$元
    - $N > 50$——5.6元 + $0.15 \times (N\text{-}50)$元
  - 产品乙
    - $1 \le N \le 100$——$0.2 \times N$元
    - $100 < N \le 200$——$20 + 0.30 \times (N\text{-}100)$
    - $N > 200$——50元 + $(N\text{-}200) \times 0.40$元

这张判定树能够使人很快地看出，在什么样的情况下应该采取什么奖金措施，特别是对那些存在判定处理的加工逻辑，判定树是一种十分有效的表达工具。

13.2.3　软件需求规格说明书

软件需求规格说明书(Software Requirement Specification，SRS)是需求分析阶段的最后成果，是软件开发中的重要文档之一。

1. 软件需求规格说明书的作用

软件需求规格说明书的作用是：

(1) 便于用户、开发人员进行理解和交流。

(2) 反映出用户问题的结构，可以作为软件开发工作的基础和依据。

(3) 作为确认测试和验收的依据。

2. 软件需求规格说明书的内容

软件需求规格说明书是作为需求分析的一部分而制定的可交付文档。该说明将在软件计划中确定的软件范围加以展开，制定出完整的信息描述、详细的功能说明、恰当的检验标准以及其他与要求有关的数据。

软件需求规格说明书所包括的内容和书写框架如下：

一、概述

二、数据描述

· 数据流图

· 数据字典

· 系统接口说明

· 内部接口

三、功能描述

· 功能

· 处理说明

· 设计的限制

四、性能描述

- 性能参数
- 测试种类
- 预期的软件响应
- 应考虑的特殊问题

五、参考文献目录

六、附录

其中：

(1) 概述是从系统的角度描述软件的目标和任务。

(2) 数据描述是对软件系统所必须解决的问题做出的详细说明。

(3) 功能描述中描述了为解决用户问题所需要的每一项功能的过程细节。对每项功能要给出处理说明以及在设计时需要考虑的限制条件。

(4) 在性能描述中说明系统应达到的性能和应该满足的限制条件、检测的方法和标准、预期的软件响应和可能需要考虑的特殊问题。

(5) 参考文献目录中应包括与该软件有关的全部参考文献，其中包括前期的其他文档、技术参考资料、产品目录手册以及标准等。

(6) 附录部分包括一些补充资料。如列表数据、算法的详细说明、框图、图表和其他材料。

3. 软件需求规格说明书的特征

软件需求规格说明书是确保软件质量的有力措施，衡量软件需求规格说明书质量好坏的标准、标准的优先级及标准的内涵如下：

(1) 正确性。体现待开发系统的真实要求。

(2) 无歧义性。对每一个需求只有一种解释，其陈述具有唯一性。

(3) 完整性。包括全部有意义的需求，功能的、性能的、设计的、约束的、属性或外部接口等方面的需求。

(4) 可验证性。描述的每一个需求都是可验证的，即存在有限代价的有效过程验证确认。

(5) 一致性。各个需求的描述不矛盾。

(6) 可理解性。需求说明书要简明易懂，尽量少包含计算机的概念和术语，以便用户和软件人员都能接受它。

(7) 可修改性。SRS 的结构风格在需求有必要改变时是易于实现的。

(8) 可追踪性。每一个需求的来源、流向是清晰的，当产生和改变文件编制时，可以方便地追踪每一个软件需求。

软件需求规格说明书是软件生命周期中一份至关重要的文件，它在开发早期就为将要设计的软件系统建立了可见的逻辑模型，可以保证开发工作的顺利进行，因此，应该重视这项工作，应及时地建立并保证它的质量。

作为设计的基础和验收的依据，软件需求规格说明书应该精确而无二义性，软件需求规格说明书越精确，则以后出现错误、混淆、反复的可能性越小。软件需求规格说明书应该是简单易懂的，以便用户和软件人员都能接受它。其中应尽量少包含计算机的概念和术语，以便用户能看懂并且发现和指出其中的错误，这是保证软件系统质量的关键。

13.3 软件设计

软件设计是根据需求分析阶段得到的需求规格说明书，设计出实现软件属性(功能、性能及其他)集合的算法和数据结构，并对它们进行规格化处理，也就是从抽象的需求规格向具体的程序与数据集合的变换过程。在此过程中，要形成各种设计文档，即各种设计书，它是设计阶段最终产品。软件设计阶段是软件开发过程中的一个关键阶段，对未来软件的质量有决定性的影响。

13.3.1 软件设计的基本概念

分析阶段的工作结果是需求说明书，它明确地描述了用户要求软件系统“做什么”。但对于大型系统来说，为了保证软件产品的质量，并使开发工作顺利进行，必须先为编程序制定一个计划，这项工作称为软件设计，设计实际上是为需求说明书到程序之间的过渡架起一座桥梁。

1. 软件设计的基础

软件设计是软件工程的重要阶段，是一个把软件需求转换为软件表示的过程。软件设计的基本目标是用比较抽象概括的方式确定目标系统如何完成预定的任务，即软件设计是确定系统的物理模型。

软件设计的重要性和地位可概括为以下几点：

(1) 软件开发阶段(设计、编码、测试)占据软件项目开发总成本绝大部分，是在软件开发中保证质量的关键环节。

(2) 软件设计是开发阶段最重要的步骤，是将需求准确地转化为完整的软件产品或系统的唯一途径。

(3) 软件设计做出的决策，最终影响软件实现的成败。

(4) 设计是软件工程和软件维护的基础。

从技术观点来看，软件设计包括软件结构设计、数据设计、接口设计和过程设计。

其中，结构设计是定义软件系统各主要部件之间的关系。数据设计是将分析时创建的模型转化为数据结构的定义。接口设计是描述软件内部、软件和协作系统之间以及软件与人之间如何通信。过程设计是将系统结构部件转换成软件的过程性描述。

从工程管理角度来看，软件设计分两步完成(概要设计和详细设计)。

- 概要设计：又称为结构设计。将软件需求转化为软件体系结构，确定系统级接口、全局数据结构或数据库模式。
- 详细设计：确定每个模块的实现算法和局部数据结构，用适当方法表示算法和数据结构的细节。

软件设计的一般过程：软件设计是一个迭代的过程，先进行高层次的结构设计；后进行低层次的过程设计；穿插进行数据设计和接口设计。

最引人注意且使用范围最广的方法是结构化设计方法。其基本思想是将软件设计成由相对独立且具有单一功能的模块组成的结构。

2. 软件设计的基本原理

在软件开发实践中，有许多软件设计的概念和原则，它们对提高软件的设计质量有很大的帮助。

(1) 模块化

模块是数据说明、可执行语句等程序对象的集合，可以对模块单独命名，而且可通过名字访问，例如，过程、函数、子程序、宏等都可作为模块。模块化是指解决一个复杂问题时自顶向下逐层把软件系统划分成若干模块的过程。程序划分成若干个模块，每个模块具有一个确定的子功能，把这些模块集成为一个整体，就可以完成整个系统的功能。

为了解决复杂的问题，在软件设计中必须把整个问题进行分解来降低复杂性，这样就可以减少开发工作量并降低开发成本和提高软件生产率。但是划分模块并不是越多越好，因为这会增加模块之间接口的工作量，所以划分模块的层次和数量应该避免过多或过少。

(2) 抽象

在现实世界中，事物、状态或过程之间存在共性。把这些共性集中且概括起来，忽略它们之间的差异，这就是抽象。简而言之抽象就是抽出事物的本质特性而暂时不考虑它们的细节。软件设计中考虑模块化解决方案时，可以定出多个抽象级别。抽象的层次从概要设计到详细设计逐步降低。在概要设计中的模块分层也是由抽象到具体逐步分析和构造出来的。

(3) 信息隐蔽

信息隐蔽是指每个模块的实现细节对于其他模块来说是隐蔽的，也就是说，模块中所包括的信息不允许其他不需要这些信息的模块调用。

(4) 模块独立性

模块独立性是指每个模块只完成系统要求的独立的子功能，最好与其他模块的联系最少且接口简单，这是评价设计好坏的重要标准。模块的独立性可由内聚性和耦合性两个标准来度量。耦合表示不同模块之间互相连接的紧密程度，内聚表示一个模块内部各个元素彼此结合的紧密程度。

① 耦合性

耦合性是对一个软件结构内不同模块之间互联程度的度量。耦合性强弱取决于模块间接口的复杂程度、调用模块的方式以及通过接口的是哪些信息。耦合分为下列几种，它们之间的耦合度由高到低排列如下。

内容耦合：若一个模块直接访问另一个模块的内容，则这两个模块称为内容耦合。它是最高程度的耦合。

公共榴合：若一组模块都访问同一全局数据结构，则它们之间的耦合称为公共耦合。

外部耦合：若一组模块都访问同一全局简单变量而不是同一全局数据结构，而且不通过参数表传递该全局变量的信息，则称为外部耦合。

控制耦合：若一个模块明显地将开关量、名字等信息送入另一个模块，控制另一个模块的功能，则称为控制耦合。控制耦合是中等程度的耦合，增加了系统的复杂程度。

标记耦合：若两个以上的模块都需要其余某一数据结构子结构时，不使用其余全局变量的方式而是用记录传递的方式，即两模块之间通过数据结构变换信息，这样的耦合称为标记耦合。

数据耦合：若一个模块访问另一个模块，被访问模块的输入和输出都是数据项参数，即两模块之间通过数据参数交换信息，则这两个模块为数据耦合。

非直接耦合：若两个模块没有直接关系，它们之间的联系完全是通过主模块的控制和调用来实现的，则称这两个模块为非直接耦合。非直接耦合的独立性最强。

从上面关于耦合机制的分类可以看出，一个模块与其他模块的耦合性越强，则其模块独立性越弱。原则上，总是希望模块之间的耦合表现为非直接耦合方式。但是，由于问题所固有的复杂性和结构化设计的原则，非直接耦合往往是不存在的。

② 内聚性

内聚性是一个模块内部各个元素之间彼此结合的紧密程度的度量。内聚是从功能角度来度量模块内的联系的。简单地说，理想内聚的模块只完成一个子功能。

内聚有以下几种，它们之间的内聚性由弱到强排列如下。

偶然内聚：指一个模块完成一组任务，这些任务间的关系很松散，称为偶然内聚。

逻辑内聚：指一个模块完成的功能在逻辑上属于相同或相似的一类，通过参数确定该模块完成哪一个功能。

时间内聚：指一个模块包含的任务必须在同一段时间内执行，就叫时间内聚。例如，初始化模块它按顺序为变量赋初值。

过程内聚：指一个模块内各处理元素彼此相关，且必须按特定顺序执行。

通信内聚：指一个模块内所有处理功能都通过使用公用数据而发生关系，这种内聚称为通信内聚，也具有过程内聚的特点。

顺序内聚：指一个模块中各处理元素和同一个功能密切相关，而且，这些处理必须顺序执行，通常前一个处理元素的输出就是下一个处理元素的输入。

功能内聚：指模块内所有元素共同完成一个功能，缺一不可，模块已不可再分。这是最强的内聚。

内聚性是信息隐蔽和局部化概念的自然扩展。一个模块的内聚性越强则该模块的模块独立性越强。作为软件结构设计的设计原则，要求每一个模块的内部都具有很强的内聚性，它的各个组成部分彼此都密切相关。

耦合性与内聚性是模块独立性的两个定性标准，耦合与内聚是相互关联的。在程序结构中，各模块的内聚性越强，它们的耦合性越弱。一般来说，软件设计时应尽量做到高内聚，低耦合，即减弱模块之间的耦合性和提高模块内的内聚性，从而提高模块的独立性。

13.3.2　概要设计

1. 概要设计的任务

软件概要设计的基本任务是：

(1) 设计软件系统结构

在需求分析阶段，已经把系统分解成层次结构，而在概要设计阶段，需要进一步分解，划分为模块以及模块的层次结构。划分的具体过程是：

① 采用某种设计方法，将一个复杂的系统按功能划分成模块。

② 确定每个模块的功能。

③ 确定模块之间的调用关系。

④ 确定模块之间的接口，即模块之间传递的信息。

⑤ 评价模块结构的质量。

(2) 数据结构及数据库设计

数据设计是实现需求定义和规格说明过程中提出的数据对象的逻辑表示。数据设计的具体任务是：确定输入、输出文件的详细数据结构；结合算法设计，确定算法所必需的逻辑数据结构及其操作；确定对逻辑数据结构所必需的那些操作的程序模块，限制和确定各个数据设计决策的影响范围；需要与操作系统或调度程序接口所必需的控制表进行数据交换时，确定其详细的数据结构和使用规则；数据的保护性设计：防卫性、一致性、冗余性设计。

数据设计中应注意掌握以下设计原则：

① 用于功能和行为的系统分析原则也应用于数据。

② 应该标识所有的数据结构以及其上的操作。

③ 应当建立数据字典，并用于数据设计和程序设计。

④ 低层的设计决策应该推迟到设计过程的后期。

⑤ 只有那些需要直接使用数据结构、内部数据的模块才能看到该数据的表示。

⑥ 应该开发一个由有用的数据结构和应用于其上的操作组成的库。

⑦ 软件设计和程序设计语言应该支持抽象数据类型的规格说明和实现。

(3) 编写概要设计文档

在概要设计阶段，需要编写的文档有概要设计说明书、数据库设计说明书、集成测试计划等。

(4) 概要设计文档评审

在概要设计中，对设计部分是否完整地实现了需求中规定的功能、性能等要求，设计方案的可行性，关键的处理及内外部接口定义正确性、有效性，各部分之间的一致性等都要进行评审，以免在以后的设计中出现大的问题而返工。

在概要设计过程中，常用的软件结构设计工具是结构图(Structure Chart，SC)，也称为程序结构图。使用结构图描述软件系统的层次和分块结构关系，它反映了整个系统的功能实现以及模块与模块之间的联系和通信，描述了未来程序中的控制层次体系。

结构图是描述软件结构的图形工具。结构图的基本图符如图 13-4所示。

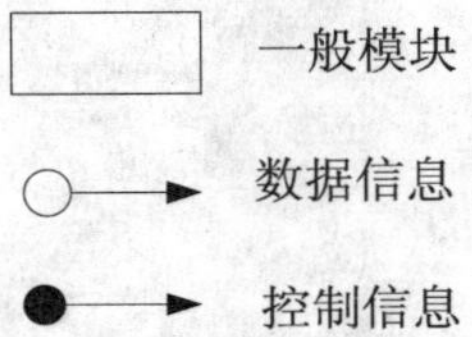

图 13-4　结构图基本图符

模块用一个矩形表示，矩形内注明模块的功能和名字；箭头表示模块间调用关系。在结构图中还可以用带注释的箭头表示模块调用过程中来回传递的信息。如果希望进一步标明传递的信息是数据还是控制信息，则可以用带实心圆的箭头表示传递的是控制信息，用带空心圆箭头表示传递的是数据。

根据结构化设计思想，结构图构成的基本形式如图 13-5所示。

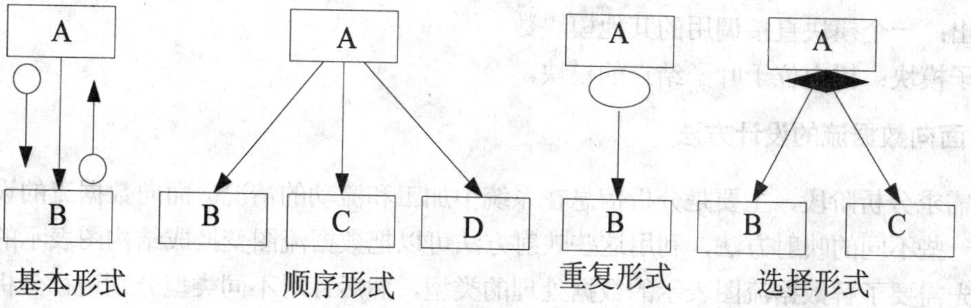

图 13-5　结构图构成基本形式

经常使用的结构图有 4 种模块类型：传入模块、传出模块、变换模块和协调模块。其表示形式如图 13-6所示。

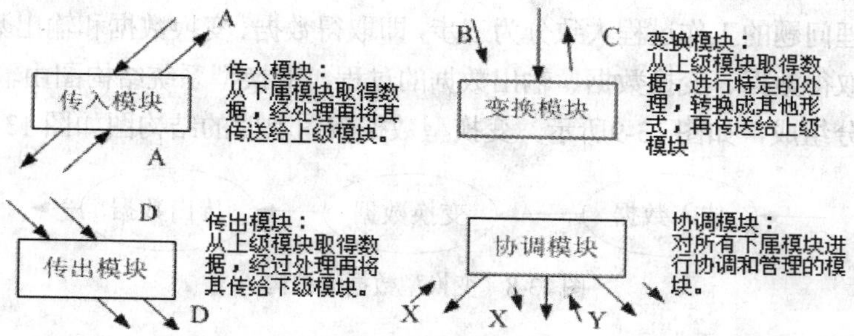

图 13-6　传入模块、传出模块、变换模块和协调模块的表示形式和含义

下面通过图 13-7进一步了解程序结构图的有关术语。

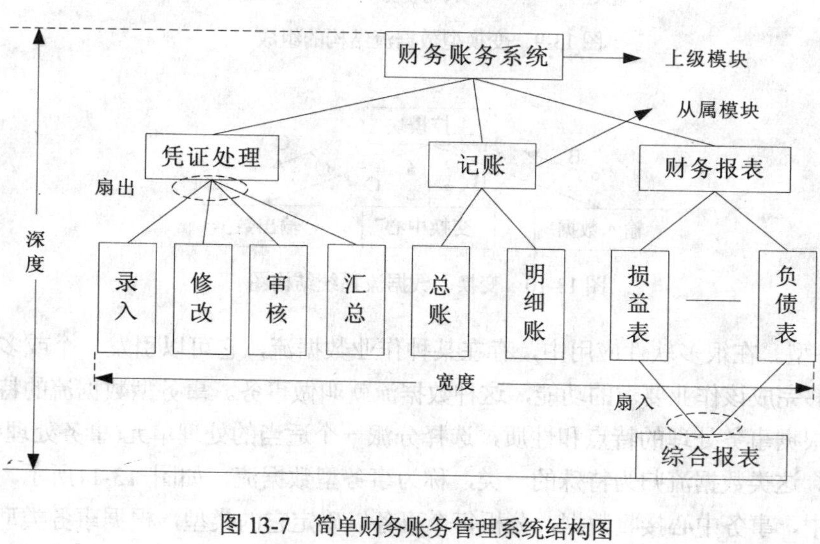

图 13-7　简单财务账务管理系统结构图

深度：表示控制的层数。

上级模块、从属模块：上、下两层模块 a 和 b，且有 a 调用 b 则 a 是上级模块，b 是从属模块。

宽度：整体控制跨度(最大模块数的层)的表示。

扇入：调用一个给定模块的模块个数。

扇出：一个模块直接调用的其他模块数。

原子模块：树中位于叶子结点的模块。

2. 面向数据流的设计方法

在需求分析阶段，主要是分析信息在系统中加工和流动的情况。面向数据流的设计方法定义了一些不同的映射方法，利用这些映射方法可以把数据流图变换成结构图表示的软件结构。首先需要了解数据流图表示的数据处理的类型，然后针对不同类型分别进行分析处理。

(1) 数据流类型

典型的数据流类型有两种：变换型和事务型。

① 变换型。变换型是指信息沿输入通路进入系统，同时由外部形式变换成内部形式，进入系统的信息通过变换中心，经加工处理以后再沿输出通路变换成外部形式离开软件系统。变换型数据处理问题的工作过程大致分为三步，即取得数据、变换数据和输出数据，如图 13-8 所示。相应于取得数据、变换数据、输出数据的过程，变换型系统结构图由输入、中心变换和输出等三部分组成，如图 13-9所示。变换型数据流图映射的结构图如图 13-10所示。

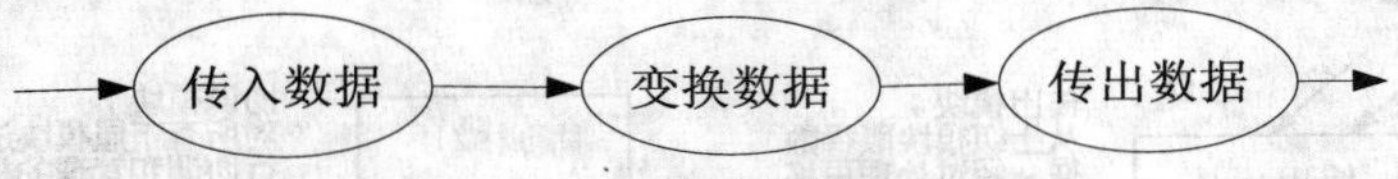

图 13-8　变换型数据流结构

图 13-9　变换型数据流结构的组成

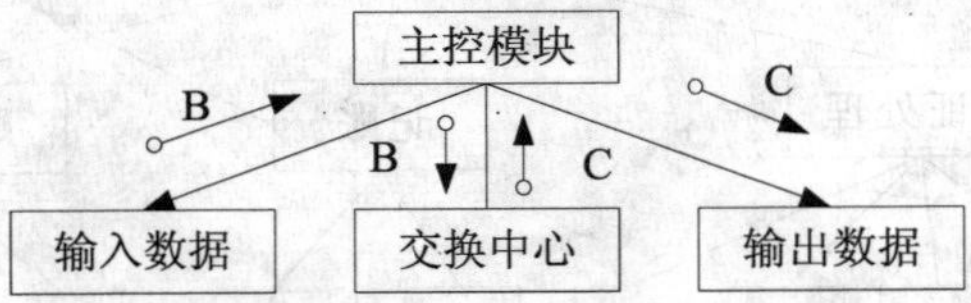

图 13-10　变换型数据流系统结构图

② 事务型。在很多软件应用中，存在某种作业数据流，它可以引发一个或多个处理，这些处理能够完成该作业要求的功能，这种数据流就叫做事务。事务型数据流的特点是接受一项事务，根据事务处理的特点和性质，选择分派一个适当的处理单元(事务处理中心)，然后给出结果。这类数据流归为特殊的一类，称为事务型数据流，如图 13-11所示。在一个事务型数据流中，事务中心接收数据，分析每个事务以确定它的类型，根据事务类型选取一条

活动通路。

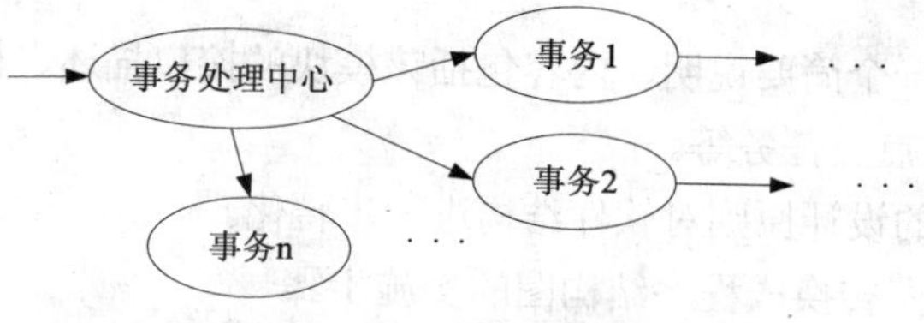

图 13-11　事务型数据流结构

事务型数据流图映射的结构图如图 13-12所示。

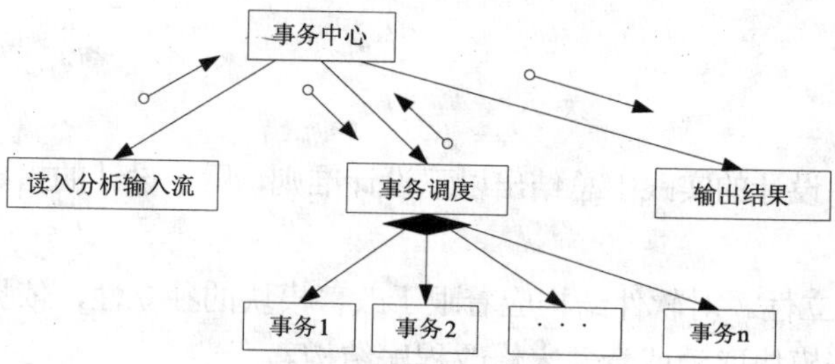

图 13-12　事务型数据流系统结构图

在事务型数据流系统结构图中，事务中心模块按所接受的事务类型，选择某一事务处理模块执行，各事务处理模块并列。每个事务处理模块可能要调用若干个操作模块，而操作模块又可能调用若干个细节模块。

(2) 面向数据流设计方法的实施要点与设计过程

面向数据流的结构设计过程和步骤如下：

① 分析、确认数据流图的类型，区分是事务型还是变换型。

② 说明数据流的边界。

③ 将数据流图映射为程序结构。如果是事务流，则区分事务中心和数据接收通路，将其映射成事务结构；如果是变换流，则区分输出和输入分支，将其映射成变换结构。

④ 根据设计准则对产生的结构进行细化和求精。

(3) 变换型数据流图转换成程序结构图的实施步骤

将变换型数据流图映射成程序结构图称为变换分析，其步骤如下：

① 确定数据流图是否具有变换特性。一般地说，一个系统中所有的信息流都可以认为是变换流，但是，当遇有明显的事务特性的信息流时，建议采用事务分析方法进行设计。这时，应该观察在整个数据流图中哪种属性占优势，先确定数据流的全局特性。另外，还应把具有全局特性的不同特点的局部区域分离出来，根据这些子数据流的特点进行部分处理。

② 确定输入流和输出流的边界，划分出输入、变换和输出，独立出变换中心。

③ 进行第一级分解，将变换型映射成软件结构(参见图 13-10)，其中输入数据处理模块协调对所有输入数据的接收；变换中心控制模块管理对内部形式的数据的所有操作；输出数据处理控制模块协调输出信息的产生过程。

④ 按上述步骤，如出现事务流，也可按事务流的映射方式对各个子流进行逐级分解，直至分解到基本功能。

⑤ 对每个模块写一个简要说明，内容包括该模块的接口描述、模块的内部信息、过程陈述、包括的主要判定点及任务等。

⑥ 利用软件结构的设计原则对软件结构进一步转化。

(4) 事务型数据流图转换成程序结构图的实施步骤

将事务型映射成结构图又称为事务分析。事务分析的设计步骤与变换分析设计步骤大致类似，主要差别仅在于由数据流图到软件结构的映射方法不同(参见图 13-10和图 13-12)。它是将事务中心映射成为软件结构中发送分支的调度模块，将接收通路映射成软件结构的接收分支。

3. 设计的准则

人们在大量软件设计的实践中总结出以下设计准则，用于设计的指导和对软件结构图进行优化。

(1) 提高模块独立性。对软件结构应着眼于改善模块的独立性，依据降低耦合提高内聚的原则，通过把一些模块取消或合并来修改程序结构。

(2) 模块规模适中。实践表明，当模块增大时，模块的可理解性大幅下降。但是当对大的模块分解时，不应降低模块的独立性。因为，当对一个大的模块分解时，有可能会增加模块间的依赖。

(3) 深度、宽度、扇出和扇入适当。因为：

① 如果深度过大，则说明有的控制模块可能简单了。

② 如果宽度过大，则说明系统的控制过于集中了。

③ 如果扇出过大则意味模块过分复杂，需要控制和协调过多的下级模块，这时应适当增加中间层次；若果扇出过小，则可以把下级模块进一步分解成若干个子功能模块，或者合并到上级模块中去。

④ 扇入越大则共享该模块的上级模块数目越多。

经验表明，好的软件设计结构通常是顶层高扇出，中间扇出较少，底层高扇入。

(4) 将模块的作用域限制在该模块的控制域内。模块的作用域是指模块内一个判定的作用范围，凡是受这个判定影响的所有模块都属于这个判定的作用域。模块的控制域是指这个模块本身以及所有直接或间接从属于它的模块的集合。在一个设计较好的系统中，所有受某个判定影响的模块应该都从属于做出判定的那个模块，最好局限于做出判定的那个模块本身及它的直属下级模块。如果一个软件结构不满足这一条件，修改方法是，将判定点上移或者将那些在作用域内但不在控制域内的模块移到控制域内。

(5) 减少模块的接口和界面的复杂性。模块的接口复杂是软件容易发生错误的一个主要原因。因此，应该仔细设计模块接口，使得信息传递简单并且和模块的功能一致。

(6) 设计成单入口、单出口的模块。

(7) 设计功能可预测的模块。如果一个模块可以当作一个“黑盒”，即不考虑模块的内部结构和处理过程，则该模块的功能就是可以预测的。

13.3.3　详细设计

在概要设计阶段，已经确定了软件系统的总体结构，给出了系统中各个组成模块的功能和模块间的联系。而详细设计的任务，是为软件系统的总体结构中的每一个模块确定实现算法和局部数据结构，用某种选定的表达工具表示算法和数据结构的细节。表达工具可以由设计人员自由选择，但它应该具有描述过程细节的能力，而且能够使程序员在编程时便于直接翻译成程序设计语言的源程序。本节重点对过程设计进行讨论。

在过程设计阶段，要对每个模块规定的功能以及算法的设计，给出适当的算法描述，即确定模块内部的详细执行过程，包括局部数据组织、控制流、每一步具体处理要求和各种实现细节等。其目的是确定应该怎样来具体实现所要求的系统。

常见的过程设计工具如下。

图形工具：程序流程图，N-S 图，PAD 图，HIPO 图。

表格工具：判定表。

语言工具：PDL(伪码)。

下面介绍其中几种主要的工具。

1. 程序流程图

程序流程图也称为程序框图，是软件开发者最熟悉的一种算法描述工具。它的主要优点是独立于任何一种程序设计语言，比较直观、清晰，易于学习掌握。

在程序流程图中常用的图形符号如图 13-13所示。

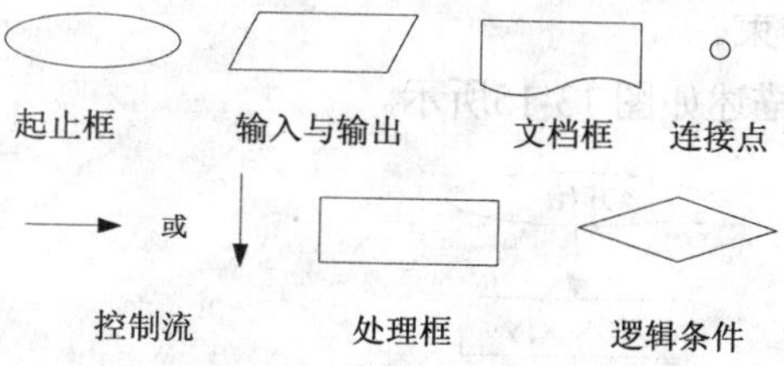

图 13-13　程序流程图的基本图符

流程图中的流程线用以指明程序的动态执行顺序。结构化程序设计限制流程图只能使用五种基本控制结构，如图 13-14所示。

(1) 顺序结构反映了若干个模块之间连续执行的顺序。

(2) 在选择结构中，由某个条件 P 的取值来决定执行两个模块之间的哪一个。

(3) 在当型循环结构中，只有当某个条件成立时才重复执行特定的模块(称为循环体)。

(4) 在直到型循环结构中，重复执行一个特定的模块，直到某个条件成立时才退出该模块的重复执行。

(5) 在多情况选择结构中，根据某控制变量的取值来决定选择多个模块中的哪一个。

通过把程序流程图的 5 种基本控制结构相互组合或嵌套，可以构成任何复杂的程序流程图。

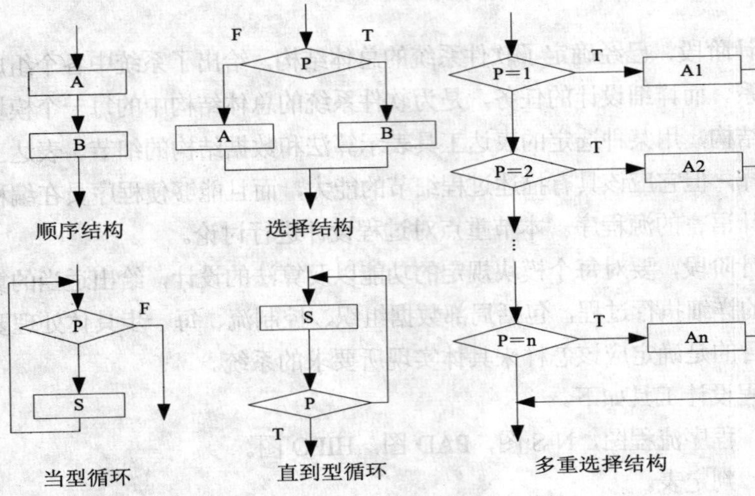

图 13-14　流程图的五种基本控制结构

例如，下面是简单托运货物运费计算的问题。

设货物重量 x，客户信息 y，输入 x、y 后，计算运费的具体要求是：

- 如果 0<x≤15(设为条件 1)，则用公式 1 计算后，循环 3 次完成同样的“记账”和“输出”操作，然后程序结束；
- 如果 x>15(设为条件 2)，则用公式 2 计算后，循环 3 次完成同样的“记账”和“输出”操作，然后程序结束。

该问题的程序流程图描述如图 13-15所示。

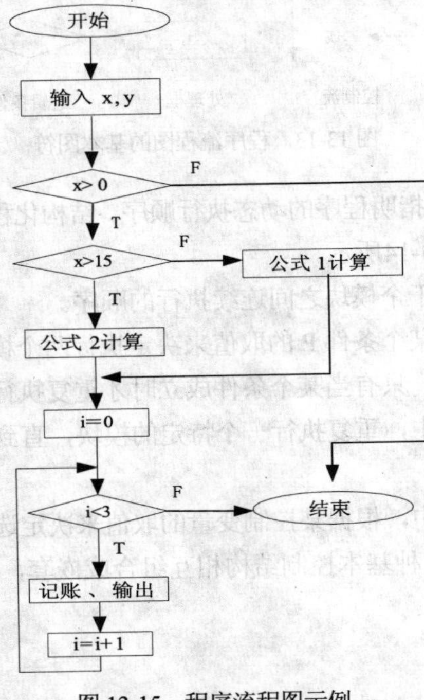

图 13-15　程序流程图示例

2. N-S 图

为了避免流程图在描述程序逻辑时的随意性与灵活性，1973 年 Nossi 和 Shneiderman 提出了用方框图来代替传统的程序流程图，通常也把这种图称为 N-S 图。N-S 图是一种不允许破坏结构化原则的图形算法描述工具，又称盒图。在 N-S 图中，去掉了流程图中容易引起麻烦的流程线，全部算法都写在一个框内，每一种基本结构也是一个框。5 种基本结构的 N-S 图如图 13-16所示。

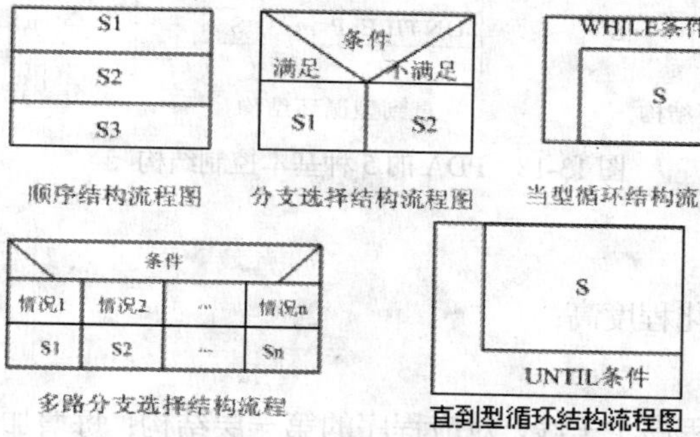

图 13-16　N-S 图的五种基本控制结构

N-S 图有以下几个基本特点：

(1) 功能域比较明确，可以从图的框中直接反映出来。

(2) 不能任意转移控制，符合结构化原则。

(3) 容易确定局部和全程数据的作用域。

(4) 容易表示嵌套关系，也可以表示模块的层次结构。

例如，下面是求某整数是否是素数的问题，该问题的 N-S 图描述如图 13-17所示。

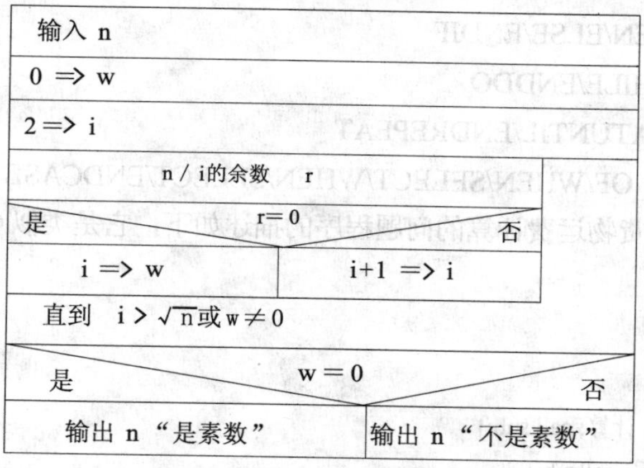

图 13-17　程序 N-S 图示例

3. PAD 图

PAD 图是问题分析图(Problem Analysis Diagram)的英文缩写。它是继程序流程图和方框图之后，提出的又一种主要用于描述软件详细设计的图形表示工具。

PAD 图的基本图符及表示的 5 种基本控制结构，如图 13-18所示。

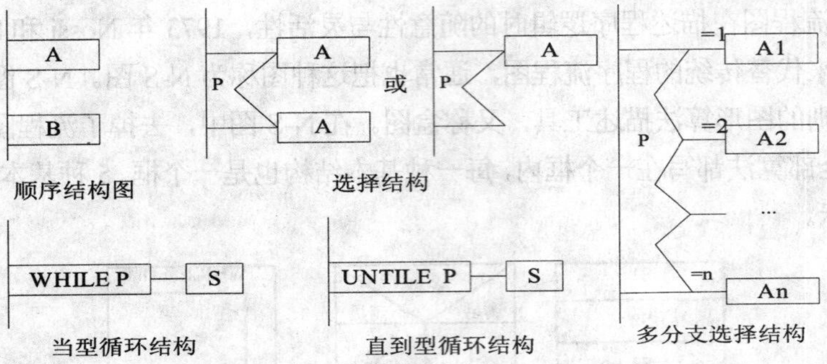

图 13-18　PDA 的 5 种基本控制结构

PAD 图有以下特征：

(1) 结构清晰，结构化程度高；

(2) 易于阅读；

(3) 最左端的纵线是程序主干线，对应程序的第一层结构；每增加一层 PAD 图向右扩展一条纵线，故程序的纵线数等于程序层次数。

(4) 程序执行。从 PAD 图最左主干线上端结点开始，自上而下、自左向右依次执行，程序终止于最左主干线。

4. PDL

过程设计语言(Procedure Design Language，PDL)又称伪码或结构化的英语。它是一种混合语言，采用英语的词汇和结构化程序设计语言的语法，类似编程语言。

用 PDL 表示的基本控制结构的常用词汇如下。

- 条件：IF/THEN/ELSE/ENDIF
- 循环：DOWHILE/ENDDO
- 循环：REPEATUNTIL/ENDREPEAT
- 分支：CASE_OF/WHEN/SELECT/WHEN/SELECT/ENDCASE

例如，上述托运货物运费计算的问题程序的描述如下，它是类似 C 语言的 PDL。

```
/*  计算运费  */
count();
{输入 x; 输入 y;
if(0<x≤15) {公式 1 计算; call sub;}
if(x>15){公式 2 计算; callsub;}
sub();
{for(i=1，3，i++)do {记账; 输出; }
}
```

一般说来，PDL 具有以下特征：

(1) 有为结构化构成元素、数据说明和模块化特征提供的关键词语法。

(2) 处理部分的描述采用自然语言语法。
(3) 可以说明简单和复杂的数据结构。
(4) 支持各种接口描述的子程序定义和调用技术。

13.4　程序设计基础

本节主要介绍程序设计方法与风格、结构化程序设计和面向对象的程序设计方法。

13.4.1　程序设计方法与风格

在程序设计中，除了好的程序设计方法和技术之外，程序设计风格也是很重要的。因为程序设计风格会深刻地影响软件的质量和维护性，良好的程序设计风格可以使程序结构清晰合理，使程序代码便于维护，因此，程序设计风格对保证程序的质量是很重要的。

程序设计风格是指编写程序时所表现出的特点、习惯和逻辑思路。程序是由人来编写的，为了测试和维护程序，往往还要阅读和跟踪程序，因此程序设计的风格总体而言应该强调简单和清晰，程序必须是可以理解的。要形成良好的程序设计风格，主要应注重和考虑下述一些因素。

1. 源程序文档化

源程序文档化应该考虑以下几点。

(1) 符号名的命名：符号名的命名应具有一定的实际含义，以便于对程序的理解。

(2) 程序注释：正确的注释能够帮助读者理解程序。注释一般分为序言性注释和功能性注释。序言性注释通常位于每个程序的开头部分，它给出程序的整体说明，例如：程序标题、程序功能说明、主要算法、程序设计者等。功能性注释的位置一般嵌在源程序体之中，主要描述其后的语句或程序的作用是什么。

(3) 书写格式：为使程序的结构清晰、便于阅读，可以在程序中利用空行、缩进等技巧使程序层次分明，提高视觉效果。

2. 数据说明的方法

当程序有大量数据需要说明，为了便于理解和维护，一般应注意以下几点：

(1) 数据说明的次序规范化。鉴于程序理解、阅读和维护的需要，使数据说明次序固定，可以使数据的属性容易查找，也有利于测试、排错和维护。

(2) 说明语句中变量安排有序化。当一个说明语句说明多个变量时，变量按照字母顺序排序为好。

(3) 对于复杂的数据结构，可以使用注释来进行必要的说明。

3. 语句的结构

程序应该简洁易懂，语句的书写应注意以下几点。

(1) 在一行内只写一条语句。

(2) 程序编写要做到清晰第一，效率第二。

(3) 首先要保证程序正确，然后才要求提高速度。

(4) 避免使用临时变量而使程序的可读性下降。

(5) 避免不必要的转移。

(6) 避免使用复杂的条件语句。

(7) 尽可能使用库函数。

(8) 数据结构要有利于程序的简化。

(9) 要模块化，并且模块功能尽可能单一。

(10) 利用信息隐蔽，确保各模块的独立性。

(11) 从数据出发去构造程序。

(12) 确保每一个模块的独立性。

(13) 不好的程序不去修补，要重新编写。

4. 输入和输出

输入和输出的格式应方便用户使用，一个程序能否被用户接受，往往取决于输入和输出的风格。在程序设计时应考虑以下几点：

(1) 输入格式要简单。

(2) 输入数据时，应允许使用自由格式。

(3) 输入一批数据时，最好使用输入结束标志。

(4) 输入数据时，要检验数据的合法性。

(5) 在以交互式输入 / 输出方式进行输入时，屏幕上应给出明确的提示信息。

(6) 当程序设计语言对输入格式有严格要求时，应保持输入格式与输入语句的一致性；给输出加注释，并设计输出报表格式。

13.4.2　结构化程序设计

由于软件危机的出现，人们开始研究程序设计方法，其中最受关注的是结构化程序设计方法。结构化程序设计方法引入了工程思想和结构化思想，使大型软件的开发和编程都得到了极大的改善。

1. 结构化程序设计的原则

结构化程序设计方法的主要原则可以概括为自顶向下，逐步求精，模块化，限制使用 GOTO 语句。

(1) 自顶向下：程序设计时，应先考虑总体，后考虑细节；先考虑全局目标，后考虑局部目标。先从最上层总目标开始设计，逐步使问题具体化。

(2) 逐步求精：对复杂问题，可以设计一些子目标作为过渡，逐步细化。

(3) 模块化：模块化是把程序要解决的总目标分解为分目标，再进一步分解为具体的小目标，把每个小目标称为一个模块。

(4) 限制使用 GOTO 语句。

结构化程序设计方法的起源来自对 GOTO 语句的认识和争论。GOTO 语句使用是否会使程序执行效率较高，是否会造成程序的混乱。最终的结果证明，取消 GOTO 语句后，程序易理解、易排错、易维护，程序容易进行正确性证明。

2. 结构化程序的基本结构

1966 年，Boehm 和 Jacopini 提出了 3 种基本结构，即顺序结构、选择结构和循环结构，并证明了使用这 3 种结构可以构造出任何复杂结构的程序设计方法。

(1) 顺序结构

顺序结构是一种简单的程序设计，它是最基本、最常用的结构，如图 13-19所示。顺序结构是顺序执行的结构，所谓顺序执行，就是按照程序语句行的自然顺序，一条一条地按顺序执行程序。

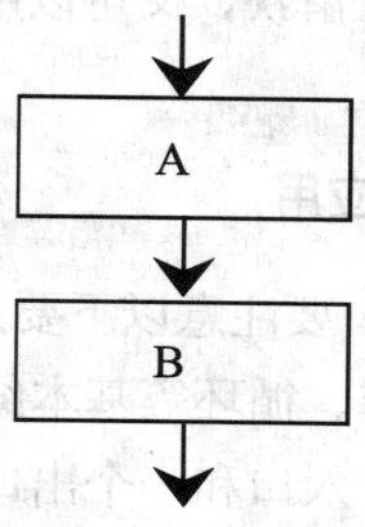

图 13-19　顺序结构

(2) 选择结构

选择结构又称为分支结构，它包括简单选择和多分支选择结构，这种结构可以根据设定的条件，判断应该选择哪一条分支来执行相应的语句序列。如图 13-20 所示的是两个分支的简单选择结构。

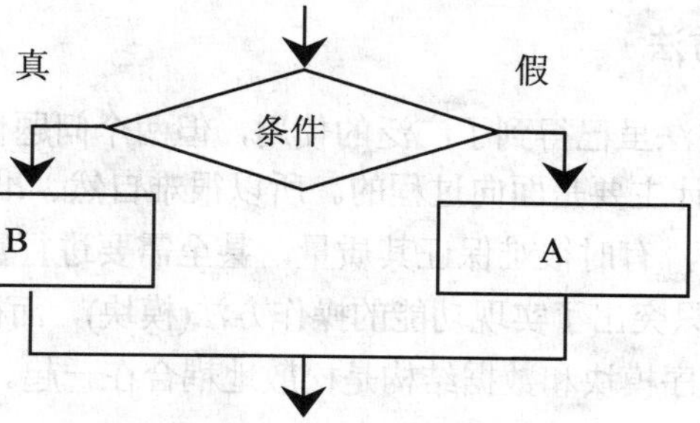

图 13-20　选择结构

(3) 循环结构

循环结构又称为重复结构，它根据给定的条件，判断是否需要重复执行某一相同的程序段，利用循环结构可简化大量相同的程序代码。循环结构可分为两类。

① 当型循环结构：当条件成立时执行循环体(即循环部分)，否则结束循环，如图 13-21(a) 所示。

② 直到型循环结构：先执行循环体，然后对条件进行判断，如图 13-21(b) 所示。

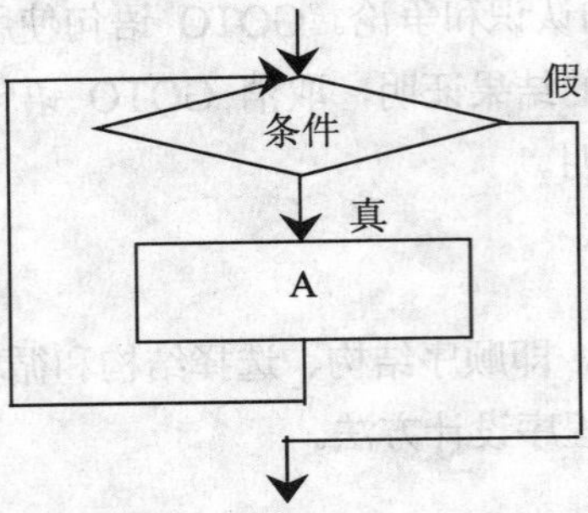

(a) 当型循环结构

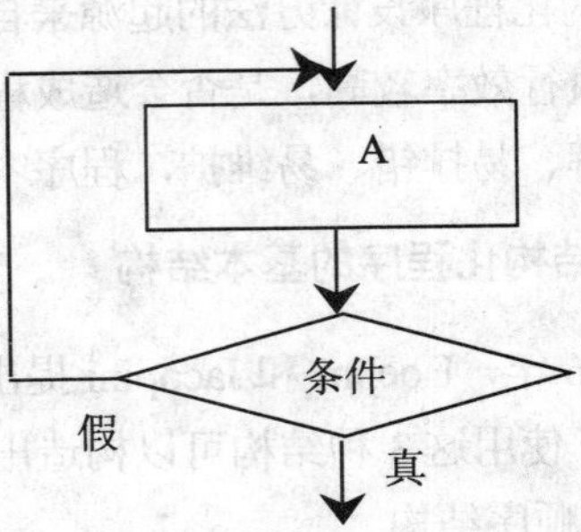

(b) 直到型循环结构

图 13-21　循环结构

同一个问题，既可以用当型循环来解决，又可以用直到型循环来解决。也就是说，这两种循环可以互相转换。

3. 结构化程序设计原则和方法的应用

在结构化程序设计的具体实施中，要注意以下要点。

(1) 使用程序设计中的顺序、选择、循环等基本结构表示程序的控制流程。

(2) 选用的控制结构只允许有一个入口和一个出口。

(3) 程序语句组成容易识别的程序块，每块只有一个入口和一个出口。

(4) 复杂结构通过基本控制结构的组合嵌套形式来实现。

(5) 对于程序设计语言中未提供的控制结构，应该采用前后一致的方法来模拟。

(6) 严格控制 GOTO 语句的使用。

13.4.3　面向对象程序设计

1. 关于面向对象方法

结构化程序设计方法虽已得到了广泛的使用，但两个问题仍未得到很好的解决。

(1) 结构化程序设计主要是面向过程的。所以很难自然、准确地反映真实世界。因而用此方法开发出来的软件，有时很难保证其质量，甚至需要进行重新开发。

(2) 该方法实现中只突出了实现功能的操作方法(模块)，而被操作的数据(变量)处于实现功能的从属地位，即程序模块和数据结构是松散地耦合在一起。因此，当程序复杂时，容易出错，难以维护。

由于上述缺陷已不能满足大型软件开发的要求，一种全新的软件开发技术应运而生，这就是面向对象的程序设计(object oriented Programming，OOP)。面向对象的程序设计是 20 世纪 60 年代末就提出的，起源于 Smalltalk 语言。

面向对象方法的本质，就是主张从客观世界固有的事物出发来构造系统，提倡用人类在现实生活中常用的思维方法来认识、理解和描述客观事物，强调最终建立的系统中的对象以及对象之间的关系能够如实地反映问题域中固有事物及其关系。

2. 面向对象方法的基本概念

关于面向对象方法，对其概念有许多不同的看法和定义，但是都涵盖对象及对象属性与方法、类、继承、多态性几个基本要素。下面分别介绍面向对象方法中这几个重要的基本概念，这些概念是理解和使用面向对象方法的基础和关键。

(1) 对象(Object)

对象是面向对象方法中最基本的概念。对象可以用来表示客观世界中的任何实体，也就是说，应用领域中有意义的、与所要解决的问题有关系的任何事物都可以作为对象，它既可以是具体的物理实体的抽象，也可以是人为的概念，或者是任何有明确边界和意义的东西。例如，一个人、一本书、学生的一次选课等，都可以作为一个对象。

在面向对象的程序设计方法中，对象是由一组表示其静态特征的属性和它执行的一组操作组成。例如，一辆汽车是一个对象，它包含了汽车的属性(如颜色、型号、载重量等)及其操作(如启动、刹车等)。一个窗口是一个对象，它包含了窗口的属性(如大小、颜色、位置等)及其操作(如打开、关闭等)。

客观世界中的实体通常都既具有静态的属性，又具有动态的行为，因此，面向对象方法学中的对象是由描述该对象属性的数据以及可以对这些数据施加的所有操作封装在一起构成的统一体。对象可以做的操作表示它的动态行为，在面向对象分析和面向对象设计中，通常把对象的操作也称为方法或服务。

属性即对象所包含的信息，它在设计对象时确定，一般只能通过执行对象的操作来改变。如对象 Person(人)的属性有姓名、年龄、体重、身份证号等。不同对象的同一属性可以具有相同或不同的属性值。如张三的年龄为 19，李四的年龄为 20 。张三、李四是两个不同的对象，他们共同的属性“身份证号”的值不同。要注意的是，属性值应该指的是纯粹的数据值，而不能指对象。

操作描述了对象执行的功能，通过消息传递，还可以为其他对象使用。操作的过程对外是封闭的，即用户只能看到这一操作实施后的结果。这相当于事先已经设计好的各种过程，只需要调用就可以了，用户不必去关心这一过程是如何编写的。事实上，这个过程已经封装在对象中，用户也看不到。对象的这一特性，即是对象的封装性。

对象有如下一些基本特点。

(1) 标识唯一性：指对象是可区分的，并且由对象的内在本质来区分，而不是通过描述来区分。

(2) 分类性：指可以将具有相同属性和操作的对象抽象成类。

(3) 多态性：指同一个操作可以是不同对象的行为。

(4) 封装性：指将一组数据和与之相关的操作放在一起，形成能动的实体——对象。从外面看只能看到对象的外部特性，即只需知道数据的取值范围和可以对该数据施加的操作，根本无需知道数据的具体结构以及实现操作的算法。对象的内部，即处理能力的实行和内部状态，对外是不可见的。

(5) 模块独立性：对象是面向对象的软件的基本模块，它是由数据及可以对这些数据施加的操作所组成的统一体，而且对象是以数据为中心的，操作围绕对其数据所要做的处理来设置，没有无关的操作。从模块的独立性考虑，对象内部各种元素彼此结合得很紧密，内聚性强。

2. 类(Class)

面向对象程序设计的重点是类的设计。类是具有共同属性、共同方法的对象的集合。所以，类是对象的抽象，是创建对象的模板，它包含所能创建的对象的属性描述和行为特征的定义。而一个对象则是它对应类的一个实例(Instance)。要注意的是，当使用“对象”这个术语时，既可以指一个具体的对象，也可以泛指一般的对象，但是，当使用“实例”这个术语时，必然是指一个具体的对象。例如：Integer 是一个整数类，它描述了所有整数的性质。因此任何整数都是整数类的对象，而一个具体的整数“123”是类 Integer 的一个实例。

3. 消息(Message)

消息是面向对象程序设计方法中的另一个重要概念。消息是一个实例与另一个实例之间传递的信息，它请求对象执行某一处理或回答某一要求的信息，它统一了数据流和控制流。消息的使用类似于函数调用，消息中指定了某一个实例，一个操作名和一个参数表(可省略)。接收消息的实例执行消息中指定的操作，并将形式参数与参数表中相应的值结合起来。消息传递过程中，由发送消息的对象(发送对象)的触发操作产生输出结果，作为消息传送至接收消息的对象(接收对象)，引发接收消息的对象一系列的操作。所传送的消息实质上是接收对象所具有的方法名称，有时还包括相应参数。

4. 继承(Inheritance)

继承是面向对象程序设计的一个主要特征。继承是使用已有的类来创建新类的一种技术。已有的类可当作基类来引用，则新类相应地可当作派生类来引用。广义地说，继承是指能够直接获得已有的性质和特征，而不必重复定义它们。

类组成一个层次结构的系统：一个类的上层可以有父类，下层可以有子类。这种层次结构系统的一个重要性质是继承性，一个类直接继承其父类的描述(数据和操作)或特性，子类自动地共享基类中定义的数据和方法。

继承分为单继承与多重继承。单继承是指，一个类只允许有一个父类，即类等级为树形结构。多重继承是指，一个类允许有多个父类。多重继承的类可以组合多个父类的性质构成所需要的性质。

继承性的优点是，相似的对象可以共享程序代码和数据结构，从而大大减少了程序中的冗余信息，提高软件的可重用性，便于软件修改维护。另外，继承性使得用户在开发新的应用系统时不必完全从零开始。

5. 多态性(Polymorphism)

相同的消息被不同的对象接收时，可能导致不同的行为，这种现象称为多态性。在面向对象程序设计技术中，多态性是指子类对象可以像父类对象那样使用，同样的消息既可以发送给父类对象也可以发送给子类对象。

假设有两个分别表示男生和女生的类 Male 和 Female，它们都有一个表示朋友的属性 Friend 。在表示某个人的朋友时，既可能与 Male 类的实例相关联，也可能与 Female 类的实例相关联，这就需要通过类的多态性来实现。多态性意味着可以关联不同的实例，而实例可以属于不同的类。

多态性机制不仅增加了面向对象软件系统的灵活性，进一步减少了信息冗余，而且提高了软件的可重用性和可扩充性。当需要扩充系统功能、增加新的实体类型时，只需派生出新实体类相应的子类，不必修改原有的程序代码，甚至不需要重新编译原有的程序。多态性也使得用户能够发送一般形式的消息，而其细节由接收消息的对象来实现。

13.5　软件测试

软件测试是保证软件质量的重要手段，其主要过程涵盖了整个软件生命期的过程，包括需求定义阶段的需求测试、编码阶段的单元测试、集成测试以及后期的确认测试、系统测试，验证软件是否合格、能否交付用户使用等。

13.5.1　软件测试的目的

关于软件测试目的，Greenford J.Myers 在《The Art of Software Testing》给出了深刻的阐述：

- 软件测试是为了发现错误而执行程序的过程。
- 一个好的测试用例是指很可能找到迄今为止尚未发现的错误的用例。
- 一个成功的测试是发现了至今尚未发现的错误的测试。
- Myers 的观点告诉人们测试要以查找错误为中心，而不是为了演示软件的正确功能。

13.5.2　软件测试的准则

(1) 所有测试都应追溯到需求。

软件测试的目的是发现错误，而最严重的错误不外乎是那些使得程序无法满足用户需求的错误。

(2) 严格执行测试计划，排除测试的随意性。

在软件测试时，应当制定明确的测试计划并按计划执行。测试计划应包括所测软件的功能、输入和输出，测试内容、各项测试的目的和进度安排，测试资料、测试工具及测试用例的选择，资源要求、测试的控制方式和过程等。

(3) 充分注意测试中的群集现象。

经验表明，程序中存在错误的概率与该程序中已发现的错误数成正比。这个现象说明，为了提高测试效率，测试人员应该集中对付那些错误群集的程序。

(4) 程序设计者应避免检查自己的程序。

为了保证测试效果，应该由独立的第三方来进行测试。因为从心理学角度上说，程序设计者或设计方在自行测试程序时，难以保持客观的态度。

(5) 要认识到穷举测试是不可能的。

所谓穷举测试，是对程序中所有可能的执行路径都进行检查的测试。但在实际测试过程中，一般不大可能穷尽每种组合。一般说来，测试只能查找出程序中的错误，不能证明程序中没有错误。

(6) 妥善保存测试计划、测试用例、出错统计和最终分析报告，为维护提供方便。

13.5.3　软件测试技术与方法

软件测试的方法和技术是多种多样的。对于软件测试方法和技术，可以从不同的角度加以分类。若从是否需要执行被测软件的角度，可以分为静态测试和动态测试方法。若按照功能划分可以分为白盒测试和黑盒测试方法。

1. 静态测试和动态测试

(1) 静态测试

软件系统的静态测试方法并不要求实际地执行这个软件系统。静态测试常常使用某些形式的模拟技术和一些类似于动态测试所使用的技术。模拟技术在源代码分析中比在需求与设计中使用得更加广泛。

静态测试包含对软件开发过程中的要求，设计和编码阶段所生成的文件进行检验。对需求与设计的文件所做的静态测试通常是缺少规范的，并且不象编码阶段那样容易自动执行。对需求与设计阶段的静态测试的更加规范化与更高自动化的方法的成功依赖于对需求和设计的说明书的形式语言的开发。

(2) 动态测试

动态测试是在样板测试数据上执行程序并分析输出以发现错误的过程。所以动态测试包括三部分：生成测试数据、执行程序与验证输出结果。

动态测试的中心问题是生成测试数据的策略，也就是选择测试数据的方法问题。其方法可以分为三类：基于要求、基本设计和基于程序的测试。

基本要求的测试，其测试数据来自软件开发的要求阶段，这些测试数据能用于检查程序的要求。基于设计的测试，其测试数据来自设计阶段的说明，这些测试数据能用于检查设计的功能与其组成部分。基于程序的测试又称为结构测试，其测试数据来自分析程序的结构，即这些测试数据用于检查程序的结构。程序测试依赖于对程序代码的分析。由这三种方法所产生的测试数据的集合并非一定是不相干的。对某些程序，它们可能是相同的。而每类方法都是以不同的观点来检查程序，为了保证测试数据的集合是全面的，必须使用各种测试策略。

2. 白盒测试与黑盒测试

(1) 白盒测试

软件的白盒测试是对软件的过程性细节作细致的检查。这一方法是把测试对象看作一个打开的盒子，它允许测试人员利用程序内部的逻辑结构及有关信息，设计或选择测试用例，对程序所有逻辑路径进行测试。通过在不同点检查程序的状态，确定实际的状态是否与预期的状态一致。因此白盒测试又称为结构测试或逻辑驱动测试。

软件人员使用白盒测试方法，主要想对程序模块进行如下操作：对程序模块的所有独立的执行路径至少测试一次；对所有的逻辑判定，取“真”与取“假”的两种情况都能至少测试一次；在循环的边界和运行界限内执行循环体；测试内部数据结构的有效性等等。但是对一个具有多重选择和循环嵌套的程序，不同的路径数目可能是天文数字。而且即使精确地实现了白盒测试，也不能断言测试过的程序完全正确。

在测试阶段既然穷举测试不可行，就必须精心设计测试用例，从数量极大的可用测试用例中精心地挑选少量的测试数据，使得采用这些测试数据能够达到最佳的测试效果，或者说它们能够高效率地把隐藏的错误揭露出来。

以上事实说明，软件测试有一个致命的缺陷，即测试的不完全、不彻底性。由于任何程序只能进行少量的有限的测试，在发现错误时能说明程序有问题；但在未发现错误时，不能说明程序中没有问题。

白盒测试的主要方法有逻辑覆盖、基本路径测试等。

(2) 黑盒测试

就软件测试来讲，软件的黑盒测试意味着测试要根据软件的外部特性进行。也就是说，这种方法是把测试对象看作一个黑盒子，测试人员完全不考虑程序内部的逻辑结构和内部特性，只依据程序的需求规格说明书，检查程序的功能是否符合它的功能说明。黑盒测试方法主要是为了发现：

- 是否有不正确或遗漏了的功能。
- 在接口上，输入能否正确地接受。
- 能否输出正确的结果。
- 是否有数据结构错误或外部信息(例如数据文件)访问错误。
- 性能上是否能够满足要求。
- 是否有初始化或终止性错误。

所以，用黑盒测试发现程序中的错误，必须在所有可能的输入条件和输出条件中确定测试数据，检查程序是否都能产生正确的输出。

黑盒测试主要有等价类划分法、边界值分析法、错误推测法几种方法。

13.5.4　软件测试的实施

软件测试是保证软件质量的重要手段，软件测试是一个过程，一般按 4 个步骤进行，即单元测试、集成测试、验收测试(确认测试)和系统测试。通过这些步骤的实施来验证软件是否合格，能否交付用户使用。

1. 单元测试

单元测试是对软件设计的最小单位——模块(程序单元)进行正确性检验的测试。单元测试的目的是发现各模块内部可能存在的各种错误。单元测试的依据是详细设计说明书和源程序。单元测试的技术可以采用静态分析和动态测试。对动态测试通常以白盒测试为主，黑盒测试为辅。

单元测试主要针对模块的下列 5 个基本特性进行：

(1) 模块接口测试。测试通过模块的数据流。例如，检查模块的输入参数和输出参数、全局量、文件属性与操作等都属于模块接口测试的内容。

(2) 局部数据结构测试。例如，检查局部数据说明的一致性，数据的初始化，数据类型的一致性以及数据的下溢、上溢等。

(3) 重要执行路径的检查。

(4) 出错处理测试。检查模块的错误处理功能。

(5) 影响以上各点及其他相关点的边界条件测试。

单元测试是针对某个模块，这样的模块通常并不是一个独立的程序，因此模块自己不能运行，而要靠辅助其他模块调用或驱动。同时，模块自身也会作为驱动模块去调用其他模块，也就是说，单元测试要考虑它和外界的联系，必须在一定的环境下进行，这些环境可以是真实的也可以是模拟的。

单元测试经常使用模拟环境，就是在单元测试中，用一些辅助模块去模拟与被测模块的相联系的其他模块，即为被测模块设计和搭建驱动模块和桩模块，如图 13-22所示。

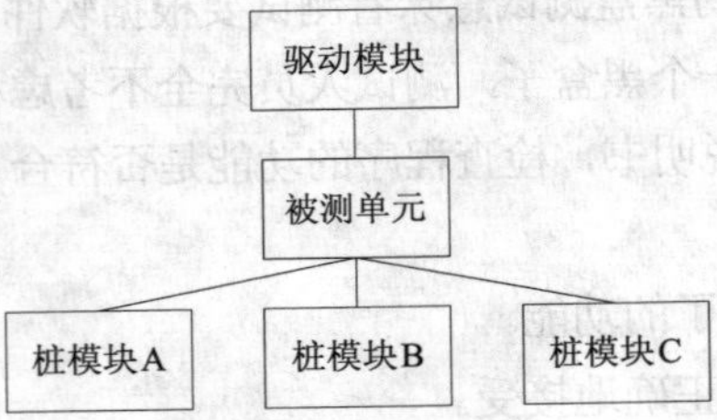

图 13-22　单元测试的测试环境

其中，驱动(Driver)模块相当于被测模块的主程序。它接收测试数据，并传给被测模块，输出实际测试结果。桩(Stub)模块通常用于代替被测模块调用的其他模块，其作用仅做少量的数据操作，是一个模拟子程序，不必将子模块的所有功能带入。

2. 集成测试

集成测试是测试和组装软件的过程。它是把模块在按照设计要求组装起来的同时进行测试，主要目的是发现与接口有关的错误。集成测试的依据是概要设计说明书。

集成测试所涉及的内容包括：软件单元的接口测试、全局数据结构测试、边界条件和非法输入的测试等。集成测试时将模块组装成程序通常采用两种方式：非增量方式组装与增量方式组装。

非增量方式也称为一次性组装方式。将测试好的每一个软件单元一次组装在一起再进行整体测试。

增量方式是将已经测试好的模块逐步组装成较大系统，在组装过程中边连接边测试，以发现连接过程中产生的问题。最后通过增值，逐步组装到所要求的软件系统。增量方式包括自顶向下、自底向上、自顶向下与自底向上相结合的混合增量方法。

(1) 自顶向下的增量方式

将模块按系统程序结构，从主控模块(主程序)开始，沿控制层次自顶向下地逐个把模块连接起来。自顶向下的增量方式在测试过程中能较早地验证主要的控制和判断点。

(2) 自底向上的增量方式

自底向上集成测试方法是从软件结构中最底层的、最基本的软件单元开始进行集成和测试。在模块的测试过程中需要从子模块得到的信息可以直接运行子模块得到。由于在逐步向上组装过程中下层模块总是存在的，因此不再需要桩模块，但是需要调用这些模块的驱动模块。

(3) 混合增量方式

自顶向下增量的方式和自底向上增量的方式各有优缺点，一种方式的优点是另一种方式的缺点。自顶向下测试的主要优点是能较早显示出整个程序的轮廓，主要缺点是，当测试上层模块时使用桩模块较多，很难模拟出真实模块的全部功能，使部分测试内容被迫推迟，直至换上真实模块后再补充测试。

3. 确认测试

确认测试的任务是验证软件的功能和性能及其他特性是否满足了需求规格说明中确定的各种需求，以及软件配置是否完全、正确。

确认测试的实施首先运用黑盒测试方法，对软件进行有效性测试，即验证被测软件是否满足需求规格说明确认的标准。复审的目的在于保证软件配置齐全、分类有序，以及软件配置所有成分的完备性、一致性、准确性和可操作性，并且包括软件维护所必需的细节。

4. 系统测试

系统测试是将通过测试确认的软件，作为整个基于计算机系统的一个元素，与计算机硬件、外设、支持软件、数据和人员等其他系统元素组合在一起，在实际运行(使用)环境下对计算机系统进行一系列的集成测试和确认测试。由此可知，系统测试必须在目标环境下运行，其功用在于评估系统环境下软件的性能，发现和捕捉软件中潜在的错误。

系统测试的目的是在真实的系统工作环境下检验软件是否能与系统正确连接，发现软件与系统需求不一致的地方。

系统测试的具体实施一般包括：功能测试、性能测试、操作测试、配置测试、外部接口测试、安全性测试等。

13.6 程序的调试

13.6.1 基本概念

在对程序进行了成功的测试之后将进入程序调试(通常称 Debug，即排错)。程序调试的任务是诊断和改正程序中的错误。它与软件测试不同，软件测试是尽可能多地发现软件中的错误。先要发现软件的错误，然后借助于一定的调试工具去执行找出软件错误的具体位置。软件测试贯穿整个软件生命期，调试主要在开发阶段。

由程序调试的概念可知，程序调试活动由两部分组成：其一是根据错误的迹象确定程序中错误的确切性质、原因和位置；其二，对程序进行修改，排除这个错误。

1. 程序调试的基本步骤

(1) 错误定位

从错误的外部表现形式入手，研究有关部分的程序，确定错误位置占据了软件调试绝大部分的工作量。从技术角度来看，错误的特征和查找错误的难度在于确定程序中出错位置，找出错误的内在原因。

(2) 修改设计和代码，以排除错误

排错是软件开发过程中一项艰苦的工作，这也决定了调试工作是一个具有很强技术性和技巧性的工作。软件工程人员在分析测试结果的时候会发现，软件运行失效或出现问题，往往只是潜在错误的外部表现，而外部表现与内在原因之间常常没有明显的联系。如果要找出真正的原因，排除潜在的错误，不是一件容易的事。因此可以说，调试是通过现象找出原因的一个思维分析的过程。

(3) 进行回归测试，防止引进新的错误

因为修改程序可能带来新的错误，重复进行暴露这个错误的原始测试或某些有关测试，以确认该错误是否被排除、是否引进了新的错误。如果所做的修正无效，则撤销这次改动，重复上述过程，直到找到一个有效的解决办法为止。

2. 程序调试的原则

在软件调试方面，许多原则实际上是心理学方面的问题。因为调试活动由对程序中错误的定性、定位和排错两部分组成，因此调试原则也从以下两个方面考虑。

(1) 确定错误的性质和位置时的注意事项

① 分析思考与错误征兆有关的信息。

② 避开死胡同。如果程序调试人员在调试中陷入困境，最好暂时把问题抛开再去考虑，或者向其他人讲解这个问题，去寻求新的解决思路。

③ 只把调试工具当作辅助手段来使用。调试工具给人提供的是一种无规律的调试方法，可以帮助思考，但不能代替思考。

④ 避免采用试探法。试探法是碰运气的盲目的动作，它的成功几率很小，而且还常把新的错误带到问题中来，因此，只有在不得已时才作为最后手段。

(2) 修改错误的原则

① 在出现错误的地方，很可能还有别的错误。经验表明，错误有群集现象，当在某一程序段发现有错误时，在该程序段中还存在别的错误的概率也很高。因此，在修改一个错误时，还要检查相关的代码，看是否有别的错误。

② 修改错误时，常会出现这种情况：只修改了错误的征兆或其表现，而没有修改错误本身。如果提出的修改不能解释与这个错误有关的全部现象，那就表明了只修改了错误的一部分。

③ 注意在改正一个错误的同时不引入新的错误。为了防止引入新的错误，要进行回归测试。

④ 修改错误也是程序设计的一种形式。一般说来，在程序设计阶段所使用的任何方法都可以应用到修改错误的过程中来。

⑤ 修改源代码程序，不要改变目标代码。

13.6.2 软件调试方法

调试的关键在于推断程序内部的错误位置及原因。从是否跟踪和执行程序的角度，类似于软件测试，软件调试可以分为静态调试和动态调试两种。软件测试中讨论的静态分析方法同样适用静态调试。静态调试主要指通过人的思维来分析源程序代码和排错，是主要的调试手段，而动态调试是辅助静态调试的。

软件调试中常用的主要方法有以下几种：

1. 强行排错法

强行排错法是传统的调试方法，其过程可概括为，设置断点、程序暂停、观察程序状态、继续运行程序。涉及的调试技术主要是设置断点和监视表达式。例如：

(1) 将内存中的内容全部打印出来，进行排错。

(2) 设置断点法，即在程序特定部位设置打印语句。当程序执行到该处时，计算机自动停止运行，并保留这时各变量的状态，以便检查、校对。

(3) 自动调试工具。可供利用的典型的语言功能有打印出语句执行的追踪信息、追踪子程序调用，以及指定变量的变化情况。自动调试工具的功能是设置断点，当程序执行到某个特定的语句或某个特定的变量值改变时，程序暂停执行。程序员可在终端上观察程序此时的状态。

在使用以上技术之前，应当对错误的征兆进行全面分析，在得出对出错位置及错误性质的推测后，再使用一种适当的排错方法来检验推测的正确性。

2. 回溯法

回溯法是指在错误的征兆附近进行追踪。在发现了错误之后，先分析错误征兆，确定最先发现“症状”的位置。然后，从有“症状”的地方开始，沿程序的控制流程，逆向跟踪源程序代码，直到找到错误根源或确定错误产生的范围并纠正为止。

回溯法只适合于小规模程序的排错，规模很大时回溯路径太多，实际上是无法进行的。

3. 原因排除法

原因排除法是通过演绎和归纳，以及二分法来实现的。

演绎法是一种从一般原理或前提出发，经过排除和精化的过程来推导出结论的思考方法。测试人员先根据已有的测试用例，设想并枚举出所有可能出错的原因作为假设。然后再用原始测试数据或新的测试，从中逐个排除不可能正确的假设。最后，再用测试数据验证其余的假设确定出错的原因。

归纳法是一种从特殊推断出一般的系统化思考方法。其基本思想是从一些线索(错误征兆或与错误发生有关的数据)着手，通过分析寻找到潜在的原因，从而找出错误。

二分法实现的基本思想是：如果已知每个变量在程序中若干个关键点的正确值，则可以使用定值语句(如赋值语句、输入语句等)在程序中的某点附近给这些变量赋正确值，然后运行程序并检查程序的输出。如果输出结果是正确的，则错误原因在程序的前半部分；反之，错误原因在程序的后半部分。对错误原因所在的部分重复使用这种方法，直到将出错范围缩小到容易诊断的程度为止。

上面的每一种方法都可以使用调试工具来辅助完成。例如，可以使用带调试功能的编译器、动态调试器、自动测试用例生成器以及交叉引用工具等。

13.7　小　结

本章主要内容如下：

1. 软件工程基本概念，软件生命周期概念，软件工具与软件开发环境。
2. 结构化分析方法，数据流图，数据字典，软件需求规格说明书。
3. 结构化设计方法，总体设计与详细设计。

4. 程序设计方法与风格，结构化程序设计，面向对象程序设计。

5. 软件测试的方法，白盒测试与黑盒测试，测试用例设计，软件测试的实施，单元测试、集成测试和系统测试。

6. 程序的调试，静态调试与动态调试。

13.8 习 题

一、选择题

1. 软件工程的出现是由于(　　)。

A) 程序设计方法学的影响　　B) 软件产业化的需要

C) 软件危机的出现　　D) 计算机的发展

2. 开发软件所需高成本和产品的低质量之间有着尖锐的矛盾，这种现象称为(　)。

A) 软件危机　B) 软件投机　C) 软件工程　D) 软件产生

3. 下面不属于软件工程的 3 个要素的是(　　)。

A) 工具　B) 过程　C) 方法　D) 环境

4. 需求分析阶段的任务是(　)。

A) 软件开发方法　B) 软件开发工具　C) 软件开发费用　D) 软件系统功能

5. 下列工具中为需求分析常用工具的是(　)。

A) PAD　B) PFD　C) N-S　D) DFD

6. 在数据流图中，带有名字的箭头表示(　)。

A) 模块之间的调用关系　　B) 程序的组成部分

C) 控制程序的执行顺序　　D) 数据的流向

7. 模块独立性是软件模块化所提出的要求，衡量模块独立性的度量标准是模块的(　)。

A) 抽象和信息屏蔽　　B) 局部化和封装华

C) 内聚性和耦合性　　D) 激活机制和控制方法

8. 对建立良好的程序设计风格，下面描述正确的是(　　)。

A) 程序应简单、清晰、可读性好　B) 符号名的命名只要符合语法

C) 充分考虑程序的执行效率　　D) 程序的注释可有可无

9. 结构化程序设计主要强调的是(　　)。

A) 程序的规模　　B) 程序的易读性

C) 程序的执行效率　　D) 程序的可移植性

10. 结构化程序设计的 3 种结构是(　　)。

A) 顺序结构、选择结构、转移结构

B) 分支结构、等价结构、循环结构

C) 多分支结构、赋值结构、等价结构

D) 顺序结构、选择结构、循环结构

11. 下列叙述中，不属于结构化程序设计方法的主要原则的是(　　)。

A) 自顶向下　　B) 由底向上

C) 模块化　　D) 限制使用 goto 语句

12. 对象是现实世界中一个实际存在的事物，它可以是有形的也可以是无形的，下面所列举的不是对象的是(　　)。

A) 桌子　　C) 狗

B) 飞机　　D) 苹果的颜色

13. 信息隐蔽是通过(　　)实现的。

A) 抽象性　　B) 封装性

C) 继承性　　D) 传递性

14. 面向对象的开发方法中，类与对象的关系是(　　)。

A) 具体与抽象　　B) 抽象与具体

C) 整体与部分　　D) 部分与整体

15. 以下不属于对象的基本特点的是(　　)。

A) 分类性　　B) 多态性　　C) 继承性　　D) 封装性

16. 在对象之间传递信息的是(　　)。

A) 方法　　B) 属性　　C) 事件　　D) 消息

17. 在软件测试设计中，软件测试的主要目的是(　　)。

A) 实验性运行软件　　B) 证明软件正确

C) 找出软件中全部的错误　　D) 发现软件错误而执行程序

18. 下列不属于静态测试方法的是(　　)。

A) 代码检查　　B) 白盒法　　C) 静态结构分析　　D) 代码质量度量

19. 在软件工程中，白盒测试法可以用于测试程序的内部结构。此方法将系统看作是(　　)。

A) 路径的集合　　B) 循环的集合　　C) 目标的集合　　D) 地址的集合

20. 完全不考虑程序的内部结构和内部特征，而只是根据程序功能导出测试用例的测试方法是(　　)。

A) 黑盒测试法　　B) 白盒测试法　　C) 错误推测法　　D) 安装测试法

21. 检查软件产品是否符合定义的过程称为(　　)。

A) 确认测试　　B) 集成测试　　C) 验证测试　　D) 验收测试

二、填空题

1. 通常，将软件产品从提出、实现、使用维护到停止使用退役的过程称为______。

2. 结构化程序设计方法的主要原则包括______、逐步求精、模块化和限制使用 GOTO 语句等 4 条原则。

3. 按照程序段本身语句行的自然顺序，一条语句一条语句地执行程序，这样的程序结构称为______。

4. 面向对象的程序设计方法中涉及的对象是系统中用来描述客观事物的一个实体，它由______和可执行的一组操作共同组成。

5. 类是对象的抽象，而一个对象则是其对应类的一个______。

6. 在面向对象的程序设计中，______是指一个类实例和另一个类实例之间传递的信息。

7. 使用已经存在的类定义作为基础建立新的类定义，这样的技术叫做______。

8. 对象根据所接受的消息而做出动作，同样的消息被不同的对象所接受时可能导致完全不同的行为，这种现象称为______。

9. 为了便于对照检查，测试用例由输入数据和预期的______两部分组成。

第14章　数据库基础

数据库技术是研究数据库的结构、存储、设计和使用的一门软件学科，是计算机领域的一个重要分支。在计算机应用的三大领域(科学计算、数据处理和过程控制)中，数据处理约占其中的70%，而数据库技术就是作为一门数据处理技术发展起来的。

14.1　数据库系统的基本概念

近年来，数据库在计算机应用中的地位与作用日益重要，它在商业中、事务处理中占有主导地位。它在多媒体领域、在统计领域以及智能化应用领域中的地位与作用也变得十分重要。随着网络应用的普及，它在网络中的应用也日渐重要。因此，数据库已成为构成一个计算机应用系统的重要的支持性软件。

14.1.1　数据、数据库、数据库管理系统

1. 数据

数据(Data)实际上就是描述事物的符号记录。

计算机中的数据一般分为两部分，其中一部分与程序仅有短时间的交互关系，随着程序的结束而消亡，称为临时性(Transient)数据，这类数据一般存放于计算机内存中；而另一部分数据则对系统起着长期持久的作用，称为持久性(Persistent)数据。数据库系统中处理的就是这种持久性数据。

软件中的数据是有一定结构的。首先，数据有型(Type)与值(Value)之分，数据的型给出了数据表示的类型，如整型、实型、字符型等，而数据的值给出了符合给定型的值，如字符型值ABC。随着应用需求的扩大，数据的型进一步扩大，它包括了将多种相关数据以一定结构方式组合构成特定的数据框架，这样的数据框架称为数据结构(Data Structure)，数据库中在特定条件下称之为数据模式(Data Schema)。

2. 数据库

数据库(Database，DB)是存储在一起的相关数据的集合，它具有统一的结构形式并存放于统一的存储介质内，是多种应用数据的集成，并可被各个应用程序所共享。

数据库存放数据是按数据所提供的数据模式存放的，它能构造复杂的数据结构以建立数据间内在联系与复杂的关系，从而构成数据的全局结构模式。

数据库中的数据具有“集成”、“共享”的特点。在数据库中集中了各种应用的数据，并进行统一的构造与存储，使它们可被不同应用程序所使用。

3. 数据库管理系统

数据库管理系统(Database Management System，DBMS)是指数据库系统中对数据进行管理的系统软件，它是数据库系统的核心组成部分。数据库管理系统负责数据库中的数据组织、数据操纵、数据维护、控制及保护和数据服务等。数据库中的数据量大、结构复杂，因此需要提供管理工具。数据库管理系统主要有如下功能：

(1) 数据模式定义。数据库管理系统负责为数据库构建模式，也就是为数据库构建其数据框架。

(2) 数据存取的物理构建。数据库管理系统负责为数据模式的物理存取及构建提供有效的存取方法与手段。

(3) 数据操纵。数据库管理系统为用户使用数据库中的数据提供方便，它一般提供查询、插入、修改以及删除数据的功能。此外，它自身还具有做简单算术运算及统计的能力。

(4) 数据的完整性、安全性定义与检查。数据库中的数据具有内在语义上的关联性与一致性，它们构成了数据的完整性，数据的完整性是保证数据库中数据正确的必要条件，因此必须经常检查以维护数据的正确。

数据库中的数据具有共享性，而数据共享可能会引发数据的非法使用，因此必须要对数据正确使用作出必要的规定，并在使用时做检查，这就是数据的安全性。

(5) 数据库的并发控制与故障恢复。数据库是一个集成、共享的数据集合体，它能为多个应用程序服务，所以就存在着多个应用程序对数据库的并发操作。在并发操作中如果不加控制和管理，多个应用程序间就会相互干扰，从而对数据库中的数据造成破坏。因此，数据库管理系统必须对多个应用程序的并发操作做必要的控制以保证数据不受破坏，这就是数据库的并发控制。

数据库中的数据一旦遭受破坏，数据库管理系统必须有能力及时进行恢复，这就是数据库的故障恢复。

(6) 数据的服务。数据库管理系统提供对数据库中数据的多种服务功能，如数据拷贝、转存、重组、性能监测、分析等。

为完成以上功能，数据库管理系统提供相应的数据语言(Data Language)，它们是：

- 数据定义语言(Data Definition Language，DDL)。该语言负责数据的模式定义与数据的物理存取构建。
- 数据操纵语言(Data Manipulation Language，DML)。该语言负责数据的操纵，包括查询及增、删、改等操作。
- 数据控制语言(Data Control Language，DCL)。该语言负责数据完整性、安全性的定义与检查以及并发控制、故障恢复等功能。

以上数据语言一般具有两种结构形式：

- 交互式命令语言：能在终端上即时操作，即时得出结果，简单易学。
- 宿主型语言：可嵌入某些宿主语言(Host Language)中，如 C、COBOL 等高级过程性语言中。

目前流行的 DBMS 均为关系数据库系统，比如 Oracle、PowerBuilder 及 IBM 的 DB2、微软的 SQL Server 等。另外，还有小型的数据库，如微软的 Visual FoxPro 和 Access 等，它们只具备数据库管理系统的一些简单功能。

4. 数据库管理员

数据库管理员(Database Administrator，DBA)是专门对数据库的规划、设计、维护、监视等工作进行管理的人员。其主要工作如下：

(1) 数据库设计(Database Design)。具体地说是进行数据模式的设计。由于数据库的集成与共享性，因此需要有专门人员(即 DBA)对多个应用的数据需求作全面的规划、设计与集成。

(2) 数据库维护。DBA 必须对数据库中的数据安全性、完整性、并发控制及系统恢复、数据定期转存等进行实施与维护。

(3) 改善系统性能。DBA 必须随时监视数据库运行状态，不断调整内部结构，使系统保持最佳状态与最高效率。

5. 数据库系统

数据库系统(Database System，DBS)是以数据库为核心的完整的运行实体，由数据库、数据库管理系统、数据库管理员、硬件平台、软件平台组成。

(1) 硬件平台包括计算机与网络。

- 计算机：它是系统中硬件的基础平台，目前常用的有微型机、小型机、中型机、大型机及巨型机。
- 网络：过去数据库系统一般建立在单机上，但是近年来它较多的建立在网络上，从目前形势看，数据库系统今后将以建立在网络上为主，而其结构形式又以客户/服务器(C/S)方式与浏览器 / 服务器(B/S)方式为主。

(2) 软件平台包括操作系统、数据库系统开发工具与接口软件。

- 操作系统：它是系统的基础软件平台，目前常用的有 UNIX(包括 Linux)与 Windows 等。
- 数据库系统开发工具：为开发数据库应用程序所提供的工具，它包括过程性程序设计语言如 C、C++等，也包括可视化开发工具 VB、PB、Delphi 等，它还包括近期与 Internet 有关的 HTML 及 XML 等。
- 接口软件：在网络环境下数据库系统中数据库与应用程序，数据库与网络间存在着多种接口，它们需要用接口软件进行联接，否则数据库系统整体就无法运作，这些接口软件包括 ODBC、JDBC、OLEDB、CORBA、COM、DCOM 等。

6. 数据库应用系统

数据库应用系统(Database Application System，DBAS)是数据库系统再加上应用软件及应用界面这三者所组成，具体包括数据库、数据库管理系统、数据库管理员，硬件平台、软件平台、应用软件、应用界面。其中应用软件是由数据库系统所提供的数据库管理系统(软件)及数据库系统开发工具所书写而成，而应用界面大多由相关的可视化工具开发而成。

14.1.2　数据库系统的发展

数据管理发展至今已经历了 3 个阶段：人工管理阶段、文件系统阶段和数据库系统阶段。

1. 人工管理阶段

数据的人工管理阶段是在 20 世纪 50 年代中期以前，主要用于科学计算。当时在硬件方面无磁盘，软件方面没有操作系统，靠人工管理数据。

2. 文件系统阶段

20 世纪 50 年代后期到 20 世纪 60 年代中期，数据管理进入了文件系统阶段。文件系统是数据库系统发展的初级阶段，它提供了简单的数据共享与数据管理能力，但是它无法提供完整的、统一的管理和数据共享的能力。由于它的功能简单，因此它附属于操作系统而不成为独立的软件，目前一般将其看成仅是数据库系统的雏形，而不是真正的数据库系统。

3. 数据库系统阶段

20 世纪 60 年代之后，数据管理进入数据库系统阶段。随着计算机应用领域不断扩大，数据库系统的功能和应用范围也愈来愈广，到目前已成为计算机系统的基本及主要的支撑软件。

从 20 世纪 60 年代末期起，真正的数据库系统——层次数据库与网状数据库开始发展，它们为统一管理与共享数据提供了有力支撑，这个时期数据库系统蓬勃发展形成了有名的"数据库时代"。但是这两种系统也存在不足，主要是它们脱胎于文件系统，受文件系统的影响较大，对数据库使用带来诸多不便，同时，此类系统的数据模式构造烦琐不宜于推广使用。

关系数据库系统出现于 20 世纪 70 年代，在 80 年代得到蓬勃发展，并逐渐取代前两种系统。关系数据库系统结构简单，使用方便，逻辑性强，物理性少，因此在 80 年代以后一直占据数据库领域的主导地位。

目前，数据库技术也与其他信息技术一样在迅速发展之中，计算机处理能力的增强和越来越广泛的应用是促进数据库技术发展的重要动力。一般认为，未来的数据库系统应支持数据管理、对象管理和知识管理，应该具有面向对象的基本特征。在关于数据库的诸多新技术中，下面 3 种是比较重要的。

(1) 面向对象数据库系统：用面向对象方法构筑面向对象数据模型使其具有比关系数据库系统更为通用的能力。

(2) 知识库系统：用人工智能中的方法特别是用谓词逻辑知识表示方法构筑数据模型，使其模型具有特别通用的能力。

(3) 关系数据库系统的扩充：利用关系数据库作进一步扩展，使其在模型的表达能力与功能上有进一步的加强，如与网络技术相结合的 Web 数据库、数据仓库及嵌入式数据库等。

14.1.3　数据库系统的主要特点

数据库技术是在文件系统基础上发展产生的，两者都以数据文件的形式组织数据，但由于数据库系统在文件系统之上加入了 DBMS 对数据进行管理，从而使得数据库系统具有以下特点。

1. 数据的集成性

数据库系统的数据集成性主要表现在如下几个方面。

(1) 在数据库系统中采用统一的数据结构方式，如在关系数据库中采用二维表作为统一结构方式。

(2) 在数据库系统中按照多个应用的需要组织全局的统一的数据结构(即数据模式)，数据模式不仅可以建立全局的数据结构，还可以建立数据间的语义联系从而构成一个内在紧密联系的数据整体。

(3) 数据库系统中的数据模式是多个应用共同的、全局的数据结构，而每个应用的数据则是全局结构中的一部分，称为局部结构(即视图)，这种全局与局部的结构模式构成了数据库系统数据集成性的主要特征。

2. 数据的高共享性与低冗余性

由于数据的集成性使得数据可为多个应用所共享，特别是在网络发达的今天，数据库与网络的结合扩大了数据关系的应用范围。数据的共享自身又可极大地减少数据冗余性，不仅减少了不必要的存储空间，更为重要的是可以避免数据的不一致性。所谓数据的一致性是指在系统中同一数据的不同出现应保持相同的值，而数据的不一致性指的是同一数据在系统的不同拷贝处有不同的值。因此，减少冗余性以避免数据的不同出现是保证系统一致性的基础。

3. 数据独立性

数据独立性是数据与程序间的互不依赖性，即数据库中数据独立于应用程序而不依赖于应用程序。也就是说，数据的逻辑结构、存储结构与存取方式的改变不会影响应用程序。

数据独立性一般分为物理独立性与逻辑独立性两种。

(1) 物理独立性：物理独立性即是数据的物理结构(包括存储结构、存取方式等)的改变，如存储设备的更换、物理存储的更换、存取方式改变等都不影响数据库的逻辑结构，从而不致引起应用程序的变化。

(2) 逻辑独立性：数据库总体逻辑结构的改变，如修改数据模式、增加新的数据类型、改变数据间联系等，不需要修改相应应用程序，这就是数据的逻辑独立性。

4. 数据统一管理与控制

数据库系统不仅为数据提供高度集成环境，同时它还为数据提供统一管理的手段，这主要包含以下 3 个方面。

(1) 数据的完整性检查：检查数据库中数据的正确性以保证数据的正确。

(2) 数据的安全性保护：检查数据库访问者以防止非法访问。

(3) 并发控制：控制多个应用的并发访问所产生的相互干扰以保证其正确性。

14.1.4 数据库的体系结构

数据库的体系结构分为三级，也称为三级模式，即内部级模式、概念级模式、外部级模式。数据库的三级体系结构是数据的三个抽象级别，它把数据的具体组织留给 DBMS 管理，使用户能抽象地处理数据，而不必关系数据在计算机中的表示和存储。这三级结构之间差别很大，为实现这 3 个抽象级别的转换，DBMS 在这三级结构之间提供了两种映射，即外部级到概念级的映射和概念级到内部级的映射，如图 14-1所示。

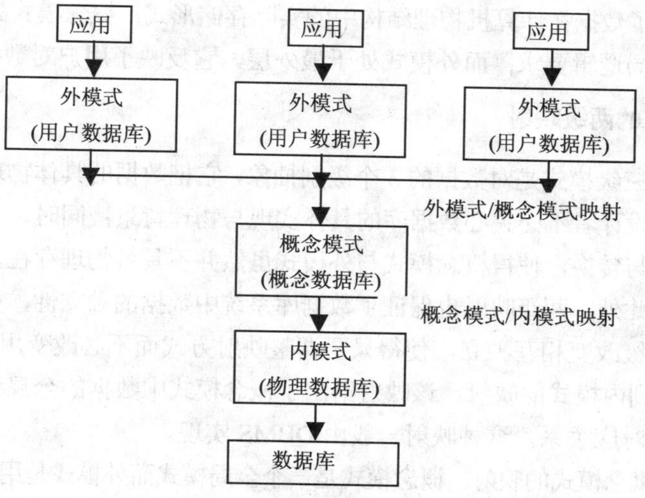

图 14-1　三级模式、两种映射关系图

1. 数据库系统的三级模式

数据模式是数据库系统中数据结构的一种表示形式，它具有不同的层次与结构方式。

(1) 概念模式。概念模式(Conceptual Schema)是数据库系统中全局数据逻辑结构的描述，是全体用户(应用)公共数据视图。此种描述是一种抽象的描述，它不涉及具体的硬件环境与平台，也与具体的软件环境无关。

概念模式主要描述数据的概念记录类型以及它们间的关系，它还包括一些数据间的语义约束，对它的描述可用 DBMS 中的 DDL 语言定义。

(2) 外模式。外模式(External Schema)也称子模式(Subschema)或用户模式(User's Schema)。它是用户的数据视图，也就是用户所见到的数据模式，它由概念模式推导而出。概念模式给出了系统全局的数据描述而外模式则给出每个用户的局部数据描述。一个概念模式可以有若干个外模式，每个用户只关心与它有关的模式，这样不仅可以屏蔽大量无关信息而且有利于数据保护。在一般的 DBMS 中都提供有相关的外模式描述语言(外模式 DDL)。

(3) 内模式。内模式(Internal Schema)又称物理模式(Physical Schema)，它给出了数据库物理存储结构与物理存取方法，如数据存储的文件结构、索引等存取方式与存取路径，内模式的物理性主要体现在操作系统及文件级上，它还未深入到设备级上(如磁盘及磁盘操作)。内模式对一般用户是透明的，但它的设计直接影响数据库的性能。DBMS 一般提供相关的内模式描述语言(内模式 DDL)。数据模式给出了数据库的数据框架结构，数据是数据库中的真正的实体，但这些数据必须按框架所描述的结构组织，以概念模式为框架所组成的数据库叫概念数据库(Conceptual Database)，以外模式为框架所组成的数据库叫用户数据库(User's Database)，以内模式为框架所组成的数据库叫物理数据库(Physical Database)。这 3 种数据库中只有物理数据库是真实存在于计算机外存中，其他两种数据库并不真正存在于计算机中，而是通过两种映射由物理数据库映射而成。

模式的 3 个级别层次反映了模式的 3 个不同环境以及它们的不同要求。其中，内模式处于最底层，它反映了数据在计算机物理结构中的实际存储形式；概念模式处于中层，它反映了设计者的数据全局逻辑要求；而外模式处于最外层，它反映了用户对数据的要求。

2. 数据库系统的两级映射

数据库系统的三级模式是对数据的 3 个级别抽象，它把数据的具体物理实现留给物理模式，使用户与全局设计者不必关心数据库的具体实现与物理背景；同时，它通过两级映射建立了模式间的联系与转换，使得概念模式与外模式虽然并不具备物理存在，但是也能通过映射而获得其实体。此外，两级映射也保证了数据库系统中数据的独立性，亦即数据的物理组织改变与逻辑概念级改变相互独立，使得只要调整映射方式而不必改变用户模式。

(1) 概念模式到内模式的映射。该映射给出了概念模式中数据的全局逻辑结构到数据的物理存储结构间的对应关系，这种映射一般由 DBMS 实现。

(2) 外模式到概念模式的映射。概念模式是一个全局模式而外模式是用户的局部模式。一个概念模式中可以定义多个外模式，而每个外模式是概念模式的一个基本视图。外模式到概念模式的映射给出了外模式与概念模式的对应关系，这种映射一般也是由 DBMS 来实现的。

14.2 数据模型

14.2.1 数据模型的基本概念

模型是对现实世界的抽象。数据库中的数据模型可以将复杂的现实世界反映到计算机数据库中的物理世界，这种反映是一个逐步转化的过程，它分为两个阶段：由现实世界开始，经历信息世界而至计算机世界。

(1) 现实世界(Real World)：用户为了某种需要，需要将现实世界中的部分需求用数据库实现，这样，人们所见到的是客观世界中的划定边界的一个部分环境，它称为现实世界。

(2) 信息世界(Information World)：通过抽象对现实世界进行数据库级上的刻画所构成的逻辑模型叫信息世界。信息世界与数据库的具体模型有关，如层次、网状、关系模型等。

(3) 计算机世界(Computer World)：在信息世界基础上致力于其在计算机物理结构上的描述，从而形成的物理模型叫计算机世界。现实世界的要求只有在计算机世界中才得到真正的物理实现，而这种实现是通过信息世界逐步转化得到的。

数据是现实世界符号的抽象，而数据模型(Data Model)则是数据特征的抽象。数据模型所描述的内容包括数据结构、数据操作与数据约束。

(1) 数据结构。数据模型中的数据结构主要描述数据的类型、内容、性质以及数据间的联系等。数据结构是数据模型的基础，数据操作与约束都建立在数据结构之上。

(2) 数据操作。数据模型中的数据操作主要描述在相应数据结构上的操作类型与操作方式。

(3) 数据约束。数据模型中的数据约束主要描述数据结构内数据间的语法、语义联系，它们之间的制约与依存关系，以及数据动态变化的规则，以保证数据的正确、有效与相容。

数据模型按不同的应用层次分成 3 种类型：概念数据模型(Conceptual Data Model)、逻辑数据模型(Logic Data Model)、物理数据模型(Physical Data Model)。

概念数据模型简称概念模型，它是一种面向客观世界、面向用户的模型；它与具体的数据库管理系统无关，与具体的计算机平台无关。概念模型着重于对客观世界复杂事物的结构描述及它们之间的内在联系的刻画。概念模型是整个数据模型的基础。目前，较为有名的概念模型有 E-R 模型、扩充的 E-R 模型、面向对象模型及谓词模型等。

逻辑数据模型又称数据模型，它是一种面向数据库系统的模型，该模型着重于在数据库系统一级的实现。概念模型只有在转换成数据模型后才能在数据库中得以表示。目前，逻辑数据模型也有很多种，较为成熟并先后被人们大量使用过的有：层次模型、网状模型、关系模型、面向对象模型等。

物理数据模型又称物理模型，它是一种面向计算机物理表示的模型，此模型给出了数据模型在计算机上物理结构的表示。

14.2.2　E-R 模型

概念模型是面向现实世界的，它的出发点是有效和自然地模拟现实世界，给出数据的概念化结构。长期以来被广泛使用的概念模型是 E-R 模型(Entity-Relationship Model，实体联系模型)，它于 1976 年由 Peter Chen 首先提出。该模型将现实世界的要求转化成实体、联系、属性等几个基本概念，以及它们间的两种基本联接关系，并且可以用一种图直观地表示出来。

1. E-R 模型的基本概念

(1) 实体

现实世界中的事物可以抽象成为实体。实体是概念世界中的基本单位，它们是客观存在的且又能相互区别的事物。凡是有共性的实体可组成一个集合称为实体集(Entity Set)。如张三、李四是实体，他们又都是学生而组成一个实体集。

(2) 属性

现实世界中事物均有一些特性，这些特性可以用属性来表示。属性刻画了实体的特征。一个实体往往可以有若干个属性。每个属性可以有值，一个属性的取值范围称为该属性的值域(Value Domain)或值集(Value Set)。如张三的年龄取值为 17，李四为 20。

(3) 联系

现实世界中事物之间的关联称为联系。在概念世界中联系反映了实体集之间的一定关系，如教师与学生之间的教学关系，父亲、儿子之间的父子关系，卖方与买方之间的供求关系等。

实体集之间的联系有多种，就实体集的个数而言有以下 3 种联系。

① 两个实体集之间的联系。两个实体集之间的联系是一种最为常见的联系，前面举的例子均属两个实体集之间的联系。

② 多个实体集之间的联系。这种联系包括 3 个实体集之间的联系以及 3 个以上实体集之间的联系。如学校、教师、学生这 3 个实体集之间存在着学校提供教师为学生授课的联系。

③ 一个实体集内部的联系。一个实体集内有若干个实体，它们之间的联系称实体集内部联系。如某家庭成员这个实体集内部可以有父、子联系等。

实体集间联系的个数可以是单个也可以是多个。如教师与学生之间有教学联系，另外还可以有朋友联系。两个实体集间的联系实际上是实体集间的函数关系，这种函数关系可以有下面几种：

- 一对一(One to One)的联系，简记为 1:1。这种函数关系是常见的函数关系之一，如班级与班长间的联系，一个班级与一个班长间相互一一对应。
- 一对多(One to Many)或多对一(Many to One)联系，简记为 1 : M (1 : m)或 M : 1 (m : 1)。这两种函数关系实际上是一种函数关系，如学生与其班级间的联系是多对一的联系(反之，则为一对多联系)，即多个学生对应一个班级。
- 多对多(Many to Many)联系，简记为 M : N 或 m : n 。这是一种较为复杂的函数关系，如教师与学生这两个实体集之间的教与学的联系是多对多的，因为一个教师可以教授多个学生，而一个学生又可以受教于多个教师。

2. 实体、联系、属性之间的联接关系

E-R 模型由实体、联系、属性这 3 个基本概念组成，由这三者结合起来才能表示现实世界。

(1) 实体集(联系)与属性间的联接关系

实体是概念世界中的基本单位，属性附属于实体，它本身并不构成独立单位。一个实体可以有若干个属性，实体以及它的所有属性构成了实体的一个完整描述。因此实体与属性间有一定的联接关系。如在学生档案中每个学生(实体)可以有：学号、姓名、性别、出生年月、籍贯、民族等属性，它们组成了一个有关学生(实体)的完整描述。

属性有属性域，每个实体可取属性域内的值。一个实体的所有属性取值组成了一个值集叫元组(Tuple)。在概念世界中，可以用元组表示实体，也可用它区别不同的实体。如在学生档案表 14-1 所示，每一行表示一个实体，这个实体可以用一组属性值表示。比如，(0403102，王芳，女，10/25/86，陕西，汉)，(0403103，刘岩，男，08/16/87，吉林，朝)，这两个元组分别表示两个不同的实体。

表 14-1　学生档案表

学号	姓名	性别	出生年月	籍贯	民族
0403101	张平	男	02/18/86	辽宁	汉
0403102	王芳	女	10/25/86	陕西	汉
0403103	刘岩	男	08/16/87	吉林	朝
0403104	高丽	女	06/10/85	广西	壮

实体有型与值之别。一个实体的所有属性构成了这个实体的型，如学生档案中的实体，它的型是由学号、姓名、性别、出生年月、籍贯、民族等属性组成，而实体中属性值的集合(即元组)则构成了这个实体的值。

相同型的实体构成了实体集。如表 14-1 中的每一行是一个实体，它们均有相同的型，因此表内诸实体构成了一个实体集。

联系也可以附有属性，联系和它的所有属性构成了联系的一个完整描述，因此，联系与属性间也有联接关系。例如，教师与学生这两个实体集间的教与学的联系，该联系可有属性“教室号”。

(2) 实体(集)与联系

实体集间可通过联系建立联接关系，一般而言，实体集间无法建立直接关系，它只能通过联系才能建立起联接关系。如教师与学生之间无法直接建立关系，只有通过“教与学”的联系才能在相互之间建立关系。

在 E-R 模型中有 3 个基本概念以及它们之间的两种基本联接关系。它们将现实世界中的错综复杂的现象抽象成简单明了的几个概念与关系，具有极强的概括性和表达能力。因此，E-R 模型目前已成为表示概念世界的有力工具。

3. E-R 模型的图示法

E-R 模型可以用一种非常直观的图的形式表示，这种图称为 E-R 图(Entity-Relationship Diagram)。在 E-R 图中分别用下面不同的几何图形表示 E-R 模型中的 3 个概念与两个联接关系。

(1) 实体集表示法

在 E-R 图中用矩形表示实体集，在矩形内写上该实体集的名字。如实体集学生可用如图 14-2 所示的方式表示。

(2) 属性表示法

在 E-R 图中用椭圆形表示属性，在椭圆形内写上该属性的名称。如学生有属性学号，可以用如图 14-3 所示的方式表示。

(3) 联系表示法

在 E-R 图中用菱形(内写上联系名)表示联系。如学生与课程间的联系选课，用如图的 14-4 所示的方式表示。

图 14-2　实体集表示法

图 14-3　属性表示法

图 14-4　联系表示法

3 个基本概念分别用 3 种几何图形表示，它们之间的联接关系也可用图形表示。

(4) 实体集(联系)与属性间的联接关系

属性依附于实体集，因此，它们之间有联接关系。在 E-R 图中这种关系可用联接这两个图形间的无向线段表示(一般情况下可用直线)。如实体集学生有属性学号、姓名及年龄；实体集课程有属性课程号、课程名及预修课号，此时它们可用如图 14-5 所示的方式表示联接关系联接。

属性也依附于联系，它们之间也有联接关系，因此也可用无向线段表示。如联系选课可与学生的课程成绩属性建立联接并可用如图 14-5 所示的方式表示。

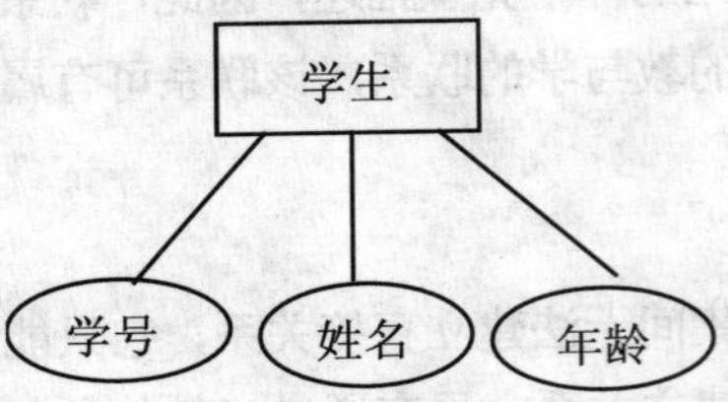

图 14-5　实体集与属性间的联接

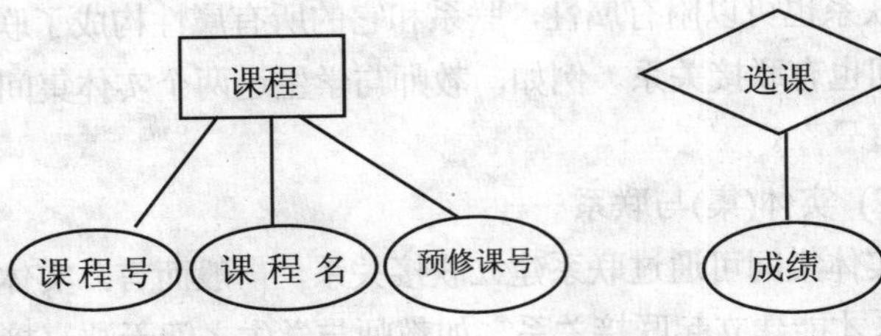

图 14-6　联系与属性间的联接

(5) 实体集与联系间的联接关系

在 E-R 图中实体集与联系间的联接关系可用联接这两个图形间的无向线段表示。如实体集学生与联系选课间有联接关系，实体集课程与联系选课间也有联接关系，因此它们之间可用无向线段相联，构成一个如图 14-7所示的图。

为了进一步刻画实体间的函数关系，可在线段边上注明其对应函数关系，用如图 14-8 所示的形式表示。

图 14-7　实体集与联系间的联接关系

图 14-8　实体集间的联系表示图

由矩形、椭圆形、菱形及按一定要求相互间连接的线段构成了一个完整的 E-R 图。

例如，由前面所述的实体集学生、课程以及附属于它们的属性和它们间的联系选课的属性成绩构成了一个学生与课程联系的概念模型，可用如图 14-9 所示的 E-R 图表示。

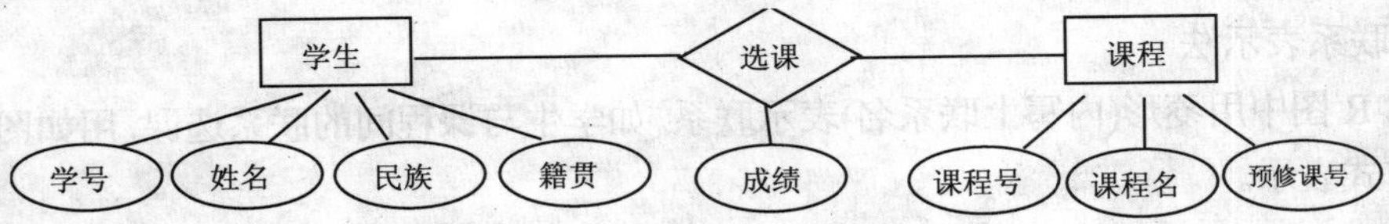

图 14-9　E-R 图

在概念上，E-R 模型中的实体、属性与联系是 3 个有明显区别的不同概念。但是在分析客观世界的具体事物时，对某个具体数据对象，究竟它是实体，还是属性或联系，则是相对的，所做的分析设计与实际应用的背景以及设计人员的理解有关。这是工程实践中构造 E-R 模型的难点之一。

14.2.3　层次模型

层次模型是最早发展起来的数据库模型。层次模型(Hierarchical Model)的基本结构是树形结构，这种结构方式在现实世界中很普遍，如家族结构、行政组织机构，它们自顶向下、层次分明，如图 14-10所示。

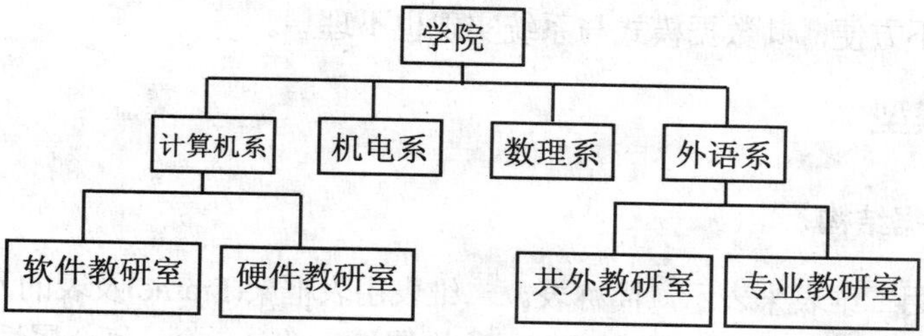

图 14-10　层次模型

由图论中树的性质可知，任一树结构均有下列特性：

(1) 每棵树有且仅有一个无父结点，称为根(Root)。

(2) 树中除根外所有结点有且仅有一个父结点。因此，树结构是受到一定限制的，从 E-R 模型观点看，它对于联系也加上了许多限制。

层次数据模型支持的操作主要有查询、插入、删除和更新。在对层次模型进行插入、删除、更新操作时，要满足层次模型的完整性约束条件：进行插入操作时，如果没有相应的父结点值就不能插入子结点值；进行删除操作时，如果删除父结点值，则相应的子结点值也被同时删除；进行更新操作时，应更新所有相应记录，以保证数据的一致性。

层次模型的数据结构比较简单；对于实体间联系是固定的、且预先定义好的应用系统，层次模型有较高的性能；同时，层次模型还可以提供良好的完整性支持。但由于层次模型形成早，受文件系统影响大，模型受限制多，物理成分复杂，操作与使用均不理想，它不适合于表示非层次性的联系；对于插入和删除操作的限制比较多；此外，查询子结点必须通过父结点。

14.2.4　网状模型

网状模型(Network Model)的出现略晚于层次模型。从图论观点看，网状模型是一个不加任何条件限制的无向图。网状模型在结构上较层次模型好，不像层次模型那样要满足严格的条件，如图 14-11所示。

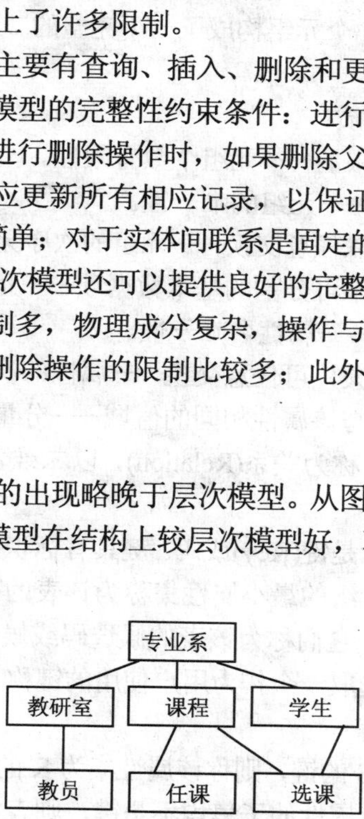

图 14-11　网状模型

在实现中，网状模型将通用的网络拓扑结构分成一些基本结构。一般采用的分解方法是将一个网络分成若干个二级树，即只有两个层次的树。换句话说，这种树是由一个根及若干个叶子所组成。为实现的方便，一般规定根结点与任一叶子结点间的联系均是一对多的联系(包含一对一联系)。

在网状模型的数据库管理系统中，一般提供 DDL 语言。网状模型中的基本操作是二级树中的操作，它包括查询、增加、删除、修改等操作，对于这些操作，不仅需要说明做什么，还需要说明怎么做。比如，在进行查询时，不但要说明查找对象，而且还要规定存取的路径。

网状模型明显优于层次模型，不管是数据表示或数据操纵均显示了更高的效率、更为成熟。但是，网状模型数据库系统也有一定的不足，在使用时涉及系统内部的物理因素较多，用户操作使用并不方便，其数据模式与系统实现也不理想。

14.2.5　关系模型

1. 关系的数据结构

关系模型采用二维表来表示，简称表。二维表由表框架(Frame)及表的元组(Tuple)组成。表框架由 n 个命名的属性(Attribute)组成，n 称为属性元数(Arity)。每个属性有一个取值范围称为值域(Domain)。表框架对应了关系的模式，即类型的概念。

在表框架中按行可以存放数据，每行数据称为元组，实际上，一个元组是由 n 个元组分量所组成，每个元组分量是表框架中每个属性的投影值。一个表框架可以存放 m 个元组，m 称为表的基数(Cardinality)。

一个 n 元表框架及框架内 m 个元组构成了一个完整的二维表。前面的表 14-1 给出了有关学生档案二维表的一个实例。

二维表一般具有下面 7 个性质：

(1) 二维表中元组个数是有限的——元组个数有限性。

(2) 二维表中元组均不相同——元组的唯一性。

(3) 二维表中元组的次序可以任意交换——元组的次序无关性。

(4) 二维表中元组的分量是不可分割的基本数据项——元组分量的原子性。

(5) 二维表中属性各不相同——属性名唯一性。

(6) 二维表中属性与次序无关，可任意交换——属性的次序无关性。

(7) 二维表属性的分量具有与该属性相同的值域——分量值域的同一性。

满足以上 7 个性质的二维表称为关系(Relation)，以二维表为基本结构所建立的模型称为关系模型。

关系模型中的一个重要概念是键(Key)或码。键具有标识元组、建立元组间联系等重要作用。在二维表中凡能唯一标识元组的最小属性集称为该表的键或码。

二维表中可能有若干个键，它们称为该表的候选码或候选键(Candidate Key)。

从二维表的所有候选键中选取一个作为用户使用的键称为主键(Primary Key)或主码，一般主键也简称键或码。

表 R 中的某属性集是某表 S 的键，则称该属性集为 R 的外键(Foreign Key)或外码。表中一定要有键，因为如果表中所有属性的子集均不是键，则表中属性的全集必为键(称为全键)，因此也一定有主键。

在关系元组的分量中允许出现空值(Null Value)以表示信息的空缺。空值用于表示未知的值或不可能出现的值，一般用 NULL 表示。一般关系数据库系统都支持空值，但是有两个限制，即关系的主键中不允许出现空值，因为如果主键为空值则失去了其元组标识的作用，需要定义有关空值的运算。

关系框架与关系元组构成了一个关系。一个语义相关的关系集合构成一个关系数据库(Relational Database)。关系的框架称为关系模式，而语义相关的关系模式集合构成了关系数据库模式(Relational Database Schema)。

关系模式支持子模式，关系子模式是关系数据库模式中用户所见到的那部分数据模式描述。关系子模式也是二维表结构，对应的用户数据库称为视图(View)。

2. 关系操纵

关系模型的数据操纵即是建立在关系上的数据操纵，一般有查询、增加、删除及修改 4 种操作。

(1) 数据查询

用户可以查询关系数据库中的数据，它包括一个关系内的查询以及多个关系间的查询。

① 对一个关系内查询的基本单位是元组分量，其基本过程是先定位后操作。所谓定位包括纵向定位与横向定位两部分，纵向定位即是指定关系中的一些属性(称列指定)，横向定位即是选择满足某些逻辑条件的元组(称行选择)。通过纵向与横向定位后一个关系中的元组分量即可确定了。在定位后即可进行查询操作，就是将定位的数据从关系数据库中取出并放入到指定内存。

② 对多个关系间的数据查询则可分为三步：第一步，将多个关系合并成一个关系；第二步，对合并后的一个关系作定位；第三步，操作。其中第二步与第三步为对一个关系的查询。对多个关系的合并可分解成两个关系的逐步合并，如有 3 个关系 S1、S2 与 S3，合并过程是先将 S1 与 S2 合并成 S4，然后再将 S4 与 S3 合并成最终结果 S5。

因此，对关系数据库的查询可以分解成一个关系内的属性指定、一个关系内的元组选择、两个关系的合并 3 个基本定位操作以及一个查询操作。

(2) 数据删除

数据删除的基本单位是一个关系内的元组，它的功能是将指定关系内的指定元组删除。它也分为定位与操作两部分，其中定位部分只需要横向定位而无需纵向定位，定位后即执行删除操作，因此数据删除可以分解为一个关系内的元组选择与关系中元组删除两个基本操作。

(3) 数据插入

数据插入仅对一个关系而言，在指定关系中插入一个或多个元组。在数据插入中不需定位，仅需做关系中元组插入操作，因此数据插入只有一个基本操作。

(4) 数据修改

数据修改是在一个关系中修改指定的元组与属性。数据修改不是一个基本操作，它可以分解为删除需修改的元组与插入修改后的元组两个更基本的操作。

以上 4 种操作的对象都是关系，而操作结果也是关系，因此都是建立在关系上的操作。这 4 种操作可以分解成 6 种基本操作，称为关系模型的基本操作。这 6 种操作如下：

① 关系的属性指定；

② 关系的元组选择；

③ 两个关系合并；

④ 一个或多个关系的查询；

⑤ 关系中元组的插入；

⑥ 关系中元组的删除。

3. 关系中的数据约束

关系模型允许定义 3 类数据约束，它们是实体完整性约束、参照完整性约束以及用户定义的完整性约束，其中前两种完整性约束由关系数据库管理系统(RDBMS)自动支持。对于用户定义的完整性约束，则由关系数据库系统提供完整性约束语言，用户利用该语言写出约束条件，运行时由系统自动检查。

(1) 实体完整性约束(Entity Integrity Constraint)

该约束要求关系的主键中属性值不能为空值，这是数据库完整性的最基本要求，因为主键是唯一决定元组的，如为空值则其唯一性就成为不可能的了。

(2) 参照完整性约束(Reference Integrity Constraint)

该约束是关系之间相关联的基本约束，它不允许关系引用不存在的元组，即在关系中的外键要么是所关联关系中实际存在的元组，要么就为空值。比如在关系学生(学号、姓名、出生年月、籍贯)与选课(学号、课程号、成绩)中，选课中主键为(学号, 课程号)而外键为学号，选课与学生通过学号相关联，参照完整性约束要求选课中的学号的值必在学生中有相应元组值，如有选课(040301，C3，70)，则必在学生中存在学生(040301，张三，…)。

(3) 用户定义的完整性约束(User Defined Integrity Constraint)

这是针对具体数据环境与应用环境由用户具体设置的约束，它反映了具体应用中数据的语义要求。例如，考试成绩只能在 0~100 分之间，可以在数据库中设定成绩范围，这就是针对成绩值域的约束。

14.3 关系代数

关系数据库系统的特点之一是它建立在数学理论的基础之上。有很多数学理论可以表示关系模型的数据操作，其中最为著名的是关系代数(Relational Algebra)与关系演算(Relational Calculus)。数学上已经证明两者在功能上是等价的。下面主要介绍关系代数，它是关系数据库系统的理论基础。

14.3.1 关系模型的基本操作

关系是由若干个不同的元组所组成,因此关系可看作是元组的集合。n 元关系是一个 n 元有序组的集合。设有一个 n 元关系 R，它有 n 个域，分别是 D_1,D_2,Λ,D_n，此时，它们的笛卡尔积是：

$$D_1 \times D_2 \times \Lambda \times D_n$$

该集合的每个元素都是具有如下形式的 n 元有序组：

$$(d_1,d_2,L\ ,d_n)，\ d_i \in D_i，\ (i=1,2,L\ ,n)$$

该集合与 n 元关系 R 有如下联系：

$$R \subseteq D_1 \times D_2 \times \Lambda \times D_n$$

即 n 元关系 R 是 n 元有序组的集合，是它的域的笛卡尔积的子集。

关系模型有插入、删除、修改和查询 4 种操作，它们又可以进一步分解成 6 种基本操作：

(1) 关系的属性指定。指定一个关系内的某些属性，用它确定关系这个二维表中的列，它主要用于检索或定位。

(2) 关系的元组的选择。用一个逻辑表达式给出关系中所满足此表达式的元组，用它确定关系这个二维表的行，它主要用于检索或定位。

用上述两种操作即可确定一张二维表内满足一定行、列要求的数据。

(3) 两个关系的合并。将两个关系合并成一个关系。用此操作可以不断合并，从而可以将若干个关系合并成一个关系，以建立多个关系间的检索与定位。

用上述 3 个操作可以进行多个关系的定位。

(4) 关系的查询。在一个关系或多个关系间做查询，查询的结果也为关系。

(5) 关系元组的插入。在关系中增添一些元组，用它完成插入与修改。

(6) 关系元组的删除。在关系中删除一些元组，用它完成删除与修改。

14.3.2 关系模型的基本运算

由于操作是对关系的运算，而关系是有序组的集合，因此，可以将操作看成是集合的运算。

1. 插入

设有关系 R 需插入若干元组，要插入的元组组成关系 S，则插入可用集合并运算表示为：

$$R \cup S$$

2. 删除

设有关系 R 需删除一些元组，要删除的元组组成关系 S，则删除可用集合差运算表示为：

$$R - S$$

3. 修改

修改关系 R 内的元组内容可用下面的方法实现：

(1) 设需修改的元组构成关系 S，则先做删除得：

$$R - S$$

(2) 设修改后的元组构成关系 T，此时将其插入，即得到结果：

$$(R - S) \cup T$$

4. 查询

用于查询的 3 个操作无法用传统的集合运算表示，需要引入一些新的运算。

(1) 投影(Projection)运算

对于关系内的域指定可引入新的运算叫投影运算。投影运算是一个一元运算，一个关系通过投影运算(并由该运算给出所指定的属性)后仍为一个关系 S。S 是这样一个关系，它是 R 中投影运算所指出的那些域的列所组成的关系。设 R 有 n 个域：A_1, A_2, Λ, A_n，则在 R 上对域 $A_{i_1}, A_{i_2}, \Lambda, A_{i_m}$ ($A_{i_j} \in \{A_1, A_2, \Lambda, A_n\}$) 的投影可表示成为下面的一元运算：

$$\pi_{A_{i_1}, A_{i_2}, \Lambda, A_{i_m}}(R)$$

(2) 选择(Selection)运算

选择运算也是一个一元运算，关系 R 通过选择运算(并由该运算给出所选择的逻辑条件)后仍为一个关系。这个关系是由 R 中那些满足逻辑条件的元组所组成。设关系的逻辑条件为

F，则 R 满足 F 的选择运算可写成为：

$$\sigma_F(R)$$

逻辑条件 F 是一个逻辑表达式，它由下面的规则组成：

- 它可以具有 α θ β的形式，其中 α、β 是域(变量)或常量，但 α、β 又不能同为常量，θ 是比较符，它可以是<、>、≤、≥、=及≠。α θ β 叫基本逻辑条件。
- 由若干个基本逻辑条件经逻辑运算得到，逻辑运算为∧(并且)、∨(或者)及~(否)构成，称为复合逻辑条件。

有了上述两个运算后，对一个关系内的任意行、列的数据都可以方便地找到。

(3) 笛卡尔积(Cartesian Product)运算

对于两个关系的合并操作可以用笛卡尔积表示。设有 n 元关系 R 及 m 元关系 S，它们分别有 p、q 个元组，则关系 R 与 S 经笛卡尔积记为 R×S，该关系是一个 n+m 元关系，元组个数是 p×q，由 R 与 S 的有序组组合而成。

如表 14-2 所示给出了两个关系 R、S 的实例以及 R 与 S 的笛卡尔积 T=R×S。

表 14-2　关系 R、S 及 R×S

R

R1	R2	R3
a	b	c
d	e	f

S

Sl	S2	S3
j	k	l
m	n	o

T=R×S

R1	R2	R3	S1	S2	S3
a	b	c	j	k	l
a	b	c	m	n	o
d	e	f	j	k	l
d	e	f	m	n	o

14.3.3　关系代数中的扩充运算

关系代数中除了上述几个最基本的运算外，为操纵方便还需增添一些运算，这些运算均可由基本运算导出。常用的扩充运算有交、除、连接及自然连接等。

1. 交(Intersection)运算

关系 R 与 S 经交运算后所得到的关系是由那些既在 R 内又在 S 内的有序组所组成，记为 R∩S。如表 14-3 所示的是两个关系 R 与 S 及它们经交运算后得到的关系 T。

交运算可由基本运算推导而得：

$$R \cap S = R-(R-S)$$

表 14-3　关系 R、S 及 R∩S

R

A	B	C	D
1	2	3	4
8	6	9	3

S

A	B	C	D
2	5	0	6
1	2	3	4

T=R∩S

A	B	C	D
1	2	3	4

2. 除(Division)运算

如果将笛卡尔积运算看作乘运算，那么除运算就是它的逆运算。当关系 T＝R×S 时，则可将除运算写为：

$$T \div R = S \text{ 或 } T/R = S$$

S 称为 T 除以 R 的商(Quotient)。

由于除是采用的逆运算，因此除运算的执行是需要满足一定条件的。设有关系 T、R，则 T 能被 R 除的充分必要条件是：T 中的域包含 R 中的所有属性；T 中有一些域不出现在 R 中。

在除运算中 S 的域由 T 中那些不出现在 R 中的域所组成，对于 S 中任一有序组，由它与关系 R 中每个有序组所构成的有序组均出现在关系 T 中。

如表 14-4 所示的是关系 T 及一组 R，对这组不同的 R 给出了经除法运算后对应的商 S。

表 14-4　3 个除法

T

A	B	C	D
m	n	1	2
x	y	3	4
x	y	1	2
m	n	3	4
m	n	5	6

R_1

C	D
1	2
3	4

R_2

C	D
1	2

R_3

C	D
1	2
3	4
5	6

S_1

A	B
m	n
x	y

S_2

A	B
m	n
x	y

S_3

A	B
m	n

3. 连接(Join)与自然连接(Natural Join)运算

在数学上，可以用笛卡尔积建立两个关系间的连接，但这样得到的关系庞大，而且数据大量冗余。在实际应用中一般两个相互连接的关系往往须满足一些条件，所得到的结果也较为简单。这样就引入了连接运算与自然连接运算。

连接运算又可称为θ-连接运算，这是一种二元运算，通过它可以将两个关系合并成一个大关系。设有关系R、S以及比较式 iθj，其中 i 为 R 中的域，j 为 S 中的域，θ含义同前。则可以将R、S在域 i，j 上的θ连接记为：

$$R \underset{i\theta j}{|\times|} S$$

它的含义可用下式定义：

$$R \underset{i\theta j}{|\times|} S = \sigma_{i\theta j}(R \times S)$$

即R与S的θ连接是由R与S的笛卡尔积中满足限制 iθj 的元组构成的关系，一般其元组的数目远远少于R×S的数目。应当注意的是，在θ连接中，i 与 j 需具有相同域，否则无法作比较。

在θ连接中如果θ为"="，就称此连接为等值连接，否则称为不等值连接；如θ为"<"时称为小于连接；如θ为">"时称为大于连接。

在实际应用中最常用的连接是一个叫自然连接的特例。它满足下面的条件：

① 两关系间有公共域；

② 通过公共域的相等值进行连接。

设有关系 R、S，R 有域 $A_1,A_2,\cdots,A_n$，S 有域 $B_1,B_2,\cdots,B_m$，并且，$A_{i_1},A_{i_2},\Lambda,A_{i_j}$ 与 $B_1,B_2,\cdots,B_j$ 分别为相同域，此时它们自然连接可记为：

$$R|\times|S$$

自然连接的含义可用下式表示：

$$R|\times|S = \pi_{A_1,A_2,\Lambda,A_n,B_{j+1},\Lambda,B_m}(\sigma_{A_{i_1}=B_1 \wedge A_{i_2}=B_2 \wedge \Lambda \wedge A_{i_j}=B_j}(R \times S))$$

设关系R、S 如表 14-5 (a)、(b)所示，则 $T = R|\times|S$ 如表 14-5 (c)所示。

表 14-5　R、S 及 T=R×S

R

A	B	C	D
1	2	4	5
2	4	2	6
3	1	4	7

(a)

S

D	E
8	6
6	5
7	2

(b)

T

A	B	C	D	E
2	4	2	6	5
3	1	4	7	2

(c)

在以上运算中最常用的是投影运算、选择运算、自然连接运算、并运算及差运算。

14.4　数据库设计

数据库设计是数据库应用的核心。本节重点介绍数据库的需求分析、概念设计及逻辑设计 3 个阶段。

14.4.1　数据库设计概述

在数据库应用系统中的一个核心问题就是设计一个能满足用户要求，性能良好的数据库，这就是数据库设计(Database Design)。

数据库设计目前一般采用生命周期(Life Cycle)法，即将整个数据库应用系统的开发分解成目标独立的若干阶段。它们是：需求分析阶段、概念设计阶段、逻辑设计阶段、物理设计阶段、编码阶段、测试阶段、运行阶段、进一步修改阶段。在数据库设计中采用上面几个阶段中的前 4 个阶段，并且重点以数据结构与模型的设计为主线，如图 14-12所示。

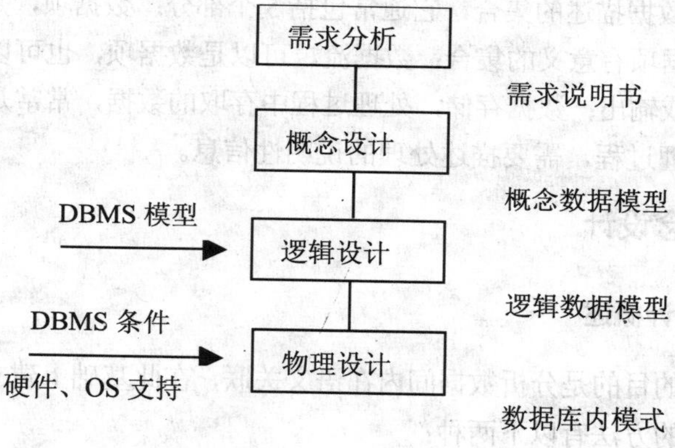

图 14-12　数据库设计的 4 个阶段

14.4.2　数据库设计的需求分析

需求收集和分析是数据库设计的第一阶段，这一阶段收集到的基础数据和一组数据流图(Data Flow Diagram，DFD)是下一步概念设计的基础。

需求分析阶段的任务是通过详细调查现实世界要处理的对象(组织、部门、企业等)，充分了解原系统的工作概况，明确用户的各种需求，然后在此基础上确定新系统的功能。新系统必须充分考虑今后可能的扩充和改变，不能仅按当前应用需求来设计数据库。

调查的重点是“数据”和“处理”，通过调查要从中获得每个用户对数据库的如下要求。

1. 信息要求

指用户需要从数据库中获得信息的内容与性质。由信息要求可以导出数据要求，即在数据库中需存储哪些数据。

2. 处理要求

指用户要完成什么处理功能，对处理的响应时间有何要求，处理的方式是批处理还是联机处理。

3. 安全性和完整性的要求

为了很好地完成调查的任务，设计人员必须不断地与用户交流，与用户达成共识，以便逐步确定用户的实际需求，然后分析和表达这些需求。需求分析是整个设计活动的基础，也是最困难、最花时间的一步。需求分析人员既要懂得数据库技术，又要对应用环境的业务比较熟悉。

分析和表达用户的需求，经常采用的方法有结构化分析方法和面向对象的方法。结构化分析(Structured Analysis，SA)方法用自顶向下、逐层分解的方式分析系统。用数据流图表达了数据和处理过程的关系，数据字典对系统中数据的详尽描述，是各类数据属性的清单。对数据库设计来讲，数据字典是进行详细的数据收集和数据分析所获得的主要结果。

数据字典是各类数据描述的集合，它通常包括 5 个部分：数据项，是数据的最小单位；数据结构，是若干数据项有意义的集合；数据流，可以是数据项，也可以是数据结构，表示某一处理过程的输入或输出；数据存储，处理过程中存取的数据，常常是手工凭证、手工文档或计算机文件；处理过程，需要描述处理的说明性信息。

14.4.3　数据库概念设计

1. 数据库概念设计概述

数据库概念设计的目的是分析数据间内在语义关联，在此基础上建立一个数据的抽象模型。数据库概念设计的方法有以下两种：

(1) 集中式模式设计法

这是一种统一的模式设计方法，它根据需求由一个统一机构或人员设计一个综合的全局模式。这种方法设计简单方便，它强调统一与一致，适用于小型或并不复杂的单位或部门，而对大型的或语义关联复杂的单位则并不适合。

(2) 视图集成设计法

这种方法是将一个单位分解成若干个部分，先对每个部分作局部模式设计，建立各个部分的视图，然后以各视图为基础进行集成。在集成过程中可能会出现一些冲突，这是由于视图设计的分散性形成的不一致所造成的，因此需对视图作修正，最终形成全局模式。

视图集成设计法是一种由分散到集中的方法，它的设计过程复杂但它能较好地反映需求，适合于大型与复杂的单位，避免设计的粗糙与不周到，目前此种方法使用较多。

2. 数据库概念设计的过程

使用 E-R 模型与视图集成法进行设计时，需要按以下步骤进行：首先选择局部应用，再进行局部视图设计，最后对局部视图进行集成得到概念模式。

(1) 选择局部应用

根据系统的具体情况，在多层的数据流图中选择一个适当层次的数据流图，让这组图中每一部分对应一个局部应用，以这一层次的数据流图为出发点，设计分 E -R 图。

(2) 视图设计

视图设计一般有 3 种设计次序，它们是：

① 自顶向下。这种方法是先从抽象级别高且普遍性强的对象开始逐步细化、具体化与特殊化，如学生这个视图可先从一般学生开始，再分成大学生、研究生等，进一步再由大学生细化为本科和专科，研究生细化为硕士生与博士生等，还可以再细化为学生姓名、年龄、专业等。

② 由底向上。这种设计方法是先从具体的对象开始，逐步抽象，普遍化与一般化，最后形成一个完整的视图设计。

③ 由内向外。这种设计方法是先从最基本与最明显的对象着手逐步扩充至非基本、不明显的其他对象，如学生视图可从最基本的学生开始逐步扩展到学生所学的课程、上课的教室与任课教师等。

上面 3 种方法为视图设计提供了具体的操作方法，设计者可根据实际情况灵活掌握，可以单独使用也可混合使用。有某些共同特性和行为的对象可以抽象为一个实体。对象的组成成分可以抽象为实体的属性。

在进行设计时，实体与属性是相对而言的。同一事物，在一种应用环境中作为“属性”，在另一种应用环境中就必须作为“实体”。但是，在给定的应用环境中，属性必须是不可分的数据项，属性不能与其他实体发生联系，联系只发生在实体之间。

(3) 视图集成

视图集成的实质是将所有的局部视图统一与合并成一个完整的数据模式。在进行视图集成时，最重要的工作便是解决局部设计中的冲突。在集成过程中由于每个局部视图在设计时的不一致性因而会产生矛盾，引起冲突，常见冲突有下列几种：

① 命名冲突。命名冲突有同名异义和同义异名两种。如学生属性“出生日期”与“出生年月”属同义异名。

② 概念冲突。同一概念在一处为实体而在另一处为属性或联系。

③ 域冲突。相同的属性在不同视图中有不同的域，如课程在某视图中的域为字符串而在另一个视图中可为整数，有些属性采用不同度量单位也属域冲突。

④ 约束冲突。不同的视图可能有不同的约束。

视图经过合并生成的是初步 E-R 图，其中可能存在冗余的数据和冗余的实体间联系。冗余数据和冗余联系容易破坏数据库的完整性，给数据库维护增加困难。因此，对于视图集成后所形成的整体的数据库概念结构还必须进行进一步验证，确保它能够满足下列条件：

- 整体概念结构内部必须具有一致性，即不能存在互相矛盾的表达；
- 整体概念结构能准确地反映原来的每个视图结构，包括属性、实体及实体间的联系；
- 整体概念结构能满足需求分析阶段所确定的所有要求；

- 整体概念结构最终还应该提交给用户，征求用户和有关人员的意见，进行评审、修改和优化，然后把它确定下来，作为数据库的概念结构，作为进一步设计数据库的依据。

14.4.4 数据库的逻辑设计

1. 从 E-R 图向关系模式转换

数据库的逻辑设计主要工作是将 E-R 图转换成指定 RDBMS 中的关系模式。首先，从 E-R 图到关系模式的转换是比较直接的，实体与联系都可以表示成关系，E-R 图中的属性也可以转换成关系的属性。实体集也可以转换成关系。E-R 模型与关系间的转换如表 14-6所示。

表 14-6　E-R 模型与关系间的比较表

E-R 模型	关系	E-R 模型	关系
属性	属性	实体集	关系
实体	元组	联系	关系

下面讨论由 E-R 图转换成关系模式时会遇到的一些转换问题。

(1) 命名与属性域的处理

关系模式中的命名可以用 E-R 图中原有命名，也可另行命名，但是应尽量避免重名，RDBMS 一般只支持有限种数据类型而 E-R 中的属性域则不受此限制，如出现有 RDBMS 不支持的数据类型时则要进行类型转换。

(2) 非原子属性处理

E-R 图中允许出现非原子属性，但在关系模式中一般不允许出现非原子属性，非原子属性主要有集合型和元组型。如出现此种情况时可以进行转换，其转换办法是集合属性纵向展开而元组属性则横向展开。如学生实体有学号、姓名及选修课程，其中前两个为原子属性而后一个为集合型非原子属性，因为一个学生可选读若干课程，设有学生 0403101 ，张大为，他修读数据结构，网页设计及软件工程三门课，此时可将其纵向展开用关系形式如表 14-7所示。

表 14-7　学生实体

学号	姓名	选修课程
0403101	张大为	数据结构
0403101	张大为	网页设计
0403101	张大为	软件工程

(3) 联系的转换

在一般情况下联系可用关系表示，但是在有些情况下联系可归并到相关联的实体中。

2. 逻辑模式规范化及调整、实现

(1) 规范化

在逻辑设计中还需对关系做规范化验证。

(2) RDBMS

对逻辑模式进行调整以满足 RDBMS 的性能、存储空间等要求，同时对模式做适应 RDBMS 限制条件的修改，它们包括如下内容：

① 调整性能以减少连接运算；

② 调整关系大小，使每个关系数量保持在合理水平，从而可以提高存取效率；

③ 尽量采用快照(Snapshot)，因在应用中经常仅需某固定时刻的值，此时可用快照将某时刻值固定，并定期更换，此种方式可以显著提高查询速度。

3. 关系视图设计

逻辑设计的另一个重要内容是关系视图的设计，它又称为外模式设计。关系视图是在关系模式基础上所设计的直接面向操作用户的视图，它可以根据用户需求随时创建，一般 RDBMS 均提供关系视图的功能。

关系视图的作用大致有如下 3 点。

(1) 提供数据逻辑独立性：使应用程序不受逻辑模式变化的影响。数据的逻辑模式会随着应用的发展而不断变化，逻辑模式的变化必然会影响到应用程序的变化，这就会产生极为麻烦的维护工作。关系视图则起了逻辑模式与应用程序之间的隔离墙作用，有了关系视图后建立在其上的应用程序就不会随逻辑模式修改而产生变化，此时变动的仅是关系视图的定义。

(2) 能适应用户对数据的不同需求：每个数据库有一个庞大的结构，而每个数据库用户则希望只知道他们自己所关心的那部分结构，不必知道数据的全局结构以减轻用户在此方面的负担。此时，可用关系视图屏蔽用户所不需要的模式，而仅将用户感兴趣的部分呈现出来。

(3) 有一定数据保密功能：关系视图为每个用户划定了访问数据的范围，从而在应用的各用户间起了一定的保密隔离作用。

14.4.5　数据库的物理设计

数据库物理设计的主要目标是对数据库内部物理结构作调整并选择合理的存取路径，以提高数据库访问速度及有效利用存储空间。在现代关系数据库中已大量屏蔽了内部物理结构，因此留给用户参与物理设计的余地并不多，一般的 RDBMS 中留给用户参与物理设计的内容大致有如下几种：索引设计、集簇设计和分区设计。

14.4.6　数据库的建立与维护

数据库是一种共享资源，它需要维护与管理，这种工作称为数据库管理，而实施此项管理的人则称为数据库管理员(Database Administrator，DBA)。数据库管理一般包含如下一些内容：数据库的建立、数据库的调整、数据库的安全性控制与完整性控制、数据库的故障恢复、数据库的监控和数据库的重组。下面对这些管理内容作简单介绍。

1. 数据库的建立

数据库的建立包括两部分内容，数据模式的建立及数据加载。

(1) 数据模式：数据模式由 DBA 负责建立，DBA 利用 RDBMS 中的 DDL 语言定义数据库名，定义表及相应属性，定义主关键字、索引、集簇、完整性约束、用户访问权限，申请空间资源，定义分区等，此外还需定义视图。

(2) 数据加载：在数据模式定义后即可加载数据，DBA 可以编制加载程序将外界数据加载至数据模式内，从而完成数据库的建立。

2. 数据库的运行和维护

数据库建立后，就可投入运行了。但是，由于应用环境在不断变化，数据库运行过程中物理存储也会不断变化，对数据库设计进行评价、调整、修改等维护工作是一个长期的任务，也是设计工作的继续和提高。

(1) 数据库的调整

在数据库建立并经过一段时间运行后往往会产生一些不适应的情况，此时需要对其作调整，数据库的调整一般由 DBA 完成，调整包括下面一些内容：

① 调整关系模式与视图使之更能适应用户的需求；

② 调整索引与集簇使数据库性能与效率更佳；

③ 调整分区、数据库缓冲区大小以及并发度使数据库物理性能更好。

(2) 数据库安全性控制与完整性控制

数据库是一个单位的重要资源，它的安全性是非常重要的，DBA 应采取措施保证数据不受非法盗用与破坏。此外，为了保证数据的正确性，使录入库内的数据均能保持正确，也需要有数据库的完整性控制。

(3) 数据库的故障恢复

数据库的故障恢复是系统正式运行后重要的维护工作之一。DBA 要针对不同的应用要求制定不同的转储计划，以保证一旦发生故障能尽快将数据库恢复，并尽可能减少对数据库的破坏。RDBMS 一般都提供此种功能，并由 DBA 负责执行故障恢复功能。

(4) 数据库监控

在数据库运行过程中，监督系统运行，对监测数据进行分析，找出改进系统性能的方法是 DBA 的又一重要任务。DBA 需随时观察数据库的动态变化，并在发生错误、故障或产生不适应情况时随时采取措施；同时还需监视数据库的性能变化，在必要时对数据库作调整。

(5) 数据库的重组

数据库在运行一段时间后，由于数据不断增加、删除和修改，会使数据库的物理存储情况变坏，降低数据的存取效率，数据库性能下降。由于不断地删除而造成盘区内碎片的增多而影响输入输出速度，由于不断地删除与插入而造成集簇的性能下降，同时也造成了存储空间分配的零散化，使得一个完整表的空间分散，从而造成存取效率下降。基于这些原因需要对数据库进行重新整理，重新调整存储空间，此种工作叫数据库重组。一般数据库重组需花大量时间，并做大量的数据搬迁工作。实际中，往往是先做数据卸载，然后再重新加载从而达到数据重组的目的。目前一般 RDBMS 都提供一定手段，以实现数据重组功能。

14.5 小　结

本章主要内容如下：

1. 数据库的基本概念，包括数据库、数据库管理系统、数据库系统。
2. 数据模型，实体联系模型及 E-R 图，从 E-R 图导出关系数据模型。
3. 关系代数运算，包括集合运算及选择、投影、连接运算，数据库规范化理论。
4. 数据库设计方法和步骤：需求分析、概念设计、逻辑设计和物理设计的相关策略。

14.6 习　题

一、选择题

1．数据库系统的核心是(　　)。

A) 数据库　　B) 数据库管理系统

C) 数据模型　　D) 软件工具

2．下列有关数据库的描述，正确的是(　　)。

A) 数据库是一个DBF文件

B) 数据库是一个关系

C) 数据库是一个结构化的数据集合

D) 数据库是一组文件

3．下列叙述中，不属于数据库系统的是(　　)。

A) 数据库　B) 数据库管理系统　C) 数据库管理员　D) 数据库应用系统

4．在数据管理技术的发展过程中，经历了人工管理阶段、文件系统阶段和数据库系统阶段。其中数据独立性最高的阶段是(　　)。

A) 人工管理阶段　　B) 文件系统阶段

C) 数据库系统阶段　　D) 以上皆是

5．下述关于数据库系统的叙述中正确的是(　　)。

A) 数据库系统减少了数据冗余

B) 数据库系统避免了一切冗余

C) 数据库系统中数据的一致性是指数据类型一致

D) 数据库系统比文件系统能管理更多的数据

6．应用数据库的主要目的是(　　)。

A) 解决数据保密问题　　B) 解决数据完整性问题

C) 解决数据共享问题　　D) 解决数据量大的问题

7．数据库管理系统DBMS中用来定义模式、内模式和外模式的语言为(　　)。

A) C　　B) Basic　　C) DDL　　D) DML

8．公司中有多个部门和多名职员，每个职员只能属于一个部门，一个部门可以有多名职员，从职员到部门的联系类型是(　　)。

A) 多对多　　B) 一对一　　C) 多对一　　D) 一对多

9．用树形结构来表示实体之间联系的模型称为(　　)。

A) 关系模型　　B) 层次模型　　C) 网状模型　　D) 数据模型

10．关系表中的每一横行称为一个(　　)。

A) 元组　　B) 字段　　C) 属性　　D) 码

11．按条件 f 对关系 R 进行选择，其关系代数表达式是(　　)。

A) R|×|R　　B) R |×| R　　C) $\sigma_f(R)$　　D) $\pi_f(R)$

12．关系数据库管理系统能实现的专门关系运算包括(　　)。

A) 排序、索引、统计　　B) 选择、投影、连接

C) 关联、更新、排序　　D) 显示、打印、制表

13．在关系数据库中，用来表示实体之间联系的是(　　)。

A) 树结构　　B) 网结构　　C) 线性表　　D) 二维表

14．数据库设计包括两个方面的设计内容，它们是(　　)。

A) 概念设计和逻辑设计　　B) 模式设计和内模式设计

C) 内模式设计和物理设计　　D) 结构特性设计和行为特性设计

15．将 E-R 图转换到关系模式时，实体与联系都可以表示成

A) 属性　　B) 关系　　C) 键　　D) 域

16．下列有关数据库的描述，正确的是(　　)。

A) 数据处理是将信息转化为数据的过程

B) 数据的物理独立性是指当数据的逻辑结构改变时，数据的存储结构不变

C) 关系中的每一列称为元组，一个元组就是一个字段

D) 如果一个关系中的属性或属性组并非该关系的关键字，但它是另一个关系的关键字，则称其为本关系的外关键字

17．在数据库设计中，将E-R图转换成关系数据模型的过程属于(　　)。

A) 需求分析阶段　　B) 逻辑设计阶段

C) 概念设计阶段　　D) 物理设计阶段

18．下列关系运算的叙述中，正确的是(　　)。

A) 投影、选择、连接是从二维表行的方向进行的运算

B) 并、交、差是从二维表的列的方向来进行运算

C) 投影、选择、连接是从二维表列的方向进行的运算

D) 以上3种说法都不对

三、填空题

1．一个项目具有一个项目主管，一个项目主管可管理多个项目，则实体“项目主管”与实体“项目”的联系属于________的联系。

2．数据独立性分为逻辑独立性与物理独立性。当数据的存储结构改变时，其逻辑结构可以不变，因此，基于逻辑结构的应用程序不必修改，称为________。

3．数据库系统中实现各种数据管理功能的核心软件称为________。

4．在关系模型中，把数据看成一个二维表，每一个二维表称为一个______。

附录一 ASCII码表完整版

ASCII 值	控制字符	ASCII 值	控制字符	ASCII 值	控制字符	ASCII 值	控制字符
0	NUT	32	(space)	64	@	96	`
1	SOH	33	!	65	A	97	a
2	STX	34	”	66	B	98	b
3	ETX	35	#	67	C	99	c
4	EOT	36	$	68	D	100	d
5	ENQ	37	%	69	E	101	e
6	ACK	38	&	70	F	102	f
7	BEL	39	,	71	G	103	g
8	BS	40	(	72	H	104	h
9	HT	41	)	73	I	105	i
10	LF	42	*	74	J	106	j
11	VT	43	+	75	K	107	k
12	FF	44	,	76	L	108	l
13	CR	45	-	77	M	109	m
14	SO	46	.	78	N	110	n
15	SI	47	/	79	O	111	o
16	DLE	48	0	80	P	112	p
17	DCI	49	1	81	Q	113	q
18	DC2	50	2	82	R	114	r
19	DC3	51	3	83	X	115	s
20	DC4	52	4	84	T	116	t
21	NAK	53	5	85	U	117	u
22	SYN	54	6	86	V	118	v
23	TB	55	7	87	W	119	w
24	CAN	56	8	88	X	120	x
25	EM	57	9	89	Y	121	y
26	SUB	58	:	90	Z	122	z
27	ESC	59	;	91	[	123	{

(续表)

ASCII 值	控制字符	ASCII 值	控制字符	ASCII 值	控制字符	ASCII 值	控制字符
28	FS	60	<	92	/	124	|
29	GS	61	=	93	]	125	}
30	RS	62	>	94	^	126	~
31	US	63	?	95	—	127	DEL

附录二　键盘键值表

VB 中 KeyCode 值又名 VB 按键常量或键盘常量，更多可以参考下表。

VB 常量	十进制码值	键盘	VB 常量	十进制码值	键盘
vbKeyLButton	1	鼠标左键	vbKeySelect	41	SELECT 键
vbKeyRButton	2	鼠标右键	vbKeyPrint	42	PRINT SCREEN 键
vbKeyCancel	3	CANCEL 键	vbKeyExecute	43	EXECUTE 键
vbKeyMButton	4	鼠标中键	vbKeySnapshot	44	SNAPSHOT 键
vbKeyBack	8	BACKSPACE 键	vbKeyInsert	45	INS 键
vbKeyTab	9	TAB 键	vbKeyDelete	46	DEL 键
vbKeyClear	12	CLEAR 键(Num Lock 封闭时的数字键盘 5)	vbKeyHelp	47	HELP 键
vbKeyReturn	13	ENTER 键(常用回车键)	vbKeyNumlock	144	NUM LOCK 键
vbKeyShift	16	HIFT 键(常用 SHIFT 键)	vbKeyA	65	A 键
vbKeyControl	17	CTRL 键(常用 CTRL 键)	vbKeyB	66	B 键
vbKeyMenu	18	Alt 键(常用 Alt 键)	vbKeyC	67	C 键
vbKeyPause	19	PAUSE 键	vbKeyD	68	D 键
vbKeyCapital	20	CAPS LOCK 键	vbKeyE	69	E 键
vbKeyEscape	27	ESC 键	vbKeyF	70	F 键
vbKeySpace	32	SPACEBAR 键	vbKeyG	71	G 键
vbKeyPageUp	33	PAGE UP 键	vbKeyH	72	H 键
vbKeyPageDown	34	PAGE DOWN 键	vbKeyI	73	I 键
vbKeyEnd	35	END 键	vbKeyJ	74	J 键
vbKeyHome	36	HOME 键(常用 HOME 键)	vbKeyK	75	K 键
vbKeyLeft	37	方向键←	vbKeyL	76	L 键
vbKeyUp	38	方向键↑	vbKeyM	77	M 键
vbKeyRight	39	方向键→	vbKeyN	78	N 键
vbKeyDown	40	方向键↓	vbKeyO	79	O 键
vbKeyP	80	P 键	vbKeyNumpad6	102	6 键(小键盘)

(续表)

VB 常量	十进制码值	键盘	VB 常量	十进制码值	键盘
vbKeyQ	81	Q 键	vbKeyNumpad7	103	7 键(小键盘)
vbKeyR	82	R 键	vbKeyNumpad8	104	8 键(小键盘)
vbKeyS	83	S 键	vbKeyNumpad9	105	9 键(小键盘)
vbKeyT	84	T 键	vbKeyMultiply	106	小键盘上的*号键
vbKeyU	85	U 键	vbKeyAdd	107	小键盘上的+号键
vbKeyV	86	V 键	vbKeySeparator	108	小键盘上回车键
vbKeyW	87	W 键	vbKeySubtract	109	小键盘上的-号键
vbKeyX	88	X 键	vbKeyDecimal	110	小键盘上的.号键
vbKeyY	89	Y 键	vbKeyDivide	111	小键盘上的/号键
vbKeyZ	90	Z 键	vbKeyF1	112	F1 键
vbKey0	48	0 键	vbKeyF2	113	F2 键
vbKey1	49	1 键	vbKeyF3	114	F3 键
vbKey2	50	2 键	vbKeyF4	115	F4 键
vbKey3	51	3 键	vbKeyF5	116	F5 键
vbKey4	52	4 键	vbKeyF6	117	F6 键
vbKey5	53	5 键	vbKeyF7	118	F7 键
vbKey6	54	6 键	vbKeyF8	119	F8 键
vbKey7	55	7 键	vbKeyF9	120	F9 键
vbKey8	56	8 键	vbKeyF10	121	F10 键
vbKey9	57	9 键	vbKeyF11	122	F11 键
vbKeyNumpad0	96	0 键(小键盘)	vbKeyF12	123	F12 键
vbKeyNumpad1	97	1 键(小键盘)	vbKeyF13	124	F13 键
vbKeyNumpad2	98	2 键(小键盘)	vbKeyF14	125	F14 键
vbKeyNumpad3	99	3 键(小键盘)	vbKeyF15	126	F15 键
vbKeyNumpad4	100	4 键(小键盘)	vbKeyF16	127	F16 键
vbKeyNumpad5	101	5 键(小键盘)			

键盘键值表

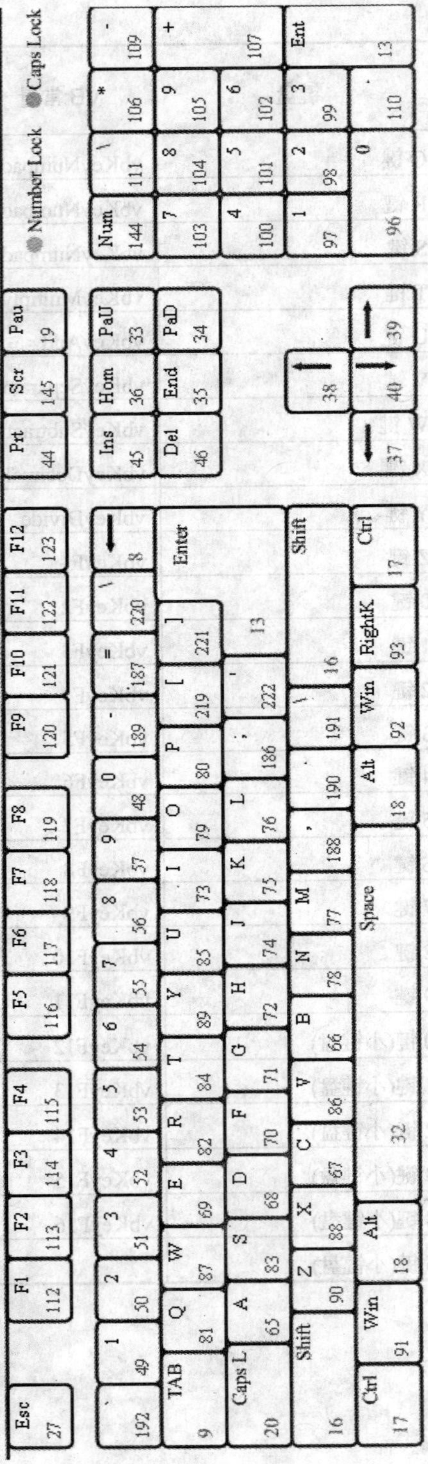
Esc 27
F1 112
F2 113
F3 114
F4 115
F5 116
F6 117
F7 118
F8 119
F9 120
F10 121
F11 122
F12 123
Prt 44
Scr 145
Pau 19
Number Lock
Caps Lock
` 192
1 49
2 50
3 51
4 52
5 53
6 54
7 55
8 56
9 57
0 48
- 189
= 187
\ 220
← 8
Ins 45
Hom 36
PaU 33
Num 144
\ 111
* 106
- 109
TAB 9
Q 81
W 87
E 69
R 82
T 84
Y 89
U 85
I 73
O 79
P 80
[219
] 221
Enter 13
Del 46
End 35
PaD 34
7 103
8 104
9 105
+ 107
Caps L 20
A 65
S 83
D 68
F 70
G 71
H 72
J 74
K 75
L 76
; 186
' 222
4 100
5 101
6 102
Shift 16
Z 90
X 88
C 67
V 86
B 66
N 78
M 77
, 188
. 190
\ 191
Shift 16
38
1 97
2 98
3 99
Ent 13
Ctrl 17
Win 91
Alt 18
Space 32
Alt 18
Win 92
RightK 93
Ctrl 17
37
40
39
0 96
. 110

参考文献

[1] 刘炳文．Visual Basic 程序设计教程[M]，第四版．北京：清华大学出版社，2009

[2] 龚沛曾，杨志强，陆慰民．Visual Basic 程序设计教程[M]，第三版．北京：高等教育出版社，2007

[3] 李良俊. Visual Basic 程序设计语言[M]. 北京：科学出版社，2011

[4] 赵丕锡，杨为明. Visual Basic 程序设计[M].大连：大连理工大学出版社，2004

[5] 教育部高等学校计算机基础课程教学指导委员会．高等学校计算机基础教学发展战略研究报告暨计算机基础课程教学基本要求[M]．北京：高等教育出版社，2009

[6] 教育部考试中心.全国计算机等级考试二级教程——公共基础知识[M]. 北京：高等教育出版社，2007

[7] 赵丕锡，刘明才．大学计算机基础[M]. 北京：科学出版社，2011